生物数学丛书 3

# 竞争数学模型的理论研究

陆志奇 李 静 编著

科 学 出 版 社
北 京

## 内 容 简 介

本书系统地介绍了若干微生物种群竞争的一个或两个有限营养源的数学模型，即所谓恒化器模型及它们的研究方法. 其中包括基本的恒化器模型和经过改进后的其他各种模型. 书中比较全面地介绍了 20 世纪 80 年代以来这一领域的主要研究工作.

本书可供高等院校数学系、生物系和农、林相关专业的本科生、研究生、教师以及有关的科技工作者参考.

**图书在版编目(CIP)数据**

竞争数学模型的理论研究/陆志奇，李静编著. —北京：科学出版社，2008
(生物数学丛书；3)

ISBN 978-7-03-021522-2

I. 竞… II. ①陆… ②李… III. 生态学-数学模型-理论研究 IV. Q14
中国版本图书馆 CIP 数据核字(2008) 第 043285 号

责任编辑：王丽平 赵彦超 房 阳／责任校对：陈玉凤
责任印制：徐晓晨／封面设计：王 浩

科学出版社出版
北京东黄城根北街 16 号
邮政编码：100717
http://www.sciencep.com

北京厚诚则铭印刷科技有限公司 印刷
科学出版社发行 各地新华书店经销
*
2008 年 7 月第 一 版 开本：B5(720×1000)
2018 年 6 月第四次印刷 印张：16 1/2
字数：330 000

**定价：115.00 元**

(如有印装质量问题，我社负责调换)

# 《生物数学丛书》序

传统的概念：数学、物理、化学、生物学，人们都认定是独立的学科，然而在 20 世纪后半叶开始，这些学科间的相互渗透、许多边缘性学科的产生，各学科之间的分界已渐渐变得模糊了，学科的交叉更有利于各学科的发展，正是在这个时候数学与计算机科学逐渐地形成生物现象建模，模式识别，特别是在分析人类基因组项目等这类拥有大量数据的研究中，数学与计算机科学成为必不可少的工具．到今天，生命科学领域中的每一项重要进展，几乎都离不开严密的数学方法和计算机的利用，数学对生命科学的渗透使生物系统的刻画越来越精细，生物系统的数学建模正在演变成生物实验中必不可少的组成部分．

生物数学是生命科学与数学之间的边缘学科，早在 1974 年就被联合国科教文组织的学科分类目录中作为与“生物化学”、“生物物理”等并列的一级学科．“生物数学”是应用数学理论与计算机技术研究生命科学中数量性质、空间结构形式，分析复杂的生物系统的内在特性，揭示在大量生物实验数据中所隐含的生物信息．在众多的生命科学领域，从“系统生态学”、“种群生物学”、“分子生物学”到“人类基因组与蛋白质组即系统生物学”的研究中，生物数学正在发挥巨大的作用，2004 年《science》杂志在线出了一期特辑，刊登了题为“科学下一个浪潮 —— 生物数学”的特辑，其中英国皇家学会院士 Lan Stewart 教授预测，21 世纪最令人兴奋、最有进展的科学领域之一必将是“生物数学”．

回顾“生物数学”我们知道已有近百年的历史：从 1798 年 Malthus 人口增长模型，1908 年遗传学的 Hardy-Weinberg“平衡原理”；1925 年 Voltera 捕食模型，1927 年 Kermack-Mckendrick 传染病模型到今天令人注目的“生物信息论”，“生物数学”经历了百年迅速地发展，特别是 20 世纪后半叶，从那时期连续出版的杂志和书籍就足以反映出这个兴旺景象；1973 年左右，国际上许多著名的生物数学杂志相继创刊，其中包括 Math Biosci, J. Math Biol 和 Bull Math Biol; 1974 年左右，由 Springer-Verlag 出版社开始出版两套生物数学丛书：Lecture Notes in Biomathermatics (二十多年共出书 100 册) 和 Biomathematics (共出书 20 册)；新加坡世界科学出版社正在出版“Book Series in Mathematical Biology and Medicine”丛书．

“丛书”的出版，既反映了当时“生物数学”发展的兴旺，又促进了“生物数学”的发展，加强了同行间的交流，加强了数学家与生物学家的交流，加强了生物数学学科内部不同分支间的交流，方便了对年轻工作者的培养．

从 20 世纪 80 年代初开始，国内对“生物数学”发生兴趣的人越来越多，他 (她)

们有来自数学、生物学、医学、农学等多方面的科研工作者和高校教师, 并且从这时开始, 关于"生物数学"的硕士生、博士生不断培养出来, 从事这方面研究、学习的人数之多已居世界之首. 为了加强交流, 为了提高我国生物数学的研究水平, 我们十分需要有计划、有目的地出版一套"生物数学丛书", 其内容应该包括专著、教材、科普以及译丛, 例如: ① 生物数学、生物统计教材; ② 数学在生物学中的应用方法; ③ 生物建模; ④ 生物数学的研究生教材; ⑤ 生态学中数学模型的研究与使用等.

中国数学会生物数学学会与科学出版社经过很长时间的商讨, 促成了"生物数学丛书"的问世, 同时也希望得到各界的支持, 出好这套丛书, 为发展"生物数学"研究, 为培养人才作出贡献.

陈兰荪

2008 年 2 月

# 前　言

在生态学中, 种群之间竞争的古典理论开创于 20 世纪 20 年代, 这个理论所研究的种群之间的竞争往往是直接的, 对于所研究的对象具有普遍性和简洁性的特点. 长期以来, 对它的研究始终是数学生态学领域里的一个重要内容. 但是, 这个古典理论也存在许多缺点, 因此, 在 20 世纪 40 年代就产生了更正规的依赖于资源的生物种群相互作用的理论. 若干种群竞争一个或两个有限资源, 由此产生了连续人工培养微生物的概念, 即在一个营养受到控制的环境中研究微生物的生长. 在实验室中, 这样一个培养微生物的装置称为恒化器. 利用恒化器可以研究微生物种群在营养限制条件下的生长. 这种人工技术在工业上可以用来模拟废物的分解或利用微生物来净化水以及用于微生物的廉价培养. 半个多世纪以来, 国内外许多学者对恒化器竞争数学模型进行了深入的研究, 并发表了大量的论文.

本书的编写基于以下两个目的: 一是由于国内从事这个方向的研究起步较晚、研究人员较少, 需要一本介绍这方面内容的书; 二是虽然美国学者 Smith 和 Waltman 在 1995 年出版了《恒化器理论》一书, 但是十多年来这个方面的研究又有了很多发展, 出现了很多新的成果. 本书比较系统地介绍了这个方向的研究成果和一些微分方程定性与稳定性的研究方法, 着重介绍这个方面的一些最新进展. 本书前两章分别介绍了生态学竞争理论的发展过程和恒化器基本竞争模型的数学分析, 以后几章是对基本模型改进后的数学分析. 由于本方向的发展较快、发表论文较多, 因此难以做到介绍全面. 本书仅能介绍其中基本和主要的部分. 有兴趣的读者可以仔细阅读有关参考文献.

感谢在本书完成过程中给予作者帮助和支持的同仁. 感谢中国生物数学学会专家学者的鼓励和指导. 特别感谢袁俊丽、卢金梅、付明、刘霞、王娇艳、李亚男在本书的录入和校对方面给予的帮助, 正是他们的帮助使得本书能在较短的时间内完成.

由于作者水平有限, 尽管努力而为, 但疏漏缺点仍然难免, 敬请读者指正.

陆志奇　李　静
于河南师范大学
2007 年 7 月

# 目　录

# 第 1 章　生态学竞争理论的发展介绍

## 1.1　生态学上竞争的古典理论[39]

在生态学中, 两个或两个以上种群之间竞争的古典理论产生于 Lotka-Volterra 的研究工作[1, 39, 40], 它是对单种群生长的 Logistic 模型研究的继续. 两个种群之间竞争的数学模型可以表示成

$$\begin{cases} \dfrac{\mathrm{d}x_1}{\mathrm{d}t} = r_1 x_1 \left(1 - \dfrac{x_1 + \alpha x_2}{k_1}\right), \\ \dfrac{\mathrm{d}x_2}{\mathrm{d}t} = r_2 x_2 \left(1 - \dfrac{\beta x_1 + x_2}{k_2}\right), \end{cases} \tag{1.1.1}$$

这里 $x_i$ 是第 $i$ 个竞争种群的数量. $r_i$ 和 $k_i$ 分别表示第 $i$ 个种群的内禀增长率和负载量. $\alpha$ 和 $\beta$ 称为相互作用系数或竞争系数. 在没有竞争的情况下 $(\alpha = \beta = 0)$, 每个种群增长到各自的负载量; 在存在竞争的情况下, 一个种群或其他种群可以因为它的竞争对手灭亡而幸存, 或者竞争种群可以共存. 在两个种群的情况下, 假若初始种群都为正, 则有四种可能的结果, 这些结果依赖于负载量和竞争系数. 当 $\alpha < k_1/k_2$ 和 $\beta < k_2/k_1$ 时, 发生竞争稳定 (共存); 当不等式相反时, 发生竞争不稳定 (由每个竞争种群的初始数量确定淘汰者); 当不等式中有一个相反时发生竞争优势 (不管初始数量如何, 这个或另一个种群被淘汰). 为了更清楚地说明这个结果, 不妨以定理的形式叙述它. 为此把 (1.1.1) 改写成

$$\begin{cases} \dfrac{\mathrm{d}x_1}{\mathrm{d}t} = x_1 \left[r_1 \left(1 - \dfrac{x_1}{k_1}\right) - \alpha_{12} x_2\right], \\ \dfrac{\mathrm{d}x_2}{\mathrm{d}t} = x_2 \left[r_2 \left(1 - \dfrac{x_2}{k_2}\right) - \alpha_{21} x_1\right]. \end{cases} \tag{1.1.2}$$

**定理 1.1.1**　(i) 如果 $r_1/\alpha_{12} > k_2$ 和 $r_2/\alpha_{21} > k_1$, 那么

$$\lim_{t\to\infty} (x_1(t), x_2(t)) = (x_1^*, x_2^*) = \left(\frac{1}{k_1 k_2} - \frac{\alpha_{12}\alpha_{21}}{r_1 r_2}\right)^{-1} \left(\frac{1}{k_2} - \frac{\alpha_{12}}{r_1}, \frac{1}{k_1} - \frac{\alpha_{21}}{r_2}\right);$$

(ii) 如果 $k_2 > r_1/\alpha_{12}$ 和 $r_2/\alpha_{21} > k_1$, 那么

$$\lim_{t\to\infty} (x_1(t), x_2(t)) = (0, k_2);$$

(iii) 如果 $k_1 > r_2/\alpha_{21}$ 和 $r_1/\alpha_{12} > k_2$, 那么

$$\lim_{t\to\infty}(x_1(t), x_2(t)) = (k_1, 0);$$

(iv) 如果 $k_1 > r_2/\alpha_{21}$ 和 $k_2 > r_1/\alpha_{12}$, 那么 $(k_1, 0)$, $(0, k_2)$ 是局部稳定的且存在一条一维稳定流形经过鞍点 $(x_1^*, x_2^*)$.

这些结果如图 1.1.1 所示.

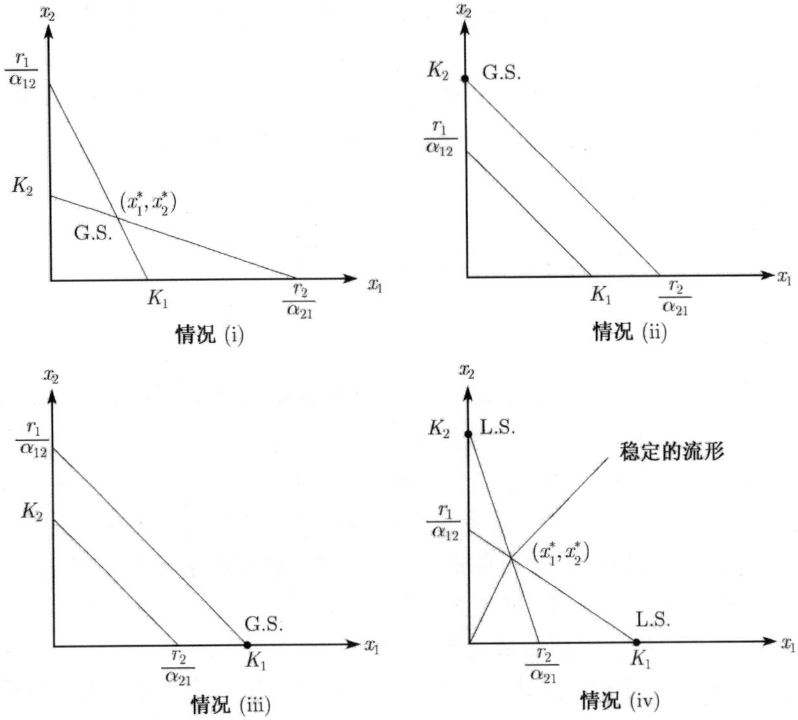


图 1.1.1　G.S. 为全局稳定, L.S. 为局部稳定

这个竞争的古典理论及后来推广到 $n$ 个种群的竞争是半个多世纪以来大量理论研究[2, 3] 和实验工作的主要课题[4~6]. 然而, 古典理论通常存在的一个问题是它既不明确哪些资源是种群的竞争目标, 也不研究竞争种群在开发和控制这些有限资源时起怎样的作用. 虽然 Lotka-Volterra 理论具有普遍性和简洁性的特点, 但在实验测定那些理论上精确的参数时具有很大的困难, 对估计竞争种群互相作用的竞争系数更是困难重重. 无论如何, 这些系数仅能从竞争动力系统来估计, 预言理论上的数值非常困难. 要克服这些缺点, 就要发展更正规依赖于资源的生物种群相互作用的理论. 这个方法被很多研究者采用, 其开创性的工作应归于 Monod[7] 和 Holling[8].

古典理论还有若干其他问题, 涉及生态学上的假设, 包括常数负载量和每个种群中所有不同的生态学变量 (例如, 在出生率、死亡率或资源使用中没有依赖于年龄的差别). 一般来说, 最适合这些假设的是微生物, 它作为单细胞生物通常经过简单的分裂进行繁殖, 这种无性繁殖产生相同的子细胞. 因此, 对理论上最有帮助的实验工作是关于微生物的, 这方面开创性的工作是 Gause[9] 以及最近的一些工作[6, 10, 11], 然而后面这些工作除了个别例外[4], 在理论上大多没有给出适当的证明[5, 13].

最近几十年, 微生物种群之间相互作用的详细过程作为建立物种间竞争理论的依据, 已越来越受到关注. 研究工作集中于三个主要问题: 第一个问题是种群间通过共同享用有限资源进行的间接竞争 (开发竞争), 或者通过伤害竞争对手或为排斥其他种群而去除某些资源的更加直接的竞争 (干扰竞争)[13]; 第二个问题是种群怎样有效地开发这些有限资源, 特别是每个种群的消耗率如何符合环境中资源密度 (营养、被捕食者等) 的变化; 最后一个问题是这种资源如何被消耗而转化成种群的特殊生长率. 还有其他的问题. 例如, 不同年龄结构种群之间的竞争[14] 和创生学[15], 这些问题至今未引起足够的注意.

本书主要考虑开发竞争. 至于干扰竞争, 当有共同之处时, 可通过多种途径把它们联系起来. 在研究方法上, 它们至今仍没有多少一致的地方, 这是因为对干扰竞争的数学模型, 由于毒素或伤害的影响是多种多样的, 它也不同于资源消失时的影响. 无论如何, 考虑开发竞争的结果不是一件容易的事情, 它比干扰竞争更为普遍, 除非一个种群能够完全排斥它的竞争对手接近有限资源. 这些资源是由两个种群消耗的, 从而开发竞争是比较客观地反映现实的.

另外, 开发竞争在生物学上与实际有许多相吻合的地方, 已经用于对很多种类的生物进行研究, 包括微生物[16]、原生动物[17]、昆虫捕食者[18, 19]、寄生虫[20]、鱼[21, 22]、鸟[11, 23]、哺乳动物[24] 及其他种类. 所有生物的功能反应函数是增长资源密度的饱和函数, 反应函数使消耗率在高密度资源下达到某个最大值. 在低密度资源下, 消耗率可以按接近线性形式增加 (以滤过方式生存的生物, 其捕食食饵消耗的能量远远小于它维持自身机体运转所消耗的能量, 例如, 鲸, 蛤); 消耗率也可以是非线性增加, 光滑地减少到一个最大增长率 (大部分无脊椎和许多脊椎动物吃被捕食者时); 或者消耗率在低资源密度下可以慢慢增加和在高资源密度下以 S 形曲线快速增加.Holling[8] 将这些类型的功能反应函数分类为 I, II 和 III 型. Holling I 型适合于简单的动物藻类细胞; Holling II 型在微生物和小的无脊椎动物中是最普遍的. 在微生物中, 摄取营养发生在特殊营养源穿过细胞型以酶为中间物的转化水平上. 摄取率一般由 Michaelis-Menten 函数来表示[25, 26]. Holling III 型功能反应函数适用于较高等的脊椎动物, 正如 Real[27] 已经详细讨论的.

一旦有限资源被消耗, 可以在多方面相互作用来促进种群的生长. Leon 和 Tumpson[28] 提出两个重要类型的资源, 即补充资源和替换资源. 补充资源是对种群生长所必需的. 例如, 对细菌来说, 一种碳资源和一种氮资源, 或者对硅藻类来说, 硅土和磷. 替换资源对于种群生长是可以替换的. 例如, 两种碳资源或两种磷资源. 在生长受到补充资源限制的情况下, 在所给定时刻只有这样一种资源能限制生长, 且这个补充资源是有限的, 它由种群所需资源的相对供给率来确定. 另一方面, 对于可替换资源, 种群生长可能依赖其中任何一种资源, 这是由于每种替换资源实际上是相同基本营养供给的一种选择. 这样, 一个给出的补充资源可有多种可替换的营养. 例如, 浮游藻类不仅从像磷酸盐这样的无机物中而且从含磷的分解的有机物中摄取磷. 资源也可以是“不完全替代的”, 如果它们能由生物满足不同变化的需要而被内部转化, 但仅通过增加能量消耗通常是以减小生长率为代价的.

基于资源的生态学竞争理论可以在带有竞争微生物系统和原生动物体系的实验室中得到检验. 实验室环境的优越之处是容易控制外部变化的影响, 进而为微生物提供了以下几点好处: ① 快速的繁殖, 因此实验可在短时间内完成; ② 体积小, 比较经济, 容易制作标本; ③ 单独的无性繁殖种群, 产生各自的种群, 除非基因转变; ④ 由一个分成两个的分裂繁殖, 大小和年龄在生态学上的差异是很微小的; ⑤ 对资源密度的简单的功能反应, 忽略掉较高等捕食者的一些复杂的性态 (例如, 寻找配偶, 学习等).

本书发展了对实验室培养的微生物开发竞争的理论. 这个理论被称为“连续人工培养”. 它是最普遍使用的一个常数负载量环境的理想化实验室. 大多自然环境受到大量不同相互作用的微生物的影响. 这些生物的生态学研究和它的竞争、互惠或捕食–被捕食关系的研究是非常困难的, 这是因为高度复杂的自然环境和很难正确估计的种群密度. 为了更详细地研究这些生物和它们的相互作用, 必须发展各个孤立的过程. 因此, 特殊的种群或微生物的性质只有在实验室里被分阶段培养和研究. 目前实验室培养中存在大量的细菌、真菌、原生动物和单细胞的浮游生物和海底藻类, 不同的湖、河、海、热水源、土壤、植物的根瘤和人与其他寄生动物宿主的肠管等.

许多微生物的人工繁殖和被称为“分批 (一次性) 高营养浓度” (batch enrichment) 的人工繁殖是不同的. 在分批高营养浓度的人工繁殖中, 微生物被放在一个带有高营养浓度混合液的封闭的人工培养室中. 一个或更多的微生物在这一条件下繁殖到非常大的数量. 这些分批培养器也普遍使用在关于能量的新陈代谢和不同种群营养需求的研究中. 然而从生态学的观点来看, 分批培养器的环境有严重的问题, 它不像自然界的微生物环境[29]. 在自然状态下微生物几乎没有遇到像分批培养器这样非常高的营养水平. 一般情况下, 土壤和水中的有限营养的浓度要低于分批培养器好几个等级. 那么就会产生这样的问题, 即从分批培养室中繁殖的微生物是否会有在自然生态系统中所描述的功能反应. 这里有意义的结果之一是对于在高浓度营养条件下及较低营养浓度条件下关于生物的理论和试验根据是不同的, 甚至在分批的培养中也存在问题. 营养供给可能是在连续变动, 种群生长并不总是受到同一营养的限制. 这就使依赖于营养浓度的种群生长的研究变得非常困难, 并且使种群的竞争关系变得不明确.

“连续”人工培养的概念产生于 20 世纪 40 年代末, 在 50 年代得到广泛的应用和充分的发展. 因此, 科研人员能在一个营养受到控制的环境中研究微生物的生长. 连续人工培养的基本设计和理论最初是由 Monod[30], Novick 和 Szilard[31] 各自独立描述的, 他们称这个培养装置为“恒化器”(chemostat).

恒化器是微生物人工培养中的一个实验装置, 被用来提供一个控制环境, 在这个环境中可以研究微生物种群在营养限制的条件下的生长. 这个人工培养技术在工业上可以被用来模拟生物学上废物的分解或用微生物来净化水以及有用微生物廉价的培养.

这个装置由三个部分组成: 食物瓶、人工培养室和储存器 (图 1.1.2).

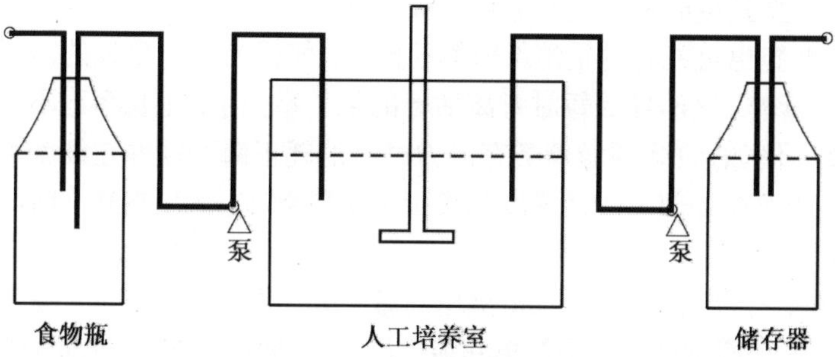


图 1.1.2 恒化器示意图

人工培养室被不停地搅拌着, 它含有一种或多种微生物种群的悬液. 营养液被泵从食物瓶中以常数速率注入人工培养室, 同时, 培养液又以同样的速率被送往储存器, 以此来维持人工培养室中固定的溶液. 由于培养室中的溶液被不断地搅拌, 因而营养物、微生物被均匀地拌成一定比例的浓度. 食物瓶中的营养液被控制在接近微生物生长所需要的最理想的浓度, 它的浓度可由实验人员控制. 这种方法为微生物提供了连续供给的营养源, 这就涉及连续人工培养. 恒化器, 如一个简单的湖, 这里的营养源浓度一般是更低于间歇人工培养的高营养水平. 食物瓶中的营养源浓度和可以被控制的输入流动率在数学模型中是两个重要的参数. 一切外部因素, 如温度等保持不变. 注入的培养液为生长提供了所有的营养要素. 培养室的主要优点是通过限制营养的浓度来控制微生物的生长率, 只要使稀释率低于微生物可达到的最大生长率, 细胞密度将生长到某一点, 在这一点细胞分裂速率 (生长率) 与冲淡速率 (死亡率) 保持平衡. 这个稳定状态的细胞密度是以所有新陈代谢和生长参数的不变为特征的. 另一方面, 如果稀释率超过最大的细胞分裂率, 那么细胞的总浓度将会降低.

微生物生长率依赖于有限的营养浓度最初是由 Monod[7] 用一条简单的曲线来

描述的, 后来这种关系常用术语"运动"来说明. 但是这条曲线对于大多数被限制生长的微生物来说过于简单. 在这种情形下, 如限制生长速率的一个酶作用物模型可以说是不完全合适的. 微生物在 Monod 关系中所出现的某些偏差可以取决于有限营养资源的种类, 如维生素或无机物[29].

从古典 Monod 公式而来的最常见的偏差是不依赖于生长率的生产系数. 这通常归于这样一个事实, 即在许多微生物种群中细胞容积是一个稳定状态生长 (分裂) 率的函数, 因此取决于特别冲淡率, 这被用于连续培养的实验中[29, 33], 其他偏差亦可发生. 如果生长率下降到某些有限酶作用物非零浓度时, 产生一个生长上的阈值现象, 或它可以被找到一个酶作用物的生长可以被第二个酶作用物的出现而受限制. 例如, 细菌在两种糖作为能量和碳为资源的存在中通常出现二次生长的现象. 在培养液中葡萄糖被完全禁止, 在埃希氏杆菌属通道乳糖操纵子中[22], 乳糖的摄取和同化作用, 直到培养液中葡萄糖供应被耗尽.

最后, 细胞也可能有过量消耗营养的能力, 使得为当前生长的需要存在摄取和储存过量的营养. 这能导致暂时背离估计的生长率, 由于生长率已不再是外部浓度的精确函数. 例如, 许多浮游藻类有能力过量消耗正磷酸盐并在细胞里储存足够的正磷酸盐. 从而在外部磷酸盐浓度已实际上下降到零以后, 在某一时间仍能保持内部的储存量.

尽管这不符合当初由 Monod 提出的微生物生长模型, 但对于微生物依赖有限营养生长的这个模型留下了最简单和最广泛的可应用的理论, 进而这个理论被推广到 $n$ 个种群的竞争. 现在, 在连续人工培养中, 微生物竞争结果的客观正确的预言已经出现. 例如, Tilman[34] 在研究 Monod 模型时预言在硅藻为硅酸和磷的竞争中的赢的种群, 发现 Monod 模型也成立或者于更为复杂的由 Droop[35] 发展而来的"内部储存"模型, 这个模型允许过量消耗和与外部磷酸浓度无关的生长率. 在目前的文献和其他有关的研究中[36], 也报告了 Monod 模型对连续人工培养中不同细菌间竞争结果的预言.

因此, 我们认为从 Monod 微生物生长方程发展起来的竞争理论依然是最一般可利用的理论, 对于未来可能的微生物竞争研究将会是最有力的工具. 这个理论对于发展在较高生物中的更多复杂的竞争理论建立了一个基础. 该理论也能在种群的相互作用和它们竞争有限资源的问题中起作用.

## 1.2　基本竞争模型的推导

在恒化器中单种群的方程最初是由 Monod[30] 推导得出的. 这里介绍由 Herbert 等[37] 给出的一个简单的推导方法, 这个方法基于 Monod 的观察. 令 $x(t)$ 表示微生物 (种群) 在时间 $t$ 时的浓度. $s(t)$ 表示酶作用物 (营养液) 的浓度. 如果微生物

在间歇人工培养室中繁殖, 那么酶作用物的消耗率和微生物的生长率成正比[7], 即

$$\text{生物的出生率} = y(\text{酶作用物的消耗率}), \tag{1.2.1}$$

$y$ 为生物的重量与酶作用物之比, 称为产出常数, 在某个时间段可以被确定. 生物的生长率可以简单地表示为

$$\text{增长率} = \text{生长} - \text{输出}$$

或

$$\frac{\mathrm{d}x}{\mathrm{d}t} = \mu x - Dx, \tag{1.2.2}$$

这里 $\mu$ 是一个函数, $D$ 是常数.

酶作用物的变化率有点复杂, 它是

$$\text{增长率} = \text{输入} - \text{输出} - \text{消耗}$$

或

$$\frac{\mathrm{d}S}{\mathrm{d}t} = DS^{(0)} - DS - \frac{\mu x}{y}, \tag{1.2.3}$$

这里方程 (1.2.1) 已被应用到模型中去 (注意生物的生长率为 $\mu x$), $\mu$ 被假定 (或由实验知[7]) 有如下形式:

$$\mu = \frac{ms}{a+s},$$

这里 $m$ 是最大生长率, $a$ 是半饱和或 Michaelis-Menten 常数, 数量上等于酶作用物的浓度, $\mu = m/2$ .

综上, 得到恒化器的方程为

$$\begin{cases} S' = (S^{(0)} - S)D - \dfrac{1}{y}\dfrac{mxs}{a+s}, \\ x' = \dfrac{mxs}{a+s} - Dx, \\ x(0) > 0, \quad S(0) > 0. \end{cases} \tag{1.2.4}$$

Taylor 和 Williams[38] 又推广到 $n$ 个种群竞争一个食物源, 得到

$$\begin{cases} S' = (S^{(0)} - S)D - \displaystyle\sum_{i=1}^{n} \dfrac{1}{y_i}\dfrac{m_i x_i s}{a_i+s}, \\ x_i' = \dfrac{m_i x_i s}{a_i+s} - Dx_i, \\ x_i(0) = x_{i0} > 0, \quad S(0) = S_0 > 0, \quad i = 1, 2, \cdots, n. \end{cases} \tag*{$(1.2.5)_n$}$$

# 参 考 文 献


[1] Volterra V. Variations and fluctuations of the number of individuals of animal species living together in animal ecology. New York: McGraw-Hill, 1926.

[2] Wangersky P J. Lotka-Volterra population models. Ann. Rev. Ecol. syst., 1978, 9: 189~218.

[3] Hsu S B. The application of the Poincaré-transform to the Lotka-Volterra model. J. Math. Biology., 1978, 6: 67~73.

[4] Istock C A. Logistic interaction of natural populations of two species of water-boatmen. Amer. Nat., 1977, 111: 279~287.

[5] Neill W E. The community matrix and interdependence of the competition coefficients. Amer. Nat., 1974, 108: 399~408.

[6] Park T. Beetles competition and populations. Science, 1962, 138: 1369~1375.

[7] Monod J. Recherches sur la croissance des cultures bact é riennes. Paris: Hermann, 1942.

[8] Holling C S. The functional response of predators to prey density and its role in mimicry and population regulation. Mem. Entomol. Soc., Canada, 1965, 45: 3~60.

[9] Gause G J. The struggle for existence. Baltimore: Williams and Wilkins, 1934.

[10] Gill D E. Intrinsic rates of increase saturation densities and competitive ability. I. An experiment with paramecium. Amer. Nat., 1972, 106: 461~471.

[11] van den Ende P. Predator-prey interactions in continuous culture. Science, 1973, 181: 562~564.

[12] Richmond R C, Gilpin M E, Perez Salaz S, et al. A search for emergent competitive phenomena: the dynamics of multispecies Drosophila systems. Ecology, 1975, 56: 709~714.

[13] Miller R S. Pattern and process in competition. Advance in Ecological Research, 1967, 4: 1~74.

[14] Oster G, Tadehashi Y. Models for age-specific interactions in a periodic environment. Ecological Monographys, 1974, 44: 483~501.

[15] Park T, Leslie P H, Mertz D B. Genetic strains and competition in populations of Tribolium. Physiol, Zool., 1964, 37: 97~162.

[16] Hansen S R, Hubbell S P. Single-nutrient microbial competition: agreement between experimental and theoretically forecast outcomes. Subm, Science, 1979.

[17] Salt G W. Predator and prey densities as controls of the rate of capture by the predator Didinium nasutum. Ecology, 1974, 55: 434~439.

[18] Hassell M P. The dynamics of arthropod predator prey systems. Princeton: Princeton University Press, 1978.

[19] Holling C H. The functional response of invertebrate predators to prey density. Mem. Entomol. Soc., Canada, 1966, 48: 1~86.

[20] Hassell M P, Lawton J H, Beddington F R. Sigmoid functional responses by invertebrate predators and parasitoids. J. Anim. Ecol., 1977, 46: 249~262.

[21] Ivlevs V S. Experimental ecology of the feeding of fishes. New Haven: Yale University, Connecticut, 1961.

[22] Murdoch W W, Avery S, Smyth M E B. Switching in predatory fish. Ecology, 1975, 56: 1094~1105.

[23] Toyama T. Factors governing the hunting behavior and selection of food by the great tit (parus major L.). J. Anim. Ecol., 1970, 39: 619~668.

[24] Holling C S. The components of predation as revealed by a study of small mammal predation of the European pine sawfly. Canada. Entomol, 1959, 91: 293~320.

[25] Eppley R W, Coatsworth J L. Uptake of nitrate and nitrite by pitylum brightwellii-kinetics and mechanisms. J. Phycol., 1968, 4: 151~158.

[26] Payne J W. Oligopeptide transport in Escherichia coli. J. Biol., 1968, 243: 3395~3403.

[27] Real L A. The kinetics of functional response. Amer. Nat., 1977, 111: 287~300.

[28] Leon J A, Tumpson D B. Competition between two species for two complementary or two substitutable resources. J. Theoret. Biol., 1975, 50: 185~201.

[29] Jannash H W, Mateles R T. Experimental bacterial Ecology studied in continuous culture. Advances in Microbial physiology, 1974, 11: 165~212.

[30] Monod J. La technique de culture continue, theorie et applications. Ann. Inst. Pasteur, 1950, 79: 390~410.

[31] Novick A, Szilard L. Description of the chemostat. Science, 1950, 112: 215, 216.

[32] Beckwith J R, Zipser D. The Lactose operon. (Cold Spring Harbor Laboratories, Cold Spring Harbor). New York: 1970.

[33] Veldcamp H. Ecological studies with the chemostat. Advances in Microbiol Ecology, 1977, 1: 59~95.

[34] Tilman D. Resource competition between planktonic algae: an experimental and theoretical approach. Ecology, 1977, 58: 338~348.

[35] Droop M R. The nutrient status of algal cells in continuous culture. J. Marine Biol. Assoc. U. K., 1974, 54: 825~855.

[36] Hansen S R, Hubbell S P. Single-nutrient microbial competition: qualitative agreement between experimental and theoretically forecast outcomes. Science, 1980, 207: 1491~1493.

[37] Herbert D, Elsworth R, Telling R C. The continuous culture of bacteria: a theoretical and experimental study. J. Gen. Microbial, 1956, 14: 601~622.

[38] Taylor P A, Williams J L. Theoretical studies on the coexistence of competing species under continuous-flow conditions. Canada. J. Microbial, 1975, 21: 90~98.

[39] Waltman P, Hubbel S P, Hsu S B. Theoretical and experimental investigations of microbial competition in continuous culture. // Burton(ed.). Modeling and Differential Equations in Biology. New York: Marcel Dekker, 1980, 107~152.
[40] Waltman P, Smith H L. The theory of the chemostat. Cambridge: Cambridge University Press, 1995.
[41] 陈兰荪, 宋新宇, 陆征一. 数学生态学模型与研究方法. 成都: 四川科学技术出版社, 2002.
[42] 陈兰荪, 陈键. 非线性生物动力系统. 北京: 科学出版社, 1993.
[43] 马知恩. 种群生态学的数学建模与研究. 合肥: 安徽教育出版社, 1994.

# 第 2 章　基本竞争模型的分析

## 2.1　基本模型的分析

首先对系统 $(1.2.5)_n$ 进行数学上研究的是 Taylor 和 Willams[1], 令 $b_i = m_i/D$, $\lambda_i = a_i/(b_i - 1)$, 发现只有具有最小 $\lambda_i$ 值的种群幸存. 这个结果的数学证明由 Hsu 等[2] 给出, 更简短的证明则由 Hsu[3] 给出. 现介绍文献 [2], [3] 中的主要结果. 下面的定理是基于生物学上的合理性而给出的.

**定理 2.1.1**　$(1.2.5)_n$ 的解 $S(t)$, $x_i(t)$, $i = 1, 2, \cdots, n$ 是正的和有界的.

**证明**　$x_i(t)$ 是正的可以从解的初值问题的唯一性得到, 并注意到每个 $x_i = 0$ 的坐标面是不变的. 至于 $S(t)$ 是正的可以从下面的不等式得到:

$$S(t) > S(0)\exp\left(\int_0^t \left(D - \sum_{i=1}^{n} \frac{m_i}{y_i} \frac{x_i(\xi)}{a_i + S(\xi)}\right) \mathrm{d}\xi\right).$$

解的有界性可以从以下关系式得到:

$$S(t) + \sum_{i=1}^{n} \frac{x_i(t)}{y_i} = A_n \mathrm{e}^{-Dt} + S^{(0)}, \tag{2.1.1}$$

这里 $A_n = S_0 + \sum\limits_{i=1}^{n} \dfrac{x_{i0}}{y_i} - S^{(0)}$, 方程 (2.1.1) 通过对量 $S(t) + \sum\limits_{i=1}^{n} \dfrac{x_i(t)}{y_i}$ 作出一个线性微分方程而得到. □

下面的定理针对的是非正常的竞争.

**定理 2.1.2**　如果 (i) $b_i \leqslant 1$ 或 (ii) $b_i > 1$, $\lambda_i > S^{(0)}$, 那么 $\lim\limits_{t\to\infty} x_i(t) = 0$.

这个定理说明, 如果第 $i$ 个生物的最大生长率小于或等于稀释率 (死亡率)$D$ 或参数 $a_i/(b_i - 1) > S^{(0)}$, 则该生物将会灭绝. 由于 $(1.2.5)_n$ 是一个动力系统, 分析被除去第 $i$ 个方程的 $(1.2.5)_n$(相当于分析一个 $(1.2.5)_{n-1}$) 等于研究带有 $\lim\limits_{t\to\infty} x_i(t) = 0$ 的 $(1.2.5)_n$ 的 $\varOmega$ 极限集.

**证明**　首先, 由 (2.1.1) 知, 如果 $\varepsilon > 0$, 则存在一个 $t_0$, 使得如果 $t \geqslant t_0$, $S(t) \leqslant S^{(0)} + \varepsilon$, $x_i(t)$ 可以写成

$$x_i(t) = x_{i0}\exp\left(\int_0^t \frac{(m_i - D)S(\xi) - a_i D}{a_i + S(\xi)} \mathrm{d}\xi\right), \tag{2.1.2}$$

如果 $b_i \leqslant 1$, 那么

$$x_i(t) \leqslant x_{i0} \exp\left(\int_0^t \frac{-a_i D}{a_i + S(\xi)} \mathrm{d}\xi\right) \leqslant c x_{i0} \exp\left(\frac{-a_i D}{a_i + S^{(0)} + 1}(t - t_0)\right),$$

这里 $t_0$ 是适当选择的, 使对 $t \geqslant t_0$, $S(t) \leqslant S^{(0)} + 1$ 且

$$c = \exp\left(\int_0^t \frac{-a_i D}{a_i + S(\xi)} \mathrm{d}\xi\right),$$

由于指数是负的, 并且 $x_i(t) > 0$, 所以 $\lim\limits_{t\to\infty} x_i(t) = 0$. (2.1.2) 式可以写成

$$x_i(t) = x_{i0} \exp\left(\int_0^t \frac{(m_i - D)S(\xi) - a_i D}{a_i + S(\xi)} \left(S(\xi) - \frac{a_i}{b_i - 1}\right) \mathrm{d}\xi\right), \tag{2.1.3}$$

如果 $b_i > 1$, 那么被积函数中第一个因子是正的. 令 $0 < \xi < [a_i/(b_i - 1)] - S^{(0)}$, 选择 $t_0 > 0$, 使得 $t \geqslant t_0$ 时 $S(t) \leqslant S^{(0)} + \varepsilon$, 那么存在适当的常数, 有

$$x_i(t) \leqslant c x_{i0} \exp\left\{\left[S^{(0)} + \varepsilon - \frac{a_i}{b_i - 1}\right]\left[\frac{m_i - D}{a_i + S^{(0)} + 1}\right](t - t_0)\right\}.$$

指数中的第一个因子是负的, 其余两个是正的, 因此,

$$\lim_{t\to\infty} x_i(t) = 0.$$

对 $b_i > 1$, 注意到上面的情形, 定义 $\lambda_i = a_i/(b_i - 1)$. 我们的基本假设为

$$(\mathrm{H}_n) \qquad \lambda_1 < S^{(0)}, \quad 0 < \lambda_1 < \lambda_2 \leqslant \lambda_3 \leqslant \cdots \leqslant \lambda_n.$$

不失一般性, 可以把方程重新排列, 适当改变 $i$ 的次序, 使参数 $\lambda_i = a_i/(b_i - 1)$ 是非减的. $(\mathrm{H}_n)$ 排除了 $\lambda_1$ 与其他 $\lambda_i$ 相等的情况.

**定理 2.1.3** 如果 $(\mathrm{H}_n)$ 成立, 则 $(1.2.5)_n$ 的解满足:

$$\begin{cases} \lim\limits_{t\to\infty} S(t) = \lambda_1, \\ \lim\limits_{t\to\infty} x_1(t) = x_1^* = y_1(S^{(0)} - \lambda_1), \\ \lim\limits_{t\to\infty} x_i(t) = 0, \quad 2 \leqslant i \leqslant n. \end{cases}$$

这个定理说明在条件 $(\mathrm{H}_n)$ 下, 只有一个生物是幸存的, 它有最小的 $\lambda$ 值, 并且给出了它的极限浓度. 对于一个给出的系统, 参数 $\lambda$ 依赖于两个因素, 即生长率和 Michaelis-Menten 常数. 对于两个不同的种群, 对应于不同的参数, 这也符合生物学的情况. 因此 $(\mathrm{H}_n)$(及所有严格不等号) 在生物学上的假设是合理的.

**证明** 令 $F$ 表示 $\mathbf{R}^{n+1}$ 中的正锥, 定义李雅普诺夫函数

$$V(S,x_1,x_2,\cdots,x_n)=S-\lambda_1-\lambda_1\ln\left(\frac{S}{\lambda_1}\right)+c\left[x_1-x_1^*-x_1^*\ln\left(\frac{x_1}{x_1^*}\right)\right]+\sum_{i=2}^{n}c_ix_i,$$

这里 $c_i=m_i/[y_i(m_i-D)]$.

$$\frac{\mathrm{d}V}{\mathrm{d}t}=\begin{pmatrix}1-\dfrac{\lambda_1}{S}\\ c_1\left(1-\dfrac{x_1^*}{x_1}\right)\\ c_2\\ \vdots\\ c_n\end{pmatrix}\begin{pmatrix}(S^{(0)}-S)D-\displaystyle\sum_{i=1}^{n}\frac{m_i}{y_i}\frac{x_iS}{a_i+S}\\ \dfrac{m_1-D}{a_1+S}(S-\lambda_1)x_1\\ \dfrac{m_2-D}{a_2+S}(S-\lambda_2)x_2\\ \vdots\\ \dfrac{m_n-D}{a_n+S}(S-\lambda_n)x_n\end{pmatrix}$$

$$=(S-\lambda_1)\left(\frac{S^{(0)}-S}{S}D-\frac{k_1x_1^*}{a_1+S}\right)+\sum_{i=2}^{n}\frac{m_i}{y_i}(\lambda_1-\lambda_i)\frac{x_i}{a_i+S},$$

这里 $k_1=m_1/y_1$. 由于 $x_1^*=y_1(S^{(0)}-\lambda_1)=\dfrac{(S^{(0)}-\lambda_1)(a_1+\lambda_1)Dy_1}{m_1\lambda_1}$, 那么

$$\frac{k_1x_1^*}{a_1+S}=\frac{k_1\lambda_1x_1^*}{\lambda_1(a_1+S)}=\frac{(S^{(0)}-\lambda_1)(a_1+\lambda_1)D}{\lambda_1(a_1+S)},$$

这样

$$\begin{aligned}&\frac{(S^{(0)}-S)D}{S}-\frac{k_1x_1^*}{a_1+S}\\=&\frac{D[S^{(0)}\lambda_1a_1+S^{(0)}\lambda_1S-(S^{(0)}-\lambda_1)(a_1+\lambda_1)S-\lambda_1S^2]-\lambda_1a_1S}{S(a_1+S)\lambda_1}\\=&\frac{-D(S-\lambda_1)(\lambda_1S+a_1S^{(0)})}{S(a_1+S)\lambda_1}.\end{aligned}$$

因此,

$$\frac{\mathrm{d}V}{\mathrm{d}t}=\frac{-D(S-\lambda_1)^2(\lambda_1S+a_1S^{(0)})}{S(a_1+S)\lambda_1}=\sum_{i=2}^{n}k_i(\lambda_1-\lambda_i)\frac{x_i}{a_i+S}\leqslant 0.$$

由于 $0<\lambda_1<\lambda_i,\ i\geqslant 2$ 和 $S>0$, 集合 $E=\{(S,x_1,\cdots,x_n):\dot{V}=0\}$ 为 $E=\{\lambda_1,x_1,0,\cdots,0\}$. 由于 $\lambda_1<S^{(0)}$, $E$ 中仅有的不变集为

$$S=\lambda_1,$$

$$x_1=x_1^*=y_1(S^{(0)}-\lambda_1),$$

$$x_i=0,\quad i=2,\cdots,n.$$

应用定理 2.1.1 和 LaSalle 不变原理[4] 即可得证. 这样就得到了仅有一个种群幸存的结果. □

**定理 2.1.4**　令 $b_1 > 1$ 和 $0 < \lambda_1 = \lambda_2 = \cdots = \lambda_n < S^{(0)}$, 那么

$$\lim_{t\to\infty} S(t) = \lambda_1, \quad \lim_{t\to\infty} x_i(t) = x_i^* > 0,$$

这里 $\lambda_1 + \sum\limits_{i=1}^{n} \dfrac{x_i^*}{y_i} = S^{(0)}$.

## 2.2　一般的竞争模型

1978 年, Hsu[3] 利用 LaSalle 不变原理对 $(1.2.5)_n$ 在种群不同死亡率的情况下, 证明了同样的结论. 遗憾的是它所应用的李雅普诺夫函数仅适合于 Holling I, II 型.1985 年, Butler 和 Wolkowicz[5] 虽然允许更一般的功能反应函数 (包含单调和非单调的函数), 但是对于不同种群却又限制为相同的死亡率, 得到了上面的结论.1992 年, Wolkowicz 和 Lu[6] 对单调和非单调的四种功能反应函数及不同种群具有不同死亡率的情况得到了上述的结果. 从而推广了文献 [3], [5] 中的情形. 下面介绍 Wolkowicz 和陆志奇[6] 的工作, 他们设计的模型为

$$\begin{cases} S'(t) = (S^0 - S(t))D - \sum\limits_{i=1}^{n} \dfrac{x_i(t)P_i(S(t))}{y_i}, \\ x_i'(t) = x_i(t)(-D_i + P_i(S(t))), \quad i = 1, 2, \cdots, n. \end{cases} \tag{2.2.1}$$

(2.2.1) 中 $S(t)$ 表示酶作用物 (营养物或食物源) 在时间 $t$ 的浓度. $x_i(t)$ 表示第 $i$ 个微生物 (竞争种群) 在时间 $t$ 的浓度. $P_i(S)/y_i$ 表示第 $i$ 个生物的营养摄取率, $y_i$ 是生长常数. $S^0$ 表示酶作用物在营养瓶中的浓度, $D$ 表示酶作用物从营养瓶进入生长室的稀释率. 每个种群的 $D_i = D + \varepsilon_i$, 这里 $\varepsilon_i$ 是种群 $x_i$ 的特殊死亡率.

假定功能反应函数 $P_i$, $i = 1, 2, \cdots, n$ 满足:

$$P_i: \mathbf{R}_+ \to \mathbf{R}_+, \tag{2.2.2}$$

$$P_i \text{ 连续可微}, \tag{2.2.3}$$

$$P_i(0) = 0. \tag{2.2.4}$$

存在正实数 $\lambda_i$ 和 $\mu_i$, $\lambda_i \leqslant \mu_i$, 使得

$$\begin{cases} P_i(S) < D_i, & S \notin [\lambda_i, \mu_i], \\ P_i(S) > D_i, & S \in (\lambda_i, \mu_i). \end{cases} \tag{2.2.5}$$

当对所有的 $S>0$, $P_i(S)<D_i$ 时, $\lambda_i=\mu_i=+\infty$; 另一方面, 如果 $P_i(S)$ 是单调增或如果 $S>\lambda_i$, 有 $P_i(S)>D_i$, 那么 $\mu_i=+\infty$. 这里考虑在文献中常见的四种形式, 其中, 单调性功能反应函数为

(i) Lotka-Volterra 型

$$P_i(S)=m_iS, \tag{2.2.6}$$

(ii) Michaelis-Menten 型

$$P_i(S)=\frac{m_iS}{a_i+S}, \tag{2.2.7}$$

(iii) Sigmoidal 型

$$P_i(S)=\frac{m_iS^2}{(a_i+S)(b_i+S)}, \tag{2.2.8}$$

非单调性功能反应函数为

(iv) Inhibition 型

$$P_i(S)=\frac{m_iS}{(a_i+S)(b_i+S)}. \tag{2.2.9}$$

假定

$$\lambda_1<\lambda_2\leqslant\cdots\leqslant\lambda_n. \tag{2.2.10}$$

为方便, 定义

$$\rho_i\equiv\min\{S^0,\ \mu_i\},\quad i=1,2,\cdots,n. \tag{2.2.11}$$

**引理 2.2.1** (2.2.1) 的解 $S(t)$, $x_i(t)$, $i=1,2,\cdots,n$ 是正的和有界的, 并且如果对某个 $i\in\{1,2,\cdots,n\}$, 有 $\lambda_i<S^0<\mu_i$, 那么 $S(t)<S^0$ 对所有充分大的 $t$ 成立.

**证明** 由于对任意 $\tau\geqslant 0$, 若 $S(\tau)=0$, 意味着 $S'(\tau)>0$, 故 $S(t)$ 对所有 $t>0$ 为正. 对 $x_i(t)$, 由于界面 $x_i\equiv 0$ 是不变的, 由解的唯一性知, 轨线在有限时间内不可能达到界面, 所以 $x_i(t)$ 对所有 $t>0$ 亦为正.

$$\left(S(t)+\sum_{i=1}^{n}\frac{x_i(t)}{y_i}\right)'\leqslant(S^0-S(t))D-\sum_{i=1}^{n}\frac{x_i(t)D_i}{y_i}\leqslant S^0D-\bar{D}\left(S(t)+\sum_{i=1}^{n}\frac{x_i(t)}{y_i}\right),$$

这里 $\bar{D}\equiv\min\{D,D_1,D_2,\cdots,D_n\}$. 因此,

$$S(t)+\sum_{i=1}^{n}\frac{x_i(t)}{y_i}\leqslant\exp(-\bar{D}t)\left(S(0)+\sum_{i=1}^{n}\frac{x_i(0)}{y_i}-\frac{DS^0}{\bar{D}}\right)+\frac{DS^0}{\bar{D}}.$$

由于所有解为正, 立即可得所有解有界.

假定 $\lambda_i<S^0<\mu_i$, 如果对所有充分大的 $t$, 有 $S(t)>S^0$, 这时有 $S'(t)<0$, 那么 $S(t)\downarrow S^*\geqslant S^0$. 但 $S^*>S^0$ 意味着 $S'(t)\leqslant(S^0-S^*)D<0$, 因此 $S(t)\downarrow-\infty$,

得到矛盾. 如果 $S^* = S^0$, 由于 $\lambda_i < S^0 < \mu_i$, $S(t) \downarrow S^0$ 意味着对所有充分大的 $t$, $S(t) \in (\lambda_i,\ \mu_i)$. 但对所有充分大的 $t$, 有 $x_i'(t) > 0$, 因此 $x_i(t) \uparrow x_i^* > 0$. 由于 $x_i(t)$ 和 $x_i''$ 对所有 $t > 0$ 有界, 利用中值定理[7] 得到, 当 $t \to \infty$ 时, $x_i' \to 0$, 因此 $S(t) \to \lambda_i$ 或 $\mu_i$, 再一次得到矛盾. 因此或者对所有 $t$, $S(t) < S^0$, 或者存在 $\tau \geqslant 0$, 使 $S(\tau) = S^0$. 但这时 $S'(\tau) < 0$, 因此对所有 $t \geqslant \tau$, 有 $S(t) < S^0$. □

**引理 2.2.2**　系统 (2.2.1) 的所有解, 如果 $\lambda_i \geqslant S^0$, 则 $\lim\limits_{t\to\infty} x_i(t) = 0$.

**定理 2.2.1**　假定 $\lambda_1 < \lambda_2 \leqslant \cdots \leqslant \lambda_n$ 和 $\lambda_1 < S^0 < \mu_1$, 如果能找到常数 $\alpha_i > 0$, 对每个 $i \geqslant 2$ 满足 $\lambda_i < S^0$, 使得

$$\max_{0<S<\lambda_1} g_i(S) \leqslant \alpha_i \leqslant \min_{\lambda_i<S<\rho_i} g_i(S), \tag{2.2.12}$$

这里

$$g_i(S) = \frac{P_i(S)(-D_1 + P_1(S))(S^0 - \lambda_1)}{D_1(-D_i + P_i(S))(S^0 - S)}, \tag{2.2.13}$$

那么 (2.2.1) 的所有解满足

$$\lim_{t\to\infty} S(t) = \lambda_1, \quad \lim_{t\to\infty} x_1(t) = \frac{y_1 D(S^0 - \lambda_1)}{D_1}, \quad \lim_{t\to\infty} x_i(t) = 0, \quad i = 2, 3, \cdots, n,$$

即平衡点 $E_{\lambda_1} = (\lambda_1, y_1 D(S^0 - \lambda_1)/D_1,\ 0, \cdots,\ 0)$ 是全局渐近稳定的.

**证明**　由引理 2.2.2, 不失一般性, 假定 $\lambda_i < S^0$, $i = 1, \cdots, n$. 因为当 $\lambda_i \geqslant S^0$ 时, 任何种群趋于绝种, 我们在集合

$$G = \{(S, x_1, \cdots, x_n):\ S \in (0, S^0),\ x_i \in (0, \infty),\ i = 1, 2, \cdots, n\}$$

上定义李雅普诺夫函数

$$V(S, x_1, \cdots, x_n) = \int_{\lambda_1}^{S} \frac{(P_1(\xi) - D_1)(S^0 - \lambda_1)}{D_1(S^0 - \xi)} \mathrm{d}\xi + \frac{1}{y_1}\left(x_1 - x_1^* \ln \frac{x_1}{x_1^*}\right) + \sum_{i=2}^{n} \frac{\alpha_i}{y_i} x_i,$$

这里 $\alpha_i$, $i = 2, \cdots, n$ 是待定常数.

$$\begin{aligned}\frac{\mathrm{d}V}{\mathrm{d}t} =& \frac{x_1}{y_1}(P_1(S) - D_1)\left[1 - \frac{(S^0 - \lambda_1)P_1(S)}{(S^0 - S)D_1}\right] \\ &+ \sum_{i=2}^{n} \frac{x_i}{y_i}\left[\alpha_i(-D_i + P_i(S)) - \frac{P_i(S)(-D_1 + P_1(S))(S^0 - \lambda_1)}{(S^0 - S)D_1}\right].\end{aligned}$$

注意到, 当 $0 < S < S^0$ 时上式中第一项总为非正. 这时对 $S \in [0, S^0)$ 为零当且仅当 $S = \lambda_1$ 或 $x_1 = 0$. 对每个 $i = 2, \cdots, n$, 定义

$$h_i(S) = \alpha_i(-D_i + P_i(S)) - \frac{P_i(S)(-D_1 + P_1(S))(S^0 - \lambda_1)}{(S^0 - S)D_1}. \tag{2.2.14}$$

如果 $S \in [\lambda_1, \lambda_i]$, 或者 $\mu_i < S^0$ 和 $S \in [\mu_i, S^0]$, 那么 $h_i(S) < 0$ 对任意 $\alpha_i > 0$ 成立. 这样对每个 $S \in (0, S^0)$, $h_i(S) < 0$, 找到满足 (2.2.13) 的 $\alpha_i > 0$ 是可能的. 由 LaSalle 不变原理[4], (2.2.1) 的有界解包含在 $G$ 中. 因此, 由引理 2.2.1, (2.2.1) 的解逼近于 $E = \{(S, x_1, \cdots, x_n) \in \bar{G} : \dot{V} = 0\}$ 的最大不变子集合 $M$. $E$ 由下列形式的点构成

$$(S, 0, \cdots, 0), \quad S \in [0, S^0], \tag{2.2.15}$$

$$(\lambda_1, x_1, 0, \cdots, 0), \quad x_1 \in [0, \infty], \tag{2.2.16}$$

如果形如 $(\lambda_1, x_1, 0, \cdots, 0)$ 的任何点在 $\mathbf{R}_+^{n+1}$ 内出发的所有解的 $\Omega$ 极限集中, 则有 $E_{\lambda_1} \in \Omega$. 由于 $E_{\lambda_1}$ 在面 $\{(S, x_1, 0, \cdots, 0) : S \geqslant 0, x_1 > 0\}$ 上是全局渐近稳定的, 而 $E_{\lambda_1}$ 是 (2.2.1) 的一个局部稳定的平衡点, 因而, 如果 $E_{\lambda_1} \in \Omega$, 则有 $\Omega = \{E_{\lambda_1}\}$, 没有形如 (2.2.15) 的点在 $\Omega$ 极限集中. 如果 $S \neq S^0$, 由于通过 $\Omega$ 中的任何点的整条轨线必须在 $\Omega$ 中, 这将意味着 $\Omega$ 不是紧的, 得到矛盾. 如果 $S = S^0$, 由于 $E^0 = (S^0, 0, \cdots, 0)$ 是不稳定的, 且它的稳定的流形不穿过 $\mathbf{R}_+^{n+1}$ 的内部, 这就意味着 $\Omega \neq \{E_0\}$, 因此 $E$ 中某些其他点必须在 $\Omega$ 中. 但这是不可能的, 除非只有 $\Omega = \{E_{\lambda_1}\}$. □

有趣的是当 $P_i(S)$ 具有同类功能反应函数时, $\alpha_i$ 总是能够找到. 因此定理 2.2.3 能够被应用. $g_i(S)$ 的一般形式如图 2.2.1 所示.

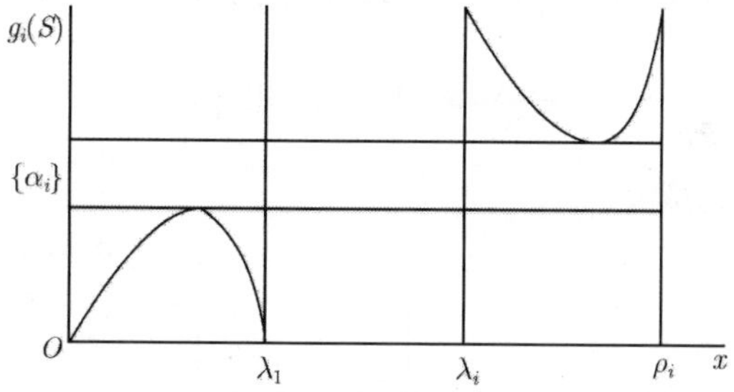


图 2.2.1

图 2.2.1 是条件 (2.2.12) 的一个图示描述, 一般来说, $g_i(S)$ 在 $[0, \lambda_1]$, $(\lambda_i, \rho_i)$ 上是连续的. $S \in [0, \lambda_1] \cup (\lambda_i, \rho_i)$ 时, $g_i(S) \geqslant 0$, $g_i(0) = 0 = g_i(\lambda_1)$, $\lim\limits_{S \to \lambda_i^+} g_i(S) = +\infty = \lim\limits_{S \to \rho_i^-} g_i(S)$. 条件 (2.2.12) 需要对每个 $i \geqslant 2$, $\lambda_i < S^0$, 存在 $\alpha_i > 0$, 使得

$$\max_{x_0 \leqslant S \leqslant \lambda_1} g_i(S) \leqslant \alpha_i \leqslant \min_{\lambda_i \leqslant S \leqslant \rho_i} g_i(S),$$

所以对一般类型的功能反应函数找到这样的 $\alpha_i$ 是可能的.

**推论 2.2.1** 假定 $\lambda_1 < \lambda_2 \leqslant \cdots \leqslant \lambda_n$ 和 $\lambda_1 < S^0 < \mu_1$. 对每个 $i \geqslant 2$, $\lambda_i < S^0$, 如果 $\omega_i(S)$ 满足:

$$\begin{cases} \omega_i(S) \leqslant \omega_i(\lambda_1), & S \in [0, \lambda_1], \\ \omega_i(S) \geqslant \omega_i(\lambda_1), & S \in [\lambda_i, \rho_i], \end{cases} \tag{2.2.17}$$

这里

$$\omega_i(S) = g_i(S)\frac{S - \lambda_i}{S - \lambda_1}.$$

例如, 如果 $\omega_i(S)$ 在整个 $S \in (0, \rho_i)$ 上是增加的, 那么平衡点

$$E_{\lambda_1} = (\lambda_1, y_1 D(S^0 - \lambda_1, 0, \cdots, 0))$$

是全局渐近稳定的.

**证明**　如图 2.2.2, 函数 $(S - \lambda_1)/(S - \lambda_i)$ 在 $[0, \lambda_1]$ 及 $[\lambda_i, \rho_i]$ 上是单调减的, 且 $\lambda_1/\lambda_i < (\rho_i - \lambda_1)/(\rho_i - \lambda_i)$, 因此

$$\max_{0<S<\lambda_1} \frac{S - \lambda_1}{S - \lambda_i} < \min_{\lambda_i<S<\rho_i} \frac{S - \lambda_1}{S - \lambda_i}.$$

如果 $\omega_i(S)$ 满足 (2.2.17), 那么

$$\max_{0<S<\lambda_1} \omega_i(S) \leqslant \min_{\lambda_i<S<\rho_i} \omega_i(S).$$

然而, $g_i(S) = \omega_i(S)(S - \lambda_1)/(S - \lambda_i)$, 因此, 由于所有项非负,

$$\max_{0<S<\lambda_1} g_i(S) < \min_{\lambda_i<S<\rho_i} g_i(S),$$

由定理 2.2.1 知结论成立. □

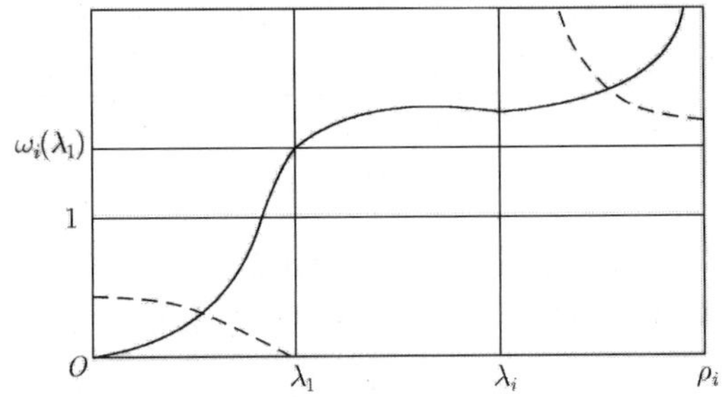


图 2.2.2

$g_i(s) = \omega_i(s)(s - \lambda_1)/(s - \lambda_i)$; 虚线表示$(s - \lambda_1)/(s - \lambda_i)$, 实线表示$\omega_i(s)$.

叙述下一个推论前, 先作以下介绍. 对每个 $i = 1, 2, \cdots, n$, 令 $K_i$ 表示一个正实数, 且满足

$$\frac{P_i(S)}{S^{K_i}} \text{ 在 } [0, S^0] \text{ 上连续}, \tag{2.2.18}$$

$$\lim_{S\to 0^+}\frac{P_i(S)}{S^{K_i}}>0. \tag{2.2.19}$$

定义

$$f_i(S)=\frac{S^{K_i}(-D_i+P_i(S))}{P_i(S)(S-\lambda_i)},\quad S\in[0,S^0] \tag{2.2.20}$$

和

$$f(S)=\frac{P_1(S)f_1(S)}{S^0-S},\quad S\in[0,S^0). \tag{2.2.21}$$

注意 $f_i(S)$ 和 $f(S)$ 是连续的和非负的, 特别对四种情况 (2.2.6)~(2.2.9) 有唯一的 $K_i$ 存在.

(i) Lotka-Volterra 型: $f_i(S)=1$.

(ii) Michaelis-Menten 型: $f_i(S)=\dfrac{m_i-1}{m_i}$.

(iii) Sigmoidal 型: $f_i(S)=\dfrac{\lambda_i a_i b_i+S(\lambda_i(a_i+b_i)+a_i b_i)}{(a_i+\lambda_i)(b_i+\lambda_i)}$.

(iv) Inhibition 型: $f_i(S)=\dfrac{a_i(\mu_i-S)}{(a_i+\lambda_i)(a_i+\mu_i)}$.

因此,

$$g_i(S)=\frac{S^{K_i}f(S)(S-\lambda_1)(S^0-\lambda_1)}{S^{K_1}f_i(S)(S-\lambda_i)D_1}=U_i(S)V_i(S)\frac{(S^0-\lambda_1)}{D_1}, \tag{2.2.22}$$

这里

$$U_i(S)=S^{K_i-K_1}f(S),\quad V_i(S)=\frac{S-\lambda_1}{(S-\lambda_i)f_i(S)}. \tag{2.2.23}$$

**推论 2.2.2** 假定 $\lambda_1<\lambda_2\leqslant\cdots\leqslant\lambda_n$, $\lambda_1<S^0$, 对所有 $i=1,2,\cdots,n$, $\mu_i>S^0$, 对每个 $i\geqslant 2$ 满足 $\lambda_i<S^0$. 如果 $U_i(S)$ 在 $[0,S^0)$ 上单调增和 $V_i(S)$ 在 $[0,\lambda_1]$, $(\lambda_i,\ S^0]$ 上单调减, 那么存在唯一的点 $\gamma\in(0,\lambda_1)$ 和 $\eta\in(\lambda_i,\ S^0)$, 使得

$$U_i(\gamma)=V_i(\gamma)\text{ 和 }U_i(\eta)=V_i(\eta). \tag{2.2.24}$$

如果

$$U_i(\gamma)\leqslant V_i(S^0)\text{ 和 }U_i(\eta)\geqslant V_i(0), \tag{2.2.25}$$

那么定理 2.2.1 的结论成立. 特别地, 如果

$$U_i(\lambda_i)\geqslant V_i(0)\text{ 和 }U_i(\lambda_1)\leqslant V_i(S^0) \tag{2.2.26}$$

或

$$V_i(0)\leqslant V_i(S^0), \tag{2.2.27}$$

那么 (2.2.25) 成立, 因此定理 2.2.1 的结论成立.

**证明**　如图 2.2.3. 由于 $U_i(0)=0$, $V_i(0)>0$, $U_i(\lambda_1)>0$, $V_i(\lambda_1)=0$, 且 $U_i(S)$ 在 $(0,\lambda_1)$ 内单调增, $V_i(S)$ 单调减, 且两函数连续, 因此两个函数有唯一的交点 $\eta\in(0,\lambda_1)$. 由于当 $S\to\lambda_i^+$ 时 $V_i(S)\to\infty$, 当 $S\to S^{0-}$ 时 $U_i(S)\to\infty, U_i(\lambda_i)>0$(有限的), $V_i(S^0)>0$(有限的), 在 $(\lambda_i,S^0)$ 上 $U_i(S)$ 是单调增, $V_i(S)$ 是单调减, 且两函数连续. 所以两函数有唯一的交点 $\eta\in(\lambda_i,S^0)$.

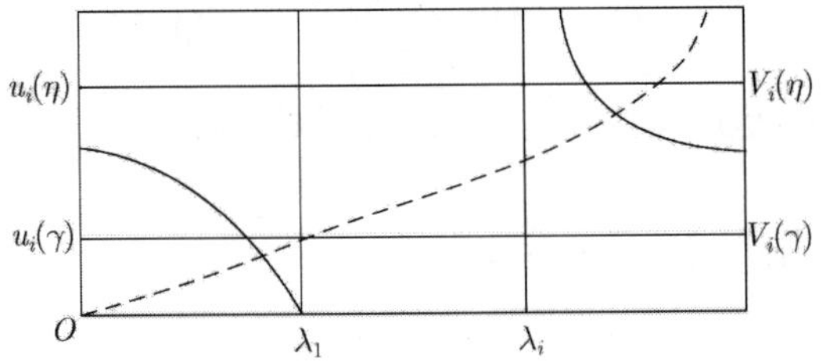


图 2.2.3

$g_i(s)=u_i(s)v_i(s)(s^0-\lambda_1)/D_1$； 虚线表示$u_i(s)$, 实线表示$v_i(s)$.

定义

$$X_1(S)=\begin{cases}V_i(S), & 0\leqslant S\leqslant\gamma,\\ U_i(S), & \gamma\leqslant S\leqslant\lambda_1,\end{cases}\qquad X_2(S)=\begin{cases}U_i(S), & 0\leqslant S\leqslant\gamma,\\ V_i(S), & \gamma\leqslant S\leqslant\lambda_1,\end{cases}$$

$$Y_1(S)=\begin{cases}V_i(S), & \lambda_i\leqslant S\leqslant\eta,\\ U_i(S), & \eta\leqslant S\leqslant S^0,\end{cases}\qquad Y_2(S)=\begin{cases}U_i(S), & \lambda_i\leqslant S\leqslant\eta,\\ V_i(S), & \eta\leqslant S\leqslant S^0.\end{cases}$$

如果 (2.2.25) 成立, 那么

$$\max_{0\leqslant S\leqslant\lambda_1}X_1(S)\leqslant\min_{\lambda_i\leqslant S\leqslant S^0}Y_1(S),\quad \max_{0\leqslant S\leqslant\lambda_1}X_2(S)\leqslant\min_{\lambda_i\leqslant S\leqslant S^0}Y_2(S),\tag{2.2.28}$$

因此,

$$\max_{0\leqslant S\leqslant\lambda_1}X_1(S)X_2(S)\frac{S^0-\lambda_1}{D_1}\leqslant\min_{\lambda_i\leqslant S\leqslant S^0}Y_1(S)Y_2(S)\frac{S^0-\lambda_1}{D_1},$$

这就意味着 (2.2.12) 成立, 因此定理 2.2.1 能被应用. 特别地, 如果 (2.2.26) 成立, 那么

$$U_i(\gamma)=V_i(\gamma)<V_i(0)\leqslant U_i(\lambda_i)<U_i(\eta)$$

和

$$V_i(S^0)\geqslant U_i(\lambda_1)>U_i(\gamma).$$

因此, (2.2.25) 成立. 类似地, 如果 (2.2.27) 成立, 那么

$$U_i(\gamma)=V_i(\gamma)\leqslant V_i(0)\leqslant V_i(S^0)<V_i(\eta)=U_i(\eta),$$

这样 (2.2.25) 又成立.

如果把四种类型做任何的混合作为功能反应函数 $P_i(S)$, 那么在定理 2.2.1 的假设下, 总能找到适当的常数 $\alpha_i$, 使得平衡点 $E_{\lambda_1}$ 是全局稳定的. 后来, Li[8] 又用类似的方法进一步改进了文献 [6] 中的结果. 文献 [9], [11], [12] 中还讨论了两种群具有互相干扰的竞争模型.

在基本的恒化器竞争模型中, 通常竞争排斥原理成立, 即多个种群竞争一个食物源时共存不可能发生.Leenheer 和 Smith[13] 在恒化器模型中引入了反馈控制, 把稀释率作为反馈控制变量, 而营养液的初始浓度保持常量. 在这种情况下两种群竞争一个食物源时可以发生共存, 该共存的表现形式为非负象限内的全局渐近稳定的正平衡点. 其模型为

$$S'(t) = (1 - S(t))D(t) - \sum_{i=1}^{2} x_i f_i(S),$$
$$x_i'(t) = x_i(t)(-D(t) + f_i(S)), \quad i = 1, 2,$$

其中, $D(t) = k_1 x_1(t) + k_2 x_2(t) + \varepsilon$.

然而, 在测量微生物的浓度后改变稀释率会有一个很短的时滞, 因而, Tagashira 和 Hara[14] 在 Leenheer 和 Smith[13] 模型的基础上对反馈控制变量引入了离散时滞, 其模型为

$$S'(t) = (1 - S(t))D(t-\tau) - \sum_{i=1}^{2} x_i f_i(S),$$
$$x_i'(t) = x_i(t)(-D(t-\tau) + f_i(S)), \quad i = 1, 2,$$

其中, $D(t-\tau) = k_1 x_1(t-\tau) + k_2 x_2(t-\tau) + \varepsilon$.

Tagashira 和 Hara 研究了该模型正平衡点的稳定性质, 指出正平衡点会由稳定转向不稳定, 当时滞 $\tau$ 到达一定值时, 正平衡点将发生 Hopf 分支. 这意味着种群的共存形式将会由非负象限内全局渐近稳定的正平衡点变为一些周期解.

## 参 考 文 献


[1] Taylor P A, Williams F L. Theorentical studies on the coexistence of competing species under continuous-flow conditions. Canada. J. Microbial, 1975, 21: 90~98.

[2] Hsu S B, Hubbell S P, Waltman P. A mathematical theory of single-nutrient competition in continuous cultures of microorganisms. SIAM J. Appl. Math., 1977, 32: 366~383.

[3] Hsu S B. Limiting behavior for competing species. SIAM J. Appl. Math., 1978, 34: 760~763.

[4] LaSalle J P. The stability of dynamical systems. Philadelphia: Society for industry and Appl Math., 1976.

[5] Butler G J, Wolkowicz G S K. A mathematical model of the chemostat with a general clall of functions describing nutrient uptake. SIAM J. Appl. Math., 1985, 45: 138~151.

[6] Wolkowicz G S K, Lu Z. Global dynamics of a mathematical model of competition in the chemostat: general response functions and differential death rates. SIAM J. Appl. Math., 1992, 52: 222~233.

[7] Miller R. Nonlinear Volterra Equations. New York: W.A. Benjamin, 1971.

[8] Li B. Global asymptotic behavior of the chemostat: general response functions and different removal. SIAM J. Appl. Math., 1998, 59: 411~422.

[9] Wolkowicz G S K, Lu Z. Direct interference on competition in chemostat. J. of Biomath., 1998, 13: 282~291.

[10] Hadeler K P, Lu Z. Qualitative analysis of the chemostat system. J. of Biomath., 1998, 13: 602~609.

[11] Freedmam H I, Xu Y T. Models of competition in the chemostat with instantanuous and delayed nutrient recycling. J. Math. Biol., 1993, 31: 523~527.

[12] Ruan S, He X. Global stability in chemostat-type competition models with nutrient recycling. SIAM J. Appl. Math., 1998, 58: 170~192.

[13] De Leenheer P, Smith H L. Feedback control for chemostat modles. J. Math. Biol., 2003, 46: 48~70.

[14] Tagashira O, Hara T. Delayed feedback control for a chemostat model. J. Math. Biosci., 2006, 201: 101~112.

# 第 3 章　食物链形式的竞争模型

## 3.1　简单的食物链形式的竞争模型

由前几节的讨论已经知道, 两个或更多微生物竞争一个营养源时, 只有一个竞争种群得以生存 —— 即竞争排斥原理成立.

现在考虑有两个较高等的微生物 $y$ 和 $z$, 它们以较低等的生物 $x$ 为食物源, 而 $x$ 又以 $S$ 为营养, 这时数学模型为

$$\begin{cases} S' = (S^{(0)} - S)D - \dfrac{m_1 S x}{\gamma_1(a_1 + S)}, \\ x' = x\left(\dfrac{m_1 S}{a_1 + S} - D - \dfrac{m_2 y}{\gamma_2(a_2 + x)} - \dfrac{m_3 z}{\gamma_3(a_3 + x)}\right), \\ y' = y\left(\dfrac{m_2 x}{a_2 + x} - D\right), \\ z' = z\left(\dfrac{m_3 x}{a_3 + x} - D\right), \\ S(0) = S_0 \geqslant 0, \quad x(0) = x_0 \geqslant 0, \\ y(0) = y_0 \geqslant 0, \quad z(0) = z_0 \geqslant 0. \end{cases} \tag{3.1.1}$$

系统 (3.1.1) 在实验室中可以通过实验实现, $S^{(0)}$ 和 $D$ 可以由实验操作控制, $m_i$, $a_i$, $\gamma_i$, $i = 1, 2, 3$ 也是容易被测定的量. 由此可见, 恒化器在微生物生态学研究中确实扮演了一个重要角色.

可以假定 $S$ 是糖, $x$ 是细菌, $y$ 和 $z$ 是某原生动物. 这个系统亦可视作一个污水处理系统. 现在介绍文献 [1] 的理论研究, 下面将看到对这个系统竞争排斥原理不再成立.

为方便起见, 通过变换, (3.1.1) 可以成为更简洁的形式

$$\begin{cases} S' = 1 - S - \dfrac{m_1 S x}{a_1 + S}, \\ x' = x\left(\dfrac{m_1 S}{a_1 + S} - 1 - \dfrac{m_2 y}{a_2 + x} - \dfrac{m_3 z}{a_3 + x}\right), \\ y' = y\left(\dfrac{m_2 x}{a_2 + x} - 1\right), \\ z' = z\left(\dfrac{m_3 x}{a_3 + x} - 1\right). \end{cases} \tag{3.1.2}$$

**引理 3.1.1**　初值问题 (3.1.2) 的所有解的 $\omega$ 极限集在超平面 $S+x+y+z=1$ 之中.

**证明**　设 $\Sigma(t)=S(t)+x(t)+y(t)+z(t)$, 那么 $\Sigma'(t)=1-\Sigma(t)$, 由 $\Sigma(0)\geqslant 0$, 引理得证. □

利用引理 3.1.1, 可以去掉 (3.1.2) 中的一个变量, 成为

$$\begin{cases} x'=x\left(\dfrac{m_1(1-x-y-z)}{a_1+1-x-y-z}-1-\dfrac{m_2y}{a_2+x}-\dfrac{m_3z}{a_3+x}\right),\\ y'=y\left(\dfrac{m_2x}{a_2+x}-1\right),\\ z'=z\left(\dfrac{m_3x}{a_3+x}-1\right),\\ x(0)=x_0\geqslant 0,\quad y(0)=y_0\geqslant 0,\quad z(0)=z_0\geqslant 0, \end{cases} \tag{3.1.3}$$

这里 $0\leqslant x,y,z\leqslant 1$.

**引理 3.1.2**　如果 $m_1\leqslant 1$ 或 $\lambda_1\geqslant 1$, 那么 $\lim\limits_{t\to\infty}x(t)=0$, $\lim\limits_{t\to\infty}y(t)=0$, $\lim\limits_{t\to\infty}z(t)=0$; 如果 $m_2\leqslant 1$ 或 $\lambda_2\geqslant 1$, 则 $\lim\limits_{t\to\infty}y(t)=0$; 如果 $m_3\leqslant 1$ 或 $\lambda_3\geqslant 1$, 则 $\lim\limits_{t\to\infty}z(t)=0$.

在以下讨论中作如下假设:

(H1)　　$m_i>1$ 和 $\lambda_i<1$, $i=1,2,3$, $\lambda_2<\lambda_3$.

先考察一个特殊情况, 当 $z\equiv 0$ 时, 系统 (3.1.2) 成为

$$\begin{cases} S'=1-S-\dfrac{m_1Sx}{a_1+S},\\ x'=\dfrac{m_1xS}{a_1+S}-x-\dfrac{m_2xy}{a_2+x},\\ y'=\dfrac{m_2xy}{a_2+x}-y,\\ S(0)=S_0\geqslant 0,\quad x(0)=x_0\geqslant 0,\quad y(0)=y_0\geqslant 0. \end{cases}$$

这是一个最简单的食物链, $y$ 吃 $x$, $x$ 吃 $S$. 这个系统具有与 (3.1.2) 类似的性质, 即正锥是不变的. 当 $m_1\leqslant 1$ 或 $\lambda_1\geqslant 1$ 时, $\lim\limits_{t\to\infty}x(t)=0$(因此 $\lim\limits_{t\to\infty}y(t)=0$), 当 $m_2\leqslant 1$ 或 $\lambda_2\geqslant 0$ 时, $\lim\limits_{t\to\infty}x(t)=0$, 且任何解的 $\omega$ 极限集在集合 $\hat{T}=\{(S,x,y):S+x+y=1,S\geqslant 0,x\geqslant 0,y\geqslant 0\}$ 中. 由于每条轨线渐近于它的 $\omega$ 极限集, 因此, 仅需考虑

$$\begin{cases} x'=x\left(\dfrac{m_1(1-x-y)}{a_1+1-x-y}-1-\dfrac{m_2y}{a_2+x}\right),\\ y'=y\left(\dfrac{m_2x}{a_2+x}-1\right) \end{cases} \tag{3.1.4}$$

和三角形区域

$$T = \{(x, y) : 0 \leqslant x, y, x + y \leqslant 1\}.$$

(3.1.4) 在边界上有两个平衡点 $\boldsymbol{E}_1 = (0, 0)$, $\boldsymbol{E}_2 = (1 - \lambda_1, 0)$, 这里 $\lambda_1 = a_1/(m_1 - 1)$, $m_1 > 1$. 它的变分矩阵是

$$\boldsymbol{M} = \begin{pmatrix} m_{11} & m_{12} \\ m_{21} & m_{22} \end{pmatrix},$$

其中

$$m_{11} = \frac{m_1(1 - x - y)}{1 + a_1 - x - y} - \frac{m_2 y}{a_2 + x} - 1 + x\left(-\frac{m_1 a_1}{1 + a_1 - x - y} + \frac{m_2 y}{(a_2 + x)^2}\right),$$

$$m_{12} = -\frac{m_1 a_1 x}{(1 + a_1 - x - y)^2} - \frac{m_2 x}{a_2 + x},$$

$$m_{21} = \frac{m_2 a_2 y}{(a_2 + x)^2},$$

$$m_{22} = \frac{m_2 x}{a_2 + x} - 1.$$

在 $\boldsymbol{E}_1$,

$$\boldsymbol{M} = \begin{pmatrix} \dfrac{(m_1 - 1)(1 - \lambda_1)}{1 + a_1} & 0 \\ 0 & -1 \end{pmatrix}.$$

因此, 如果 $m_1 < 1$或$\lambda_1 > 1$, 则 $E_1$ 是渐近稳定的. 当 $m_1 > 1$和$\lambda_1 < 1$ 时, $\boldsymbol{E}_1$ 是一个鞍点.

在 $\boldsymbol{E}_2$,

$$\boldsymbol{M} = \begin{pmatrix} -(1 - \lambda_1)\dfrac{m_1 a_1}{(\lambda_1 + a_1)^2} & -(1 - \lambda_1)\left[\dfrac{m_1 a_1}{(\lambda_1 + a_1)^2} + \dfrac{m_2}{1 + a_2 - \lambda_1}\right] \\ 0 & \dfrac{(m_2 - 1)(1 - \lambda_1 - \lambda_2)}{1 + a_2 - \lambda_1} \end{pmatrix}.$$

要使 $\boldsymbol{E}_2$ 在生态学上有意义, 必须有 $0 < \lambda_1 < 1$. 因此, 如果 $\lambda_1 + \lambda_2 > 1$, 则 $\boldsymbol{E}_2$ 是渐近稳定的; 如果 $0 < \lambda_1 + \lambda_2 < 1$, 则 $E_2$ 是一个鞍点. $\boldsymbol{E}_2$ 若是稳定的, 就意味着 $x$ 幸存, $y$ 绝种. 如果在 $T$ 的内部存在一个平衡点 $(x_c, y_c)$, 则有

$$\frac{m_1(1 - x_c - y_c)}{1 - x_c - y_c + a_1} - \frac{m_2 y_c}{a_2 + x_c} = 1, \quad \frac{m_2 x_c}{a_2 + x_c} = 1. \tag{3.1.5}$$

显然 $x_c = \lambda_2 = a_2/(m_2 - 1) > 0$, 因此, $y_c > 0$ 需满足:

$$\frac{m_1(1 - \lambda_2 - y_c)}{1 - \lambda_2 - y_c + a_1} - \frac{m_2 y_c}{a_2 + \lambda_2} = 1, \tag{3.1.6}$$

即 $(m_1-1)(1-\lambda_2-y_c-\lambda_1)=\dfrac{y_c}{\lambda_2}(1-\lambda_2-y_c+a_1)$.

由于 $\lambda_2+y_c$ 必须小于 1, 如果 $\lambda_1+\lambda_2>1$, 则 (3.1.6) 无正解存在. 因此, 如果 $\boldsymbol{E}_2$ 渐近稳定, 则无内部平衡点. 如果 $\lambda_1+\lambda_2<1$, 那么 (3.1.6) 有一个正解 $y_c$. 它的变分矩阵在 $(x_c,y_c)$ 为

$$\boldsymbol{M}=\begin{pmatrix}\dfrac{-m_1\lambda_2a_1}{(1-\lambda_2-y_c+a_1)^2}+\dfrac{m_2y_c\lambda_2}{(a_2+\lambda_2)^2} & \dfrac{-m_1\lambda_2a_1}{(1-\lambda_2-y_c+a_1)^2}-1\\ \dfrac{(m_2-1)y_c}{\lambda_2+a_2} & 0\end{pmatrix}.$$

如果

$$\frac{y_c}{m_2\lambda_2^2}<\frac{m_1a_1}{(1-\lambda_2-y_c+a_1)^2},\tag{3.1.7}$$

则 $(x_c,y_c)$ 是渐近稳定的. 如果 (3.1.7) 的不等号相反, 则 $(x_c,y_c)$ 不稳定. 由 Poincaré-Bendixson 定理, (3.1.4) 至少存在一个周期解. 如果多于一个, 那么里面的一个内侧稳定, 外面的一个外侧稳定.

这样就产生两个问题: ① 如果 (3.1.7) 成立, 那么 $(x_c,y_c)$ 是否全局稳定? ② 如果 (3.1.7) 的不等号相反, 极限环是否唯一? 令

$$S(t)=1-x(t)-y(t),\quad S_c=1-x_c-y_c,$$

这时有

$$S(t)-S_c=\frac{\dfrac{1}{x}\dfrac{\mathrm{d}x}{\mathrm{d}t}-\dfrac{m_2}{m_2-1}\left(1+\dfrac{y_2}{a_2+\lambda_2}\right)\dfrac{1}{y}\dfrac{\mathrm{d}y}{\mathrm{d}t}}{\dfrac{m_1a_1}{(a_1+S_c)(a_1+S(t))}+\dfrac{m_2}{a_2+x}}.\tag{3.1.8}$$

这是因为

$$\begin{aligned}\frac{x'}{x}&=\frac{m_1S}{a_1+S}-\frac{m_2y}{a_2+x}-1\\&=\frac{m_1S}{a_1+S}-\frac{m_1S_c}{a_1+S_c}+\frac{m_2y_c}{a_2+\lambda_2}-\frac{m_2y}{a_2+x}\\&=\frac{m_1a_1(S-S_c)}{(a_1+S)(a_1+S_c)}-\frac{m_2}{a_2+x}(y-y_c)+\frac{m_2y_c}{(a_2+\lambda_2)(a_2+x)}(x-x_c)\\&=\left(\frac{m_1a_1}{(a_1+S)(a_1+S_c)}+\frac{m_2}{a_2+x}\right)(S-S_c)+\frac{m_2}{a_2+x}\\&\quad+\frac{m_2y_c}{(a_2+\lambda_2)(a_2+x)}(x-\lambda_2)\\&=\left(\frac{m_1a_1}{(a_2+S)(a_1+S_c)}+\frac{m_2}{a_2+x}\right)(S-S_c)+\frac{y'}{y}\frac{m_2}{m_2-1}\left(1+\frac{y_c}{a_2+\lambda_2}\right),\end{aligned}$$

于是即得式 (3.1.8).

为方便起见, (3.1.4) 变成

$$x' = f_1(x, y), \quad y' = f_2(x, y). \tag{3.1.9}$$

**引理 3.1.3** 令 $\Gamma(t) = (x(t), y(t))$ 是 (3.1.4) 周期为 $T$ 的一个任意周期轨道, $R$ 表示从内部到 $\Gamma$ 的平面的点的集合, 令

$$\Delta = \int_0^T \left(\frac{\partial f_1}{\partial x}(x(t), y(t)) + \frac{\partial f_2}{\partial y}(x(t), y(t))\right) \mathrm{d}t,$$

那么

$$\Delta = \left(\frac{y_c}{m_2 x_c} - \frac{m_1 a_1 x_c}{(a_1 + S_c)^2}\right) T + \int\int_R Q(x, y) \mathrm{d}x \mathrm{d}y, \tag{3.1.10}$$

这里 $Q(x, y) < 0$.

**注** 如果 (3.1.10) 中的系数是负的, 那么轨道 $\Gamma$ 是渐近稳定的.

这个引理的证明比较冗长、复杂, 有兴趣的读者可见文献 [1].

**定理 3.1.1** 如果平衡点 $(x_c, y_c)$ 满足

$$\frac{y_c}{m_2 \lambda_2^2} < \frac{m_1 a_1}{(1 - \lambda_2 - y_c + a_1)^2}, \tag{3.1.11}$$

那么 $(x_c, y_c)$ 是全局渐近稳定的.

**证明** 条件 (3.1.11) 可以确定平衡点 $(x_c, y_c)$ 是渐近稳定的. 假定 $P$ 是一个 $(x_c, y_c)$ 外的任意轨道, 由引理 3.1.3 的注可知, 每一条这样的轨道是渐近稳定的, 但这与至少有一个周期轨道是不稳定的相矛盾, 这样就不存在周期轨道. 由 Poincaré-Bendixson 定理和缺少鞍点连结可知, $(x_c, y_c)$ 的局部渐近稳定是全局性的. □

**定理 3.1.2** 如果 $(x_c, y_c)$ 在正象限内存在, 且

$$\frac{y_c}{m_2 \lambda_2^2} > \frac{m_1 a_1}{(1 - \lambda_2 - y_c + a_1)^2}, \tag{3.1.12}$$

那么 (3.1.4) 存在一个周期轨道.

**证明** 由 Poincaré-Bendixson 定理可得. □

下面考虑系统 (3.1.2).

**引理 3.1.4** 令条件 (H1) 成立, 并令 $f_2(x) = m_2/(a_2 + x)$, $f_3(x) = m_3/(a_3 + x)$, 如果 $f_2(x) > f_3(x)$, $0 \leqslant x \leqslant 1$, 那么 $\lim\limits_{t \to \infty} z(t) = 0$ 对 (3.1.2) 的每一个具正初值条件的解成立.

**证明** 令 $(S(t), x(t), y(t), z(t))$ 是 (3.1.2) 的一个解, 那么

$$\frac{z'(t)}{z(t)} - \frac{y'(t)}{y(t)} = x(t)[f_3(x) - f_2(x)] \leqslant \inf_t x(t)(\delta_1),$$

这里 $\delta_1 = \max\limits_{0 \leqslant x \leqslant 1} [f_3(x) - f_2(x)] < 0$. 如果 $\inf\limits_t x(t) = 0$, 那么容易得到 $\lim\limits_{t \to \infty} \pi(t) = 0$ $(\lim\limits_{t \to \infty} y(t) = 0)$; 如果 $\inf\limits_t x(t) = \delta_2 > 0$, 那么令 $\delta = \delta_1 \delta_2$, 因此,

$$\frac{z'(t)}{z(t)}-\frac{y'(t)}{y(t)}\leqslant\delta<0.$$

那么 $z(t)\leqslant cy(t)\mathrm{e}^{-\delta t}$ 对某个 $c>0$ 成立, 由于 $y(t)$ 有界, 所以 $\lim\limits_{t\to\infty}z(t)=0$. □

这个引理有一个简单的生态学解释, 如果 $y$ 有较强的竞争力, 如有较高的内禀增长率, 那么 $z$ 将灭绝. 例如, 如果 $m_2\geqslant m_3$, $a_2\leqslant a_3$, 并且至少有一个不等式是严格的, 则结论成立.

**引理 3.1.5** 令 (H1) 成立, 如果 $m_3\leqslant m_2$, 那么 $\lim\limits_{t\to\infty}z(t)=0$.

由引理 3.1.5、定理 3.1.1 和定理 3.1.2 可得下面的定理.

**定理 3.1.3** 令 $m_3\leqslant m_2$ 和条件 (H1) 成立, $S(t),x(t),y(t),z(t)$ 是 (3.1.2) 具有初值条件的一个解. 如果

$$\frac{y_c}{m_2x_c^2}<\frac{m_1a_1}{(1-x_c-y_c+a_1)^2},\tag{3.1.13}$$

这里 $x_c=\lambda_2$, $y_c$ 是

$$\frac{m_1(1-\lambda_2-y_c)}{1-\lambda_2-y_c+a_1}-\frac{m_2y}{a_2+\lambda_2}=1$$

的一个正解, 那么

$$\lim_{t\to\infty}(S(t),x(t),y(t),z(t))=(1-x_c-y_c,x_c,y_c,0).$$

如果 (3.1.3) 不等号相反和 $(S(t),x(t),y(t),z(t))$ 是一个非临界轨道, 那它逼近 (或者即是) 平面 $S+x+y=1$, $z=0$ 中的一个周期轨道.

下面讨论共存的情况.

(H2) 假设(3.1.4)存在一个内侧极限环, 它在单位圆内有一个 Floquet 乘数.

**定理 3.1.4** 令 $a_i,m_i,i=1,2$ 被固定, 以便 $m_i>1$, $\lambda_i<1$ 和 (H2) 成立. 固定 $m_3>m_2$, 那么存在一个数 $a_3^*>a_2$, 使得 $a_3<a_3^*$, $|a_3-a_3^*|$ 充分小, 有 $\lambda_2<\lambda_3$ 和 (4.1.3) 在一个任意靠近 $x-y$ 平面的正象限内有一个周期轨道 ((3.1.2) 在 $E^4$ 中任意靠近平面 $S+x+y=1$, $z=0$ 的正锥内有一个周期轨道).

这个定理的证明比较复杂, 需若干引理, 有兴趣的读者可参阅文献 [1]. 类似的研究还有文献 [2]~[5].

## 3.2 一般情形

文献 [6] 研究了更加一般的情形, 其模型如下:

$$\begin{cases} \dot{S}(t) = [S^0 - S(t)]D_0 - \sum\limits_{i\in\Omega} \dfrac{x_i(t)P_i(S(t))}{\eta_i}, \\ \dot{x}_i(t) = F_i(S(t), x_i(t), y_1^i(t), y_2^i(t), \cdots, y_{r_i}^i(t)) \triangleq F_i, \quad i \in \Omega, \\ \dot{y}_j^i(t) = y_j^i(t)[-\Delta_j^i + q_j^i(x_i(t))], \quad i \in \Upsilon \text{ 和 } j \in \{1,2,\cdots,r_i\}, \end{cases} \tag{3.2.1}$$

这里

$$F_i = \begin{cases} x_i(t)[-D_i + P_i(S(t))] - \sum\limits_{j=1}^{r_i} \dfrac{y_j^i(t) q_j^i(x_i(t))}{\xi_j^i}, & i \in \Upsilon, \\ x_i(t)[-D_i + P_i(S(t))], & i \in \Omega \setminus \Upsilon. \end{cases}$$

$$S(0) \geqslant 0, \quad x_i(0) > 0, \quad i \in \Omega, \quad y_j^i(0) > 0, \quad i \in \Upsilon, \quad j \in \{1,2,\cdots,r_i\}.$$

$S(t)$ 表示食物源在时间 $t$ 的浓度, $x_i(t)$, $i \in \Upsilon$, $\Omega = \{1,2,\cdots,n\}$ 表示第 $i$ 个竞争种群在时间 $t$ 的浓度, 这些竞争种群有至少一个捕食种群, 它们的指标在集合 $\Upsilon$ 中. 这样, 如果 $k \in \Omega \setminus \Upsilon$, $x_k$ 就没有捕食种群; 如果 $k \in \Upsilon$, 那么 $r_k$ 表示若干不同的捕食种群捕食 $x_k(t)$, 捕食 $x_k$ 的第 $j$ 个种群用 $y_j^k(t)$ 来表示, 这里 $k \in \Upsilon$ 和 $j \in \{1,2,\cdots,r_k\}$ (图 3.2.1 和图 3.2.2), 对每一个 $i \in \Upsilon$, $r_i$ 是正整数, $S^0$, $\eta_i$, $D_i$, $i \in \Omega$ 和 $\xi_j^i$, $\Delta_j^i$, $i \in \Upsilon$, $j \in \{1,2,\cdots,r_i\}$ 是正常数.

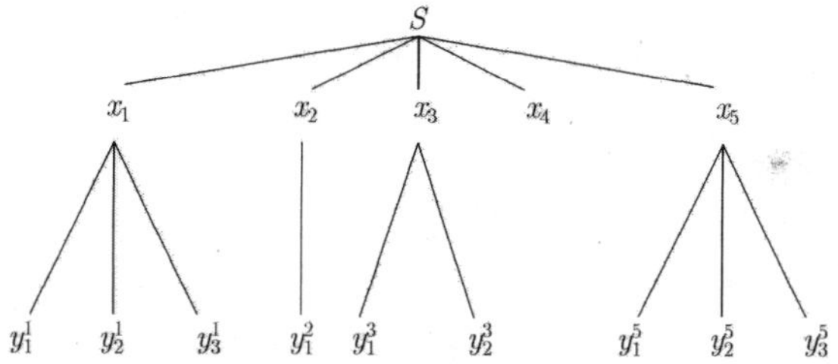


图 3.2.1 一个食物链结构示意图

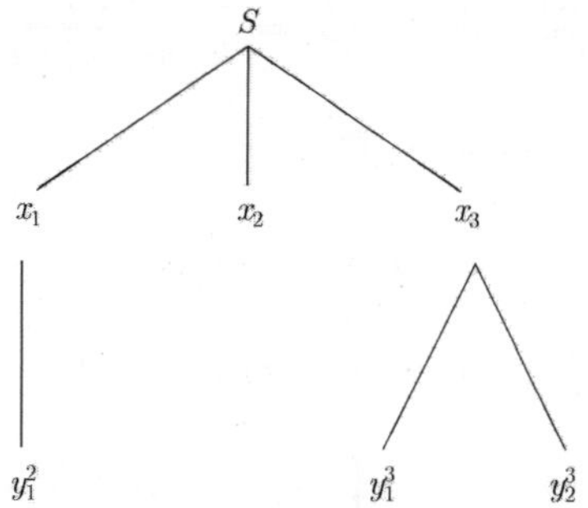


图 3.2.2 一个食物链结构示意图

$\varOmega=\{1,2,3,4,5\}$ 和 $\varUpsilon=\varOmega\setminus\{4\}$, $S$ 表示食物源, $x_k$ 表示第 $k$ 个竞争种群, $x_k$ 有 $r_k$ ($r_1=3,\ r_2=1,\ r_3=2,\ r_5=3$) 个捕食种群, $y_j^k$ 表示 $x_k$ 的第 $j$ 个捕食种群.

$\varOmega=\{1,2,3\}$, $\varUpsilon=\{1,3\}$. $S$ 表示食物源, $x_k$ 表示第 $k$ 个竞争种群. $x_k$ 有 $r_k$ ($r_1=1,\ r_3=2$) 个捕食种群, $y_j^k$ 表示 $x_k$ 的第 $j$ 个捕食种群.

为方便起见, 对 (3.2.1) 进行简化得

$$\begin{cases}\dot S(t)=1-S(t)-\displaystyle\sum_{i\in\varOmega}x_i(t)P_i(S(t)),\\ \dot x_i(t)=F_i(S(t),x_i(t),y_1^i(t),y_2^i(t),\cdots,y_{r_i}^i(t))\triangleq F_i,\quad i\in\varOmega,\\ \dot y_j^i(t)=y_j^i(t)[-\varDelta_j^i+q_j^i(x_i(t))],\quad i\in\varUpsilon,\ j\in\{1,2,\cdots,r_i\},\end{cases}\tag{3.2.2}$$

这里

$$F_i=\begin{cases}x_i(t)[-D_i+P_i(S(t))]-\displaystyle\sum_{j=1}^{r_i}y_j^i(t)q_j^i(x_i(t)), & i\in\varUpsilon,\\ x_i(t)[-D_i+P_i(S(t))], & i\in\varOmega\setminus\varUpsilon,\end{cases}$$

$$S(0)\geqslant 0,\quad x_i(0)>0,\ i\in\varOmega,$$
$$y_j^i(0)>0,\ i\in\varUpsilon,\quad j\in\{1,2,\cdots,r_i\}.$$

定义 $\lambda_i,\ i\in\varOmega,\ \delta_j^i,\ i\in\varUpsilon,\ j\in\{1,2,\cdots,r_i\}$. 这样

$$P_i(\lambda_i)=D_i\quad 和\quad q_j^i(\delta_j^i)=\varDelta_j^i.\tag{3.2.3}$$

假定

$$\lambda_1<\lambda_2<\cdots<\lambda_n,\tag{3.2.4}$$

对每个 $i\in\varUpsilon$,

$$\delta_1^i<\delta_2^i<\cdots<\delta_{r_i}^i.\tag{3.2.5}$$

如假定 $P_i(S(t))$ 满足 Lotka-Volterra 型或 Michaelis-Menten 型, $P_i$ 有如下的形式:

$$P_i(S)=\frac{D_iS}{\lambda_i}\quad 或\quad P_i(S)=\frac{m_iD_iS}{\lambda_i(m_i-1)+S},\quad m>1.\tag{3.2.6}$$

假定 $q_j^i(x_i)$ 满足 Lotka-Volterra 型, 则

$$q_j^i(x_i)=\frac{\varDelta_j^ix_i}{\delta_j^i}.\tag{3.2.7}$$

如果通过一个最大 $\bar S$, 修改 $P_i(S)=D_iS/\lambda_i$, 即

$$P_i(S)=\begin{cases}\dfrac{D_iS}{\lambda_i}, & S<\bar S,\\ \dfrac{D_i\bar S}{\lambda_k}, & S\geqslant\bar S,\end{cases}\tag{3.2.8}$$

其中, $\bar{S}$ 是正常数. 那么 $P_i(S)$ 为 Holling I 型. 对于 (3.2.2), 如果 $\bar{S}>1$, 则存在 $T>0$, 使 $S(t)<\bar{S}$ 对所有 $t>T$ 成立. 类似地, 对 (3.2.7) 能限制为

$$q_j^i(x_i)=\begin{cases}\dfrac{\Delta_j^i x_i}{\delta_j^i}, & x_i<\overline{x_i},\\ \dfrac{\Delta_j^i \overline{x_i}}{\delta_j^i}, & x_i\geqslant \overline{x_i}.\end{cases} \tag{3.2.9}$$

在平衡位置, 食物源的浓度总为正, 为了区别每一个平衡点, 使用以下记号: $E_{h_1,h_2,\cdots,h_k}^{j_1,j_2,\cdots,j_k}$, 上角集合 $\{j_1,j_2,\cdots,j_k\}$ 表示竞争种群在平衡点有非零浓度, 而集合 $\left\{\begin{matrix} j_1,j_2,\cdots,j_k\\ h_1,h_2,\cdots,h_k\end{matrix}\right\}$ 表示在平衡点有非零浓度的捕食种群. 类似地, 另一种形式的平衡点可表示为 $E_{h_1,h_2,\cdots,h_{k-1}}^{j_1,j_2,\cdots,j_{k-1},j_k}$, 表示竞争种群 $j_1,j_2,\cdots,j_{k-1}$ 每一个有一个捕食者, 而 $j_k$ 却没有捕食者.

定义 $i_0=0$, 并约定 $E_{i_0}^{i_0}=E=(1,0,\cdots,0)$, 在此平衡点食物源浓度为 1, 所有种群绝种. $E_{i_0}^{i_1}=E^{i_1}$, 这时仅竞争种群 $i$ 有非零浓度.

下面给出各平衡点.

(i) 对 $h_i\in\{1,2,\cdots,r_{ji}\}$, 这里 $j_1<j_2<\cdots<j_k$, $j_i\in\Upsilon$,

$$E_{h_1,h_2,\cdots,h_k}^{j_1,j_2,\cdots,j_k},\qquad k\in\{0\}\cup\Omega$$

满足 $\bar{S}=\tilde{S}$, 这里 $\tilde{S}$ 是 $1-\tilde{S}=\sum\limits_{i=1}^{k}\delta_{h_i}^{j_i}P_{j_i}(\tilde{S})$ 的唯一解.

$$\begin{aligned}
&\overline{x_i}=0,\quad i\in\Omega\setminus\{j_1,j_2,\cdots,j_k\};\\
&\overline{x_{j_i}}=\delta_{h_i}^{j_i},\quad i\in\{1,2,\cdots,k\};\\
&\overline{y_{h_i}^{j_i}}=\delta_{h_i}^{ji}(-D_{ji}+P_{ji}(\tilde{S}))/\Delta_{h_i}^{j_i},\quad i\in\{1,2,\cdots,k\};\\
&\overline{y_{U_i}^{V_j}}=0,\quad U_j\notin\{j_1,j_2,\cdots,j_k\}\text{ 或 }U_j\in\{j_1,j_2,\cdots,j_k\},
\end{aligned}$$

即 $U_j=j_\omega$, 但 $U_i\neq h_\omega$.

(ii) $E_{h_1,h_2,\cdots,h_{k-1}}^{j_1,j_2,\cdots,j_{k-1},j_k}$ 对 $k\in\Omega$ 满足

$$\begin{aligned}
&\bar{S}=\lambda_{j_k};\\
&\overline{x_i}=\begin{cases}0, & i\in\Omega\setminus\{j_1,j_2,\cdots,j_{k-1},j_k\},\\ \delta_{h_i}^{j_i}, & i\in\{1,2,\cdots,k\};\end{cases}\\
&\overline{x_{j_k}}=\left[1-\lambda_{j_k}-\sum_{i=1}^{k-1}\delta_{h_i}^{j_i}P_{j_i}(\lambda_{j_k})\right]/D_{j_k};
\end{aligned}$$

$$\overline{y_{h_i}^{j_i}} = \delta_{h_i}^{j_i} \frac{-D_{j_i} + P_{j_i}(\lambda_{j_k})}{\Delta_{h_i}^{j_i}}, \quad i \in \{1, 2, \cdots, k\};$$

$$\overline{y_{U_i}^{V_j}} = 0, \quad V_j \notin \{j_1, j_2, \cdots, j_{k-1}\} \text{ 或 } V_j \in \{j_1, j_2, \cdots, j_{k-1}\},$$

即 $V_j = j_\omega$, 但 $U_i \neq h_\omega$.

**定理 3.2.1**　考虑模型 (3.2.2), 定义 $\lambda_0 = 0 = \lambda_{n+1}$ 和

$$l = \max\{j \in \Upsilon : i_j \in \Upsilon \text{ 和 } i_j = j\}, \tag{3.2.10}$$

那么 $0 \leqslant l \leqslant m$, 以下两条之一成立:

(i) 存在一个唯一的 $h \in \{0, 1, 2, \cdots, l\}$, 使得

$$1 - \lambda_h - \sum_{i=1}^{h} \delta_1^i P_i(\lambda_h) > 0, \tag{3.2.11}$$

$$1 - \lambda_{h+1} - \sum_{i=1}^{h} \delta_1^i P_i(\lambda_{h+1}) < 0, \quad \text{如果} h + 1 \leqslant n. \tag{3.2.12}$$

这时 (1) $E_{1,1,\cdots,1}^{1,2,\cdots,h}$ 是稳定的, 其他平衡点是不稳定的.

(2) $S \to \tilde{S}$, 这里 $\tilde{S}$ 是

$$1 - \tilde{S} = \sum_{i=1}^{k} \delta_1^k P_i(\tilde{S}) \tag{3.2.13}$$

的唯一解且满足 $\lambda_h < \tilde{S}$, 如果 $h+1 \leqslant n$; $x_i \to 0$; 如果 $i \in \Omega \setminus \{1, 2, \cdots, h\}$; $y_j^i \to 0$, 如果 $i \notin \{1, 2, \cdots, h\}$ 或 $j \neq 1$.

(3) 如果 $h \in \{1, 2, 3\}$, 那么 $E_{1,1,\cdots,1}^{1,2,\cdots,h}$ 是全局渐近稳定的.

(4) 如果 $h \in \{1, 2, \cdots, l\}$, 那么 $\varliminf_{t\to\infty} x_i(t) > 0$, 如果 $i \in \{1, 2, \cdots, h\}$; $\varliminf_{t\to\infty} y_1^i(t) > 0$, 如果 $i \in \{1, 2, \cdots, h\}$.

(ii) 存在唯一的 $h \in \{1, 2, \cdots, l\}$, 使得

$$1 - \lambda_h - \sum_{i=1}^{h-1} \delta_1^i P_i(\lambda_h) > 0$$

和

$$1 - \lambda_h - \sum_{i=1}^{h} \delta_1^i P_i(\lambda_h) < 0$$

或

$$h = l + 1, \quad 1 - \lambda_h - \sum_{i=1}^{h-1} \delta_1^i P_i(\lambda_h) > 0, \text{ 仅当} h \leqslant n \text{时}.$$

这时

(1) $E_{1,1,\cdots,1}^{1,2,\cdots,h}$ 是稳定的, 其他平衡点是不稳定的.

(2) $S \to \lambda_h$, $x_i \to 0$ 如果 $i \in \Omega \setminus \{1,2,\cdots,h\}$; $y_j^i \to 0$, 如果 $i \notin \{1,2,\cdots,h-1\}$ 或 $j \neq 1$.

(3) 如果 $h \in \{1,2,3\}$, 那么 $E_{1,1,\cdots,1}^{1,2,\cdots,h}$ 是全局渐近稳定的.

(4) 如果 $h \in \{1,2,\cdots,l,l+1\}$, 那么

$$\lim_{t\to\infty} x_i(t) > 0, \quad i \in \{1,2,\cdots,h\},$$

$$\lim_{t\to\infty} y_1^i(t) > 0, \quad i \in \{1,2,\cdots,h-1\}.$$

**证明** 令

$$H \triangleq \{1,2,\cdots,h\}. \tag{3.2.14}$$

(i) (1) 定义李雅普诺夫函数

$$\begin{aligned} V &= V(S, x_1, x_2, \cdots, x_n, y_1^{i_1}, y_2^{i_1}, \cdots, y_{r_{i_1}}^{i_1}, y_1^{i_2}, \cdots, y_{r_{i_2}}^{i_2}, \cdots, y_1 i_m, \cdots, y_{r_{i_m}}^{i_m}) \\ &= S - \tilde{S} - \tilde{S}\ln\left(\frac{S}{\tilde{S}}\right) + \sum_{i\in H} K_i\left[x_i - \delta_1^i - \delta_1^i \ln\left(\frac{x_i}{\delta_1^i}\right)\right] + \sum_{i\in\Omega\setminus H} K_i x_i \\ &\quad + \sum_{i\in H} K_i\left[y_1^i - \tilde{y_1^i} - \tilde{y_1^i}\ln\left(\frac{y_1^i}{\tilde{y_1^i}}\right)\right] + \sum_{i\in H}\sum_{j=2}^{r_i} K_i y_j^i \sum_{i\in\Omega\setminus H} K_i y_j^i, \end{aligned}$$

这里, 如果 $i \in H$, $\tilde{y_1^i} = \delta_1^i[-D_i + P_i(\tilde{S})]/\Delta_1^i$; 如果 $P_i$ 是 Lotka-Volterra, $k_i = 1$, 但如果 $P_i$ 是 Michaelis-Menten, 则

$$K_i = \begin{cases} \dfrac{\lambda_i(m_i-1)+\tilde{S}}{\lambda_i(m_i-1)}, & i \in H, \qquad (3.2.15) \\ \dfrac{m_i}{m_i-1}, & i \in \Omega \setminus H. \qquad (3.2.16) \end{cases}$$

注意到 (3.2.11)~(3.2.13) 意味着

$$\lambda_h < \tilde{S} < \lambda_{h+1}, \tag{3.2.17}$$

可以选择 $K_i$, $i \in \Omega$ 使

$$(\tilde{S} - S)\frac{P_i S}{S} + K_i\left[-D_i + P_i(S) - \frac{\Delta_1^i \tilde{y_1^i}}{\delta_1^i}\right] = 0, \quad i \in H \tag{3.2.18}$$

和

$$(\tilde{S} - S)\frac{P_i S}{S} + K_i[-D_i + P_i(S)] \leqslant 0, \quad i \in \Omega \setminus H. \tag{3.2.19}$$

实际上, (3.2.18) 保证 $\dot{V}$ 中 $x_i$ 的系数对每个 $i \in H$ 变成零, (3.2.19) 保证每个 $i \in \varOmega \setminus H$ 使 $x_i$ 的系数为非正. 常数 $k_i$ 使 (3.2.18) 成立只存在 $P_i$ 满足 Lotka-Volterra 或 Michaelis-Menten 时才能找到. 从而

$$\begin{aligned}
\dot{V} =&(S-\tilde{S})\frac{1-S}{S}+\sum_{i\in H}x_i\left\{K_i[-D_i+P_i(S)]+P_i(S)\frac{\tilde{S}-S}{S}\right\}\\
&+\sum_{i\in\varOmega\setminus H}x_i\left\{K_i[-D_i+P_i(S)]+P_i(S)\frac{\tilde{S}-S}{S}\right\}\\
&-\sum_{i\in H}K_i\delta_1^i[-D_i+P_i(S)]-\sum_{i\in H}\sum_{j=1}^{r_i}K_ix_i\frac{\Delta_j^i\tilde{y_j^i}}{\delta_j^i}\\
&+\sum_{i\in H}\sum_{j=1}^{r_i}K_i\delta_1^i\frac{\Delta_1^i\tilde{y_1^i}}{\delta_1^i}+\sum_{i\in H}K_i\Delta_1^i\left[\tilde{y_1^i}-y_1^i+y_1^i\frac{x_i}{\delta_1^i}-\tilde{y_1^i}\frac{x_i}{\delta_1^i}\right]\\
&+\sum_{i\in H}\sum_{j=2}^{r_i}K_i\Delta_j^iy_j^i\frac{x_i-\delta_j^i}{\delta_j^i}-\sum_{i\in\varUpsilon\setminus H}\sum_{j=1}^{r_i}K_i\Delta_j^iy_j^i\\
=&(S-\tilde{S})\frac{1-S}{S}+\sum_{i\in H}K_i\delta_1^i[P_i(\tilde{S})-P_i(S)]\\
&+\sum_{i\in H}x_i\left\{K_i\left[-D_i+P_i(S)-\tilde{y_1^i}\frac{\Delta_1^i}{\delta_1^i}\right]+P_i(S)\frac{\tilde{S}-S}{S}\right\}\\
&+\sum_{i\in\varOmega\setminus H}x_i\left\{K_i[-D_i+P_i(S)]+P_i(S)\frac{\tilde{S}-S}{S}\right\}\\
&+\sum_{i\in H}\sum_{j=2}^{r_i}K_i\Delta_j^iy_j^i\frac{\delta_1^i-\delta_j^i}{\delta_j^i}-\sum_{i\in\varUpsilon\setminus H}\sum_{j=1}^{r_i}K_i\Delta_j^iy_j^i\\
=&(S-\tilde{S})\frac{1-S-\sum\limits_{i\in H}\delta_1^iP_i(S)}{S}+\sum_{i\in\varOmega\setminus H}x_iP_i(S)\frac{\tilde{S}-\lambda_i}{S}\\
&+\sum_{i\in H}\sum_{j=2}^{r_i}K_i\Delta_j^iy_j^i\frac{\delta_1^i-\delta_j^i}{\delta_j^i}-\sum_{i\in\varUpsilon\setminus H}\sum_{j=1}^{r_i}K_i\Delta_j^iy_j^i\\
\leqslant&0.
\end{aligned}$$

由 (3.2.13) 和 (3.2.17), 因此 $E_{1,1,\cdots,1}^{1,2,\cdots,h}$ 是稳定的.

(2) $\dot{V}=0$ 当且仅当 $S=\tilde{S}$, $x_i=0$, $i\in\varOmega\setminus H$ 和 $y_j^i=0$, $i\in\varUpsilon\setminus H$, 或 $j\neq 1$. 由 LaSalle 不变原理即可得到结果.

(3) 如果 $h\in\{0,1\}$, 那么容易看到, 在

$$A=\{(S,x_1,x_2,\cdots,x_n,y_1^{i_1},y_2^{i_1},\cdots,y_{r_{i_1}}^{i_1},y_1^{i_2},\cdots,y_{r_{i_2}}^{i_2},\cdots,y_1i_m,\cdots,y_{r_{i_m}}^{i_m})$$

$$\in \mathbf{R}_+^{m+n+1} : \dot{V} = 0\} \tag{3.2.20}$$

中仅有的不变集合是平衡解, 即如果 $h=0$ 为 $E$, 如果 $h=1$ 为 $E_1^1$, 如果 $h=2$, $A$ 的任意不变子集合必须满足

$$\begin{cases} \dot{x}_i(t) = x_i(t)[-D_i + P_i(\tilde{S}) - y_1^i(t)\Delta_1^i/\delta_1^i], & i=1,2, \\ \dot{y}_1^i(t) = y_1^i(t)[-\Delta_1^i + x_i(t)\Delta_1^i/\delta_1^i], & i=1,2. \end{cases} \tag{3.2.21}$$

由于 $S \equiv \tilde{S}$(这里 $\lambda_1 < \tilde{S} < \lambda_2$), $\dot{S}=0$, 因此, 对所有 $t \geqslant 0$,

$$x_1(t)P_1(\tilde{S}) + x_2(t)P_2(\tilde{S}) = 1 - \tilde{S}. \tag{3.2.22}$$

如果令 $\alpha_i = -D_i + P_i(\tilde{S})$, $\sigma_i = \Delta_1^i$, $\beta_i = \Delta_1^i/\delta_1^i$, $\gamma_i = P_i(\tilde{S})$, $i=1,2$, $W = 1-\tilde{S}$, 那么 (3.2.21) 和 (3.2.22) 成为文献 [6] 附录中引理 A.1 中的 (A.1) 的形式. 即可得到 $A$ 中的仅有的不变子集合是平衡解 $E_{1,1}^{1,2}$, 再次由 LaSalle 不变原理可得到结果.

(4) 如果 $h=1$ 或 $h=2$, 即可由上面 (3) 得到结果. 如果 $h=3$, 由 (2) 知, 如果 $i=4,\cdots,n$, 得 $x_i \to 0$, 如果 $i \geqslant 4$, 或如果 $j \neq 1$, 则 $y_j^i \to 0$, 同时 $S \to \tilde{S}$, 这里 $\tilde{S}$ 是

$$1 - \tilde{S} = \sum_{i=1}^{3} \delta_1^i P_i(\tilde{S}) \tag{3.2.23}$$

的唯一解且 $\lambda_3 < \tilde{S} < \lambda_4$. 因此, $A$ 的任何不变子集合必须满足

$$\begin{cases} \dot{x}_i(t) = x_i(t)[-D_i + P_i(\tilde{S}) - y_1^i(t)\Delta_1^i/\delta_1^i], & i=1,2,3, \\ \dot{y}_1^i(t) = y_1^i(t)[-\Delta_1^i + x_i(t)\Delta_1^i/\delta_1^i], & i=1,2,3 \end{cases} \tag{3.2.24}$$

以及对所有 $t \geqslant 0$,

$$\sum_{i=1}^{3} x_i(t)P_i(\tilde{S}) = 1 - \tilde{S}. \tag{3.2.25}$$

因此, 对每个 $i \in \{1,2,3\}$, 或者 $(x_i(t), y_i(t)) \to (0,0)$ 或 $(x_i(t), y_i(t))$ 收敛到正平衡解, 或者 $(x_i(t), y_i(t))$ 是一个对所有 $t>0$, $x_i(t)>0$, $y_i(t)>0$ 的周期解. 因此充分说明对任何 $i \in \{1,2,3\}$, $(x_i(t), y_i(t))$ 不收敛于 $(0,0)$, 否则, 由引理 A.1 和 (3), 得到与 (3.2.23) 相矛盾. 对 $h>3$, 由一个简单的推导即可得证.

(ii) (1) 定义李雅普诺夫函数

$$\begin{aligned} V =& V(S, x_1, x_2, \cdots, x_n, y_1^{i_1}, y_2^{i_1}, \cdots, y_{r_{i_1}}^{i_1}, y_1^{i_2}, \cdots, y_{r_{i_2}}^{i_2}, \cdots, y_1^{i_m}, \cdots, y_{r_{i_m}}^{i_m}) \\ =& S - \lambda_h - \lambda_h \ln(S/\lambda_h) + \sum_{i\in H} K_i \left[ x_i - \overline{x_i} - \overline{x_i} \ln\left(\frac{x_i}{\overline{x_i}}\right)\right] + \sum_{i \in \Omega\setminus H} K_i x_i \end{aligned}$$

$$
\begin{aligned}
&+\sum_{i\in H\setminus\{h\}} K_i\left[y_1^i-\overline{y_1^i}-\overline{y_1^i}\ln\left(\frac{y_1^i}{\overline{y_1^i}}\right)\right]\\
&+\sum_{i\in H\setminus\{h\}}\sum_{j=2}^{r_i}K_i y_j^i \sum_{i\in \Upsilon\setminus(H\setminus\{h\})}\sum_{j=1}^{r_i}K_i y_j^i,
\end{aligned}
$$

这里

$$
\overline{x_i}=\delta_1^i,\quad i\in H\setminus\{h\},\quad \overline{x_n}=\frac{1-\lambda_n-\sum\limits_{i\in H\setminus\{h\}}\delta_1^i P_i\lambda_n}{D_h},
$$

$$
\overline{y_1^i}=\delta_1^i\frac{-D_i+P_i\lambda_n}{\Delta_1^i},\quad 如果\ i\in H\setminus\{h\},
$$

并且如果 $P_i$ 是 Lotka-Volterra, 则 $K_i=1$, 但如果 $P_i$ 是 Michaelis-Menten, 那么

$$
K_i=\begin{cases}\dfrac{(m_i-1)\lambda_i+\lambda_h}{(m_i-1)\lambda_i}, & i\in H,\\[2mm] \dfrac{m_i}{m_i-1}, & i\in \Omega\setminus H.\end{cases}
$$

从而

$$
\begin{aligned}
\dot V=&(S-\lambda_h)\frac{1-S-\sum\limits_{i\in H}\overline{x_i}P_i(S)}{S}+\frac{\sum\limits_{i\in\Omega\setminus H}x_iP_i(S)(\lambda_h-\lambda_i)}{S}\\
&+\sum_{i=1}^{h-1}\sum_{j=2}^{r_i}K_i\Delta_j^i y_j^i\frac{\delta_1^i\delta_j^i}{\delta_j^i}-\sum_{i\in\Upsilon\setminus H}\sum_{j=1}^{r_i}K_i\Delta_j^i y_j^i\\
&+x_\Upsilon(h)\sum_{j=1}^{r_h}K_h\Delta_j^h y_j^h\frac{\overline{x_h}-\delta_j^h}{\delta_j^h}\\
\leqslant&0.
\end{aligned}
$$

由 $\overline{x_h}$ 的定义和 $1-\lambda_h-\sum\limits_{i=1}^{h-1}\delta_1^iP_i\lambda_h>0$, 这里

$$
x_\Upsilon(h)=\begin{cases}1, & h\in\Upsilon,\\ 0, & h\notin\Upsilon,\end{cases}
$$

从而得到 $E_{1,1,\cdots,1}^{1,2,\cdots,h}$ 是稳定的. □

(ii) 中 (2)~(4) 的证明类似于 (i) 中 (2)~(4).

## 附　　录

**引理 A.1**　考虑 Lotka-Volterra 捕食–被捕食系统

$$
\begin{cases}
\dot{x}_i(t) = x_i(t)(\alpha_i - \beta_i y_i(t)), & i \in \{1, \cdots, K\}, \\
\dot{y}_i(t) = y_i(t)(\sigma_i - \beta_i x_i(t)), & i \in \{1, \cdots, K\},
\end{cases}
\tag{A.1}
$$

$$
\text{对所有 } t \geqslant 0, \quad \sum_{i=1}^{K} \gamma_i x_i(t) = W,
$$

$$
x_i(0) > 0, \quad y_i(0) > 0, \quad i \in \{1, \cdots, K\},
$$

其中 $K \in \{1, 2\}$, $\gamma_i\ i \in \{1, \cdots, K\}$, $W$ 是正常数, 那么

(i) $W = \sum_{i=1}^{K} \gamma_i \sigma_i / \beta_i$,

(ii) (A.1) 的唯一解是正平衡解 $(\sigma_1/\beta_1, \cdots, \sigma_k/\beta_k, \alpha_1/\beta_1, \cdots, \alpha_k/\beta_k)$.

文献 [7] 讨论了恒化器模型中的捕食者与被捕食者间的相互作用. 该模型用到了一般的功能反应函数和不同的移出率, 在这种情形下, 守恒定律失效. 他们使用李雅普诺夫函数研究了正平衡位置的全局稳定性, 得到了分支的充分条件.

文献 [8] 讨论了一类 Tessiet 型的食物链恒化器模型的分支和混沌问题. 在他们的模型中, 养分的投入和稀释率是脉冲的.

## 参 考 文 献


[1] Butler G J, Hsu S B, Waltman P. Coexistence of competing predators in a chemostat. J. Math. Biol., 1983, 17: 133~151.

[2] Butler G J. Coexistence in predator-prey systems // Burton, T.(ed) Modeling and differential equations in biology. New York: Marcel Dekker, 1980.

[3] Keener J P. Oscillatory coexistence in the chemostat: A codimension two unfolding. SIAM J. Appl. Math., 1984.

[4] Smith H L. The interaction of steady state and Hopf bifurcation in a two-predator-one-prey competition model. SIAM J. Appl. Math., 1982, 42: 27~43.

[5] Butler G J, Waltman P. Bifurcation from a limit cycle in a two predator-one prey ecosystem modeled on a chemostat. J. Math. Biol., 1981, 12: 295~310.

[6] Wolkowicz G S K. Successful invasion of a food web in a chemostat. J. Math. Bios., 1989, 93: 249~268.

[7] El-Sheikh M M A, Mahrouf S A A. Stability and Bifurcation of a simple food chain in a chemostat with removal rates. Chaos Solutions and Fractals, 2005, 23: 1475~1489.

[8] Wang F, Hao C, Chen L. Bifurcation and chaos in a Tessiet type food chain chemostat with pulsed input and washout. Chaos Solutions and Fractals, 2007, 32: 1547~1561.

# 第 4 章　资源供给为周期变化的情况

## 4.1　两种群竞争一个食物源

在第 2 章所研究的模型中, 如果营养资源的供给量出现周期性的变化, 则模型成为

$$\begin{cases} S' = D(S^0 + be(t) - S) - \dfrac{m_1}{y_1}\dfrac{x_1 S}{a_1 + S} - \dfrac{m_2}{y_2}\dfrac{x_2 S}{a_2 + S}, \\ x_1' = m_1 \dfrac{x_1 S}{a_1 + S} - D_1 x_1, \\ x_2' = m_2 \dfrac{x_2 S}{a_2 + S} - D_2 x_2. \end{cases} \tag{4.1.1}$$

这个模型首先是由 Hsu[1, 2] 建立和研究的, 它模拟了自然界中季节或白天黑夜的周期变化, 允许有限的营养源的输入浓度为周期性变化 $e(t + 2\pi) = e(t)$, 这个系统接近湖中浮游生物生长的条件, 像硅土和磷酸盐这样的有限营养可以从河流排入而得到. 随着季节的变化引起河流排入量的变化, 而使供给的营养发生变化. 对几个种群来说, 仅有一种营养源在任何时候对它们的生长都是一个潜在的危险.

在文献 [2] 中, 数值模拟表示, 如果 $b$ 是很小的, 可能不会种群共存, 即只有一个种群幸存. 随着 $b$ 的增加, 达到一个阈值, 两种群共存以周期解的形式出现. 如果 $b$ 进一步增加达到另一个阈值, 共存消失.

下面介绍 Smith[3] 对 (4.1.1) 的研究, 模型通过适当变换成为

$$\begin{cases} S' = D(1 + be(t) - S) - m_1 \dfrac{x_1 S}{a_1 + S} - m_2 \dfrac{x_2 S}{a_2 + S}, \\ x_1' = m_1 \dfrac{x_1 S}{a_1 + S} - D_1 x_1, \\ x_2' = m_2 \dfrac{x_2 S}{a_2 + S} - D_2 x_2. \end{cases} \tag{4.1.2}$$

当 $n = 1$ 时为

$$\begin{cases} S' = D(1 + be(t) - S) - m \dfrac{xS}{a + S}, \\ x' = m \dfrac{xS}{a + S} - D_1 x. \end{cases} \tag{4.1.3}$$

(1) 当 $b = 0$ 时, (4.1.3) 是一个自治系统. 当 $\lambda > 1$ 时, 在第一象限内存在一个平衡点 $(1, 0)$; 当 $\lambda < 1$ 时, 又增加平衡点 $(\lambda,\ 1 - \lambda)$. Hsu[2] 已经证明, 当 $D_1 \geqslant m$

或 $m > D_1$ 和 $\lambda > 1$ 时, 平衡点 $(1,0)$ 是全局稳定的; 当 $m > D_1$ 和 $\lambda < 1$ 时, 平衡点 $(\lambda, 1-\lambda)$ 是全局渐近稳定的.

(2) 当 $b \neq 0$ 时, 定义 $S^*$ 是 $y' + Dy = D(1+be(t))$ 唯一的周期为 $2\pi$ 的周期解, 显然 $(S^*, 0)$ 是 (4.1.3) 的一个解. 令 $\mu^* = (1/2\pi)\int_0^{2\pi}(S^*/a+S^*)\mathrm{d}t$, 如果 $e(t) = \sin t$, 那么

$$S^*(t) = 1 + \frac{bD}{\sqrt{1+D^2}}\sin(t+\delta),$$

$$\mu^* = 1 - \frac{a}{\sqrt{(a+1)^2 - bD^2/(1+D^2)}}.$$

**定理 4.1.1** 如果 $m/D_1 < \mu^{*-1}$, 那么周期为 $2\pi$ 的周期解 $(S^*, 0)$ 是全局渐近稳定的. 如果 $m/D_1 > \mu^{*-1}$, 那么 $(S^*, 0)$ 是不稳定的, 并且至少存在一个周期为 $2\pi$ 的周期解 $(S(t), x(t))$, 这里 $x(t) > 0$, $0 < S(t) < S^*(t)$. 当 $m/D_1 > \mu^{*-1}$ 以及或者 $m/D_1 - \mu^{*-1}$ 较小或者 $\lambda < 1$ 和 $b$ 较小, 则存在一个解 $(S(t), x(t))$, 且它是渐近稳定的.

当 $D_1 \leqslant D$ 和 $m/D_1 > \mu^{*-1}$ 时, 恰存在一个周期为 $2\pi$ 的周期解 $(S(t), x(t))$, 并且它是渐近稳定的.

**证明** 假定 $m/D_1 < \mu^{*-1}$, 由于 $S' < D(1 + be(t) - S)$ 和所有 $y' = D(1 + be(t) - y)$ 的解是渐近到 $S^*$, 根据微分不等式, 对充分小的 $\varepsilon > 0$, 存在 $t_0 > 0$, 使对 $t > t_0$, 有

$$\frac{1}{2\pi}\int_t^{t+2\pi}\frac{S(u)}{a+S(u)}\mathrm{d}u \leqslant \frac{1}{2\pi}\int_0^{2\pi}\frac{S^*(u)}{a+S^*(u)}\mathrm{d}u + \varepsilon = \mu^* + \varepsilon < \frac{D_1}{m} - \varepsilon.$$

因此,

$$\begin{aligned}x(t) =& x_0\exp\left(\int_0^t\left(m\frac{S}{a+S} - D_1\right)\mathrm{d}u\right)\\ =& x_0\exp\left(\int_0^{t_0}\left(m\frac{S}{a+S}\mathrm{d}u - D_1\right)\mathrm{d}u\right)\left[\exp\left(\int_{t_0}^t\left(\frac{S}{a+S} - \frac{D_1}{m}\right)\mathrm{d}u\right)\right]^m.\end{aligned}$$

由于

$$\exp\left(\int_{t_0}^{t_0+2n\pi}\left(\frac{S}{a+S} - \frac{D_1}{m}\right)\mathrm{d}u\right) < \exp(-2n\pi\varepsilon),$$

存在 $K, M > 0$, 使 $x(t) \leqslant M\mathrm{e}^{-Kt}, t \geqslant 0$, 这样 $S' = D(1 + be(t) - S) + g(t)$, 这里 $g(t) = -m(xS/a + S)$, 满足对某个 $L > 0$, $-L\mathrm{e}^{-Kt} < g(t) < 0$. 现在 $S(t)$ 可以被变为齐次问题 $u' = -Du$, 非齐次问题 $y' = -Dy + D(1 + be(t))$ 和 $z' = -Dz + g(t)$ 解的和式. 容易说明, 当 $t \to \infty$ 时, $z(t) \to 0$, $S(t) \to S^*(t)$. 现在假定 (4.1.3) 有一个

$2\pi$ 周期解 $(S(t),x(t))$, $x(0)=x_0>0$, 那么

$$x(t)=x_0\exp\left(\int_0^t\left(m\frac{S}{a+S}-D_1\right)\mathrm{d}u\right)>0,$$

因此

$$S'+DS=D(1+be(t))-x_0m\frac{S}{a+S}\exp\left(\int_0^t\left(m\frac{S}{a+S}-D_1\right)\mathrm{d}u\right).$$

由于 $S'+DS\leqslant D(1+be(t))$, 因而显然有 $S(t)\leqslant S^*(t)$, 且

$$\frac{m}{D_1}=\frac{1}{\dfrac{1}{2\pi}\displaystyle\int_0^{2\pi}\frac{S}{a+S}\mathrm{d}u}\geqslant\frac{1}{\dfrac{1}{2\pi}\displaystyle\int_0^{2\pi}\frac{S^*}{a+S^*}\mathrm{d}u}=\mu^*.$$

令 $K_g$ 表示 $y'+Dy=g$ 的唯一的 $2\pi$ 周期解, 这里 $g$ 是 $2\pi$ 周期函数. 令 $X$ 表示具有上确界范数的连续 $2\pi$ 周期函数的 Banach 空间, 那么 $K$ 是一个从 $X$ 到自身的紧致线性算子. 定义 $\tilde{\mu}$: $X\to\mathbf{R}$

$$\tilde{\mu}(S)=\frac{1}{2\pi}\int_0^{2\pi}\frac{S}{a+S}\mathrm{d}u,$$

显然, $\tilde{\mu}$ 是 $X$ 上的一个光滑函数, 且如果 $S\in X$, 那么

$$\int_0^t\left(\frac{S(v)}{a+S(v)}-\tilde{\mu}(S)\right)\mathrm{d}v\in X.$$

定义 $F$: $\mathbf{R}\times X\to X$,

$$\begin{aligned}F(x_0,S)=&S-K\left\{D(1+be(t))-x_0m\frac{S}{a+S}\exp\left(m\int_0^t\left(\frac{S}{a+S}-\tilde{\mu}(S)\right)\mathrm{d}v\right)\right\}\\=&S-S^*+x_0Km\left(\frac{S}{a}+S\right)\exp\left(m\int_0^t\left(\frac{S}{a+S}-\tilde{\mu}(S)\right)\mathrm{d}v\right).\end{aligned}$$

考察 $F$ 和 $\tilde{\mu}$. 作为定义于所有 $X$, 使用约定

$$\text{如果 } S\leqslant 0,\quad \frac{S}{a+S}=0.$$

观察如果 $F(x_0,S)=0$ 或

$$S=S^*-x_0Km\frac{S}{a+S}\exp\left(m\int_0^t\left(\frac{S}{a}+S-\tilde{\mu}(S)\right)\mathrm{d}v\right),$$

那么

$$S'+DS=D(1+be(t))-x_0m\frac{S}{a+S}\exp\left(\int_0^t\left(m\frac{S}{a+S}-\tilde{\mu}(S)\right)\mathrm{d}v\right).$$

因此, 如果

$$x(t) \equiv x_0 \exp\left(\int_0^t \left(m\frac{S}{a+S} - \tilde{\mu}(S)\right) \mathrm{d}v\right),$$

那么 $(S,x)$ 是 2π 周期函数, 满足微分方程

$$\begin{aligned} S' &= D(1+be(t)-S) - m\frac{xS}{a+S}, \\ x' &= m\frac{xS}{a+S} - D_1 x, \quad x(0) = x_0, \end{aligned}$$

这里 $m\tilde{\mu}(S) = D_1$. 这样为了寻找一个具有 $m/D = \theta > \mu^*$ 的 (4.1.3) 的 2π 周期解, 我们寻找一个具有 $\tilde{\mu}(S) = \theta^{-1}$, $F(x_0, S)$ 的解. 令

$$F(x_0, S) = S - \varGamma(x_0, S),$$

这里

$$F(x_0, S) = S^* - x_0 K m\frac{S}{a+S} \exp\left(\int_0^t \left(m\frac{S}{a+S} - \tilde{\mu}(S)\right) \mathrm{d}v\right)$$

和证明对所有 $S \in X$, $T(0,S) \equiv S^*$. 令

$$\varGamma = \{(x_0, S) \in \mathbf{R} \times X : F(x_0, S) = 0\}.$$

Rabinowitz 定理意味着 $\varGamma$ 包含 $\varGamma^+$ 和 $\varGamma^-$, $\varGamma^+ \subseteq \mathbf{R}_+ \times X$, $\varGamma^- \subseteq \mathbf{R}_- \times X$, 使得 $\varGamma^+$ 和 $\varGamma^-$ 只在 $(0, S^*)$ 相遇, 并且在 $\mathbf{R} \times E$ 中每个都是无界的. 这里对 $\varGamma^+$ 感兴趣. 注意到 Rabinowitz 的定理 2.3 提供了隐函数定理的一个推广. 如果 $(x_0, S) \in \varGamma^+$, 那么 $x_0 \geqslant 0$. 因此由前面的证明知 $S \leqslant S^*$. 现在说明 $S(t) > 0$. 如果 $S(t_0) = 0$, 那么 $S'(t_0) = D + be(t) > 0$. 由于 $b < 1$, $S$ 的周期性意味着 $S$ 永不为零且 $S(t) < 0$ 是不可能的. 这样对所有 $t$, $S(t) > 0$. 由于 $\varGamma^+$ 是无界的, $\{x_0 \in \mathbf{R}_+ : (x_0, S) \in \varGamma^+ \text{ 对所有} S\} = [0, \infty)\varGamma^+$ 的连通性与 $\tilde{\mu}$ 连续性意味着 $\varLambda \equiv \{\mu \in \mathbf{R} : \mu = \tilde{\mu}(S) \text{对某个} S(x_0, S) \in \varGamma^+\}$ 是一个以 $\mu^*$ 为右边终点的区间. 下面将证明 $\varLambda = (0, \mu^*]$. 这样如果 $m/D_1 > \mu^{*-1}$, 那么对某个 $S$, $(x_0, S) \in \varGamma^+$, $x_0 > 0$, $m/D_1 = (\tilde{\mu}(S))^{-1}$ 给出一个 (4.1.3) 的解 $(S(t), x(t))$ 满足 $x(t) > 0$ 和 $0 < S(t) < S^*(t)$.

从 (4.1.3) 有, 如果 $S$ 和 $x$ 是 2π 周期的, $(S+x)' = D(1+be(t)-S) - D_1 x$. 有两种可能性: ① $D \leqslant D_1$, 或 ② $D_1 < D$. 如果①成立, 那么 $S(t) + x(t) \leqslant u(t)$, 这里 $u(t)$ 是 $u' + Du = D(1+be(t))$ 的 2π 周期解. 特别地,

$$S(0) + x_0 \leqslant \frac{D\displaystyle\int_0^{2\pi} \mathrm{e}^{-(2\pi - S)D}(1+be(s))\mathrm{d}s}{1 - \mathrm{e}^{-2\pi D}}.$$

如果②成立, 那么

$$(S+x)' \leqslant D(1+be(t)) - D_1(S+x),$$

因此,

$$S(0)+x_0 \leqslant \frac{D\displaystyle\int_0^{2\pi} \mathrm{e}^{-(2\pi-S)D_1}(1+be(s))\mathrm{d}s}{1-\mathrm{e}^{-2\pi D_1}}.$$

由于 $D_1/m=\tilde{\mu}(S)$, 得到当 $x_0 \to +\infty$ 时, $D_1 \to 0$, $\tilde{\mu} \to 0$.

要完成定理 4.1.1 的第一部分的证明, 必须证明当 $m/D_1 > \mu^{*-1}$ 时 $(S^*,0)$ 是不稳定的. 考虑变分方程关于 (4.1.3) 的 $2\pi$ 周期解 $(S(t),x(t))$,

$$\boldsymbol{Y}' = \begin{pmatrix} -D-m\dfrac{ax}{(a+S)^2} & \dfrac{mS}{a+S} \\ m\dfrac{ax}{(a+S)^2} & \dfrac{-mS}{a+S}-D_1 \end{pmatrix}\boldsymbol{Y}. \tag{4.1.4}$$

如果 $(S,x)=(S^*,0)$, 那么能够计算 (4.1.4) 的乘数.

$$\rho_1=\mathrm{e}^{-2\pi D}, \quad \rho_2=\exp\left(\int_0^{2\pi}\left(m\frac{S^*}{a+S^*}-D_1\right)\mathrm{d}v\right).$$

这样当 $\dfrac{m}{D_1} < \dfrac{1}{\dfrac{1}{2\pi}\displaystyle\int_0^{2\pi}\dfrac{S^*}{a+S^*}\mathrm{d}t} = \mu^{*-1}$ 时, $(S^*,0)$ 是渐近稳定的. 当 $m/D_1 > \mu^{*-1}$ 时是不稳定的.

现在考虑 (4.1.3) 满足 $x(t)>0$ 和 $0<S(t)<S^*$ 的 $2\pi$ 周期解的稳定性. 如果 $m/D_1 > \mu^{*-1}$, 显然它存在. 当 $m/D_1 > \mu^{*-1}$, $\lambda<1$ 和 $|b| \ll 1$ 时由隐函数存在定理证明, 渐近稳定的平衡点 $(\lambda,\ 1-\lambda)$ 当 $b=0$ 时出现一个渐近稳定的 $2\pi$ 周期解 $(S,x)=(S,x)(b)$.

进一步得到 (4.1.3) 的 $2\pi$ 周期解的存在性和稳定性可用分支方法. 事实上, 对所有 $m/D_1>0$ 的值, $(S^*,0)$ 是一个 (4.1.3) 的 $2\pi$ 周期解, 这是一个"平凡"的分支. 在 $m/D_1=\mu^{*-1}$ 是解分支的一个非平凡的分支. 严格地说, 一个解被认为是 $(m/D_1,S,x)$, 这样 $(\mu^{*-1},S^*,0)$ 是一个分支点. 为更清楚地说明它, 设

$$F(0,S^*)=S^*-S^*=0 \quad 和 \quad F_S(0,S^*)=id_x.$$

因此, 由隐函数定理能够在 $F(x_0,S)=0$ 中解出 $S=S(x_0)$, $S(0)=S^*$. 曲线 $(x_0,S(x_0))$ 对 $x_0>0$ 和很小时给出 $\Gamma^+$ 的一部分. 由于 $\tilde{\mu}=\tilde{\mu}(S)$ 和 $S=S(x_0)$, 我们能把 $m/D_1$ 作为 $x_0$ 的函数对 $x_0>0$ 很小时解出来, 事实上, 展开为

$$S=S^*+x_0S_1+\cdots, \quad \frac{D-1}{m}=\tilde{\mu}=\mu^*+x_0\mu_1+\cdots,$$

把它代入到方程 $F(x_0, S) = 0$ 中得到

$$S_1' + DS_1 = -m\frac{S^*}{a+S^*}\exp\left(m\int_0^t\left(\frac{S^*}{a+S^*} - \mu^*\right)\mathrm{d}u\right).$$

因此 $S_1(t) < 0$和 $\mu_1 = \dfrac{1}{2\pi}\displaystyle\int_0^{2\pi}\frac{aS_1(t)}{(a+S^*(t))^2}\mathrm{d}t < 0$. 使用摄动理论能确定对 $0 < x_0 \ll 1$(或相当于 $0 < m/D_1 - \mu^{*-1} \ll 1$) 的稳定性. 通过 $S(t)$ 和 $x_0$ 解出 $x(t)$ 和代入方程, 为 $S'(t)$ 对 (4.1.3) 利用 Lyapunov-Schmidt 定理. 由于当 $m/D = \mu^{*-1}$ 时分支发生在变分方程的一个简单特征根, 因此使用 Crandall 和 Rabinowitz 定理[4] 可以确定分支的稳定性. 在分支点平凡解的特征指数是零. 这样为了确定分支 $(x_0, S(x_0))$ 对 $0 < x_0 \ll 1$ 时的稳定性, 它充分说明特征指数 $e = e(x_0)$ 满足 $e(0) = 0$ 也对 $x_0 > 0$ 满足 $e(x_0) < 0$. Crandall 和 Rabinowitz 定理意味着 $x_0(\mathrm{d}\tilde{\mu}^{-1}/\mathrm{d}x_0)(x_0)$ 和 $e(x_0)$ 有相同的符号. 由于 $(\mathrm{d}\tilde{\mu}/\mathrm{d}x_0)(0) = (\mathrm{d}(D_1/m)/\mathrm{d}x_0)(0) = \mu_1 < 0$, 当 $x_0 > 0$ 很小时有 $e(x_0) < 0$.

最后说明, 当 $m/D_1 > \mu^{*-1}$ 和 $D_1 \leqslant D$ 时恰存在一个 $2\pi$ 的周期解 $(S(t), x(t))$, 这里 $x(t) > 0$ 和 $0 < S(t) < S^*(t)$. 为此建立如上所述的任何可能的 $2\pi$ 周期解是渐近稳定的. 这个结果由下面的引理给出.

**引理 4.1.1** 如果 $D_1 \leqslant D$, 那么任何具 $x(t) > 0$, $0 < S(t) < S^*$ 的 $2\pi$ 周期解是渐近稳定的.

**证明** 在变分方程 (4.1.4) 中作变量变换

$$\boldsymbol{Z} = \begin{pmatrix} 0 & 1 \\ 1 & 1 \end{pmatrix}\boldsymbol{Y},$$

因此,

$$\boldsymbol{Z}' = \begin{pmatrix} -m\dfrac{ax}{(a+S)^2} + m\dfrac{S}{(a+S)} - D_1 & m\dfrac{ax}{(a+S)^2} \\ D - D_1 & -D \end{pmatrix}\boldsymbol{Z}. \tag{4.1.5}$$

显然, (4.1.4) 的所有解趋于零当且仅当 (4.1.5) 的所有解趋于零. 首先考虑 $\boldsymbol{Z}$, 定义 $z_1(0) = 1$, $z_2(0) = 0$. 由于 $D - D_1 \geqslant 0$, 有 $z_2'(0) \geqslant 0$. 事实上, 由参数公式的变化, $z_2(t) = \mathrm{e}^{-Dt}\displaystyle\int_0^t \mathrm{e}^{Ds}(D - D_1)z_1(s)\mathrm{d}s$. 我们将仅仅考虑 $D - D_1 > 0$ 的情况, 由于 $D - D_1 = 0$ 的情况是平凡的, 我们看到只要 $z_1(t) > 0$, 就有 $z_2(t) > 0$. 我们要求对所有 $t > 0$, $z_1(t) > z_2(t)$. 考察 $z_1(t_0) = z_2(t_0) = z > 0$ 和 $t_0$ 是第一个这样的 $t > 0$, 那么 $z_1'(t_0) - (mS(t_0)/(a + S(t_0)) - D_1)z$ 和 $z_1(t_0) = -D_1 z$. 因此, $z_2'(t_0) < z_1'(t_0)$, 得到矛盾. 如果随便哪个为零, 由于 $z_1(t)$ 必须在 $z_2(t)$ 之前

为零, 从而达到了这个要求. 现在由 $z_1'(t) \leqslant (mS/(a+S)-D_1)z_1(t),\ t>0$, 因此 $z_1(t) \leqslant \exp\left(\int_{t_0}^{t}(mS/(a+S)-D_1)\mathrm{d}u\right)$. 则 $z_1(t)$ 和 $z_2(t)$ 是有界的, $\begin{pmatrix} z_1 \\ z_2 \end{pmatrix}$ 不是一个周期函数.

现在考虑定义为 $z_1(0)=0,\ z_2(0)=1$ 的解. 注意到 $z_1'(0)>0$, 事实上我们能够如前面的情况证明只要 $z_2(t)$ 为正的, $z_1(t)$ 就为正. 并且无论哪个改变符号, $z_2$ 必须在 $z_1$ 之前改变符号. 但是, 如果 $z_2(t_0)=0$, 那么 $z_2'(t_0)=(D-D_1)z_1(t_0)$. 从而得到对所有 $t>0$, $z_1(t)$ 和 $z_2(t)$ 都为正的. 对于 $t_1>0,\ z_1(t_1)=z_2(t_1)=z>0$ 的情形, 如前面所述, $z_1'(t_1)>z_2'(t_1)$. 因此存在两种情况: (1) 对所有 $t>0,\ 0<z_1(t)<z_2(t)$, 或者 (2) 存在 $t_1>0$, 使得对所有 $t>t_1$, 有 $0<z_2(t)<z_1(t)$; 在情况 (1), 对 $t>0,\ z_2'(t)\leqslant -D_1z_2(t)$. 因此, 当 $t\to\infty$ 时, $z_1(t)\to 0,\ z_2(t)\to 0$; 在情况 (2), 对 $t>t_1,\ z_1'(t)\leqslant(mS/(a+S)-D_1)z_1$. 因此, $z_1(t)$ 和 $z_2(t)$ 是有界的且 $\begin{pmatrix} z_1 \\ z_2 \end{pmatrix}$ 不是周期函数.

至此, 已经建立了 (4.1.5) 的两个乘数满足 $|\lambda|\leqslant 1$ 和 $\lambda\neq 1$. 另外还证明了 (4.1.5) 的基解矩阵 $\boldsymbol{\Phi}(t),\ \boldsymbol{\Phi}(0)=\boldsymbol{I}$ 对所有 $t\geqslant 0$ 是非负的. 事实上, 如果 $\begin{pmatrix} a \\ b \end{pmatrix}\geqslant 0$ 和 $\begin{pmatrix} a \\ b \end{pmatrix}\neq\begin{pmatrix} 0 \\ 0 \end{pmatrix}$, 那么 $\boldsymbol{\Phi}(t)\begin{pmatrix} a \\ b \end{pmatrix}>\begin{pmatrix} 0 \\ 0 \end{pmatrix}$. 因此由 Perron-Frobenius 定理, $\boldsymbol{\Phi}(2\pi)$ 的谱半径是一个特征值. 这意味着两个乘数满足 $|\lambda|<1$. 引理得证. □

注意定理 4.1.1 的基本特点是营养资源的供给受季节的影响. 如果 $e(t)=\sin t$, 那么种群幸存的条件为

$$\frac{m}{D_1}>\frac{\sqrt{(a+1)^2-b^2D^2/(1+D^2)}}{\sqrt{(a+1)^2-b^2D^2/(1+D^2)}-a}. \tag{4.1.6}$$

当 $b=0$ 时条件就退化成 $m/D_1>(\bar{a}+S^0)/S^0$, 随着 $|b|$ 的增加, (4.1.6) 的右边也增加.

下面讨论两个种群竞争一个食物源的模型 (4.1.2). 假定 $e(t)=\sin t$.

(1) 当 $b=0$ 时, 由文献 [5] 知共存是不可能的, 除非 $\lambda_1=\lambda_2$. 如果 $m_i/D_i\leqslant 1$, 那么第 $i$ 个种群趋于绝种. 假定 $m_i/D_i>1$ 及 $\lambda_i>1$, 那么第 $i$ 个种群趋于绝种. 这里有意义的情况是当 $m_i/D_i>1,\ \lambda_i<1,\ i=1,2$, 那么具较小 $\lambda$ 值的种群幸存, 另一个绝种, 即竞争排斥原理成立.

(2) 当 $b\neq 0$ 时, 如前所述, 若 $S^*$ 是 $y'+Dy=D(1+be(t))$ 的 $2\pi$ 周期解,

$$\mu_i^*=\frac{1}{2\pi}\int_0^{2\pi}\frac{S^*}{a_i+S^*}\mathrm{d}t,\quad i=1,2.$$

那么 $(S^*,0,0)$ 是 (4.1.2) 的一个解, 由文献 [2] 知, 当 $m_i/D_i < \mu_i^{*-1}$, $i=1,2$ 时, 它是全局渐近稳定的. 如果上述两个不等式中有一个不等式的不等号反向或者两个不等式的不等号都反向, 那么 $(S^*,0,0)$ 是不稳定的. 事实上, 如果 $m_1/D_1 > \mu_1^{*-1}$ 和 $m_2/D_2 < \mu_2^{*-1}$, 那么当 $t\to\infty$ 时 $x_2(t)\to 0$ 和 $\lim\limits_{t\to\infty}\sup x_1(t) > 0$. 当 $m_i/D_i > \mu_i^{*-1}$, $i=1,2$ 时, 则具有较小 $\lambda$ 的种群幸存而另一种群绝种. 这说明具有较小 $\lambda$ 的种群有较大的内禀增长率. 注意这个结果独立于 $b$ 或 $2\pi/\omega$. 在上面所叙述的情况中, 一个种群比如 $x_1$ 幸存, 另一个种群绝种. 结果如图 4.1.1 所示.

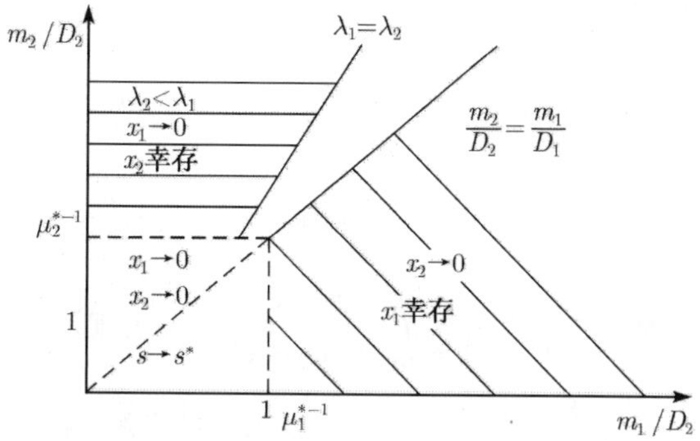


图 4.1.1

$$a_2 > a_1,\quad \lambda_1=\lambda_2,\quad m_2/D_2 = a_2m_1/a_1D_1 + (1-a_2/a_1).$$

如果 $a_2 < a_1$, 图形就会发生对称性的改变. 这时 $\lambda_1=\lambda_2$ 将在 45° 线下面, 不是隐形的部分也在 45° 线下面. 图中不是隐形的部分有可能是两种群共存的区域, 这时有两种可能性:

$$\text{(A)}\ a_2 > a_1,\quad \lambda_1 < \lambda_2,\quad \frac{m_2}{D_2} > \frac{m_1}{D_1}\quad \left(\frac{m_i}{D_i} > \mu_i^{*-1},\ i=1,2\right),$$

$$\text{(B)}\ a_1 > a_2,\quad \lambda_1 > \lambda_2,\quad \frac{m_2}{D_2} < \frac{m_1}{D_1}\quad \left(\frac{m_i}{D_i} > \mu_i^{*-1},\ i=1,2\right).$$

通过改变序号, 可以假定 (1) 成立. 注意如果 $a_1=a_1=2$, 则不可能存在共存的区域, 除非增加 $\dfrac{m_1}{D_1}=\dfrac{m_2}{D_2}$. 下面的工作将说明在没有隐形的区域中靠近 $\lambda_1=\lambda_2$ 的地方有共存区域存在, 且与 $b$ 也有关.

以下仅考虑每个种群都幸存的情况, 即满足:

$$\frac{m_1}{D_1} > \mu_1^{*-1} \quad 和 \quad \frac{m_2}{D_2} > \mu_2^{*-1},$$

另外再重温一下二维问题中的分析. 假定在每一个面 $x_2=0$ 和 $x_1=0$ 存在一个稳定的 $2\pi$ 周期解, 即使 $D_1\leqslant D$ 和 $D_2\leqslant D$ 时也必定有此情况, 特别是当 $D_1=D_2=D$ 时.

因此假定

$$\begin{cases} S' = D(1+be(t)-S) - m_1\dfrac{x_1+S}{a_1+S}, \\ x_1' = m_1\dfrac{x_1S}{a_1+S} - D_1x_1 \end{cases} \tag{4.1.7}$$

有一个渐近稳定的 $2\pi$ 周期解 $(S, x_1)$, 在其他方面, $x_1 = 0$ 也同样成立. 首先考虑 $(S, x_1, 0)$ 作为 (4.1.2) 解的稳定性, 它相应的变分方程是

$$\bar{\boldsymbol{Y}}' = \begin{pmatrix} -D - m_1\dfrac{a_1x_1}{(a_1+S)^2} & -\dfrac{m_1S}{a_1+S} & -\dfrac{m_2S}{a_2+S} \\ m_1\dfrac{a_1x_1}{(a_1+S)^2} & \dfrac{m_1S}{a_1+S} - D_1 & 0 \\ 0 & 0 & \dfrac{-m_2S}{a_2+S} - D_2 \end{pmatrix} \bar{\boldsymbol{Y}}. \tag{4.1.8}$$

**引理 4.1.2** 如果 $\dfrac{m_2}{D_2} < \dfrac{1}{2\pi}\displaystyle\int_0^{2\pi}\left(\dfrac{S}{a_2+S}\right)^{-1}\mathrm{d}t$, 则$(S, x_1, 0)$ 是渐近稳定的; 如果 $\dfrac{m_2}{D_2} > \dfrac{1}{2\pi}\displaystyle\int_0^{2\pi}\left(\dfrac{S}{a_2+S}\right)^{-1}\mathrm{d}t$, 则 $(S, x_1, 0)$ 是不稳定的.

在文献 [2] 中最有意义的结果是它的数值计算工作. 假定 (1) 成立, 文献 [2] 发现对小正数 $b$, $x_1$ 幸存, $x_2$ 死亡. 但随着 $b$ 的增加达到一个阈值 (依赖于 $\omega$), 超过阈值能发现一个共存区域. 如果 $b$ 进一步增加, 达到第二个阈值 (仍依赖于 $\omega$), 超过这阈值 $x_2$ 幸存而 $x_1$ 死亡. 目标是证明随着 $b$ 的增加在面 $x_2 = 0$, 一个 $2\pi$ 周期解 $(S_1, x_1, 0) = (S_1, x_1, 0)(b)$ 是怎样产生的. 下面将说明确实存在 $b$ 的一个临界值, 使 $(S_1, x_1, 0)$ 成为不稳定. 一个所有分量为正的 $2\pi$ 周期解 $(S(t), x_1(t), x_2(t))$ 怎样随着 $b$ 的增加通过阈值产生不稳定的分支 $(S, x_1, 0)(b)$?

如果假定 $D = D_1 = D_2$, 就可以进一步简化讨论, 许多文献进行了这样的简化, 如当稀释率 $D$ 大于死亡率时被证明是可行的.

假定 $\lambda_1 < 1$, 当 $b = 0$ 时, $(\lambda_1, 1-\lambda_1, 0)$ 是一个全局渐近稳定的解. 为了观察随着 $b$ 的增加发生的变化, 按 $b$ 的幂在 $b = 0$ 附近展开 (4.1.7) 的 $2\pi$ 周期解.

$$\begin{cases} S = \lambda_1 + bS_1(t) + b^2S_2(t) + \cdots, \\ x_1 = 1 - \lambda_1 + bx_{11}(t) + b^2x_{12}(t) + \cdots. \end{cases} \tag{4.1.9}$$

简化计算步骤后得

$$\begin{cases} S_1(t) = \dfrac{\beta A + B}{1+\beta^2}\sin t + \dfrac{\beta B - A}{1+\beta^2}\cos t, \\ x_{11} + S_1(t) = B\sin t - A\cos t, \end{cases}$$

这里

$$A=\frac{D}{1+D^2},\quad B=\frac{D^2}{1+D^2},\quad \beta=m_1\frac{a_1(1-\lambda_1)}{(a_1+\lambda_1)^2},$$

$$\frac{1}{2\pi}\int_0^{2\pi}S_2(t)\mathrm{d}t=(a_1+\lambda_1)^{-1}\frac{1}{2\pi}\int_0^{2\pi}S_1(t)^2\mathrm{d}t-(1-\lambda_1)^{-1}\frac{1}{2\pi}\int_0^{2\pi}S_1(t)x_{11}(t)\mathrm{d}t.$$

由引理 4.1.2 知, 当 $\frac{1}{2\pi}\int_0^{2\pi}\left(\frac{m_2S}{a_2+S}-D\right)\mathrm{d}t=0$ 时, 解 (4.1.9) 是中性稳定的, 这里 $S$ 为 (4.1.10) 中所给出的. 利用 (4.1.9) 展开上式得

$$\begin{aligned}&\frac{1}{2\pi}\int_0^{2\pi}\left(\frac{m_2S}{a_2+S}-D\right)\mathrm{d}t\\ =&m_2\frac{\lambda_1}{a_2+\lambda_1}-D+b\frac{a_2}{(a_2+\lambda_1)^2}\frac{1}{2\pi}\int_0^{2\pi}S_1(t)\mathrm{d}t\\ &+b^2\frac{m_2a_2}{(a_2+\lambda_1)^2}\left[(a_2+\lambda_1)\frac{1}{2\pi}\int_0^{2\pi}S_2(t)\mathrm{d}t-\frac{1}{2\pi}\int_0^{2\pi}S_1^2(t)\mathrm{d}t\right]+O(b^3).\end{aligned}$$

使用以上结果得到对 (4.1.9) 的中性稳定性曲线

$$0=\left(m_2\frac{\lambda_1}{a_2+\lambda_1}-D\right)+b^2(a_2-a_1)\bar{\Delta}+O(b^3),$$

这里 $\bar{\Delta}=\frac{1}{2}\frac{m_2a_2}{(a_2+\lambda_1)^3}(a_1+\lambda_1)^{-1}\frac{A^2+B^2}{1+\beta^2}$. 经计算得 $\lambda_1=\lambda_2+b^2\Delta(a_1-a_2)+O(b^3)$, 这里 $\Delta=\frac{(a_2+\lambda_1)\bar{\Delta}}{m_2-D}>0$.

这样由 (4.1.9), 当 $\lambda_1<\lambda_2+b^2\Delta(a_1-a_2)+O(b^3)$ 时是渐近稳定的, 当 $\lambda_1>\lambda_2+b^2\Delta(a_1-a_2)+O(b^3)$ 时是不稳定的.

以上计算暗示了如果 $a_2>a_1$ 和 $\lambda_2-\lambda_1$ 是小的和正的, 那么有可能使解 (4.1.9) 在 $b$ 的阈值不稳定. 为使这一点更精确, 令

$$\lambda_2-\lambda_1=\eta.$$

固定 $a_1,m_1,D,a_2$, 令 $m_2=m_2(\eta)$, 这样 $m_2(\eta)=D(1+a_2/(\lambda_1+\eta))$, 解 (4.1.9) 的稳定性由 $\frac{1}{2\pi}\int_0^{2\pi}\left(\frac{m_2(\eta)S}{a_2+S}-D\right)\mathrm{d}t\equiv H(\eta,b)$ 来决定. 当 $\eta=0$ 即 $\lambda_1=\lambda_2$ 和 $b=0$ 时, 有 $H(0,0)=0$, 这样解 $(\lambda_1,1-\lambda_1,0)$ 当 $\lambda_1=\lambda_2$ 时是中性稳定的.

解方程

$$H(\eta,b)=0,\tag{4.1.10}$$

把 $\eta$ 作为 $b$ 在 0 点附近的函数, 则对 (4.1.9) 将得到中性稳定曲线. 由于 $\dfrac{\partial H}{\partial \eta}(0,0)=\dfrac{\lambda_1}{a_2+\lambda_1}\dfrac{\mathrm{d}m_2}{\mathrm{d}\eta}(0)\neq 0$, 由隐函数定理知, 可以对零点附近的 $b$ 具 $\eta_1(0)=0$ 的 $\eta=\eta_1(b)$ 求解.

对 (4.1.10) 进行隐函数求导得

$$\frac{\mathrm{d}\eta_1}{\mathrm{d}b}(0)=0,\quad \frac{\mathrm{d}^2\eta_1}{\mathrm{d}b^2}(0)=(a_2-a_1)N,$$

这里 $N=\dfrac{D^2}{1+D^2}\dfrac{(a_1+\lambda_1)^3}{(a_2+\lambda_1)[(a_1+\lambda_1)^4+m_1^2a_1^2(1-\lambda_1)^2]}>0$, 因此,

$$\eta_1(b)=\frac{1}{2}(a_2-a_1)Nb^2+O(b^3).$$

这里的计算含义可在图 4.1.2 中看出

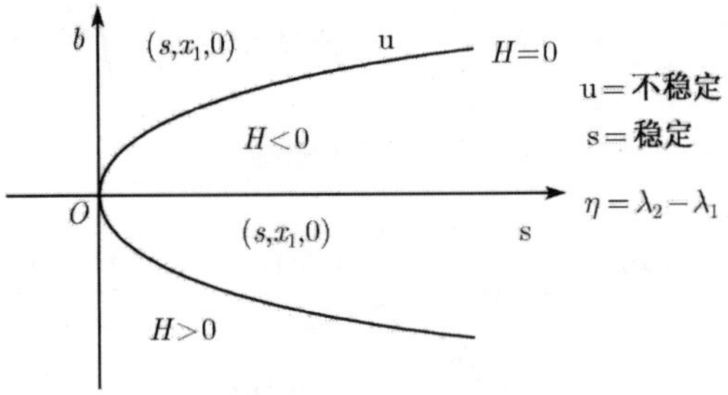


图 4.1.2 $a_2>a_1$

为了使 (4.1.9) 不稳定, 那么固定 $\eta_0>0$ 在一个小值, 并增加 $b$ 到 $b=b_0>0$, 这里 $\eta_1(b_0)=\eta_0$, 如图 4.1.3 所示.

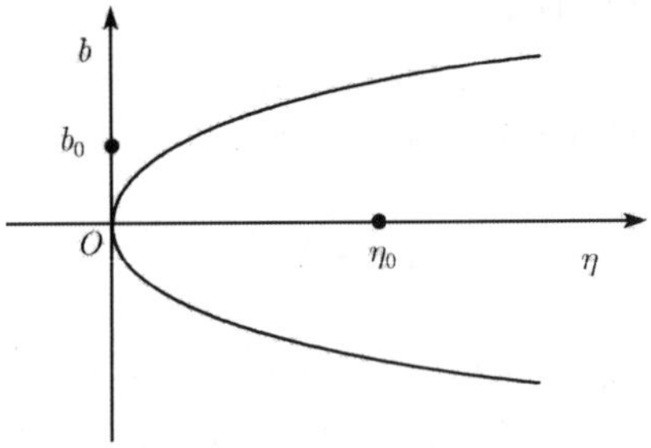


图 4.1.3

在 $b=b_0$,

$$\frac{1}{2\pi}\int_0^{2\pi}\left(\frac{m_2S}{a_2+S}-D\right)\mathrm{d}t=0 \tag{4.1.11}$$

和

$$\left.\frac{\mathrm{d}}{\mathrm{d}b}\right|_{b=b_0}\left[\frac{1}{2\pi}\int_0^{2\pi}\left(\frac{m_2S}{a_2+S}-D\right)\mathrm{d}t\right]>0 \tag{4.1.12}$$

(4.1.11), (4.1.12) 说明了这样一个事实:(4.1.2) 的解 (4.1.9) 随着 $b$ 增加通过值 $b_0$ 正在失去稳定性. 于是有下面的结论.

**定理 4.1.2** 对充分小 $b_0$, 一族 $2\pi$ 周期解

$$\left\langle\begin{pmatrix}S\\x_1\\x_2\end{pmatrix},b\right\rangle=\left\langle\begin{pmatrix}S\\x_1\\x_2\end{pmatrix}(\varepsilon),b(\varepsilon)\right\rangle,$$

确定 $\varepsilon$ ($|\varepsilon|<\varepsilon_0$) 为参数, 从

$$\left\langle\begin{pmatrix}S\\x_1\\0\end{pmatrix}(b),b\right\rangle$$

的分支由 (4.1.9) 在 $b=b_0$ 给出. 在 $b_0$ 存在稳定性的变化: 对 $b<b_0$, 由 (4.1.9) 给出的分支是渐近稳定的; 对 $b>b_0$ 是不稳定的, 分支 (4.1.13) 是渐近稳定的, 它的一阶项为

$$\begin{pmatrix}S\\x_1\\x_2\end{pmatrix}(\varepsilon)=\begin{pmatrix}S\\x_1\\0\end{pmatrix}(b_0)+\varepsilon\begin{pmatrix}z_1\\z_2\\z_3\end{pmatrix}+\cdots, \tag{4.1.13}$$

$$b(\varepsilon)=b_0+\varepsilon b_1+\cdots,$$

这里$z_3(t)=\exp\left(\int_0^t(m_2S/(a_2+S)-D)\mathrm{d}u\right)$; (4.1.13) 右边的 $x_1$, $S$ 由 (4.1.9) 在 $b=b_0$, $m_2=m_2(\eta_0)$ 和 $b_1>0$ 给出.

这里注意, $\varepsilon$ 本来就是 $x_2(0)$, 因此, 对充分小的 $\varepsilon>0$,

$$\begin{pmatrix}S\\x_1\\x_2\end{pmatrix}(t)$$

所有成分为正, 并且 $b_1>0$ 意味着对 $\varepsilon>0$ 有 $b>b_0$, 这样分支的示意图见图 4.1.4.

随着 $b$ 的增加, 考虑平面 $x_1=0$ 中 $2\pi$ 周期解的变化, 我们能解释[2] 图 4.1.1 的基本特征.

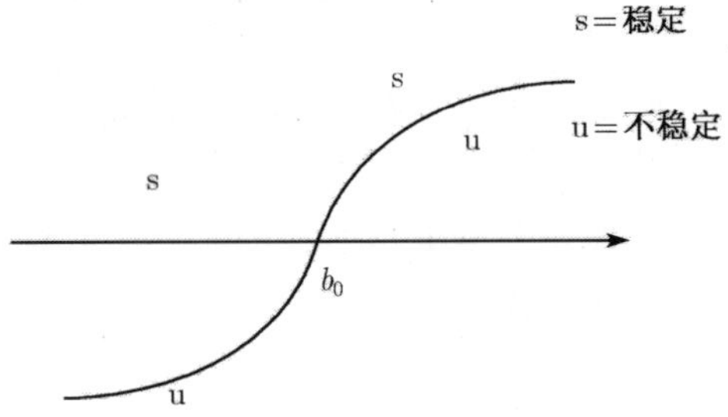


图 4.1.4

现在考虑方程

$$\begin{cases} S' = D(1 + b\sin t - S) - m_2\dfrac{Sx_2}{a_2 + S}, \\ x_2' = m_2\dfrac{Sx_2}{a_2 + S} - Dx_2, \end{cases} \tag{4.1.14}$$

这里 $0 < b \ll 1$, 对 $0 < \eta \ll 1$ 有 $m_2 = m_2(\eta)$, 发现如下的周期解:

$$\begin{cases} S = \lambda_1 + S_1'(t)\eta - S_1^2(t)b + \cdots, \\ x_2 = 1 - \lambda_1 + x_1'(t)\eta + x_1^2(t)b + \cdots. \end{cases} \tag{4.1.15}$$

(4.1.15) 的稳定性能如 (4.1.9) 那样分析. 中性稳定性曲线由

$$G(\eta, b) \equiv \frac{1}{2\pi}\int_0^{2\pi}\left(\frac{m_1 S}{a_1 + S} - D\right)\mathrm{d}t = 0 \tag{4.1.16}$$

给出, 由于

$$\frac{\partial G}{\partial \eta} = \frac{m_1 a_1}{(a_1 + \lambda_1)^2} \neq 0,$$

对 $\eta = \eta_2(b)$(4.1.16) 在 $b$ 靠近零时能被解出, $\eta_2(0) = 0$. 计算得到

$$\frac{\mathrm{d}\eta_0}{\mathrm{d}b}(0) = 0, \quad \frac{\mathrm{d}^2\eta_2}{\mathrm{d}b^2}(0) = (a_2 - a_1)\bar{N},$$

这里

$$\bar{N} = \frac{D^2}{1 + D^2}\frac{(a_2 + \lambda_1)^3}{(a_1 + \lambda_1)[(a_2 + \lambda_1)^4 + (1 - \lambda_1)^2 a_2^2 D^2(1 + a_2/\lambda_1)^2)]}$$

是正的, 因此曲线 $G = 0$ 如图 4.1.5, 与 $H = 0$ 有相同的情况. 注意到区域 $G < 0$ 和 $G > 0$ 的位置, 观察可得到当 $\eta > 0(\lambda_1 < \lambda_2)$ 和 $b = 0$ 时 (4.1.9) 是稳定的, (4.1.15) 是不稳定的.

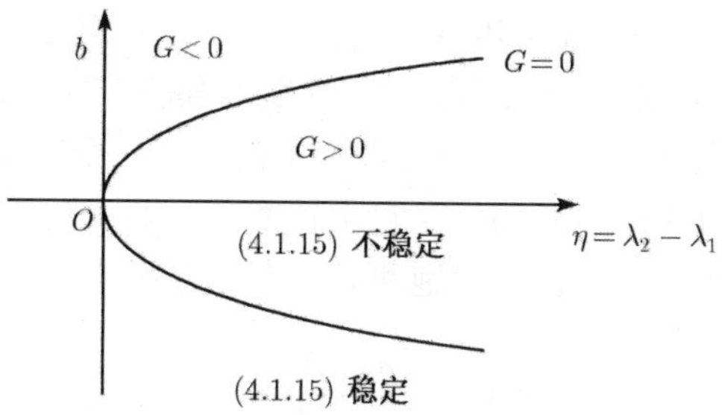


图 4.1.5 $a_2 > a_1$

根据 $a_2 > a_1$ 和 $m_1/D > 1$ 的事实, 证明 $\bar{N} < N$ 是不困难的 (但是麻烦的). 因此 $\eta_2''(0) < \eta_1''(0)$. 这样如果把图 4.1.5 放在图 4.1.2 上, 可以得到图 4.1.6.

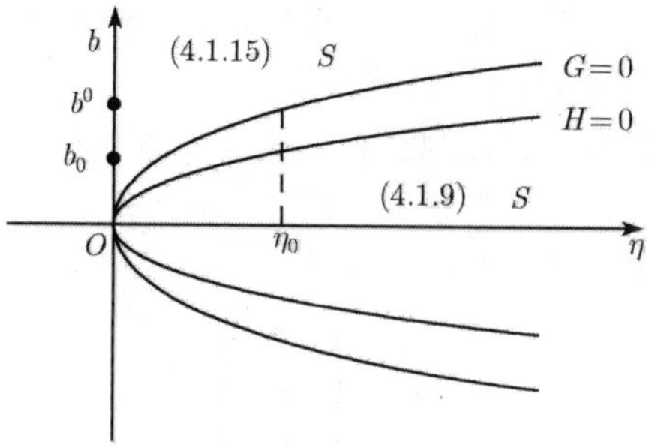


图 4.1.6

从图 4.1.6 可以看到对充分小的 $b$, 平面 $x_2 = 0$ 中的 $2\pi$ 周期解 (4.1.9) 是渐近稳定的, 直到到达阈值 $b_0$, 在这点存在一个 $2\pi$ 周期解的分支一直到第一象限的内部. 推测在区域 $b_0 < b < b^0$ 存在两种共存, 以稳定的 $2\pi$ 周期解形式出现. 当然在 $b^0$ 产生分支, 估计有一光滑分支连结两个分支产生如图 4.1.7 的分支图. 在图中设定了一个 $2\pi$ 周期解的初始条件.

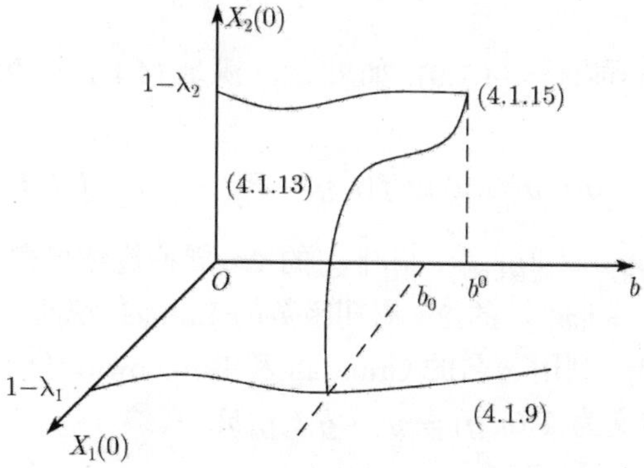


图 4.1.7

图 4.1.6 说明, 当 (1) 成立和 $\lambda_2 - \lambda_1 \ll 1$ 时, 种群 $x_2$ 随着雨季雨量增加而增加并优于另一种群. 最后当 $b$ 超过 $b^0$ 时赢得竞争. 当雨量在两个极端时, 种群 $x_2$ 具有什么特征能使它优于 $x_1$? 对此我们不能给出一个完全满意的回答. 事实上, 当 $0 < \lambda_2 - \lambda_1 \ll 1$ 时, 种群 $x_1$ 在它生长季节上略占优势. 由于当 (1) 成立时 $m_2 > m_1$, 种群 $x_2$ 在资源水平接近饱和时具有一定优势. 令

$$m_2 = D\left(1 + \frac{a_2}{\lambda_1 + \eta}\right) \approx D\left(1 + \frac{a_2}{\lambda_1}\right),$$

这样 $m_2 \approx (a_2/a_1)m_1 - (a_2/a_1 - 1)D$. 当 $S \to 0$ 时, $\frac{m_1 S}{a_1 + S}\Big/\frac{m_2 S}{a_2 + S} \to \frac{m_1 a_2}{m_2 a_1} > 1$. 因此当资源水平极低时, 种群 $x_1$ 的资源摄取超过 $x_2$. 在气候变化很大的环境中, 推测种群面临变化着的资源供给, 一定遇到低水平和高水平资源供给的两种条件. 随着 $b$ 的增加, $x_2$ 的能力处于优势, 它控制了 $x_1$.

**引理 4.1.3** 如果 $D \geqslant D_1$, 那么任何具 $x(t) > 0$ 和 $0 < S(t) < S^*(t)$ 的 $2\pi$ 周期解是渐近稳定的.

**定理 4.1.2 的证明** 令

$$\boldsymbol{x} = \begin{pmatrix} S \\ x_1 \\ x_2 \end{pmatrix},$$

并记

$$\boldsymbol{x}' = \boldsymbol{f}(t, \boldsymbol{x}, b). \tag{4.1.17}$$

对 (4.1.2), 令

$$\boldsymbol{P}(t, b) = \begin{pmatrix} S \\ x_1 \\ 0 \end{pmatrix}(b)$$

表示 (4.1.17) 的 $2\pi$ 周期解 (4.1.9). 如果 $\boldsymbol{x}(t)$ 满足 (4.1.17), 令 $\boldsymbol{y}(t) = \boldsymbol{x}(t) - \boldsymbol{P}(t, b)$, 那么

$$\boldsymbol{y}'(t) = \boldsymbol{g}(t, \boldsymbol{y}(t), b) \equiv \boldsymbol{f}(t, \boldsymbol{y} + \boldsymbol{P}(t, b), b) - \boldsymbol{f}(t, \boldsymbol{P}(t, b), b).$$

令 $\bar{Y}$ 是具范数 $\|\boldsymbol{y}\|_Y = \|\boldsymbol{y}\|_\infty + \|\boldsymbol{y}'\|_\infty$ 的 $2\pi$ 周期连续可微函数的 Banach 空间, $X$ 是具范数 $\|\boldsymbol{x}\|_X = \|\boldsymbol{x}\|_\infty$ 的 $2\pi$ 周期函数的 Banach 空间. 令 $i : \bar{Y} \to X$ 表示 $\bar{Y}$ 到 $X$ 的连续内映射. 利用著名的 Crandall 和 Rabinowitz 分支定理[6] 进行讨论. 令 $F : \mathbf{R} \times Y \to X$ 定义为 $\boldsymbol{F}(b, \boldsymbol{y}) = \boldsymbol{y}' - \boldsymbol{g}(t, \boldsymbol{y}, b)$. 观察

$$\boldsymbol{F}(b, \boldsymbol{0}) \equiv \boldsymbol{0},\ \boldsymbol{F}_y(b, \boldsymbol{0})\boldsymbol{h} = \boldsymbol{h}' - \boldsymbol{f}_x(t, \boldsymbol{P}(t, b), b)\boldsymbol{h}.$$

由 (4.1.11), $F_y(b_0,0)$ 是一维的且由 $\boldsymbol{y}_0(t)$ 生成, 这里

$$\boldsymbol{y}_0' = \begin{pmatrix} -D - m_1\dfrac{a_1x_1}{(a_1+S_1)^2} & -m_1\dfrac{S}{a_1+S} & -m_2\dfrac{S}{a_2+S} \\ m_1\dfrac{a_1x_1}{(a_1+S_1)^2} & m_1\dfrac{S}{a_1+S} - D & 0 \\ 0 & 0 & m_2\dfrac{S}{a_2+S} - D \end{pmatrix}\boldsymbol{y}_0,$$

其中 $S$ 和 $x_1$ 由 (4.1.9) 在 $b=b_0$ 和 $m_2=m_2(\eta_0)$ 给出. 检查基本条件是 $F_{by}(b_0,0)\notin R(F_y(b_0,0))$, $R$ 表示列.

固定 $\boldsymbol{y}_0$, 使

$$\boldsymbol{y}_0(t) = \begin{pmatrix} \phi_1(t) \\ \phi_2(t) \\ \exp\left(\displaystyle\int_0^t \left(m_2\frac{S}{a_2+S} - D\right)\mathrm{d}t\right) \end{pmatrix},$$

这里 $\phi_1$ 和 $\phi_2$ 待定, 这样它说明

$$\int_0^{2\pi} F_{by}(b_0,0)y_0\omega_0\mathrm{d}t \neq 0,$$

这里 $\boldsymbol{\omega}_0(t)\neq 0$ 满足伴随矩阵方程且是 $2\pi$ 周期的, 即

$$\boldsymbol{\omega}_0' = -\begin{pmatrix} -D - m_1\dfrac{a_1x_1}{(a_1+S_1)^2} & m_1\dfrac{a_1x_1}{(a_1+S_1)^2} & 0 \\ -m_1\dfrac{S}{a_1+S} & m_1\dfrac{S}{a_1+S} - D & 0 \\ -m_2\dfrac{S}{a_2+S} & 0 & m_2\dfrac{S}{a_2+S} - D \end{pmatrix}\boldsymbol{\omega}_0.$$

取

$$\boldsymbol{\omega}_0(t) = \begin{pmatrix} 0 \\ 0 \\ \exp\left(\displaystyle\int_0^t \left(m_2\frac{S}{a_2+S} - D\right)\mathrm{d}t\right) \end{pmatrix},$$

容易计算得到

$$\frac{1}{2\pi}\int_0^{2\pi} F_{by}(b_0,0)y_0\boldsymbol{\omega}_0\mathrm{d}t = \frac{\mathrm{d}}{\mathrm{d}b}\,|_{b=b_0}\left[\frac{1}{2\pi}\int_0^{2\pi}\left(m_2\frac{S}{a_2+S} - D\right)\mathrm{d}t\right],$$

这里 $S$ 是 (4.1.9) 在 $b=b_0$ 和 $m_2=m_2(\eta_0)$ 时给出的. 由 (4.1.12) 知是非零的. 这样, 由 Crandall 和 Rabinowitz 分支定理[4], 方程 $\boldsymbol{y}'=\boldsymbol{g}(t,\boldsymbol{y},b)$ 有一个解族 $(\boldsymbol{y}(\varepsilon),b(\varepsilon))$, 它由形如

$$\boldsymbol{y}(\varepsilon)=\varepsilon\boldsymbol{y}_0+O(\varepsilon),$$

$$b(\varepsilon)=b_0+b_1\varepsilon+O(\varepsilon)$$

在 $(0,b_0)$ 点分支得到, 因此,

$$\boldsymbol{x}=\boldsymbol{y}+\boldsymbol{P}(t,b)=\varepsilon\boldsymbol{y}_0+\boldsymbol{P}(t,b(\varepsilon))+O(\varepsilon),$$

从而

$$\boldsymbol{x}=\boldsymbol{P}(t,b_0)+\varepsilon\left(\boldsymbol{y}_0+\frac{\partial\boldsymbol{P}}{\partial b}(b_0)b_1\right)+O(\varepsilon).$$

令

$$\frac{\partial\boldsymbol{P}}{\partial b}(t,b_0)=\begin{pmatrix}z_1\\z_2\\0\end{pmatrix}(t),$$

且注意 $\begin{pmatrix}z_1\\z_2\end{pmatrix}$ 是

$$\begin{pmatrix}z_1\\z_2\end{pmatrix}'=\begin{pmatrix}-D-m_1\dfrac{a_1x_1}{(a_1+S_1)^2} & -m_1\dfrac{S}{(a_1+S)}\\ m_1\dfrac{a_1x_1}{(a_1+S)^2} & m_1\dfrac{S}{a_1+S}-D\end{pmatrix}\begin{pmatrix}z_1\\z_2\end{pmatrix}+\begin{pmatrix}D\sin t\\0\end{pmatrix}$$

的 $2\pi$ 周期解, 这里 $x_1$ 和 $S$ 由 (4.1.9) 给出. 分支的稳定性由分支方向, 特别是 $b_1$ 来决定.

在文献 [4] 中定义了下面的光滑函数:

$$F_y(b,0)\boldsymbol{\mu}(b)=\gamma(b)i\boldsymbol{\mu}(b),\tag{4.1.18}$$

$$F_y(b(\varepsilon),\boldsymbol{y}(\varepsilon))\boldsymbol{\omega}(\varepsilon)=\zeta(\varepsilon)i\boldsymbol{\omega}(\varepsilon),\tag{4.1.19}$$

这里 $\boldsymbol{\mu}(b)$, $\boldsymbol{\omega}(\varepsilon)\in\bar{Y}$ 是特征向量, $\gamma(b)$, $\zeta(\varepsilon)$ 是特征值. 非平凡解的稳定性依赖于 $\zeta$. 为了看得更清楚, 将 (4.1.19) 去掉 $\varepsilon S$ 变成

$$\boldsymbol{\omega}'=\boldsymbol{f}_x(t,\boldsymbol{x},b)\boldsymbol{\omega}+\zeta\boldsymbol{\omega},$$

或者, 令 $\boldsymbol{V}=\mathrm{e}^{-\zeta t}\boldsymbol{\omega}$,

$$\boldsymbol{V}'=\boldsymbol{f}_x(t,\boldsymbol{x},b)\boldsymbol{V}.$$

称 $\boldsymbol{\omega}$ 为 2π 周期的, 因此, 如果 $\zeta > 0$, $\boldsymbol{V}(t) \to 0$; 如果 $\zeta < 0$, $|\boldsymbol{V}(t)|$ 是无界的. 这样 $-\zeta(\varepsilon)$ 是变分方程沿着

$$\left\langle \begin{pmatrix} S \\ x_1 \\ x_2 \end{pmatrix}(\varepsilon),\ b(\varepsilon) \right\rangle$$

的特征指数. 分支带有最大实部.

$\zeta(\varepsilon)$ 的符号能够由 Crandall 和 Rabinowitz 定理来确定. 文献 [4] 证明 $\varepsilon b'\varepsilon\gamma'(b_0)$ 和 $\zeta(\varepsilon)$ 一起变为零且存在相反的符号. 下面将建立分支 $\left\langle \begin{pmatrix} S \\ x_1 \\ x_2 \end{pmatrix}(\varepsilon),\ b(\varepsilon) \right\rangle$ 的稳定性, 对 $\varepsilon > 0$, 证明对小正数 $\varepsilon$, $\zeta(\varepsilon) > 0$. 充分证明 $b'(0) = b_1 > 0$ 和 $\gamma'(b_0) < 0$. 首先考虑

$$F_y(b,0)\boldsymbol{\mu}(b) = \boldsymbol{\mu}' - \boldsymbol{f}_x(t, \boldsymbol{P}(t,b), b)\boldsymbol{\mu} = \gamma(b)\boldsymbol{\mu}. \tag{4.1.20}$$

由 (4.1.8), $\gamma(b)$ 能由方程的第三个分量

$$\mu_3' = \left(m_2 \frac{S}{a_2 + S} - D + \gamma\right)\mu_3$$

来决定. $\mu$ 的周期性需要 $0 = \dfrac{1}{2\pi}\displaystyle\int_0^{2\pi}\left(m_2\frac{S}{a_2+S} - D + \gamma\right)\mathrm{d}t$, 这里 $m_2 = m_2(\eta_0)$, 这样

$$\gamma(b) = -\frac{1}{2\pi}\int_0^{2\pi}\left(m_2\frac{S}{a_2+S} - D\right)\mathrm{d}t.$$

因此,

$$\gamma'(b_0) = -\frac{\mathrm{d}}{\mathrm{d}b}\Big|_{b=b_0}\frac{1}{2\pi}\int_0^{2\pi}\left(m_2\frac{S}{a_2+S} - D\right)\mathrm{d}t.$$

由 (4.1.12), $\gamma'(b_0) < 0$. 现在计算 $(\mathrm{d}b/\mathrm{d}\varepsilon)(0) = b_1$, 由 (4.1.2) 和解的周期性分支

$$\left\langle \begin{pmatrix} S \\ x_1 \\ x_2 \end{pmatrix}(\varepsilon),\ b(\varepsilon) \right\rangle,$$

得到

$$0 = \frac{1}{2\pi}\int_0^{2\pi}\left(m_2\frac{S}{a_2+S} - D\right)\mathrm{d}t,$$

这里通常 $m_2 = m_2(\eta_0)$.

对 $\varepsilon$ 进行微分, 当 $\varepsilon = 0$ 时得到方程

$$b_1\frac{1}{2\pi}\int_0^{2\pi}\frac{a_2}{(a_2+S)^2}z_1\mathrm{d}t = -\frac{1}{2\pi}\int_0^{2\pi}\frac{a_2}{(a_2+S)^2}\phi_1\mathrm{d}t,$$

这里令 $z_1=(\partial S/\partial b)(b_0)$, $\phi_1$ 是 $\boldsymbol{y}_0$ 的第一个分量, $S$ 由 (4.1.9) 在 $b=b_0$ 点给出. 所以

$$\frac{1}{2\pi}\int_0^{2\pi}\frac{a_2}{(a_2+S)^2}z_1\mathrm{d}t=\frac{\mathrm{d}}{\mathrm{d}b}\bigg|_{b=b_0}\frac{1}{2\pi}\int_0^{2\pi}\left(m_2\frac{S}{a_2+S}-D\right)\mathrm{d}t>0,$$

$$\mathrm{sgn}b_1=-\mathrm{sgn}\frac{1}{2\pi}\int_0^{2\pi}\frac{a_2}{(a_2+S)^2}\phi_1\mathrm{d}t. \tag{4.1.21}$$

一般来说, 要对 (4.1.21) 的右边积分是很困难的. 我们采用振动方法, 令

$$\boldsymbol{y}_0=\begin{pmatrix}\phi_1\\ \phi_2\\ \phi_3\end{pmatrix}=\begin{pmatrix}\phi_{10}\\ \phi_{20}\\ \phi_{30}\end{pmatrix}+b\begin{pmatrix}\phi_{11}\\ \phi_{21}\\ \phi_{31}\end{pmatrix}+b^2\begin{pmatrix}\phi_{12}\\ \phi_{22}\\ \phi_{32}\end{pmatrix}+\cdots,$$

这里 $\boldsymbol{y}_0$ 是变分方程 (4.1.8) 沿着 (4.1.9) 和 $m_2=m_2(\eta(b))=D(1+(a_2/\lambda_1))+O(b^2)$ 的 $2\pi$ 周期解. 把 $\phi_1$ 的式子代入 (4.1.21) 的右边得到

$$\begin{aligned}\frac{1}{2\pi}\int_0^{2\pi}\frac{a_2}{(a_2+S)^2}\phi_1\mathrm{d}t=&\frac{a_2}{(a_2+\lambda_1)^2}\frac{1}{2\pi}\int_0^{2\pi}\phi_{10}\mathrm{d}t\\ &+b\left[\frac{a_2}{(a_2+\lambda_1)^2}\frac{1}{2\pi}\int_0^{2\pi}\phi_{11}\mathrm{d}t-\frac{2a_2}{(a_2+\lambda_1)^3}\frac{1}{2\pi}\int_0^{2\pi}S_1\phi_{10}\mathrm{d}t\right]\\ &+b^2\left[\frac{a_2}{(a_2+\lambda_1)^2}\frac{1}{2\pi}\int_0^{2\pi}\phi_{12}\mathrm{d}t-\frac{2a_2}{(a_2+\lambda_1)^3}\frac{1}{2\pi}\int_0^{2\pi}S_1\phi_{11}\mathrm{d}t\right.\\ &\left.+\frac{a_2}{(a_2+\lambda_1)^3}\left((a_2+\lambda_1)\frac{1}{2\pi}\int_0^{2\pi}S_2\phi_{10}\mathrm{d}t-\frac{1}{2\pi}\int_0^{2\pi}S_1^2\phi_{10}\mathrm{d}t\right)\right]\\ &+O(b^3).\end{aligned} \tag{4.1.22}$$

通过简单的计算得到 $\frac{1}{2\pi}\int_0^{2\pi}\phi_{10}\mathrm{d}t=0$, (4.1.20) 中 $b$ 的系数变成零. $b^2$ 的系数也可得到, 即

$$\begin{aligned}&\frac{1}{2\pi}\int_0^{2\pi}\frac{a_2}{(a_2+S)^2}\phi_1\mathrm{d}t\\ =&b^2m_1\frac{a_2}{(a_2+\lambda_1)^2}\frac{1}{a_1+\lambda_1}\left(\frac{1}{a_1+\lambda_1}-\frac{1}{a_2+\lambda_1}\right)\left(\frac{a_1}{a_1+\lambda_1}-\frac{a_2}{a_2+\lambda_1}\right)\\ &\times\frac{\beta D^2}{(1+\beta^2)^2(1+D^2)}+O(b^3).\end{aligned}$$

因此

$$\mathrm{sgn}\frac{1}{2\pi}\int_0^{2\pi}\frac{a_2}{(a_2+S)^2}\phi_1\mathrm{d}t=-1,\quad 如果\quad a_2>a_1,$$

它给出 $b_1>0$.

## 4.2 $n$ 个种群竞争一个食物源

在文献 [7] 中, Hale 和 Somolinos 继续对 $n$ 个种群竞争一个受周期影响的食物源的模型进行了深入的研究. 其模型为

$$\begin{cases} S' = D\left(S^0 + be(t) - S\right) - \sum_{i=1}^{n}(m_i/y_i)f_i(S)x_i, \\ x_i' = m_i f_i(S)x_i - D_i x_i, \quad i = 1, 2, \cdots, n. \end{cases} \tag{4.2.1}$$

各字母含义如前所述. 这里, 种群的功能反应函数 $f_i(S)$ 代替了熟知的 Michaelis-Menten 型或 HollingII 型, 只是假定为正的单调有界函数. 他们给出了种群绝种的充分条件, 即存在一个营养阈值, 在低于这个阈值条件下竞争排斥原理成立. 对于两个种群的系统得到了一个非常一般的结果: 一个 $\tau$ 周期的耗散竞争系统的所有解或者是 $\tau$ 周期的, 或者是近乎 $\tau$ 周期的. 还给出了两种群系统 Poincaré算子的几何的竞争描述.

假定

$(H_1)$ $f_i(S)$ 是对 $S$ 连续有界可微的增函数, $f_i(0) = 0$, $f_i(+\infty) = 1$ 在某些情况下有更强的条件.

$(H_2)$ $f_i(S)$ 满足 $(H_1)$ 且 $f_i(S)$ 的导数 $f_i'(S)$ 是正的.

为研究方便, $f_i(S)$ 可视为 Michaelis-Menten 型功能反应函数, 即

$$f_i(S) = \frac{S}{a_i + S}, \tag{4.2.2}$$

这样对 M-M 系统, 就有

$$x_i' = (m_i - D_i)x_i\left(S - \frac{a_i D_i}{m_i - D_i}\right)/(a_i + S) \triangleq x_i g_i(S).$$

当$S = \lambda_i = \dfrac{a_i D_i}{m_i - D_i}$ 时, $x_i' = 0$. 参数 $\lambda_i$ 很重要, 它表示当 $S = \lambda_i$ 时, 第 $i$ 个种群有零生长率. 定义 $m_i f_i(S) - D_i = g_i(S)$, 函数 $g_i(S)$ 单调增且连续可微, 如果 $(H_2)$ 满足它们有正导数, $g_i(\lambda_i) = 0$. 为讨论方便, 假定 $y_i = 1$, (4.2.1) 就成为

$$\begin{cases} S' = D\left(S^0 + be(t) - S\right) - \sum_{1}^{n}(m_i/y_i)f_i(S)x_i, \\ x_i' = g_i(S)x_i, \quad i = 1, 2, \cdots, n. \end{cases} \tag{4.2.1$'$}$$

令 $S^*(t)$ 是方程

$$S' = -DS + D\left(S^0 + be(t)\right) \tag{4.2.3}$$

的唯一 $\tau$ 周期解, 即

$$S^*(t) = D\int_0^\tau (\mathrm{e}^{D\tau}-1)^{-1}\mathrm{e}^{D\tau}\left(S^0+b\mathrm{e}(t+r)\right)\mathrm{d}\gamma.$$

容易看出 $S^0-b\leqslant S^*(t)\leqslant S^0+b$, $S^0$ 是 $S^*(t)$ 的中值. 如果 $s=S^*(t)-Z$, 那么在所有种群缺席时, 由食物源 $S^*(t)$ 的自由变动值中的 $Z(t)$ 就测定了 $S(t)$ 的偏差. 函数 $Z(t)$ 满足下面系统:

$$\begin{cases} Z' = -DZ + \displaystyle\sum_{i=1}^n m_i x_i f_i(S^*-Z), \\ x_i' = g_i(S^*-Z)x_i, \quad i=1,2,\cdots,n. \end{cases} \tag{4.2.4}$$

说一个常微分方程 $\dot{y}=f(t,y)$ 在域 $\Omega$ 中是耗散的, 如果存在 $R$ 使所有具 $y(t)\in\Omega$ 的所有解 $y(t)$, 对所有 $t$ 满足 $\overline{\lim\limits_{t\to\infty}}|y(t)|\leqslant R$. 令 $\boldsymbol{x}=(x_1,\cdots,x_n)$, $\mathbf{R}_+^{n+1}=\{(x,Z):x_i\geqslant 0, Z\geqslant 0\}$.

**引理 4.2.1**　假定 $(\mathrm{H}_1)$ 被满足, 那么 (4.2.1) 在 $\mathbf{R}_+^{n+1}$ 中出发的解 $(x(t),S(t))$ 对所有 $t\geqslant 0$ 留在 $\mathbf{R}_+^{n+1}$ 中, 且系统在 $\mathbf{R}_+^{n+1}$ 中是耗散的.

$$\overline{\lim_{t\to\infty}}\,[S^*(t)-S(t)] < S^0+b,$$

$$\overline{\lim_{t\to\infty}}\sum_{i=1}^n \leqslant \delta^{-1}D(S_0+b), \quad \delta=\min D_i.$$

最后, 如果 $S(0)>0$, 则存在一个 $\eta=\eta\left(S(0),x(0)\right)$ 使得对所有 $t$, $S(t)>\eta$.

**证明**　(4.2.1) 在 $\mathbf{R}_+^{n+1}$ 中初值为 $(x^0,s^0)$ 的解 $(x(t),S(t))$ 对所有 $t\geqslant 0$ 留在 $\mathbf{R}_+^{n+1}$ 中是显然的. 在以下的证明中, 为方便起见, 使用 (4.2.4) 中的变量 $(x(t),Z(t))$, 且 $Z(t)=S^*(t)-S(t)$. 如果 $Z(t)\geqslant S^0+b$, 那么 $S^*(t)-Z(t)\leqslant 0$ 和 $f_i\left(S^*(t)-Z(t)\right)\leqslant 0$. 这样, 如果 $Z(t)\geqslant S^0+b$, 就有 $Z'(t)\leqslant -D(S_0+b)<0$, 这就意味着存在一个 $t_1=t_1\left(Z(0),x(0)\right)$, 使得如果 $t\geqslant t_1$, 则 $Z(t)<S^0+b$.

如果 $V(x,Z)=\sum\limits_{i=1}^n x_i - Z$, 那么沿着 (4.2.4) 的解的导数是

$$\dot{V}(x,Z)=\sum(m_i x_i f_i - D_i x_i)+DZ-\sum m_i x_i f_i = DZ-\sum D_i x_i.$$

如果 $\delta=\min D_i$, 那么 $\dot{V}\leqslant -\delta V+(D-\delta)Z(t)$. 如果 $D-\delta\leqslant 0$, 那么 $V\left(x(t),Z(t)\right)\leqslant V\left(x(0),Z(0)\right)\exp(-\delta t)$. 现假定 $D-\delta>0$, 由前一段知解 $x(t),Z(t)$ 对 $t\geqslant t_1=t_1\left(x(0),Z(0)\right)$ 满足 $Z(t)<S_0+b$. 这样对 $t\geqslant t_1$

$$V(x(t),Z(t))\leqslant V(x(t_1),Z(t_1))\exp[-\delta(t-t_1)]+\delta^{-1}(D-\delta)(S^0+b)(1-\mathrm{e}^{-\delta(t-t_1)}).$$

对任何 $\varepsilon > 0$, 存在一个 $t_2 \geqslant t_1$, 使得如果 $t \geqslant t_2$, 就有 $V(x(t_1), Z(t_1))\exp[-\delta(t-t_1)] < \varepsilon$. 这样对 $t \geqslant t_2$,

$$V(x(t), Z(t)) \leqslant \varepsilon + \delta^{-1}(D-\delta)(S^0+b),$$

$$\sum_{i=1}^{n} x_i(t) \leqslant \delta^{-1}D(S^0+b)+\varepsilon.$$

由 $\varepsilon$ 的任意性, 说明 $\overline{\lim_{t\to\infty}}\sum x_i \leqslant \delta^{-1}D(S^0+b)$, 已经证明 $\overline{\lim_{t\to\infty}} Z(t) \leqslant S_0+b$. 这就证明了系统是耗散的和引理中估计式成立.

由于每个解 $(x(t), Z(t)) = (x(t), S^*(t)-S(t))$ 是有界的和 $f(0)=0$, $S^0+be(t) > 0$, 而 $S(0) > 0$ 意味着存在一个 $\eta = \eta(S(0), x(0))$ 使对所有 $t$, 直接由 (4.2.1) 得到 $S(t) > \eta > 0$. 引理证毕. □

**定理 4.2.1** 假定满足条件 $(H_1)$, 如果 $\int_0^\tau g_i(S^*)\mathrm{d}t < 0$, 即 $\tau^{-1}\int_0^\tau f_i(S^*(t))\mathrm{d}t < D_i/m_i$, 那么当 $t\to+\infty$ 时 $x_i(t)$ 指数趋于零.

**注** 如果 $m_i - D_i \leqslant 0$, 那么第 $i$ 个种群绝种. 事实上, $m_i\tau - D_i\tau = m_i\int_0^\tau f_i(S^*(t))\mathrm{d}t - D_i\tau + m_i\left[\tau - \int_0^\tau f_i(S^*(t))\mathrm{d}t\right]$ 及括号中的项大于零, 由于 $S^*(t)$ 有界意味着 $f_i(S^*(t)) < 1$.

**推论 4.2.1** 对于 M-M 系统, $\lambda_i \geqslant S^0$ 是第 $i$ 个种群绝种的一个充分条件.

**定理 4.2.1 的证明** 不失一般性, 可以假定对所有 $t$ 有 $Z(t) \geqslant 0$. 由于 $f(s)$ 是一个增函数, 这就意味着

$$f(S^*(t) - Z(t)) \leqslant f(S^*(t))$$

和由 (4.2.4) 有

$$\mathrm{d}(\ln x_i)/\mathrm{d}t \leqslant m_i(f_i(S^*) - D_i/m_i).$$

令 $N = N(t)$, 使 $N_\tau \leqslant t \leqslant (N+1)\tau$, 令 $K$ 是一常数, 使

$$\int_0^\tau |m_i f_i(S^*(t)) - D_i|\mathrm{d}t \leqslant K.$$

由于 $S^*$ 周期为 $\tau$, 有 $\int_{N_0}^t |m_i f_i(S^*(t)) - D_i|\mathrm{d}t \leqslant K$, 从 0 到 $t$ 积分上式, 利用 $S^*$ 的周期和前面的假设, 有

$$\ln x_i(t) - \ln x_i(0) \leqslant \sum_{k=1}^{N}\int_0^\tau (m_i f_i(S^*) - D_i)\mathrm{d}t + K \leqslant -N\varepsilon + K, \quad \varepsilon > 0.$$

这样, 当 $t\to\infty$ 时, $\ln x_i(t)\to-\infty$ 和 $x_i(t)\to 0$. □

**推论 4.2.1 的证明** 对 M-M 系统, 定理 4.2.1 的条件成为 $\int_0^\tau (S^*-\lambda_i)/(a_i+S^*)<0$. 首先假定 $e(t)\not\equiv 0$ 和 $\lambda_i\geqslant S^0$, 令 $I_-=\{t\in[0,\tau]:S^*(t)-\lambda_i\leqslant 0\}$, $I_+=[0,\tau]\setminus I_-$. 如果 $I_+$ 是空的, 条件显然被满足, 如果它是非空的, 则

$$\begin{aligned}\int_0^\tau \frac{S^*(t)-\lambda_i}{a_i+S^*(t)}\mathrm{d}t&=\int_{I_+}\frac{S^*(t)-\lambda_i}{a_i+S^*(t)}\mathrm{d}t+\int_{I_-}\frac{S^*(t)-\lambda_i}{a_i+S^*(t)}\mathrm{d}t\\&<\int_{I_+}\frac{S^*(t)-\lambda_i}{a_i+\lambda_i}\mathrm{d}t+\int_{I_-}\frac{S^*(t)-\lambda_i}{a_i+\lambda_i}\mathrm{d}t\\&=\frac{1}{a_i+\lambda_i}\int_0^\tau[S^*(t)-\lambda_i]\mathrm{d}t\\&=\frac{1}{a_i+\lambda_i}\tau(S_0-\lambda_i)\\&\leqslant 0.\end{aligned}$$

这时定理 4.2.1 即为推论的结果.

如果 $e(t)\equiv 0$ 和 $\lambda_i\geqslant S^0$, 那么 $S^*(t)=S_0=\lambda_i$ 和 $x_i'\leqslant x_ig_i(\lambda_i-\sum x_j)\leqslant x_ig_i(\lambda_i)=0$, 这样当 $t\to\infty$ 时 $x_i(t)$ 达到极限 $y$. 对 $e(t)\equiv 0$, 任何 (4.2.4) 的轨道的 $\omega$ 极限集是不变的, 这就意味着 $y=0$, 推论得证. □

**定理 4.2.2** 假定满足 $(\mathrm{H}_1)$, 定义 $G_{ik}(u,r)=g_i(u)-rg_k(u)$, 如果对 $r$ 的某个正值, $0<u<S^0+b$ 时有 $G_{ik}(u,r)>0$, 那么 $x_k(t)$ 指数趋近于零.

**证明** 令 $(x(t),S(t))$ 是 (4.2.1) 的一个解, 使 $S(0)>0$ 和 $x_j(0)>0$, $j=1,2,\cdots,n$. 由于对所有 $t$, $x_j(t)>0$, 由 (4.2.1) 得到

$$S'<D(S^0+be(t)-S)=D(S^0+b-S)-Db(1-e(t)).$$

存在一个有限的 $t_1$, 使对所有 $t>t_1$, 有 $S(t)<S^0+b$. 事实上, 只要 $S(t)\geqslant S^0+b$, 就有 $S'<-Db(1-e(t))$ 和 $\int_0^\tau e(t)\mathrm{d}t=0$, 同样, 如果 $S(0)>0$, 那么引理 4.2.1 意味着存在 $t_2\geqslant t_1$ 和 $\delta>0$, 使对 $t\geqslant t_2$, 有 $\delta\leqslant S(t)$. 这样, 存在一个 $\varepsilon>0$, 如果 $t\geqslant t_2$, 则 $G_{ik}(S(t),r)\geqslant\varepsilon>0$. 由 (4.2.4) 得到

$$\frac{\mathrm{d}}{\mathrm{d}t}\ln(x_k^r/x_i)=-G_{ik}(S(t),r)\leqslant-\varepsilon,\quad t\geqslant t_2.$$

这个不等式意味着当 $t\to\infty$ 时, $x_k^r(t)/x_i(t)$ 指数趋于零. 由于引理 4.2.1 意味着 $x_i(t)$ 有上界, 故定理结论为真. □

**定理 4.2.3** 假定 (4.2.1) 是 M-M 系统, $\mu_i = m_i/D_i > 1$, 且

$$\lambda_1 < \lambda_2 \leqslant \lambda_3 \leqslant \cdots \leqslant \lambda_n < S^0.$$

(i) 如果 $\mu_1 \geqslant \mu_k$, 那么 $\lim\limits_{t\to\infty} x_k(t) = 0$.

(ii) 如果 $\mu_1 < \mu_k$, 那么存在一常数 $B_k$, 使得如果 $S^0 + b < B_k$, 那么当 $t \to \infty$ 时, $x_k(t)$ 指数趋于零. 常数 $B_k$ 满足

$$B_k \geqslant \frac{[a_1a_k(\lambda_k - \lambda_1) + \lambda_k\lambda_1(a_k - a_1)]}{(a_k\lambda_1 - a_1\lambda_k)} > \lambda_k.$$

**推论 4.2.2** 在定理 4.2.3 的假设下, 存在一营养阈值, 在这阈值下竞争排斥原理成立.

**推论 4.2.3** 在定理 4.2.3 的假设下, 如果对所有 $k = 2, 3, \cdots, n$, $1 < \mu_1 < \mu_k$, 那么所有种群共存的必要条件是 $S^0 + b \geqslant B_k$ $(k = 2, 3, \cdots, n)$.

**定理 4.2.3 的证明** 应用定理 4.2.2. 我们必须找一个 $r < 0$, 使得对 $0 < u < S^0 + b$, 有 $G_{1k}(u, r) > 0$. 对 M-M 系统

$$\begin{aligned} G_{1k}(u,r) =& g_1(u) - rg_k(u) = \frac{u - \lambda_1}{a_1 + u} - r\frac{u - \lambda_k}{a_k + u} \\ =& \frac{(u - \lambda_1)(a_k + u) - r(u - \lambda_k)(a_1 + u)}{(a_1 + u)(a_k + u)} \\ =& \frac{N(u, r)}{D(u)}. \end{aligned}$$

对 $r$ 的每个值, 对 $u \geqslant 0$ 时分母 $D(u)$ 是正的, 分子是 $u$ 的二次型函数.

$$\begin{aligned} N(u,r) =& (1 - r)u^2 + [(a_k - \lambda_1) - r(a_1 - \lambda_k)]u + r\lambda_k a_1 - a_k\lambda_1 \\ =& A(r)u^2 + B(r)u + C(r). \end{aligned}$$

由于假定 $\lambda_k - \lambda_1 > 0$, 对所有 $r > 0$ 得到 $G_{1k}(\lambda_k, r) > 0$, 这意味着对所有 $r$, $N(\lambda_k, r) > 0$. 对 $r < 1$, 抛物线 $N(u, r) = 0$ 是凸的. 对 $r > 1$, 此抛物线是凹的. 对 $r = 1$ 它退化为直线. □

**定理 4.2.3(i) 的证明** 如果 $\mu_1 \geqslant \mu_k$, 那么 $a_1/\lambda_1 \geqslant a_k/\lambda_k$ 和 $C(1) \geqslant 0$. 首先假定 $B(1) = (a_k - \lambda_1) - (a_1 - \lambda_k) \geqslant 0$, 由于 $C(1) \geqslant 0$, $A(1) = 0$, 对 $u > 0$, 有 $N(u, 1) \geqslant 0$. 如果或者 $C(1) > 0$ 或者 $B(1) > 0$, 那么对 $u > 0$ 有 $N(u, 1) > 0$. 另一方面, 不能有 $C(1) = B(1) = 0$. 由于 $\lambda_k a_1 = \lambda_1 a_k$, $a_k - \lambda_1 = a_1 - \lambda_k$ 意味着 $a_1 = -\lambda_1$, 这就得到矛盾, 至此对 $B(1) \geqslant 0$ 的证明结束.

假定 $B(1) < 0$, 对所有 $r$ 有 $N(\lambda_k, r) > 0$, 能选择一个 $r_1$, $0 \leqslant r_1 < 1$, 使抛物线 $N(u, r_1) = 0$ 在 $u = \lambda_k$ 达到最小值, 那么对所有 $u, N(u, r_1) > 0$.

抛物线的极值为 $U_m(r) = -B(r)/2A(r)$. 建立 $U_m(r_1) = \lambda_k$, 得到 $r_1 = (2\lambda_k - \lambda_1 + a_k)/(\lambda_k + a_1) > 0$, 如果 $A(r_1) > 0$, 这个极值是最小值, 即 $1 > r_1$. 但 $1 > r_1$ 当且仅当 $\lambda_k + a_1 > \lambda_k + a_k + \lambda_k - \lambda_1$ 当且仅当 $B(1) = (a_k - \lambda_1) - (a_1 - \lambda_k) < 0$, 这就是假设, 证明了 (i). □

**定理 4.2.3(ii) 的证明**　这里假设 $\lambda_1 < \lambda_k$ 和 $1 < \mu_1 < \mu_k$. 在 $0 < u < S^0 + b$ 有 $N(u,r) > 0$, $N(0,r) = C(r) = r\lambda_k a_1 - \lambda_1 a_k \geqslant 0$ 是必要的.(ii) 的条件假设意味着 $r_0 \geqslant 1$, 这里 $r_0 = a_k\lambda_1/\lambda_k a_1$.

尽管在区域 $r > r_0 > 1$ 中, 抛物线 $N(u,r) = 0$ 是凹的, 对所有 $r$ 仍然有 $N(\lambda_k, r) > 0$, 这样抛物线的最大值是正的, $N(u,r) = 0$ 的一个零点也是正的且大于 $\lambda_k$.

$N(u,r)$ 的零值点是由下式给出

$$U_{\pm}(r) = B(r)/2(r-1) \pm [B(r)/2(r-1)^2 + C(r)/(r-1)]^{1/2}.$$

对 $r \geqslant r_0$, 由于 $C(r) \geqslant 0$, 所以有一个根是非正的, 而其他的是正的. 最后的目标是挑选 $r$ 以得到 $u+(r)$ 的最大值 $U_M$. 如果 $S_0 + b < U_M$, 那么第 $k$ 个种群成为绝种.

对一个具体的系统, 能够计算 $u+(r)$ 的导数等于零来得到 $r$ 的最优值, 一般来说, 用这种方法得到的表达式过于复杂, 因此仅得到 $U_M$ 的一个估计值.

选择 $r = r_0$, 那么 $C(r_0) = 0$ 和 $N(u, r_0)$ 的一个零值点是零, 其他的零值是

$$u_+(r_0) = \frac{B(r_0)}{r_0 - 1} = \frac{(a_k - \lambda_1) - r_0(a_1 - \lambda_k)}{(a_k\lambda_1)/(a_1\lambda_k) - 1} = \frac{a_1\lambda_k(a_k - \lambda_1) - a_k\lambda_1(a_1 - \lambda_k)}{a_k\lambda_1 - a_1\lambda_k}$$

$$= \frac{a_1 a_k(\lambda_k - \lambda_1) + \lambda_k\lambda_1(a_k - a_1)}{a_k\lambda_1 - a_1\lambda_k}.$$

最大值 $U_M$ 是大于这个量的, 定理证毕. □

**推论 4.2.2 的证明**　对每个种群 $x_k$, 有或者 $\mu_1 \geqslant \mu_k$, $x_1$ 获胜, 或者如果 $\mu_1 < \mu_k$, 选择 $S_{\max} < B_k$, $x_1$ 再次获胜. 选择 $S_{\max}$ 小于 $B_k$ 的最小值对 $\mu_1 < \mu_k$, 看到带有最小 $\lambda$ 值的种群赢得竞争, 这样竞争排斥原理成立. □

**推论 4.2.3 的证明**　由定理 4.2.3 的 (ii), 对某个 $k$, $S_0 + b < B_k$, 那么种群消失, 不存在共存. □

令 $(z(t), x_1(t), \cdots, x_n(t))$ 是 (4.2.4) 的解, 并假定

$$\text{当 } t \to \infty \text{ 时,}\quad x_k(t) \text{ 指数趋于零,}\quad k = 2, \cdots, n. \tag{4.2.5}$$

假定定理 4.2.1 的条件不满足, 即

$$\int_0^{\tau} g_1(S^*)\mathrm{d}t = \sigma > 0. \tag{4.2.6}$$

函数 $z(t)$ 和 $x_1(t)$ 满足方程

$$\begin{cases} z' = -Dz + m_1 f_1(S^* - z)x_1 + R(t, z), \\ x_1' = x_1 g_1(S^* - z). \end{cases} \tag{4.2.7}$$

这里函数$R(t,z) = \sum_{k=2}^{n} m_k f_k(S^* - z)x_k(t) \leqslant \sum_{k=2}^{n} m_k x_k(t)$, 由于 $f_i$ 有界 1, $x_k(t)$ 指数趋于零, 由此得到存在依赖于解 $x_k(t)$, $k = 2, \cdots, n$ 的常数 $c > 0$, $\varepsilon > 0$ 和 $m_k$ 使对所有 $z \in \mathbf{R}$, $t \geqslant 0$ 有

$$|R(t, z)| \leqslant c\mathrm{e}^{-\varepsilon t}. \tag{4.2.8}$$

为了看到 $x_1(t)$ 是离开零点且有界, 我们作一变量代换 $y = \ln x_1$ 或 $x_1 = \mathrm{e}^y$ 以证明 $y(t)$ 是下有界. 在这变换下, 系统 (4.2.7) 成为

$$\begin{cases} z' = -Dz + m_1 f_1(S^* - z)\mathrm{e}^y + R(t, z), \\ y' = g_1(S^* - z). \end{cases} \tag{4.2.9}$$

由于 $R(t, z)$ 满足 (4.2.8), 需要考虑系统

$$\begin{cases} z' = -Dz + m_1 f_1(S^* - z)\mathrm{e}^y, \\ y' = g_1(S^* - z). \end{cases} \tag{4.2.10}$$

将利用耗散系统的结果, 由下面的引理 4.2.2~ 引理 4.2.4, 再由 (4.2.10) 得到 (4.2.9) 解的渐近性态. □

**引理 4.2.2** 如果 $T$ 是耗散的, 那么存在一个 $T$ 的最大不变集合 $J$, 它是一致渐近稳定的和吸引有界集合.

**引理 4.2.3** $n$ 维向量方程 $\bar{\boldsymbol{Y}}' = F(\bar{\boldsymbol{Y}}, t)$ 的不变集合 $M(F)$ 在 $\mathbf{R} \times \mathbf{R}^n$ 内是一致渐近稳定的和吸引任何形如 $\mathbf{R} \times B$ 的集合, 这里 $B$ 是 $\mathbf{R}^n$ 内的有界集, 对任何紧致集合 $Q \subseteq \mathbf{R}^n$, 存在一个依赖于 $Q$ 的常数 $k > 0$, 使得对 $t, s \in \mathbf{R}$, $\bar{\boldsymbol{Y}} \in Q$ 有 $|d(\bar{\boldsymbol{Y}}, M_t(F)) - d(\bar{\boldsymbol{Y}}, M_s(F))| \leqslant K|t - s|$.

**引理 4.2.4** 如果系统 $\bar{\boldsymbol{Y}}' = F(\bar{\boldsymbol{Y}}, t)$ 是耗散的和 $M(F)$ 是它的不变集合, 那么存在一个函数 $V(t, \boldsymbol{x})$, 它定义于 $\mathbf{R} \times \mathbf{R}^n$ 上且连续, 同时满足

(i) $V(t, \bar{\boldsymbol{Y}}) = 0$ 对 $(t, \bar{\boldsymbol{Y}}) \in M(F)$.

(ii) 存在一个连续递增的正函数 $a(r) \to \infty$ $(r \to \infty)$ 和一个连续函数 $b(r) \to 0$ $(r \to 0)$, 使得对所有 $(t, \bar{\boldsymbol{Y}}) \in \mathbf{R} \times \mathbf{R}^n$, $a(d(\bar{\boldsymbol{Y}}, M_t(F))) \leqslant V(t, \bar{\boldsymbol{Y}}) \leqslant b(d(\bar{\boldsymbol{Y}}, M_t(F)))$.

(iii) 对任何有界集合 $B \subset \mathbf{R}^n$, 存在一个依赖于 $B$ 的常数 $L$, 使得对所有 $t \in \mathbf{R}$, $\bar{\boldsymbol{Y}}$, $\bar{\boldsymbol{Y}}' \in B$ 有 $|V(t, \bar{\boldsymbol{Y}}) - V(t, \bar{\boldsymbol{Y}}')| \leqslant L|\bar{\boldsymbol{Y}} - \bar{\boldsymbol{Y}}'|$.

(iv) $\dot{V}(t,\bar{\boldsymbol{Y}}) \leqslant -cV(t,\bar{\boldsymbol{Y}})$, 这里 $c$ 是一个正常数,

$$\dot{V}(t_0,\bar{\boldsymbol{Y}}_0) = \overline{\lim_{h\to 0}}\frac{1}{h}[V(t_0,\bar{\boldsymbol{Y}}(t_0+h,t_0,\bar{\boldsymbol{Y}}_0)) - V(t_0,\bar{\boldsymbol{Y}}_0)],$$

这里 $\bar{\boldsymbol{Y}}(t,t_0,\bar{\boldsymbol{Y}}_0))$ 是方程 $\bar{\boldsymbol{Y}}' = F(t,\bar{\boldsymbol{Y}})$ 通过 $(t_0,\bar{\boldsymbol{Y}}_0)$ 的解.

**定理 4.2.4**　如果条件 (4.2.6) 成立, 则系统 (4.2.10) 是耗散的.

**证明**　只要证明存在一个 $R_1$, 使得对任意 $(t_0,z_0,y_0)$, 存在一个依赖初始条件的 $t_1 > t_0$, 使 $z(t_1)$, $y(t_1)$ 在以 $(0,0)$ 为心, $R_1$ 为半径 $R^2$ 的球中. 由熟知的定理 [8][Ch11, Th2.1] 得到球 $B(R)$ 的存在性, 使得所有解最终进入 $B(R)$ 并留在那儿.

由于已经知道系统 (4.2.4) 是耗散的, 且最终 $0 \leqslant z(t) < S^0 + b$, $0 \leqslant x_1(t) < k$, 即可得到 $e^y < k$, 这样仅需讨论 $y < 0$.

由于函数 $f_1$ 是递增的且 $f_1(u) < 1$, 有

$$z' = -Dz + m_1 f_1(S^* - z)e^y < -Dz + m_1 e^y.$$

这样, 对曲线 $z = (m_1/D)e^y$ 上方的 $z$ 有 $z' < 0$. 由于函数 $g_1(u)$ 在 $[0, S^0 + b]$ 上是一致连续的且满足条件 (4.2.6), 能选择 $\delta > 0$, 使得

$$\int_0^\tau g_1(S^* - \delta)dt > \sigma/2. \tag{4.2.11}$$

现在选择 $r_1$ 使 $\delta = (m_1/D)e^{-r_1}$(如图 4.2.1), 我们要证明, 对任何解存在一时间 $t_2$, 使得 $y(t_2) > -r_1$.

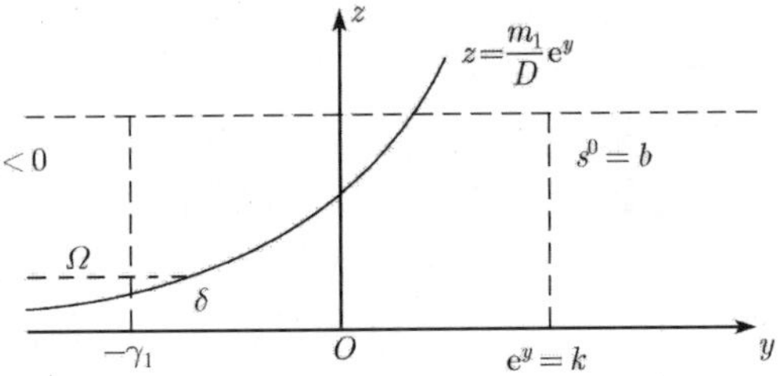


图 4.2.1

让 $\Omega = \{\delta \leqslant z \leqslant S^0 + b,\ y \leqslant -r_1\}$, 只要解 $(z(t),y(t))$ 在 $\Omega$ 中, 就有 $z' < 0$, 因此存在 $t_1$ 使 $(z(t_1),y(t_1)) \notin \Omega$, 即所有解最终离开 $\Omega$. 如果 $y(t_1) > -r_1$, 我们已完成证明. 如果 $y(t_1) \leqslant -r_1$, 那么 $z(t_1) < \delta$, 只要 $y(t) \leqslant -r_1$, 就有 $z(t) < \delta$. 由于在线 $z = \delta$ 上 $z' < 0$ 而且对 $z < \delta$, 满足 (4.2.11), 这样

$$y(t+\tau) - y(t) \geqslant \int_0^\tau g_1(S^*(t+u) - \delta)du \geqslant \sigma/2.$$

因此一定存在 $t_2$ 使得 $y(t_2) > -r_1$. 因此所有解最终进入 $\{-r_1 \leqslant y \leqslant \ln k,\ 0 \leqslant 2 \leqslant S^0 + b\}$, 即定理是耗散的. □

**推论 4.2.4** 如果 (4.2.5), (4.2.6) 满足, 则系统 (4.2.9) 是耗散的.

**证明** 这是定理 4.2.4, (4.2.8) 及如下一个结论的结果. 如果 $\bar{\boldsymbol{Y}}' = F(t, \bar{\boldsymbol{Y}})$ 是耗散的, 则 $\bar{\boldsymbol{Y}}' = F(t, \bar{\boldsymbol{Y}}) + R(\bar{\boldsymbol{Y}}, t)$ 也是耗散的. □

**推论 4.2.5** 如果条件 (4.2.5) 和 (4.2.6) 满足, 那么存在 $\delta > 0$, 使得若 $x_1(0) > 0$, $t \geqslant 0$ 有 $x_1(t) \geqslant \delta > 0$ 成立.

**证明** 这是推论 4.2.4 的一个结果.(4.2.9) 中的函数 $y(t)$ 是下有界, 这样, 对某个 $\delta > 0$, $x_1(t) = \exp y(t) \geqslant \delta > 0$. □

**推论 4.2.6** 如果条件 (4.2.5) 和 (4.2.6) 满足, 系统 (4.2.9) 和 (4.2.10) 至少有一个 $\tau$ 周期解.

**证明** 由于系统是耗散和 $\tau$ 周期的, 它们至少有一个 $\tau$ 周期解[8, 9]. □

**推论 4.2.7** 如果 (4.2.5) 和 (4.2.6) 满足, (4.2.10) 的周期解是唯一稳定和一个全局吸引子, 那么 (4.2.11) 的所有解趋于它.

**证明** 这主要根据如果 $\bar{\boldsymbol{Y}}' = F(t, \bar{\boldsymbol{Y}})$ 是耗散的, 它的不变集 $M(F)$ 满足引理 4.2.3 中的条件, $R(x,t)$ 满足条件

$$|R(X(t),t)| \leqslant c\mathrm{e}^{-\varepsilon t}, \quad t \geqslant 0.$$

$\bar{\boldsymbol{Y}}' = F(t, \bar{\boldsymbol{Y}})$ 有一个唯一的 $\tau$ 周期解 $\varPhi$, 它是稳定的和一个全局吸引子, 那么所有 $\bar{\boldsymbol{Y}}' = F(t, \bar{\boldsymbol{Y}}) + R(t, \bar{\boldsymbol{Y}})$ 的解逼近于这个 $\tau$ 周期解. □

朱思铭[10] 进一步研究了资源供给增量有限而不必是周期变化时种群数量的渐近性态, 推广了这些结果.

文献 [11] 讨论了营养供给具有周期脉冲的恒化器模型. 该模型是单一种群, 年龄结构引起的振动与有限营养的周期脉冲相互作用引起动力系统性质的改变, 得到了混沌和分支的结果.

## 参考文献


[1] Hsu S B. A mathematical analysis of competition for a single resource. Ph. D. thesis. University of Iowa, 1976.

[2] Hsu S B. A competition model for a seasonally fluctuating nutrient. J. Math. Biol., 1980, 9: 115~132.

[3] Smith H L. Competitive coexistence in an oscillating chemostat. SIAM J. Appl. Math., 1981, 40: 498~522.

[4] Crandall M G, Rabinowitz P H. Bifurcation, perturbation of simple eigenvalues and linearized stability. Arch. Rat. Mech. Anal., 1973, 52: 161~180.

[5] Hsu S B, Hubbell S P, Waltman P. A mathematical theory for single-nutrient competition in continuous cultures of microorganisms. SIAM J. Appl. Math., 1977, 32: 366~383.

[6] Crandall M G, Rabinowitz P H. Bifuication from simple eigenvalues. J. Funct. Anal., 1971, 8: 321~340.

[7] Hale J K, Somolinos A S. Competition for fluctuating nutrient. J. Math. Biol., 1983, 18: 255~280.

[8] Pliss V. A. Integral manifolds for periodic systems of differential equations (Russian). Nauka: Moscow, 1977.

[9] Hale J K. Some recent results on dissipative processes . Lecture Notes in Math. 799, Berlin-Heidelberg-New York: Springer, 1980.

[10] 朱思铭. 高维资源竞争系统的极限性态. 应用数学学报, 1987, 10: 385~395.

[11] Damon J A Toth. Strong resonance and chaos in a single-species chemostat model with periodic pulsing of resource. Chaos Solutions and Fractals, 2008, 38: 55~69.

[12] Xiang Z, Song X. A model of competition between plasmid-bearing and plasmid-free organisms in a chemostat with periodic input. Chaos Solutions and Fractals, 2007, 32: 1419~1428.

# 第 5 章　资源为自身繁殖的竞争系统

## 5.1　两种群竞争一个食物源的情形

在恒化器中资源 (营养) 是由人工输入的, 但在很多生态系统中, 资源本身却是一个自身繁殖的生物. 这样就要改变系统 $(1.2.5)_n$ 来反映这种现象, 然而这个改变在数学上却是很复杂的. 一个简单的生物, 它生长的最简单的模型是线性密度制约的 Logistic 方程. 用 Logistic 来代替恒化器中的资源的输入, 如果保持 M-M 动力系统, $n$ 限制在 2, 就得到如下的系统:

$$\begin{cases} S' = rs\left(1-\dfrac{S}{k}\right)-\displaystyle\sum_{i=1}^{2}\dfrac{m_i}{y_i}\dfrac{x_iS}{a_i+S}, \\ x_i' = \dfrac{x_iSm_i}{a_i+S}-D_ix_i, \\ x_i(0)=x_{i0}, \quad S(0)=S_0>0, \quad i=1,2, \end{cases} \tag{5.1.1}$$

这里 $r$ 是资源的内禀增长率, $k$ 是负载量. 其他常数如 $(1.2.5)_n$ 所述. 使用 $D_i$ 说明对每个种群来说这个参量是不相同的.

正如 $(1.2.5)_n$ 的情况一样, 容易得到在正卦限内带有初值条件的所有解是有界的并继续留在正卦限内. 在对 (5.1.1) 的分析中负载量 $k$ 起到了 $(1.2.5)_n$ 中输入营养 $S^{(0)}$ 的作用, 在这个意义下, 如果负载量 $k$ 不够大, 那么种群幸存是不可能的; 如果死亡率大于可能的最大死亡率, 种群幸存也是不可能的.

首先介绍 Hsu 等[1] 的工作.

**引理 5.1.1**　(5.1.1) 的解是有界的和正不变的.

**证明**　由于 $S_0>0$ 和 $x_{i0}>0, i=1,2$, 由初值问题解的唯一性知轨道保持在正卦限内. 由于 $S'(t)\leqslant rS(t)\left(1-\dfrac{S(t)}{k}\right)$, $S(t)$ 可以与

$$z'(t)=rz(t)\left(1-\frac{z(t)}{k}\right), \quad z(0)=S_0$$

的解进行比较, 得到

$$S(t)\leqslant\frac{k}{1+C_0\mathrm{e}^{-rt}}, \quad t\geqslant 0 \tag{5.1.2}$$

这里 $C_0=\dfrac{(k-S_0)}{S_0}$. $x_i(t)$ 的有界性可由 $S(t)$ 的有界性得到. □

**引理 5.1.2** 如果 $b_i = \frac{m_i}{D_i} \leqslant 1$ 或 $k \leqslant \lambda_i$, 则 $\lim\limits_{t\to\infty} x_i(t) = 0$.

**证明** 如果 $b_i \leqslant 1$, 则由表达式

$$x_i(t) = x_{i_0} \exp\left(\int_0^t \frac{(m_i - D_i)(S(\xi) - a_i D_i)}{S(\xi) + a_i} \mathrm{d}\xi\right),$$

即可得 $\lim\limits_{t\to\infty} x_i(t) = 0$.

如果 $\lambda_i > k$, 那么对上式稍作改动可得

$$x_i(t) = x_{i_0} \exp\left(\int_0^t \left(\frac{m_i - D_i}{S(\xi) + a_i}\right)\left(S(\xi) - \frac{a_i}{b_i - 1}\right) \mathrm{d}\xi\right),$$

由 $S(t)$ 是有界的, 即可得到结论. 剩下的只是 $\lambda_i = k$ 的情况, 可由下面的引理来证明.

**引理 5.1.3**[2]141 如果函数 $f(t)$ 当 $t \to \infty$ 时有有限的极限, 且 $f^{(n)}(t)$ 对 $t \geqslant t_0$ 是有界的, 那么 $\lim\limits_{t\to\infty} f^{(k)}(t) = 0,\ 0 < k < n$.

在半空间 $S \geqslant k$ 中, 除了在平衡点 $(k, 0, 0)$ 外, $S'(t) < 0$, 因此平面 $S = k$ 上没有点能在轨线的 $\Omega$ 极限集中 (除了这平衡点). 另外函数 $x_i(t)$ 最多改变符号一次, 这样 $\lim\limits_{t\to\infty} x_i(t) = x_i^*$ 存在. 假设 $x_i^* > 0$, 由于方程右边有界, 所以 $\lim\limits_{t\to\infty} x_i'(t) = 0$, 或由引理 5.1.3, $\lim\limits_{t\to\infty} S(t) = k$. 这样轨线有一形如 $(k, x_1^*, x_2^*)$ 的 $\Omega$ 极限点, 于是得到矛盾, 因此 $x_i^* = 0$. □

**定理 5.1.1** 如果 ① $b_1 \leqslant 1$ 或 $\lambda_1 > k$ 和 ② $b_2 \leqslant 1$ 或 $\lambda_2 > k$ 成立, 那么 $\lim\limits_{t\to\infty} S(t) = k$, $\lim\limits_{t\to\infty} x_i(t) = 0$, $i = 1, 2$.

在证明定理 5.1.1 之前先引入一个定义和一个定理.

**定义 5.1.1** 令 $A: x_i' = f_i(x, t)$ 和 $A_\infty:\ x_i' = f_i(x)$, $i = 1, 2, \cdots, n$ 是一个一阶常微分方程. 实值函数 $f_i(x, t)$ 和 $f_i(x)$ 对 $x \in G$ 是 $x, t$ 的连续函数, 这里 $G$ 是 $\mathbf{R}^n$ 的一个开子集合, 对 $t > t_0$ 满足局部利普希茨条件. 称在 $G$ 内 $A$ 渐近到 $A_\infty (A \to A_\infty)$, 如果对每个紧致集合 $K \subset G$ 和对每个 $\varepsilon > 0$, 存在一个 $T = T(K, \varepsilon) > 0$, 使得 $|f_i(x, t) - f_i(t)| < \varepsilon$ 对所有 $i = 1, 2, \cdots, n$, 所有 $x \in K$ 和所有 $t > T$ 成立.

**Markus 定理**[3] 在 $G$ 内 $A \to A_\infty$, 且让 $P$ 是 $A_\infty$ 的一个渐近稳定的平衡点, 那么存在 $P$ 的一个邻域 $N$ 和时刻 $T$, 使得对 $A$ 的每一个解 $x(t)$ 的 $\Omega$ 极限集在 $T$ 后的一个时刻相交 $N$ 于 $P$.

**定理 5.1.1 的证明** 由引理 5.1.2 得 $\lim\limits_{t\to\infty} x_i(t) = 0$, $i = 1, 2$. 下面将说明如果这个极限为零, 则 $\lim\limits_{t\to\infty} S(t) = K$. (5.1.1) 轨线的 $\Omega$ 极限集 $(S(t), x_1(t), x_2(t))$ 处在 $S$ 坐标轴, 即 $\Omega \subseteq \{(S,\ 0,\ 0):\ S \geqslant 0\}$. 不难说明 $\Omega$ 包含一点 $(S_1,\ 0,\ 0)$, $S_1 > 0$. 由此即可知 $(k,\ 0,\ 0) \in \Omega$.

应用 Markus 定理得到

$$A: S' = rS\left(1-\frac{S}{k}\right) - \sum_{i=1} \frac{m_i}{y_i}\frac{Sx_i(t)}{a_i+S},$$
$$S(0) = S_0$$

和

$$A_\infty: S' = rS\left(1-\frac{S}{k}\right),$$
$$S(0) = S_0 > 0,$$

即可得 $\lim\limits_{t\to\infty} S(t) = k$. □

下面是两种群绝种的一个必要条件.

**引理 5.1.4** 如果 $\lim\limits_{t\to\infty} x_i(t) = 0,\ i=1,2$, 那么 $\dfrac{(m_i - D_i)}{a_i m_i} \leqslant \dfrac{1}{a_i+k},\ i=1,2$.

为了研究 (5.1.1) 解的极限状态, 需先研究一下二维系统解的极限性态.

$$\begin{cases} S'(t) = rS(t)\left(1-\dfrac{S}{k}\right) - \dfrac{m}{y}\dfrac{x(t)S(t)}{a+S(t)}, \\ x'(t) = \dfrac{mx(t)S(t)}{a+S(t)} - D_0 x(t), \\ S(0) = S_0 > 0, \quad x(0) = x_0 > 0, \end{cases} \tag{5.1.3}$$

这里 $r,\ k,\ m,\ y,\ D_0$ 是正常数.

如引理 5.1.1, (5.1.3) 的解 $S(t)$ 是正的和有界的.

**引理 5.1.5** 令 $b^* = \dfrac{m}{D_0}$,

(i) 如果 $b^* \leqslant 1$ 或 $k < \dfrac{a}{b^*-1}$, 那么 (5.1.3) 的平衡点 $(k,0)$ 是渐近稳定的;

(ii) 如果 $b^* > 1$ 或 $\dfrac{a}{b^*-1} < k < a + \dfrac{2a}{b^*-1}$, 那么 (5.1.3) 的平衡点 $(\hat{S},\hat{x})$ 是渐近稳定的, 其中, $\hat{S} = \dfrac{a}{b^*-1}$, $\hat{x} = \left(\dfrac{ry}{m}\right)\left(1-\dfrac{S}{k}\right)(a+\hat{S})$;

(iii) 如果 $b^* > 1$ 和 $k > a + \dfrac{2a}{b^*-1}$, 那么 $(\hat{S},\hat{x})$ 是不稳定的.

**引理 5.1.6** 如果

$$0 < \frac{a}{b^*-1} < k \leqslant a + \frac{2a}{b^*-1}, \tag{5.1.4}$$

那么 (5.1.3) 在 $S-x$ 平面的第一象限没有极限环.

**证明** 利用 Dulac 定理可以证明不存在极限环. 令

$$f_1(S,x) = rS\left(1-\frac{S}{K}\right) - \frac{m}{y}\frac{xS}{a+S},$$

$$f_2(S,x) = \frac{mxS}{a+S} - D_0x,$$

$$h(s,x) = \left(\frac{S}{a+S}\right)^{\alpha} x^{\delta}, \quad s>0, \quad x>0,$$

这里 $\alpha, \beta \in \mathbf{R}$ 待定, 计算得

$$\begin{aligned}\frac{\partial f_1 h}{\partial S} + \frac{\partial f_2 h}{\partial x} = & -\frac{m}{y} a x^{\delta+1} S^{\alpha}(a+S)^{-(\alpha+2)}(\alpha+1) \\ & +\gamma x^{\delta} S^{\alpha}(a+S)^{-(\alpha+1)} P_{\alpha\beta}(S),\end{aligned} \tag{5.1.5}$$

这里 $\beta = \dfrac{S+1}{\gamma}$ 和

$$\begin{aligned}P_{\alpha\beta}(S) = & -\frac{2}{k}S^2 + \left(\beta(m-D_0) + 1 - \frac{(\alpha+2)a}{k}\right)S \\ & +a[(\alpha+1) - \beta D_0].\end{aligned} \tag{5.1.6}$$

选择 $\alpha$ 和 $\beta$, 使得 $\alpha \geqslant -1$ 和对 $S>0$, $P_{\alpha,\beta}(S) \leqslant 0$. 首先观察二次型 $P_{\alpha,\beta}(S)$, $P_{\alpha,\beta}(S)$ 的判别式 $D_\alpha(\beta)$ 为

$$\begin{aligned}D_\alpha(\beta) = & \beta^2(m-D_0)^2 + 2\beta(m-D_0)\left(1 - \frac{a(\alpha+2)}{k} - \frac{4aD_0}{k}\right) \\ & + \left(1 - \frac{a(\alpha+2)}{k}\right)^2 + \frac{8a}{k}(\alpha+1).\end{aligned} \tag{5.1.7}$$

其次, 二次型 $D_\alpha(\beta)$ 的判别式 $D(\alpha)$ 为

$$\begin{aligned}D(\alpha) = & \frac{32a}{k^2}\{\alpha[(m-D_0)(aD_0 - k(m-D_0))] \\ & + m(2aD_0 - k(m-D_0))\}.\end{aligned} \tag{5.1.8}$$

如果存在 $\alpha^*$ 使得 $D(\alpha^*) > 0$, 那么 $D_{\alpha^*}(\beta) = 0$ 有两个实根 $\beta_1, \beta_2$. 如果 $\beta^*$ 是任何实数, 使得 $\beta_1 < \beta^* < \beta_2$, 那么 $D_{\alpha^*}(\beta) < 0$ 和 $P_{\alpha^*,\beta^*}(S) = 0$ 无实根. 由于 $S^2$ 的系数是负的, 因此对所有 $S$, $P_{\alpha^*,\beta^*}(S) < 0$, 选择 $\delta^* = \gamma\beta^* - 1$ 即可.

如果 $k < \dfrac{2a}{b^*-1}$, 那么选择 $\alpha^* = 0$; 如果 $k = \dfrac{2a}{b^*-1}$, 则 $\alpha^* > 0$ 均可. 对于 $0 < \dfrac{2a}{b^*-1} < k < a + \dfrac{2a}{b^*-1}$, 可以选择 $\alpha^*$ 使得

$$-1 < \alpha^* < \frac{m[2aD_0 - k(m-D_0)]}{(m-D_0)[k(m-D_0) - aD_0]} < 0,$$

从而 $D(\alpha^*) > 0$.

如果 $k=a+\dfrac{2a}{b^*-1}$, 那么选择 $\alpha^*=-1$, 因此 $D_{\alpha^*}(\beta)=(m-D_0)^2(\beta-\beta^*)^2$, 这里 $\beta^*$ 是 $D_\alpha(\beta)=0$ 的重根. 如果选择 $\beta=\beta^*$, 那么对某个 $S^*$ 或 $P_{\alpha^*,\beta^*}(S)\leqslant 0$, 有 $P_{\alpha^*,\beta^*}(S)=-\dfrac{-2}{k(S-S^*)^2}$. □

**引理 5.1.7** 令 $S(t),x(t)$ 是 (5.1.3) 的解.

(i) 如果 $b^*\leqslant 1$ 或 $0<k\leqslant\dfrac{a}{b^*-1}$, 那么 $\lim\limits_{t\to\infty}S(t)=k,\ \lim\limits_{t\to\infty}x(t)=0$;

(ii) 如果 $0<\dfrac{a}{b^*-1}<k\leqslant a+\dfrac{2a}{b^*-1}$, 那么 $\lim\limits_{t\to\infty}S(t)=\dfrac{a}{b^*-1}=\hat{S},\ \lim\limits_{t\to\infty}x(t)=\dfrac{\gamma y}{m}\left(1-\dfrac{\hat{S}}{k}\right)(a+\hat{S})=\hat{x}$;

(iii) 如果 $k>a+\dfrac{2a}{b^*-1}$, 那么在 $S-x$ 平面的第一象限至少存在一个周期轨道. 如果刚好存在一个周期轨道, 则它是稳定的. 如果周期轨道不唯一, 那么外面的那个是半稳定的, 它的外侧是稳定的, 里面的那个是半稳定的, 其内侧稳定.

**证明** (i) 的证明可以从引理 5.1.2, 定理 5.1.1 和引理 5.1.3 得到. (ii) 的证明可由引理 5.1.6 得到.(iii) 的证明可由 Poincaré-Bendixson 定理得到. □

**引理 5.1.8** 令 $0<\lambda_1<k<a_1+2\lambda_1$, 如果 $b_2\leqslant 1$, 或如果 $k<\lambda_2$, 那么平衡点 $(S^*,x_1^*,0)$ 是渐近稳定的, 这里 $S^*=\lambda_1,\ x_1^*=\gamma\left(1-\dfrac{S^*}{k}\right)\dfrac{(a_1+S^*)}{m_1/y_1}$.

为了便于以下讨论, 需要说明 $b_i\leqslant 1$ 或 $0<k<\lambda_i$ 等价于

$$\frac{m_i-D_i}{a_im_i}<\frac{1}{a_i+k}, \tag{5.1.9}$$

$k>\lambda_i>0$ 等价于

$$\frac{m_i-D_i}{a_im_i}>\frac{1}{a_i+k}. \tag{5.1.10}$$

**定理 5.1.2** 令 ① $0<\lambda_1<k$; ② $\lambda_2>k$ 或 $b_2\leqslant 1$. 如果 $k<a_1+2\lambda_1$, 那么

$$\lim_{t\to\infty}S(t)=S^*=\lambda_1,$$
$$\lim_{t\to\infty}x_1(t)=x_1^*=\gamma\left(1-\frac{S^*}{k}\right)\frac{(a_1+S^*)}{m_1/y_1},$$
$$\lim_{t\to\infty}x_2(t)=0.$$

**证明** 由 (5.1.9), (5.1.10), 引理 5.1.2 和引理 5.1.4 可得 $\lim\limits_{t\to\infty}x_2(t)=0$ 和 $\limsup\limits_{t\to\infty}x_1(t)>0$. 如果 $\lim\limits_{t\to\infty}x_1(t)$ 存在且等于 $c>0$, 那么由于引理 5.1.1, $x_1''$ 有界. 引理 5.1.3 意味着 $\lim\limits_{t\to\infty}S(t)=\lambda_1$. 再一次使用引理 5.1.1, $S''(t)$ 有界. 因此,

$\lim\limits_{t\to\infty} S(t)=0$,

$$c=x^*=\frac{\gamma\left(1-S^*/k\right)\left(a_1+S^*\right)}{m_1/y_1}.$$

如果 $\lim\limits_{t\to\infty} x_1(t)$ 不存在, 选择一序列 $\{t_n\}$, 使得 $\lim\limits_{n\to\infty} t_n=\infty$. $x_i(t_n)$ 是一个相关极大值. 对某个 $\varepsilon>0$, 所有 $n$, $x_1(t_n)>\varepsilon$ 以及对某个 $x_{1\omega}\geqslant\varepsilon>0$, $\lim\limits_{n\to\infty} x_1(t_n)=x_{1\omega}$. 由 (5.1.1), 有 $S(t_n)=\dfrac{a_1}{b_1-1}=\lambda_1=S_1^*$, 那么 $(S^*,x_{1\omega},0)\in\Omega$, 这里 $\Omega$ 是 (5.1.1) 的解 $(S(t),x_1(t),x_2(t))$ 的 $\Omega$ 极限集, 且它在 $S-x_1$ 平面上. 使用引理 5.1.7(ii), 且 $m=m_1$, $y=y_1$, $a=a_1$, $D_0=D_1$, $b^*=b_1$, 从而具有初始条件 $S(0)=S^*$, $x_1(0)=x_{1\omega}$, $x_2(0)=0$ 的 (5.1.1) 的解满足 $\lim\limits_{t\to\infty} S(t)=S^*$, $\lim\limits_{t\to\infty} x_1(t)=x_1^*$, $x_2(t)\equiv 0$. 由此及 $\Omega$ 极限集的不变性意味着 $(S^*,x_1^*,0)\in\Omega$. 然而, 由引理 5.1.8 知, $(S^*,x_1^*,0)$ 是渐近稳定的, 因此轨线 $(S(t),x_1(t),x_2(t))$ 趋近于平衡点 $(S^*,x_1^*,0)$. 特别地, $\lim\limits_{t\to\infty} x_1(t)=x_1^*$, 这就引出矛盾. 从而定理得证. □

**定理 5.1.3**　假设 ① $0<\lambda_1<k$ 和 ② $\lambda_2>k$ 或 $b_2\leqslant 1$. 如果 $k>a_1+2\lambda_1$, 那么 $(S(t),x_1(t),x_2(t))$ 轨线的 $\Omega$ 极限集在 $S-x_1$ 平面上 (即 $\lim\limits_{t\to\infty} x_2(t)=0$), 且除了一个趋于平衡点 $(S^*,x_1^*,0)$ 的奇异轨线外包含一个周期轨线.

**证明**　正如上面的证明, 由 (5.1.9), (5.1.10), 引理 5.1.2 和引理 5.1.4 可得 $\lim\limits_{t\to\infty} x_2(t)=0$ 和 $\lim\limits_{t\to\infty}\sup x_1(t)>0$. 使用定理 5.1.2 中的证明得到对某个 $x_{1\omega}>0$, 有 $(S^*,x_1^*,0)\in\Omega$. 令 $\Omega'$ 表示二维系统 $(x_2\equiv 0)$ 通过 $(S^*,x_{1\omega})$ 的 $\Omega$ 极限集, 由引理 5.1.5 知平衡点 $(\hat{S},\hat{x})$ 是不稳定的, 轨线是有界的. 因此由 Poincaré-Bendixson 定理知, $\Omega'$ 是一个周期解. 但 $(\Omega',0)\subset\Omega$ 是由 $\Omega$ 极限集的不变性得到的. 奇异轨线的存在性可由 Hartman 线性化定理得到. □

**引理 5.1.9**　令 $0<\dfrac{a_1}{b_1-1}<\dfrac{a_2}{b_2-1}$, 如果 $b_2\leqslant b_1$, 则 $\lim\limits_{t\to\infty} x_2(t)=0$.

**定理 5.1.4**　假定 $0<\lambda_1<\lambda_2<k$ 和 $b_1\geqslant b_2$, 如果 $k<a_1+2\lambda_1$, 则定理 5.1.2 的结论成立; 如果 $k>a_1+2\lambda_1$, 则定理 5.1.3 的结论成立.

**证明**　根据 (5.1.9), (5.1.10), 引理 5.1.4 和引理 5.1.9 可知, $\lim\limits_{t\to\infty} x_2(t)=0$, $\lim\limits_{t\to\infty}\sup x_1(t)>0$, 采取与定理 5.1.2 和定理 5.1.3 相同的方法可证明该定理. □

**定理 5.1.5**　假定 $0<\lambda_1<\lambda_2<k$, $a_1<a_2$ 和 $k<a_2+2\lambda_1$, 那么 $\lim\limits_{t\to\infty}\sup x_1(t)>0$.

**证明**　如果 $\lim\limits_{t\to\infty} x_1(t)=0$, 那么由 (5.1.10) 和引理 5.1.4 可得 $\lim\limits_{t\to\infty}\sup x_2(t)>0$. 如果 $\lim\limits_{t\to\infty} x_1(t)=c>0$, 那么引理 5.1.3 意味着 $\lim\limits_{t\to\infty} S(t)=\lambda_2$, 因此由 $x_1(t)$ 的有界性得出矛盾. 如果 $\lim\limits_{t\to\infty} x_2(t)$ 不存在, 那么应用定理 5.1.2 的证明方法得到 $(\lambda_2,0,x_{2\omega})\in\Omega$, 这里 $\Omega$ 是 (5.1.1) 的解 $(S(t),x_1(t),x_2(t))$ 的 $\Omega$ 极限集. 应用引理 5.1.7(ii) 使得 $a=a_2,m=m_2,y=y_2,b^*=b_2,D_0=D_2$, 可以得到 (5.1.1) 的

具有初始条件 $S(0)=\lambda_2, x_1(0)=0, x_2(0)=x_{2\omega}$ 的解满足 $\lim\limits_{t\to\infty} S(t)=\lambda_2$, $x_1(t)\equiv 0$, $\lim\limits_{t\to\infty} x_2(t)=x_2^*$, $x_2^*=\gamma\left(1-\dfrac{\lambda_2}{k}\right)\dfrac{a_2+\lambda_2}{\dfrac{m_2}{y_2}}>0$. 这和 $\Omega$ 极限集的不变性得到 $(\lambda_2,0,x_{2\omega})\in\Omega$. 因此存在 $\{t_n\}$, 使得 $\lim\limits_{n\to\infty} t_n=\infty$, $\lim\limits_{t\to\infty} S(t)=\lambda_2$, $\lim\limits_{n\to\infty} x_2(t_n)=x_2^*$.

现考虑下面的系统:

$$
\begin{aligned}
A:\ S'&=rS\left(1-\frac{S}{k}\right)-\frac{m_2}{y_2}\frac{x_2S}{a_2+S}-\frac{m_1}{y_1}\frac{x_1S}{a_1+S},\\
x_2'&=\frac{x_2Sm_2}{a_2+S}-D_2x_2,\\
x_2(0)&=x_{20}>0,\quad S(0)=S_0>0
\end{aligned}
$$

和

$$
\begin{aligned}
A_\infty:\ S'=&rS\left(1-\frac{S}{k}\right)-\frac{m_2}{y_2}\frac{x_2S}{a_2+S},\\
x_2'=&\frac{x_2Sm_2}{a_2+S}-D_2x_2.
\end{aligned}
$$

显然, 在 $Q=\{(S,x_2):S>0,x_2>0\}$ 中, $A\to A_\infty$. 由于 $(\lambda_2,x_2^*)$ 是 $A_\infty$ 的一个渐近稳定的平衡点, 以及对某个 $\{t_n\}$, $\lim\limits_{n\to\infty} S(t_n)=\lambda_2$, $\lim\limits_{n\to\infty} x_2(t_n)=x_2^*>0$, 那么由 Markus 定理得到 $\lim\limits_{t\to\infty} S(t)=\lambda_2$, $\lim\limits_{t\to\infty} x_2(t)=x_2^*>0$, 再次得到矛盾. □

**定理 5.1.6** 如果 $0<\lambda_1<\lambda_2<k$, $a_1<a_2$, $b_1<b_2$, $k<\dfrac{b_1a_2-b_2a_1}{b_2-b_1}$, 那么 $\lim\limits_{t\to\infty} x_2(t)=0$.

**证明** 选择 $\varepsilon>0$, 使得 $k+\varepsilon<\dfrac{b_1a_2-b_2a_1}{b_2-b_1}$; 选择 $t_0$, 使得对 $t\geqslant t_0$, $S(t)\leqslant k+\varepsilon$, 那么有

$$
\begin{aligned}
\frac{x_2'(t)}{D_2x_2(t)}-\frac{x_1'(t)}{D_1x_1(t)}=&\frac{b_2S(t)}{a_2+S(t)}-\frac{b_1S(t)}{a_1+S(t)}\\
=&S(t)\frac{(b_2-b_1)S(t)-(b_1a_2+b_2a_1)}{(a_1+S(t))(a_2+S(t))}\\
\leqslant&S(t)\frac{(b_2-b_1)(k+\varepsilon)-(b_1a_2+b_2a_1)}{(a_1+k+\varepsilon)(a_2+k+\varepsilon)}.
\end{aligned}
$$

由于 $\lim\limits_{t\to\infty} S(t)=\bar{S}>0$ (引理 5.1.3 的一个结果) 和 $S'(t)$ 一致有界, 所以存在常数 $\delta>0$, $\epsilon^*>0$ 和不相交区间序列 $I_n=(t_n-\delta,t_n+\delta)$, $t_n\to\infty$, 使得对 $t\in I_n$, $S(t)>S^*$. 特别地, $\lim\limits_{t\to\infty}\displaystyle\int_{t_0}^{t} S(\eta)\mathrm{d}\eta=+\infty$. 积分以上的不等式得到

$$\left(\frac{x_2(t)}{x_2(t_0)}\right)^{\frac{1}{D_2}} \leqslant \left(\frac{x_1(t)}{x_1(t_0)}\right)^{\frac{1}{D_1}} \exp\left(-c\int_{t_0}^{t} S(\eta)\mathrm{d}\eta\right), \quad c > 0.$$

因此得到 $\lim_{t\to\infty} x_2(t) = 0$. □

## 5.2 Hopf 分支周期解

5.1 节中除了 $a_1 < a_2$, $1 < b_1 < b_2$ 以外, 对所有的参数值情况都进行了分析. 当 $a_1 < a_2$, $1 < b_1 < b_2$ 及 $k > a_1 + 2\lambda_1$ 时, 在第一卦限存在种群以周期解形式出现的共存. 它从 $S - x_1$ 平面内的极限环分支得到, 最终到 $S - x_2$ 平面内的极限环. 种群共存但不是周期解存在的第一个条件, 是在文献 [4] 中给出的. 在文献 [5] 中当 $\lambda_1 = \lambda_2$ 的特殊情况时亦有共存的结果. 文献 [6] 给出了周期解存在的第一个定理, 它的条件是 $\lambda_2 - \lambda_1$ 要很小. 本节介绍文献 [7] 的工作, 它说明了对于一个不确定的参数列, 在 $S - x_1$ 平面内由二维的极限环发生分支到正卦限内得到极限环, 而不需要假定 $\lambda_2 - \lambda_1$ 的大小, 进而说明对大的 $k$ 和参数列, 周期解进入到 $S - x_2$ 平面. 下面给出文献 [7] 中的两个主要结果, 由于证明冗长, 这里不再给出, 有兴趣的读者可参见文献 [7].

**定理 5.2.1**　给定常数 $a_1$, $m_1$, $D_1$, $K$ 且 $K > a_1 + 2\lambda_1$, 另给定常数 $a_1 < a_2$ 和 $m_2$, 那么可以选择 $D_2 < D_1 (\lambda_1 \leqslant \lambda_2)$, 使得 (5.1.1) 在任意接近 $S - x_1$ 平面的正卦限内有一周期轨道.

**定理 5.2.2**　给定常数 $a_1 < a_2$, $m_2$, $D_2$, 如果存在一数 $\bar{K}$, 使得 $K > \bar{K}$, 那么可以适当选择 $m_1$, $D_1$ 及 $\lambda_1 \leqslant \lambda_2$, 使得 (5.1.1) 在任意接近 $S - x_2$ 平面的正卦限内有一周期轨道.

下面介绍 Smith[8] 利用分支理论讨论模型 (5.1.1) 种群共存的情况. 假定 $K > \lambda_1$, 经过计算, 随着 $K$ 的增加, 通过 $K_0 = a_1 + 2\lambda_1$ 时 Hopf 分支发生在平衡点 $(\lambda_1, \hat{x}, 0)$. (5.1.1) 的线性部分关于 $(\lambda_1, \hat{x}, 0)$ 的特征方程有一对纯虚根 $\pm \mathrm{i}\beta_0$, 因而 $K = K_0$ 与相应的特征空间包含在 $x_2 = 0$ 的复平面中. 由于 $x_2 = 0$ 的坐标面是不变的, 因此 Hopf 分支一定发生在这个面中. 在 (5.1.1) 中设 $x_2 = 0$, 得到

$$\begin{cases} S' = s\left(1 - \dfrac{S}{K}\right) - \dfrac{m_1 x_1 S}{a_1 + S}, \\ x_1' = \left(\dfrac{S m_1}{a_1 + S} - D_1\right) x_1. \end{cases} \tag{5.2.1}$$

**引理 5.2.1**　(5.2.1) 的平衡解 $(\lambda_1, \hat{x_1})$, 当 $K < K_0$ 时为渐近稳定的; 在 $K = K_0$ 时产生 Hopf 分支; 当 $K > K_0$, $K - K_0$ 很小时产生唯一的周期轨道并能够由摄动展开式表示成

$$\begin{cases} S(t;\varepsilon) = \tilde{S}(\gamma;\varepsilon) = \lambda_1 + \varepsilon\cos\gamma + \varepsilon^2\bar{S}(\gamma) + \cdots, \\ x_1(t;\varepsilon) = \tilde{x}_1(\gamma;\varepsilon) = \tilde{x}_1 + \varepsilon\dfrac{\beta_0}{D_1}\sin\gamma + \varepsilon^2\bar{x}(\gamma) + \cdots, \\ \gamma = \dfrac{t}{\omega}, \\ K = K_0 + \varepsilon^2\bar{K} + \cdots, \quad \bar{K} > 0, \\ \omega = \dfrac{1}{\beta_0} + \varepsilon^2\bar{\omega} + \cdots, \\ \beta_0 = D_1\sqrt{\dfrac{m_1 - D_1}{m_1 + D_1}} \end{cases} \tag{5.2.2}$$

(对某个充分小的 $\varepsilon_0 > 0$, 当 $|\varepsilon| < \varepsilon_0$ 时 (5.2.2) 收敛. 但仅需考虑 $0 \leqslant \varepsilon < \varepsilon_0$. 事实上, $K(\varepsilon)$ 和 $\omega(\varepsilon)$ 是 $\varepsilon$ 的偶函数, $(S(t;-\varepsilon), x_1(t;-\varepsilon))$ 是 $S(t;\varepsilon), x_1(t;\varepsilon)$ 的一个变换).

**证明** 作变换 $y_1 = S - \lambda_1$, $y_2 = x_1 - \hat{x_1}$, $k = K - K_0$, (5.2.1) 就成为

$$y' = \boldsymbol{A}_0 y + K\boldsymbol{A}_1 y + Q_0(y,y) + K^2 Q_1(y,y) + c_0(y,y,y) + \cdots,$$

这里

$$\boldsymbol{A}_0 = \begin{pmatrix} 0 & -D_1 \\ \dfrac{m_1 - D_1}{m_1 + D_1} & 0 \end{pmatrix},$$

$$\boldsymbol{A}_1 = \begin{pmatrix} \dfrac{D_1(m_1 - D_1)}{a_1 m_1(m_1 + D_1)} & 0 \\ \dfrac{D_1}{a_1 m_1}\left(\dfrac{m_1 - D_1}{m_1 + D_1}\right)^2 & 0 \end{pmatrix},$$

$Q_0, Q_1$ 是 $y$ 的二次型, $c_0$ 是 $y$ 的三次型. 显然

$$\pm\mathrm{i}\sqrt{\frac{m_1 - D_1}{m_1 + D_1}} \equiv \pm\mathrm{i}\beta_0$$

是 $\boldsymbol{A}_0$ 的特征根, $\boldsymbol{P}_0 = \begin{pmatrix} 1 \\ 0 \end{pmatrix} + \mathrm{i}\begin{pmatrix} 0 \\ -\dfrac{\beta_0}{D_1} \end{pmatrix}$ 满足 $\boldsymbol{A}_0\boldsymbol{P}_0 = \mathrm{i}\beta_0\boldsymbol{P}_0$, 时间 $t \to \omega t$. 寻求

$$\begin{cases} y' = \omega\boldsymbol{A}_0 y + \omega K\boldsymbol{A}_1 y + \omega Q_0(y,y) + \omega K^2 Q_1(y,y) + \omega c_0(y,y,y) + \cdots, \\ y(0) = y(2\pi) \end{cases} \tag{5.2.3}$$

的解.

以扰动级数的形式

$$\begin{cases} y=\varepsilon u_1+\varepsilon^2 u_2+\cdots, \\ K=\varepsilon K_1+\varepsilon^2 K_2+\cdots, \\ \omega=\beta_0^{-1}+\varepsilon\omega_1+\varepsilon^2\omega_2+\cdots, \end{cases} \tag{5.2.4}$$

代入 (5.2.3), 按 $\varepsilon$ 的等幂得到 (5.2.4) 中展开式系数的等式. 由 $\varepsilon'$ 项给出的方程为 $u_1'=\dfrac{1}{\beta_0}\boldsymbol{A}_0u_1$, $u_1(0)=u_1(2\pi)$, 从而解得 $u_1=\mathrm{Re}(\boldsymbol{P}_0\mathrm{e}^{\mathrm{i}t})=\begin{pmatrix}\cos t\\ \dfrac{\beta_0}{D_1}\sin t\end{pmatrix}$. 由 $\varepsilon^2$ 项给出的方程为

$$\begin{cases} u_2'-\dfrac{1}{\beta_0}\boldsymbol{A}_0u_2=\dfrac{1}{2}\mathrm{e}^{\mathrm{i}t}\left(\dfrac{K_1}{\beta_0}\boldsymbol{A}_1\boldsymbol{P}_0+\mathrm{i}\omega_1\beta_0\boldsymbol{P}_0\right)+\dfrac{1}{2}\overline{\mathrm{e}^{\mathrm{i}t}\left(\dfrac{K_1}{\beta_0}\boldsymbol{A}_1\boldsymbol{P}_0+\mathrm{i}\omega_1\beta_0\boldsymbol{P}_0\right)} \\ \qquad\qquad +\dfrac{1}{4\beta_0}(\mathrm{e}^{2\mathrm{i}t}Q_0(\boldsymbol{P}_0,\boldsymbol{P}_0)+2Q_0(\boldsymbol{P}_0,\bar{\boldsymbol{P}}_0)+\bar{\mathrm{e}}^{2\mathrm{i}t}Q_0(\bar{\boldsymbol{P}}_0,\bar{\boldsymbol{P}}_0)), \\ u_2(0)=u_{2x}. \end{cases} \tag{5.2.5}$$

设 $x_0\neq 0$ 使得 $\boldsymbol{A}_0'x_0=-\mathrm{i}\beta_0x_0$, $\boldsymbol{P}_0\cdot\bar{x_0}=1$. 通过计算容易得到

$$x_0=\frac{1}{2}\mathrm{col}\left(1,-\mathrm{i}\sqrt{D_1\frac{m_1-D_1}{m_1+D_1}}\right).$$

(5.2.5) 有解当且仅当

$$\left(\frac{K_1}{\beta_0}\boldsymbol{A}_1\boldsymbol{P}_0+\mathrm{i}\omega_1\beta_0\boldsymbol{P}_0\right)\bar{x}_0=0. \tag{5.2.6}$$

由于 $\mathrm{Re}(\boldsymbol{A}_1\boldsymbol{P}_0\cdot\bar{x}_0)=\dfrac{D_1(m_1-D_1)}{2a_1m_1(m_1+D_1)}\neq 0$, 当且仅当 $K_1=0$ 和 $\omega_1=0$ 时, (5.2.6) 满足. 横截性条件 $\mathrm{Re}(\boldsymbol{A}_1\boldsymbol{P}_0\cdot\bar{x}_0)\neq 0$ 刚好是一对共轭复根用非零速率横截虚轴; 事实上, $\left(\dfrac{\mathrm{d}\mu}{\mathrm{d}K}\right)(K_0)=\mathrm{Re}(\boldsymbol{A}_1\boldsymbol{P}_0\cdot\bar{x}_0)$, 这里 $\mu(K)$ 是一对共轭复根的实部. 最后解得

$$u_2=\frac{1}{2}\mathrm{Re}(\boldsymbol{P}_2\mathrm{e}^{2\mathrm{i}t})+\frac{1}{2}\boldsymbol{P}_1,$$

这里

$$\boldsymbol{P}_1=\begin{pmatrix}\dfrac{m_1-D_1}{a_1m_1}\\ -\dfrac{m_1-D_1}{a_1m_1(m_1+D_1)}\end{pmatrix}.$$

应用文献 [9]4a 中的算法来鉴别“模糊吸引子”的假设 (文献 [9] 定理 3.1), $V'''(0)<0$ 可以确定分支的稳定性和方向. 通过一个冗长的计算得到

$$V'''(0)=\frac{-3\pi(m_1+D_1)^2}{a_1^2m_1\sqrt{D_1(m_1+D_1)(m_1-D_1)}},$$

从而分支是上临界的, 周期轨道是吸引的 (文献 [9] 定理 3.1). Howard 和 Kopell 证明了 $\mathrm{sgn}\bar{K}=-\mathrm{sgn}V'''(0)$. □

**引理 5.2.2** 由 (5.2.2) 和 $x_2\equiv 0$ 给出的周期解, 如果

$$\frac{1}{2\pi}\int_0^{2\pi}\left(\frac{m_2\tilde{S}(\gamma)}{a_2+\tilde{S}(\gamma)}-D_2\right)\mathrm{d}\gamma<0,$$

则该周期解是轨道渐近稳定的, 如果不等号相反则是不稳定的.

**证明** 对应于解 $(S,x_1,0)$ 的变分方程为

$$\boldsymbol{\Phi}'(t)=\begin{pmatrix}\dfrac{m_1}{a_1+S}-D_1 & 0 & \dfrac{m_1x_1a_1}{(a_1+S)^2}\\ 0 & \dfrac{m_2}{a_2+S}-D_2 & 0\\ -\dfrac{m_1}{a_1+S} & -\dfrac{m_2}{a_2+S} & 1-\dfrac{2S}{K}-\dfrac{m_1x_1a_1}{(a_1+S)^2}\end{pmatrix}\boldsymbol{\Phi}(t), \tag{5.2.7}$$

$\boldsymbol{\Phi}(0)=\boldsymbol{I}$, $\boldsymbol{\Phi}=(\boldsymbol{\Phi}_{ij})$, 这里 $(S,x_1)$ 如 (5.2.2) 中给出. 由于

$$\boldsymbol{\Phi}'_{2j}=\left(\frac{m_2}{a_2+S}-D_2\right)\boldsymbol{\Phi}_{2j},\quad j=1,2,3,$$

容易看出

$$\boldsymbol{\Phi}(t)=\begin{pmatrix}\Phi_{11}(t) & Z_1(t) & \Phi_{13}(t)\\ 0 & \exp\left[\displaystyle\int_0^t\left(\frac{m_2}{a_2+S}-D_2\right)\mathrm{d}\gamma\right] & 0\\ \Phi_{31}(t) & Z_2(t) & \Phi_{33}(t)\end{pmatrix},$$

这里 $\begin{pmatrix}\Phi_{11}(t) & \Phi_{13}(t)\\ \Phi_{31}(t) & \Phi_{33}(t)\end{pmatrix}$ 是关于方程 (5.2.1) 的解 $(S,x_1)$ 的变分矩阵.

$$\begin{pmatrix}Z_1\\ Z_2\end{pmatrix}'=A(t)\begin{pmatrix}Z_1\\ Z_2\end{pmatrix}+\begin{pmatrix}0\\ -\dfrac{m_2}{a_2+S}\end{pmatrix}\exp\left[\int_0^t\left(\frac{m_2}{a_2+S}-D_2\right)\mathrm{d}\gamma\right],$$

$$Z_i(0)=0,\quad i=1,2,$$

这里

$$\begin{pmatrix} \Phi_{11}(t) & \Phi_{13}(t) \\ \Phi_{31}(t) & \Phi_{33}(t) \end{pmatrix}' = A(t) \begin{pmatrix} \Phi_{11}(t) & \Phi_{13}(t) \\ \Phi_{31}(t) & \Phi_{33}(t) \end{pmatrix} \tag{5.2.8}$$

是关于 (5.2.1) 的 $(S, x_1)$ 的变分方程. 由于 $(S, x_1)$ 是轨道渐近稳定的 (由引理 5.2.1),

$$\begin{pmatrix} \Phi_{11}(t) & \Phi_{13}(t) \\ \Phi_{31}(t) & \Phi_{33}(t) \end{pmatrix}(t) \to 0, \quad t \to \infty.$$

现

$$\begin{aligned} &\det(\boldsymbol{\Phi}(2\pi\omega) - \lambda \boldsymbol{I}) \\ &= \det \begin{pmatrix} \Phi_{11}(2\pi\omega) - \lambda & \Phi_{13}(2\pi\omega) & Z_1(2\pi\omega) \\ \Phi_{31}(2\pi\omega) & \Phi_{33}(2\pi\omega) - \lambda & Z_2(2\pi\omega) \\ 0 & 0 & \exp\left[\int_0^t \left(\dfrac{m_2}{a_2 + S} - D_2\right) \mathrm{d}\gamma\right] - \lambda \end{pmatrix}. \end{aligned}$$

因此联系 (5.2.7) 的乘数恰好是 (5.2.8) 联结

$$\lambda = \exp\left(\int_0^{2\pi\omega} \left(\frac{m_2 S}{a_2 + S} - D_2\right) \mathrm{d}\gamma\right)$$

的乘数.(5.2.8) 的乘数小于 1,

$$\lambda = \exp\left[\int_0^{2\pi\omega} \left(\frac{m_2 \tilde{S}(\frac{t}{\omega})}{a_2 + \tilde{S}(\frac{t}{\omega})} - D_2\right) \mathrm{d}t\right] = \exp\left(\omega \int_0^{2\pi} \left(\frac{m_2 \tilde{S}(\gamma)}{a_2 + \tilde{S}(\gamma)} - D_2\right) \mathrm{d}\gamma\right).$$

因此随着 $\dfrac{1}{2\pi} \displaystyle\int_0^{2\pi} \left(\frac{m_2 \tilde{S}(\gamma)}{a_2 + \tilde{S}(\gamma)} - D_2\right) \mathrm{d}t < 0(> 0)$, $\lambda < 1(> 1)$, 引理得证. □

借助于引理 5.2.2, 可以确定 (5.1.1) 的 Hopf 周期解的稳定性.

定义

$$G(\varepsilon) \equiv \frac{1}{2\pi} \int_0^{2\pi} \left(\frac{m_2 \tilde{S}(\gamma; \varepsilon)}{a_2 + \tilde{S}(\gamma; \varepsilon)} - D_2\right) \mathrm{d}\gamma. \tag{5.2.9}$$

把 (5.2.2) 代入 (5.2.9) 得到

$$\begin{aligned} G(\varepsilon) &= \left(\frac{m_2 \lambda_1}{a_2 + \lambda_1} - D_2\right) + \varepsilon \frac{m_2 a_2}{(a_2 + \lambda_1)^2} \frac{1}{2\pi} \int_0^{2\pi} \cos\gamma \mathrm{d}\gamma \\ &\quad + \frac{1}{2}\varepsilon^2 \left(2 \frac{m_2 a_2}{(a_2 + \lambda_1)^2} \frac{1}{2\pi} \int_0^{2\pi} \bar{S}(\gamma) \mathrm{d}\gamma - \frac{2 m_2 a_2}{(a_2 + \lambda_1)^3} \frac{1}{2\pi} \int_0^{2\pi} \cos\gamma \mathrm{d}\gamma\right) + o(\varepsilon^2), \end{aligned}$$

由引理 5.2.1, 它成为

$$G(\varepsilon)=\left(\frac{m_2\lambda_1}{a_2+\lambda_1}-\frac{m_2\lambda_2}{a_2+\lambda_2}\right)$$
$$+\frac{1}{2}\varepsilon^2\frac{m_2a_2}{(a_2+\lambda_1)^3}\frac{m_1-D_1}{m_1a_1}(a_2-a_1)+o(\varepsilon^2). \tag{5.2.10}$$

由 (5.2.10) 可清楚地看出, 周期解 $(S(t,\varepsilon),x_1(t,\varepsilon),0)$ 的稳定性由 $\lambda_2-\lambda_1$ 的符号基本确定, 除非 $|\lambda_2-\lambda_1|$ 是很小的. 我们的兴趣在于能否从解 $(S(t,\epsilon),x_1(t,\epsilon),0)$ 中分支出一个周期解. 根据这个思想, 令 $\lambda_2-\lambda_1=\eta$, 把 $\eta$ 作为一个小参数, 更确切地说, 当令 $m_2=m_2(\eta)=D_2\left(1+\dfrac{a_2}{\eta+\lambda_1}\right)$ 时, 把 $\lambda_1$, $a_2$, $D_2$ 看成是不变的. 我们寻找 $\varepsilon$ 和 $\eta$ 的值使周期解 $(S(t,\epsilon),x_1(t,\epsilon),0)$ 是中性稳定的.

定义

$$H(\varepsilon,\eta)\equiv\frac{1}{2\pi}\int_0^{2\pi}\left(\frac{m_2(\eta)\tilde{S}(\gamma;\epsilon)}{a_2+\tilde{S}(\gamma;\epsilon)}-D_2\right)\mathrm{d}\gamma. \tag{5.2.11}$$

通过计算得到

$$H(0,0)=0,$$
$$\frac{\partial H}{\partial\varepsilon}(0,0)=0,$$
$$\frac{\partial H}{\partial\eta}(0,0)=\frac{-D_2a_2}{(a_2+\lambda_1)\lambda_1}\neq 0.$$

因此方程 $H(\varepsilon,\eta)=0$ 对于 $\eta=\eta(\varepsilon)$, $\eta=\eta(0)$ 有解. 由隐函数求导得

$$\frac{\mathrm{d}\eta}{\mathrm{d}\varepsilon}(0)=0,$$
$$\frac{\mathrm{d}^2\eta}{\mathrm{d}\varepsilon^2}(0)=\frac{-\dfrac{\partial^2 H}{\partial\varepsilon^2}(0,0)}{\dfrac{\partial H}{\partial\eta}(0,0)}=\frac{m_1-D_1}{m_1a_1(a_2+\lambda_1)}(a_2-a_1)\equiv N(a_2-a_1),$$

这里 $N>0$. 由于 $\tilde{S}(\gamma;-\varepsilon)$ 是 $\tilde{S}(\gamma;\varepsilon)$ 的一个平移, $H$ 是 $\varepsilon$ 的偶函数, 因此, $\eta$ 必须也是偶的, 从而

$$\lambda_2-\lambda_1=\eta(\varepsilon)=\frac{1}{2}\varepsilon^2N(a_2-a_1)+o(\varepsilon^4), \tag{5.2.12}$$

从而确定了 (5.1.1) 的解 $(S(t,\varepsilon),x_1(t,\varepsilon),0)$ 的中性稳定性曲线的参数. 因此, 如果 $a_2>a_1$, 那么周期解的稳定性如图 5.2.1 所示.

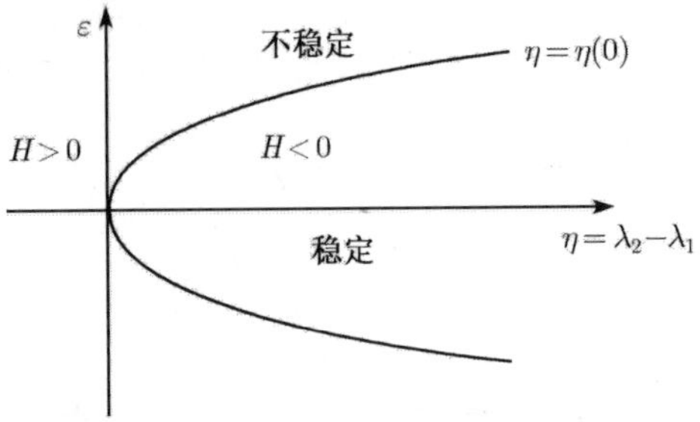


图 5.2.1　$a_2 > a_1$

$\varepsilon$ 不是 (5.1.1) 中的一个中性参数, 需要确定在 $(K,\eta)$ 平面内的中性稳定曲线. 利用展开式 (5.2.12) 和 (5.2.2), 对 $K \geqslant K_0$, $K - K_0 \ll 1$,

$$\eta = \eta(K) = \frac{1}{2}N(a_2 - a_1)\frac{K - K_0}{\bar{K}} + o(K - K_0). \tag{5.2.13}$$

这样, 在 $(K,\eta)$ 平面内有图 5.2.2 中的稳定性区域.

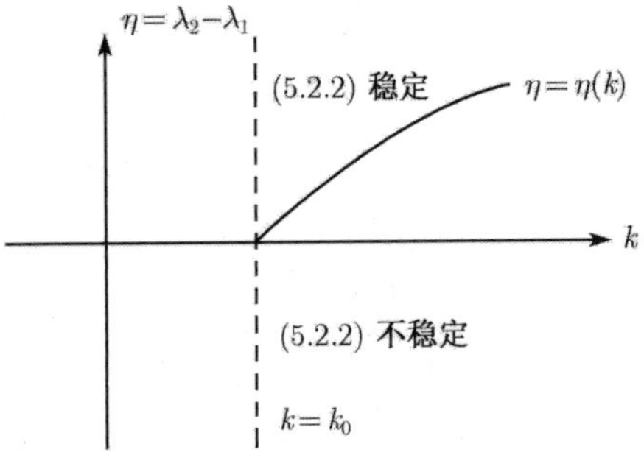


图 5.2.2　$a_2 > a_1$

根据图 5.2.2, 如果 $a_2 > a_1$, 能够在 $x_2 = 0$ 平面内对一个靠近 $K_0$, $K > K_0$ 的特殊值, 通过减小 $\eta$ 使它经过 $\eta(K)$ 来使 Hopf 分支不稳定. 引理 5.2.2 意味着在 $x_2$ 方向随着一个实乘数离开单位圆的内部出现不稳定. 这样预期随着 $\eta$ 的减小通过值 $\eta = \eta(K)$ 时, 从 $x_2 = 0$ 面的 Hopf 解到第一卦限内部将分支出一个周期解. 这就是下面的定理.

**定理 5.2.3**　令 $K$ 固定, $K > K_0$ 且 $K - K_0$ 充分的小, $a_2 > a_1$, 那么随着 $\eta$ 的减小, 通过值 $\eta(K) > 0$ 时, 从引理 5.2.1 的 Hopf 周期解到第一卦限内部将分支出一个周期解, 这个解对足够小的 $\eta(K) - \eta > 0$ 是轨道渐近稳定的.

**证明**　作变量代换 $x_1 \to x_2$, $S \to x_1$, $x_2 \to y$, (5.1.1) 成为

$$\begin{cases} \boldsymbol{x}' = F(x) + H(\eta, \boldsymbol{x}, y), \\ y' = G(\eta, \boldsymbol{x}, y), \quad \boldsymbol{x} \in \mathbf{R}^2, \quad y \in \mathbf{R} \end{cases} \tag{5.2.14}$$

$\left(\text{令} H(\eta, \boldsymbol{x}, y) = \operatorname{col}\left(\dfrac{-m_2(\eta)yx_1}{a_1 + x_1}, 0\right), G(\eta, \boldsymbol{x}, y) = \left(\dfrac{m_2(\eta)x_1}{a_2 + x_1} - D_2\right)y\right)$. 注意到

$$H(\eta, \boldsymbol{x}, 0) \equiv 0 \equiv G(\eta, \boldsymbol{x}, 0).$$

在 (5.2.14) 中, 已经忽略了 $F(\boldsymbol{x})$ 对 $K$ 的依赖. 令 $\boldsymbol{x} = \boldsymbol{P}(t)$ 表示 (5.2.1) 的 Hopf 周期解, 因此系统

$$\boldsymbol{x}' = F(\boldsymbol{x}) \tag{5.2.15}$$

的解是轨道渐近稳定的. 通过 $\boldsymbol{x}$ 空间中的一个变量变换, 假定 $\boldsymbol{P}(0) = \mathbf{0}$ 和 $\boldsymbol{P}'(0) = (P_1'(0), 0)$.

令 $\Phi(t, (\boldsymbol{x}, y); \eta)$ 表示对应于 (5.2.14) 满足 $\Phi(0, (\boldsymbol{x}, y); \eta) = (\boldsymbol{x}, y)$ 的解映射. 在平面 $H = \{x_1 = 0\}$ 上 0 的一个邻域 $U$ 定义一个 Poincaré 映射 $\boldsymbol{P} : U \to V$, 这里 $V$ 是 $H$ 内 0 的一个邻域. $\boldsymbol{P}$ 映射是 $H$ 中接近 0 的初始条件到它的下一个与 $H$ 的交点. 更确切地说, 存在一个光滑函数 $\tau(x_2, y, \eta)$, 给出了初始条件 $(o, x_2, y)$ 到 $H$ 的第一个正时间. 当然 $\tau(0, 0, \eta) \equiv \tau_0$, 这里 $\tau_0$ 是 $\boldsymbol{P}(t)$ 的最小周期. 因此 $\boldsymbol{P}$ 表示为

$$\boldsymbol{P}(x_2, y, \eta) = \Phi(\tau(x_2, y, \eta), 0, x_2, y, \eta), \tag{5.2.16}$$

和 $\boldsymbol{P}(0, 0, \eta) \equiv (0, 0)$. 由

$$\bar{F}(x_2, y, \eta) = (x_2, y) - \boldsymbol{P}(x_2, y, \eta)$$

来定义映射 $\bar{F} : U \times \mathbf{R} \to H$. 那么 $\boldsymbol{P}(t)$ 附近 (5.2.14) 的周期解将对应映射 $\bar{F}$ 的零. 由于 $x$ 空间对 (5.2.14) 是不变的, $\boldsymbol{P} = (P_1, P_2)$ 满足 $P_2(x_2, 0, \eta) \equiv 0$, 因此,

$$\boldsymbol{D}_{(x_2,y)}\boldsymbol{P}(0, 0, \eta) = \begin{pmatrix} \dfrac{\partial P_1}{\partial x_2} & \dfrac{\partial P_1}{\partial y}(0, 0, \eta) \\ 0 & \dfrac{\partial P_2}{\partial y}(0, 0, \eta) \end{pmatrix}.$$

因为 $\boldsymbol{P}(t)$ 为 (5.2.15) 渐近稳定的解, $\dfrac{\partial P_1}{\partial x_2}(0, 0, \eta)$ 与 $\eta$ 无关且 $0 < \dfrac{\partial P_1}{\partial x_2}(0, 0) < 1$. 所以

$$P_2(0, y, \eta) = \Phi_3(\tau(0, y, \eta), 0, 0, y, \eta),$$

从而得到

$$\begin{aligned} \frac{\partial P_2}{\partial y}(0, 0, \eta) &= \frac{\partial \Phi_3}{\partial t}(\tau(0, 0, \eta), 0, 0, \eta) \cdot \frac{\partial \tau}{\partial y}(0, 0, \eta) + \frac{\partial \Phi_3}{\partial y}(\tau(0, 0, \eta), 0, 0, 0, \eta) \\ &= \frac{\partial \Phi_3}{\partial y}(\tau_0, 0, 0, 0, \eta). \end{aligned}$$

由于 $\dfrac{\partial \Phi_3}{\partial t}(\tau_0,0,0,0,\eta)\equiv 0$, 计算 (5.2.14) 沿着 $P(t)$ 的变分方程得到

$$\frac{\partial \Phi_3}{\partial y}(\tau_0,0,0,0,\eta)=\exp\left(\int_0^{\tau_0}\frac{\partial G}{\partial y}(\eta,\boldsymbol{P}(S),0)\mathrm{d}S\right). \tag{5.2.17}$$

对 $\bar{F}(x_2,y,\eta)\equiv 0$ 应用分支定理 (文献 [10] 定理 1.7),

$$\boldsymbol{D}_{(x_2,\ y)}\bar{\boldsymbol{F}}(0,0,\eta)=\begin{pmatrix} 1-\dfrac{\partial P_1}{\partial x_2} & -\dfrac{\partial P_1}{\partial y} \\ 0 & 1-\dfrac{\partial P_2}{\partial y}\end{pmatrix},$$

当 $\eta=\eta^*=\eta(K)$ 时, 由 (5.2.17) 和 (5.2.13), 它有一个一维零空间

$$\boldsymbol{u}=\operatorname{col}\left(\frac{\dfrac{\partial P_1}{\partial y}}{1-\dfrac{\partial P_1}{\partial x_2}},\ 1\right),$$

由于 $\boldsymbol{D}_{(x_2,y)}\bar{\boldsymbol{F}}(0,0,\eta^*)$ 的列有相同的维数, 因此仅需检验分支条件

$$\boldsymbol{D}_{(x_2,y),\eta}\bar{\boldsymbol{F}}(0,0,\eta^*)\notin \mathrm{Range}\boldsymbol{D}_{(x_2,\ y)}\bar{\boldsymbol{F}}(0,0,\eta^*). \tag{5.2.18}$$

经计算得到

$$\mathrm{Range}\boldsymbol{D}_{(x_2,y)}\bar{\boldsymbol{F}}(0,0,\eta^*)=\left\{\begin{pmatrix} a\\ b\end{pmatrix}: b=0\right\},$$

$$\boldsymbol{D}_{(x_2,\ y),\eta}\bar{\boldsymbol{F}}(0,0,\eta^*)\boldsymbol{u}=\begin{pmatrix} 0 & -\dfrac{\partial^2 P_1}{\partial y\partial\eta}(0,0,\eta^*) \\ 0 & -\dfrac{\partial^2 P_2}{\partial y\partial\eta}(0,0,\eta^*)\end{pmatrix}\boldsymbol{u}=-\begin{pmatrix}\dfrac{\partial^2 P_1}{\partial y\partial\eta} \\ \dfrac{\partial^2 P_2}{\partial y\partial\eta}\end{pmatrix}.$$

因此 (5.2.18) 成为

$$\frac{\partial^2 P_2}{\partial y\partial\eta}(0,0,\eta^*)\neq 0.$$

由 (5.2.17) 得到

$$\begin{aligned}\frac{\partial^2 P_2}{\partial y\partial\eta}(0,0,\eta^*)&=\int_0^{2\pi\omega}\frac{\partial^2 G}{\partial y\partial\eta}(\eta^*,\boldsymbol{P}(S),0)\mathrm{d}S\\ &=m_2'(\eta^*)\omega\int_0^{2\pi}\frac{S(\gamma)}{a_2+S(\gamma)}\mathrm{d}\gamma\\ &=\frac{m_2'(\eta^*)}{m_2(\eta^*)}\cdot D_2\cdot 2\pi\omega<0.\end{aligned}$$

现在能够借助分支定理得到形如

$$\begin{pmatrix} x_2 \\ y \end{pmatrix} = S\begin{pmatrix} \dfrac{\dfrac{\partial P_1}{\partial y}}{1-\dfrac{\partial P_2}{\partial x_2}} \\ \\ 1 \end{pmatrix} + o(S), \tag{5.2.19}$$

$$\eta = \eta(K) + S\eta_1 + o(S)$$

的 $\bar{\boldsymbol{F}}(x_2, y, \eta) = 0$ 解的分支存在性. 为了证明 (5.2.19) 对应于一个稳定的周期轨道, 只需说明 $\eta_1 < 0$[11] 就足够了. 在下面的证明中, 我们将叙述 $\eta_1$ 符号的计算结果.

已经得到的分支周期解可以描写如下:

$$\begin{cases} \eta = \eta^* + S\eta_1 + \cdots, \\ S(t) = S_0(t) + SS_1(t) + \cdots, \\ x_1(t) = x_{10}(t) + Sx_{11}(t) + \cdots, \\ x_2(t) = Sx_{21}(t) + \cdots, \end{cases} \tag{5.2.20}$$

这里 $\eta^* = \eta(K)$ 和 $(S_0(t), x_{10}(t))$ 是 (5.2.20) 中满足 $S_0(0) = \lambda$ 和 $x'_{10}(0) = 0$ 的 Hopf 周期解的另一形式. 现在能够利用分支理论中已经建立的方法, 把原点与点 $(\lambda_1, x_1(0), 0)$ 和超平面与 $\{S = \lambda_1\}$ 视为相同的. 解 (5.2.20) 的周期是

$$\tau = \tau(x_1(0), x_2(0), \eta) \equiv \tau(S).$$

由 (5.1.1) 显然

$$g(S) \equiv \int_0^{\tau(S)} \left( \frac{m_2(\eta)S(t)}{a_2 + S(t)} - D_2 \right) \mathrm{d}t \equiv 0.$$

在 $S = 0$ 微分得

$$0 = \frac{m_2(\eta^*)S_0(\tau(0))}{a_2 + S_0(\tau(0))} - D_2\frac{\mathrm{d}\tau}{\mathrm{d}S}(0) + \int_0^{\tau(0)} \frac{m'_2(\eta^*)\eta_1 S_0(t)}{a_2 + S_0(t)}\mathrm{d}t$$

$$+ \int_0^{\tau(0)} \frac{m_2(\eta^*)a_2}{(a_2 + S_0(t))^2} S_1(t)\mathrm{d}t,$$

通过选择 $\eta^* = \eta(K)$,

$$\int_0^{\tau(0)} \left( \frac{m_2(\eta^*)S_0(t)}{a_2 + S_0(t)} - D_2 \right) \mathrm{d}t = 0.$$

这样得到方程

$$\eta_1 \frac{m_2'(\eta^*)}{m_2(\eta^*)} D_2(\tau(0)) = -\left(\frac{m_2(\eta^*)\lambda_1}{a_2+\lambda_1} - D_2\right)\frac{\mathrm{d}\tau}{\mathrm{d}S}(0)$$

$$- m_2(\eta^*)a_2 \int_0^{\tau(0)} \frac{S_1(t)}{(a_2+S_0(t))^2}\mathrm{d}t.$$

这个方程将用来计算 $\eta_1$ 的符号. 由于 $\dfrac{\partial\tau}{\partial\eta}(x_{10}(0),0,\eta^*)=0$, 有

$$\frac{\mathrm{d}\tau}{\mathrm{d}S}(0) = \frac{\partial\tau}{\partial x_1}(x_{10}(0),0,\eta^*)x_{11}(0) + \frac{\partial\tau}{\partial x_2}(x_{10}(0),0,\eta^*)x_{21}(0).$$

这里 $\tau$ 的偏导数可由下式中对 $\tau$ 的求导得到

$$\varPhi_1(\tau(x_1,x_2,\eta),0,x_1,x_2,\eta) = \lambda_1.$$

由 (5.2.19),

$$x_{11}(0) = \frac{\dfrac{\partial P_1}{\partial y}}{1-\dfrac{\partial P_2}{\partial x_2}} = \frac{\dfrac{\partial \varPhi_2}{\partial y}(\tau(0),\lambda_1,x_{10}(0),0,\eta^*)}{1-\dfrac{\partial \varPhi_2}{\partial x_2}(\tau(0),\lambda_1,x_{10}(0),0,\eta^*)}$$

和 $x_{21}(0)=1$. 为了计算 (5.2.20) 中 $S(t)$ 的展开式, 有

$$S(t) = \varPhi_1\left(t,\ \lambda_1,\ x_{10}(0)+S\frac{\dfrac{\partial\varPhi_2}{\partial y}}{1-\dfrac{\partial\varPhi_2}{\partial x_2}}+\cdots,\ S+\cdots,\ \eta^*+S\eta_1+\cdots\right)$$

$$=S_0(t)+S\left(\frac{\partial\varPhi_1}{\partial x_2}(t,\lambda_1,x_{10}(0),0,\eta^*)\right)\frac{\dfrac{\partial\varPhi_2}{\partial y}}{1-\dfrac{\partial\varPhi_2}{\partial x_2}}+\frac{\partial\varPhi_1}{\partial y}(t,\lambda_1,x_{10}(0),0,\eta^*))+\cdots,$$

这就给出了 $S_1(t)$ 的表达式

$$S_1(t) = \frac{\partial\varPhi_1}{\partial x_2}(t)\frac{\dfrac{\partial\varPhi_2}{\partial y}}{1-\dfrac{\partial\varPhi_2}{\partial x_2}} + \frac{\partial\varPhi_1}{\partial y}(t).$$

在表达式中有关变量已回到 $(x_1,x_2,y)$. 对于 $\eta_1$ 的表达式可以写成

$$-\eta_1\frac{m_2'(\eta^*)D_2}{m_2(\eta^*)}\tau_0\frac{\lambda_1+\eta^*}{D_2a_2}\frac{\partial\varPhi_1}{\partial t}(\tau_0)\left(1-\frac{\partial\varPhi_2}{\partial x_2}(\tau_0)\right)$$

$$
\begin{aligned}
&=\frac{\eta^*}{\lambda_1+a_2}\left(\frac{\partial \Phi_1}{\partial x_2}(\tau_0)\frac{\partial \Phi_2}{\partial y}(\tau_0)+\frac{\partial \Phi_1}{\partial y}(\tau_0)\left(1-\frac{\partial \Phi_2}{\partial x_2}(\tau_0)\right)\right)\\
&\quad+\frac{\partial \Phi_1}{\partial t}(\tau_0)(\lambda_1+a_2+\eta^*)\\
&\quad\times\int_0^{\tau_0}\frac{1}{(a_2+S_0(t))^2}\left(\frac{\partial \Phi_1}{\partial x_2}(t)\frac{\partial \Phi_2}{\partial y}(\tau_0)+\left(1-\frac{\partial \Phi_2}{\partial x_2}(\tau_0)\right)\frac{\partial \Phi_1}{\partial y}(t)\right)\mathrm{d}t,
\end{aligned}\tag{5.2.21}
$$

这里 $\tau_0=\tau(0)$.

剩下的计算可简述如下. 在计算中 $\varepsilon$(或 $K$) 总是固定不变, (5.2.21) 中除了 $a_2,\lambda_1,D_2$ 等, 几乎所有的记号均是 $\varepsilon$ 的函数. (5.2.21) 中右边的复杂表达式仅能够用 $\varepsilon$ 的幂展开来近似表示, 因此展开 (5.2.21) 中右边的项.

$$
\begin{aligned}
x_{10}(t)&=\frac{a_1m_1}{(m_1-D_1)(m_1+D_1)}-\varepsilon\frac{\beta_0}{D_1}\cos\beta_0t+\cdots,\\
S_0(t)&=\lambda_1+\varepsilon\sin\beta_0t+\cdots,\\
\eta^*&=\frac{1}{2}N(a_2-a_1)\varepsilon^2+\cdots,\\
\tau_0&=\frac{2\pi}{\beta_0}+\varepsilon^2\tau_2+\cdots,\\
\frac{\partial \Phi_1}{\partial t}(\tau_0)&=\frac{\partial \Phi_1}{\partial t}(0)=S_0'(0)=\varepsilon\beta_0+\cdots,\\
\frac{\partial \Phi_1}{\partial x_2}(t)&=\Psi_0(t)+\varepsilon\Psi_1(t)+\cdots,\\
\frac{\partial \Phi_2}{\partial x_2}(t)&=\delta_0(t)+\varepsilon\delta_1(t)+\cdots,\\
\frac{\partial \Phi_1}{\partial y}(t)&=\gamma_0(t)+\varepsilon\gamma_1(t)+\cdots,\\
\frac{\partial \delta_2}{\partial y}(t)&=\rho_0(t)+\varepsilon\rho_1(t)+\cdots.
\end{aligned}
$$

(5.2.21) 左边的某些项在 $\varepsilon=0$ 时为零. 由于

$$
1-\frac{\partial \Phi_2}{\partial x_2}(\tau_0)=1-\frac{\partial P_1}{\partial x_2}(0,0)=\frac{\partial}{\partial x_2}|_{x_2=0}(x_2-P_1(x_2,0)),
$$

这里函数 $x_2-P_1(x_2,0)$ 是文献 [9] 中使用的替换函数 $V$,

$$
x_2-P_1(x_2,0)=\frac{1}{3!}\frac{\partial^3 V}{\partial x_2^3}(0,0)x_2^3+\cdots,
$$

这里 $\dfrac{\partial^3 V}{\partial x_2^3}(0,0)$ 在引理 5.2.1 的证明中已经被计算了, 它是负的, 因此,

$$\begin{aligned}1-\frac{\partial \Phi_2}{\partial x_2}(\tau_0) =& \frac{1}{2!}\frac{\partial^3 V}{\partial x_2^3}(0,0)x_2^2+\cdots\\ =&\frac{1}{2!}\frac{\partial^3 V}{\partial x_2^3}\varepsilon^2+\cdots.\end{aligned}$$

由于 $\dfrac{\partial \Phi_1}{\partial t}(\tau_0)=\varepsilon\beta_0+\cdots$, (5.2.21) 左边的项乘以 $\eta_1$ 后到 $\varepsilon^2$ 的项变为零, 因此可以把左边写成 $g\varepsilon^2\eta_1$, 这里 $g=g(\varepsilon)$ 满足符号 $g(0)=-1$. 现在开始计算 (5.2.21) 的右边. 方程

$$\begin{pmatrix}\Psi_0\\ \delta_0\end{pmatrix}'=\begin{pmatrix}0 & -D_1\\ \dfrac{m_1-D_1}{m_1+D_1} & 0\end{pmatrix}\begin{pmatrix}\Psi_0\\ \delta_0\end{pmatrix},$$

$$\begin{pmatrix}\Psi_0\\ \delta_0\end{pmatrix}(0)=\begin{pmatrix}0\\ 1\end{pmatrix}$$

和

$$\begin{pmatrix}\gamma_0\\ \rho_0\end{pmatrix}'=\begin{pmatrix}0 & -D_1\\ \dfrac{m_1-D_1}{m_1+D_1} & 0\end{pmatrix}\begin{pmatrix}\gamma_0\\ \rho_0\end{pmatrix}+\begin{pmatrix}-D_2\\ 0\end{pmatrix},$$

$$\begin{pmatrix}\gamma_0\\ \rho_0\end{pmatrix}(0)=\begin{pmatrix}0\\ 0\end{pmatrix},$$

得到

$$\begin{pmatrix}\gamma_0\\ \rho_0\end{pmatrix}(t)=\begin{pmatrix}-D_2\beta_0^{-1}\sin\beta_0 t\\ \dfrac{D_2}{D_1}(\cos\beta_0 t-1)\end{pmatrix},\quad \begin{pmatrix}\Psi_0\\ \delta_0\end{pmatrix}(t)=\begin{pmatrix}-D_1\beta_0^{-1}\sin\beta_0 t\\ \cos\beta_0 t\end{pmatrix}.$$

由于 $\eta^*=O(\varepsilon^2)$ 和 $\dfrac{\partial \Phi_1}{\partial t}(\tau_0)=O(\varepsilon)$, (5.2.21) 右边最低阶项是 $\varepsilon$ 项, 为

$$(\lambda_1+a_2)\beta_0\int_0^{\frac{2\pi}{\beta_0}}\frac{1}{(\lambda_1+a_2)^2}\left[\Psi_0(t)\rho_0\left(\frac{2\pi}{\beta_0}\right)+\gamma_0(t)\left(1-\delta_0\left(\frac{2\pi}{\beta_0}\right)\right)\right]\mathrm{d}t.$$

这个项成为零

$$0=\rho_0\left(\frac{2\pi}{\beta_0}\right)=\left(1-\delta_0\left(\frac{2\pi}{\beta_0}\right)\right)=\int_0^{\frac{2\pi}{\beta_0}}\Psi_0\mathrm{d}t=\int_0^{\frac{2\pi}{\beta_0}}\gamma_0\mathrm{d}t.$$

不难看到最后这个结果意味着 $\varepsilon^2$ 项也趋于零.(5.2.21) 中 $\varepsilon^3$ 项是

$$(\lambda_1+a_2)\beta_0\int_0^{\frac{2\pi}{\beta_0}}\frac{1}{(\lambda_1+a_2)^2}\left[\Psi_1(t)\rho_1\left(\frac{2\pi}{\beta_0}\right)-\gamma_1(t)\delta_1\left(\frac{2\pi}{\beta_0}\right)\right]\mathrm{d}t$$

$$+(\lambda_1+a_2)\beta_0\int_0^{\frac{2\pi}{\beta_0}}\frac{-2}{(\lambda_1+a_2)^3}\sin\beta_0 t\left[\Psi_0(t)\rho_1\left(\frac{2\pi}{\beta_0}\right)-\gamma_0(t)\delta_1\left(\frac{2\pi}{\beta_0}\right)\right]\mathrm{d}t.$$

由前面对 $1-\dfrac{\partial\Phi_2}{\partial x_2}(\tau_0)$ 的考虑知 $\delta_1\left(\dfrac{2\pi}{\beta_0}\right)=0$. 根据这个事实, 把 $\Psi_0,\gamma_0$ 代入上面表达式中得到

$$\frac{\beta_0}{(\lambda_1+a_2)^2}(\lambda_1+a_2)\rho_1\left(\frac{2\pi}{\beta_0}\right)\int_0^{\frac{2\pi}{\beta_0}}\Psi_1(t)\mathrm{d}t+\frac{2\pi}{\beta_0^2}D_1\rho_1\left(\frac{2\pi}{\beta_0}\right).$$

对 $(\Psi_1,\delta_1)$ 和 $(\gamma_1,\rho_1)$ 的方程为

$$\begin{pmatrix}\Psi_1\\ \delta_1\end{pmatrix}=\boldsymbol{A}_0\begin{pmatrix}\Psi_1\\ \delta_1\end{pmatrix}+\begin{pmatrix}a\sin\beta_0 t+b\cos\beta_0 t & c\sin\beta_0 t\\ d\sin\beta_0 t-b\cos\beta_0 t & -c\sin\beta_0 t\end{pmatrix}\begin{pmatrix}-D_0\beta_0^{-1}\sin\beta_0 t\\ \cos\beta_0 t\end{pmatrix},$$

$$\begin{pmatrix}\Psi_1\\ \delta_1\end{pmatrix}(0)=\begin{pmatrix}0\\ 0\end{pmatrix},$$

这里

$$a=\frac{-2\lambda_1}{(\lambda_1+a_1)(2\lambda_1+a_1)},\quad b=\frac{m_1a_1\beta_0}{D_1(\lambda_1+a_1)^2},\quad c=\frac{-m_1a_1}{(\lambda_1+a_1)^2},$$

$$d=\frac{-2a_1}{(\lambda_1+a_1)(2\lambda_1+a_1)},\quad \boldsymbol{A}_0=\begin{pmatrix}0 & -D_1\\ \dfrac{m_1-D_1}{m_1+D_1} & 0\end{pmatrix}.$$

$$\begin{pmatrix}\gamma_1\\ \rho_1\end{pmatrix}'=\boldsymbol{A}_0\begin{pmatrix}\gamma_1\\ \rho_1\end{pmatrix}+(\cdot)\begin{pmatrix}-D_2\beta_0^{-1}\sin\beta_0 t\\ \dfrac{D_2}{D_1}(\cos\beta_0 t-1)\end{pmatrix}$$

$$+\begin{pmatrix}\dfrac{-D_2a_2}{\beta_0\lambda_1(\lambda_1+a_2)}(D_2(1-\cos\beta_0 t)+\beta_0\sin\beta_0 t)\\ 0\end{pmatrix},$$

$$\begin{pmatrix}\gamma_1\\ \rho_1\end{pmatrix}(0)=0,$$

这里矩阵 $(\cdot)$ 与上面方程中和 $\begin{pmatrix}\Psi_1\\ \delta_1\end{pmatrix}$ 相对应的项相同.

这些方程的求解得到表达式 $\displaystyle\int_0^{\frac{2\pi}{\beta_0}}\Psi_1(t)\mathrm{d}t$ 和 $\rho_1\left(\dfrac{2\pi}{\beta_0}\right)$, 结果为

$$\int_0^{\frac{2\pi}{\beta_0}}\Psi_1(t)\mathrm{d}t=\frac{-2\pi D_1}{\beta_0^2(\lambda_1+a_1)},$$

$$\rho_1\left(\frac{2\pi}{\beta_0}\right)=\frac{-D_2\pi}{D_1}\frac{a_1}{\lambda_1(\lambda_1+a_1)}+\frac{a_2}{\lambda_1(\lambda_1+a_2)}.$$

把它们代入 (5.2.22) 就得到 (5.2.21) 右边 $\varepsilon^2$ 的系数

$$\frac{2\pi^2 D_2}{\beta_0(\lambda_1+a_1)^2}\left(\frac{a_2-a_1}{\lambda_1+a_1}\right)\left(\frac{a_1}{\lambda_1(\lambda_1+a_1)}+\frac{a_2}{\lambda_1(\lambda_1+a_2)}\right),$$

它是正的, 这样对小的 $\varepsilon$, $\eta_1<0$, 定理证毕. □

## 5.3　$n$ 个种群竞争一个食物源的情形

Hsu[12] 首先研究了 $n$ 个种群竞争一个食物源的情形, 其模型为

$$\begin{cases} S'(t)=\gamma S(t)\left(1-\dfrac{S(t)}{k}\right)-\displaystyle\sum_{i=1}^{n}K_i x_i S(t), \\ x_i'(t)=\alpha_i x_i(t)(S(t)-\beta_i), \quad i=1,2,\cdots,n, \end{cases} \tag{5.3.1}$$

这里 $\gamma,K,K_i,\alpha_i,\beta_i$ 是正常数. 模型 (5.3.1) 是属于 Lotka-Volterra 型的. 文献 [12] 构造了如下的李雅普诺夫函数:

$$\begin{aligned} V(S,x_1,x_2,\cdots,x_n)=&S-\beta_1-\beta_1\ln\left(\frac{S}{\beta_1}\right) \\ &+\frac{K_1}{\alpha_1}\left[(x_1-x_1^*)-x_1^*\ln\left(\frac{x_1}{x_1^*}\right)\right]+\sum_{i=2}^{n}\frac{K_i}{\alpha_i}x_i, \end{aligned}$$

并利用 LaSalle 不变原理得到下面结论:

(1) 如果 $0<\beta_1<\beta_2\leqslant\cdots\leqslant\beta_n$, 则 $\lim\limits_{t\to\infty}S(t)=\beta_1$, $\lim\limits_{t\to\infty}x_1(t)=x_1^*$, $\lim\limits_{t\to\infty}x_i(t)=0, i=2,\cdots,n$, 即竞争排斥原理成立.

(2) 如果 $0=\beta_1=\beta_2=\cdots=\beta_j<\beta_{j+1}\leqslant\cdots\leqslant\beta_n$, 则 $\lim\limits_{t\to\infty}S(t)=\beta_1$, $\lim\limits_{t\to\infty}x_i(t)=x_i^*$, $i=2,\cdots,j$, $\lim\limits_{t\to\infty}x_i(t)=0$, $i=j+1,\cdots,n$.

文献 [13] 对更一般的模型进行了研究

$$\begin{cases} S'(t)=Sg(S,K)-\displaystyle\sum_{i=1}^{n}\zeta_i(x_i)P_i(S), \\ x_i'(t)=\eta_i(x_i)(-D_i+q_i(S)), \quad i=1,2,\cdots,n, \end{cases} \tag{5.3.2}$$

这里 $K,D_i$, 是正常数. $g$, $\zeta_i$, $\eta_i$, $P_i$, $q_i$ 是充分光滑的, 故解对初值问题存在、唯一和连续. $g(S,K)$ 满足: 对任意 $K$ 有 $g(0,K)>0$; 当 $0\leqslant S<K$ 时, $g(S,K)>0$, $g(K,K)=0$; 当 $S>K$ 时, $g(S,K)<0$. $P_i(S)$ 满足 $P:\mathbf{R}_+\to\mathbf{R}_+$, $P_i$ 连续可微,

$P_i(0)=0$ 并存在正实数 $\mu$ 和 $\lambda$, $\lambda\leqslant\mu$ 使得

$$\begin{cases} P_i(S)<D_i, & S\notin[\lambda_i,\mu_i], \\ P_i(S)>D_i, & S\in(\lambda_i,\mu_i). \end{cases} \tag{5.3.3}$$

当对所有的 $S>0$, $P_i(S)<D_i$ 时, $\lambda_i=\mu_i=+\infty$; 另一方面, 如果 $P_i(S)$ 是单调增或如果对所有 $S>\lambda_i$, 有 $P_i(S)>D_i$, 那么 $\mu_i=+\infty$. 一般来说, $P_i(S)$ 可以看成是 Holling I, II, III 型. $q_i(s)$ 与 $P_i(S)$ 满足同样的条件. $\zeta_i(x_i)$ 满足 $\zeta_i(0)=0$ 当 $x_i>0$ 时 $\zeta_i(x_i)>0$, $\eta_i(x_i)$ 满足类似的条件.

**引理 5.3.1** 模型 (5.3.2) 的解是正的和有界的.

**引理 5.3.2** 如果 $\lambda_i\geqslant K$ $(i=1,2,\cdots,n)$ 成立, 那么 $\lim\limits_{t\to\infty}x_i(t)=0$.

以下为基本假设:

$$0<\lambda_1<\lambda_2\leqslant\cdots\leqslant\lambda_n,\quad \lambda_1<K<\mu_1,\quad \rho_i=\min(K,\mu_i),\quad i=1,2,\cdots,n.$$

**定理 5.3.1** 假定 $\lambda_1<\lambda_2\leqslant\cdots\leqslant\lambda_n$, $\lambda_1<K<\mu_1$, 令 $H(S)=\zeta_1(x_1^*)\dfrac{P_1(S)}{Sg(S,K)}$, $g_i(S)=H(S)P_i(S)\dfrac{(q_1(S)-D_1)}{P_1(S)(q_i(S)-D_i)}$. 如果

(I) 当 $0<S<\lambda_1$ 时, $H(S)<1$, 当 $\lambda_1<S<K$ 时, $H(S)>1$;

(II) 存在两个正常数 $h_i$, $H_i$, 使在 $0<S<P_i$ 上满足 $h_i<\dfrac{\zeta_i(x_i)}{\eta_i(x_i)}<H_i$, 且能找到常数 $K_i>0$, 使对每个 $i\geqslant2$, $\lambda_i<K$ 满足:

$$\max_{0\leqslant S\leqslant\lambda_i}g_i(S)H_i\leqslant K_i\leqslant\min_{\lambda_i<S<\rho_i}g_i(S)h_i, \tag{5.3.4}$$

那么 (5.3.2) 的解满足 $\lim\limits_{t\to\infty}S(t)=\lambda_1$, $\lim\limits_{t\to\infty}x_1(t)=x_1^*$, $\lim\limits_{t\to\infty}x_i(t)=0$, $(i=2,3,\cdots,n)$, 这里 $P_1(\lambda_1)=q_1(\lambda_1)=D_1$, $\lambda_1 g(\lambda_1,K)=\zeta_1(x_i^*)P_1(\lambda_1)$.

**证明** 在集合 $G=\{(S,x_1,x_2,\cdots,x_n):S\in(0,K),x_i\in(0,\infty),i=1,2,3,\cdots,n\}$ 上构造以下的李雅普诺夫函数:

$$\begin{aligned} V(\lambda_1,x_1,x_2,\cdots,x_n)=&\int_{\lambda_1}^{S}\frac{(q_1(\xi)-D_1)\lambda_1 g(\lambda_1,K)}{D_1(\xi)g(\xi,K)}\mathrm{d}\xi\\ &+\int_{x_1^*}^{x_1}\frac{\zeta_1(\xi)-\zeta_1(x_1^*)}{\eta_1(\xi)}\mathrm{d}\xi+\sum_{i=2}^{n}K_i x_i, \end{aligned} \tag{5.3.5}$$

这里 $K_i$, $i=2,3,\cdots,n$ 是待定的正常数, 那么

$$V'=(q_1(S)-D_1)\zeta_1(x_1)\left[1-\frac{\zeta_1(x_1^*)P_1(S)}{Sg(S,K)}\right]+\sum_{i=2}^{n}[K_i\eta_i(x_i)(-D_i+q_i(S))$$

$$- \frac{\zeta_1(x_1^*)(q_1(S)-D_1)}{Sg(S,K)}\zeta_i(x_i)P_i(S)]. \tag{5.3.6}$$

由定理条件 (I), 上面的第一项总为非正, 当 $S=\lambda_1$ 或 $x_1=0$ 时为零. 定义

$$h_i(S)=K_i\eta_i(x_i)\left(-D_i+q_i(S)-\frac{\zeta_1(x_1^*)(q_1(S)-D_1)}{Sg(S,K)}\zeta_i(x_i)P_i(S)\right). \tag{5.3.7}$$

如果 $S\in[\lambda_1,\lambda_i]$ 或者 $\mu_i<K$ 和 $S\in[\mu_i,K)$, 那么对任意 $K_i>0$, $h_i(S)<0$ 成立. 由定理条件 (II) 对每个 $S\in(0,K)$ 有 $h_i(S)<0$. 由于最大不变集合为 $\{(\lambda_1,x_1^*,0,\cdots,0)\}$, 根据引理 5.3.1 及 LaSalle 不变原理, 结论成立. □

如果在 (5.3.2) 中, 取 $g(S,K)=\gamma\left(1-\dfrac{S}{K}\right)$, $P_i(S)=q_i(S)=\dfrac{m_iS}{a_i+S}$, $\zeta_i(x_i)=\eta_i(x_i)=x_i$, $i=1,2,3,\cdots,n$, 则 (5.3.2) 成为

$$\begin{cases} S'(t)=\gamma S(t)\left(1-\dfrac{S(t)}{k}\right)-\displaystyle\sum_{i=1}^{n}\frac{m_ix_iS(t)}{y_i(a_i+S(t))}, \\ x_i'(t)=x_i(t)\left(-D_i+\dfrac{m_iS(t)}{a_i+S(t)}\right), \quad i=1,2,\cdots,n, \end{cases} \tag{5.3.8}$$

这里

$$H(S)=\frac{\lambda_1m_1(K-\lambda_1)}{D_1(K-S)(a_1+S)},$$

$$g_i(s)=\frac{a_1D_1\lambda_im_i}{a_iD_i\lambda_1m_1}\frac{(S-\lambda_1)}{(S-\lambda_i)}H(S).$$

**引理 5.3.3** 如果 $K<a_1+\lambda_1$, 那么当 $0<S<\lambda_1$ 时, $H(S)<1$; 当 $\lambda_1<S<K$ 时, $H(S)>1$.

**引理 5.3.4** 如果 $K<a_1+\lambda_1$, 那么可以找到 $K_i>0$, $i=2,3,\cdots,n$ 使得 (5.3.4) 成立, 这时 $h_i=H_i=1$.

**定理 5.3.2** 假定 $\lambda_1<\lambda_2\leqslant\cdots\leqslant\lambda_n$, $\lambda_1<K$, $K<a_1+\lambda_1$, 那么 (5.3.8) 的解满足 $\lim\limits_{t\to\infty}S(t)=\beta_1$, $\lim\limits_{t\to\infty}x_1(t)=x_1^*$, $\lim\limits_{t\to\infty}x_i(t)=0$, $i=2,3,\cdots,n$, 这里 $x_1^*=\dfrac{y_1\lambda_1\gamma(K-\lambda_1)}{KD_1}$.

## 参考文献


[1] Hsu S B, Hubbell S P, Waltman P. Competing predators. SIAM J. Appl. Math., 1978, 35: 617~625.

[2] Copple W A. Stability and asymptotic behavior of differential equations. Boston: Heath, 1965.

[3] Markus L. Asymptotically autonomous differential systems, contributions to the theory of nonlinear oscillation. Priceton: Priceton University Press, 1956, 17~29.

[4] Butler G J. Coexistence in predator-prey systems. In: Modeling and differential equations in biology (Burton T, ed). New York: Marcel Dekker, 1980.

[5] Wilken D R. Some remarks on a competing predator problem. SIAM J. Appl. Math., 1982, 42(4): 895~902.

[6] Smith H L. Coexistence of two competing predators. SIAM J. Appl. Math., 1981.

[7] Butler G J, Waltman P. Bifurcation from a limit cycle in a two predator-one prey ecosystem modeled on a chamostat. Math. Biol., 1981, 12: 295~310.

[8] Smith H L. The interaction of steady state and hopf bifurcations in a two-predator-one-prey competition model. SIAM. J. Appl. Math., 1982, 42(1): 27~43.

[9] Marsden J E, McCraken M. The hopf bifrucation and its applications. New York: Springer-Verlag, 1976.

[10] Crandall M G, Rabinowitz P H. Bifurcation from simple eigenvalues. J. Funct, Anal, 1971, 8: 321~340.

[11] Crandall M G. Bifurcation, perturbation of simple eigenvalues and linearized stability. Arch. Rat. Mech. Anal, 1973, 52: 161~180.

[12] Hsu S B. Limiting behavior for competing species. SIAM J. Appl. Math., 1978, 34(4): 760~763.

[13] 陆志奇. 一个竞争数学模型中解的全局稳定性. 生物数学学报, 1992, 7(3): 179~181.

# 第6章　关于两个资源的开发竞争

前几章中考虑了 $n$ 个种群竞争一个食物源的模型, 但在实际问题中常常会遇到两个或更多的资源, 这时就有必要考虑食物源的种类.Leon 和 Tumpson[1], Rapport[2] 首先提出了把资源分为三类, 即完全的补充资源、完全的替换资源及不完全的替换资源. 完全的补充资源是不同基本物质的资源, 每一种物质对于种群生长起到不同的作用. 例如, 对细菌来说, 一种碳资源和一种氮资源: 完全的替换资源是表示同一物质的交替作用或起相同作用的不同物质, 对种群生长是互相依赖所需要的. 例如, 对细菌来说, 两种碳资源或两种氮资源; 介于这两种资源中间的是不完全的替换资源.

## 6.1　关于两个补充资源的竞争

现在考虑两个补充资源 $R$ 和 $S$, 对应的竞争种群存在两个 $J$, 即对每个资源有一个 $J$. 这些 $J$ 是当种群只有一个资源成长受到限制时每个种群维持生存的资源密度. 对种群 $i$ 称资源 $R$ 和 $S$ 的资源密度分别为 $J_{r_i}$ 和 $J_{s_i}$. 这些 $J$ 值确定了在 $S$-$R$ 资源平面上种群 $i$ 为零生长时等倾线的位置.

补充资源的零等倾线在 $S$-$R$ 平面是一对相互垂直交于点 $(J_{s_i}, J_{r_i})$ 的半直线, 如图 6.1.1 所示.

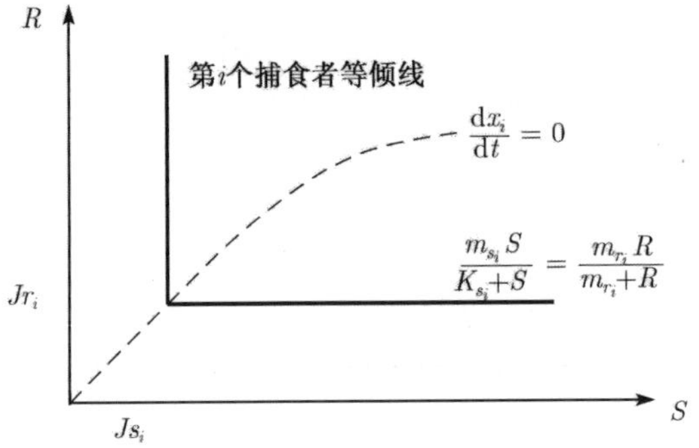


图 6.1.1

线相互垂直是由于对 $R$ 和 $S$ 的需求是独立的, 在这种情况下, 在任何时间或者由 $R$ 或者由 $S$ 使种群受到抑制. 虚线表示方程 $\dfrac{m_{s_i}S}{K_{s_i}+S}=\dfrac{m_{r_i}R}{K_{r_i}+R}$, 在虚线上面

是种群 $i$ 被 $S$ 限制, 在虚线下面是种群 $i$ 被 $R$ 限制.

我们先讨论关于两个资源时竞争种群的功能反应. 在一个资源时, 我们知道对 Holling II 型功能反应, 如果资源是 $R$, 则每个种群对资源的消耗率为 $\dfrac{m_{r_i}}{y_{r_i}}\dfrac{R}{K_{r_i}+R}$, 如果资源是 $S$, 则为 $\dfrac{m_{s_i}}{y_{s_i}}\dfrac{S}{K_{s_i}+S}$. 在两个补充资源的情况下, 每个种群不论对哪个资源的消耗率通常都等同于一个资源的消耗率, 正如上式中所表示的. 这样问题就来了, 没有限制的资源消耗率是多少? 当考虑每消耗单位资源消耗者所消耗的量时就可以回答这个问题. 当这个量 $y_{r_i}$ 和 $y_{s_i}$ 是常数时, 则一定存在一个固定的在单位消耗中, 由资源 $R$ 和 $S$ 提供的基本生长比例, 这也意味着没有限制的资源消耗率一定与限制资源的消耗率成比例. 如果不是这样, 那么这个比例将会改变, $y_{r_i}$ 和 $y_{s_i}$ 将不再是常数. 例如, 假定是 $S$ 限制的, 那么每个种群对 $S$ 的消耗率为

$$f_1(S)=\frac{m_{s_i}}{y_{s_i}}\frac{S}{K_{s_i}+S}, \tag{$*$}$$

而对没有限制资源 $R$ 的消耗率是

$$\frac{y_{s_i}}{y_{r_i}}f_1(S)=\frac{m_{s_i}}{y_{r_i}}\frac{S}{K_{s_i}+S}. \tag{$**$}$$

注意到表达式 $(**)$ 不包含非限制资源 $R$ 的密度. 这样, 对补充资源 $R$ 和 $S$, 当一个种群是 $S$ 限制时, 每个种群对 $R$ 的消耗率是独立于 $R$ 的密度; 而当种群是 $R$ 限制时, $S$ 的消耗率是独立于 $S$ 的密度. 这里的关键是: 一个种群何时是 $S$ 限制的? 在资源 $R$ 的一定密度之上 (图 6.1.1 中虚线上方), 种群仅仅是 $S$ 限制的; 在这个 $R$ 的密度之下, $R$ 的消耗率依赖于 $R$ 的密度, 这时依赖是由于 $R$ 限制而不是 $S$ 限制.

对补充资源 $R$ 和 $S$, 种群 $x_1$ 和 $x_2$ 开发竞争它们, 其模型为

$$\begin{cases}\dfrac{\mathrm{d}S}{\mathrm{d}t}=(S^0-S)D-\dfrac{1}{y_{s_1}}g_1(S,R)x_1-\dfrac{1}{y_{s_2}}g_2(S,R)x_2,\\[2mm] \dfrac{\mathrm{d}R}{\mathrm{d}t}=(R^0-R)D-\dfrac{1}{y_{r_1}}g_1(S,R)x_1-\dfrac{1}{y_{r_2}}g_2(S,R)x_2,\\[2mm] \dfrac{\mathrm{d}x_1}{\mathrm{d}t}=[g_1(S,R)-D]x_1,\\[2mm] \dfrac{\mathrm{d}x_2}{\mathrm{d}t}=[g_2(S,R)-D]x_2,\\[2mm] S(0)>0,\quad R(0)>0,\quad x_1(0)>0,\quad x_2(0)>0,\end{cases} \tag{6.1.1}$$

其中,

$$g_1(S,R)=\min\left\{\frac{m_{s_1}S}{K_{s_1}+S},\ \frac{m_{r_1}R}{K_{r_1}+R}\right\},$$

$$g_2(S,R)=\min\left\{\frac{m_{s_1}S}{K_{s_2}+S},\quad \frac{m_{r_2}R}{K_{r_2}+R}\right\},$$

这里的参数意义如前几章所述.

$S^0$, $R^0$ 是资源 $R$ 和 $S$ 的输入浓度. $D$ 是包含资源 $S$ 及 $R$ 的媒介物的输入率和包含没有使用的资源 $S$ 及 $R$ 的媒介物的输出率. $m_{s_i}$, $m_{r_i}$ 是种群 $i$ 消耗每单位资源 $S$ 或 $R$ 的最大出生率. $y_{s_i}$, $y_{r_i}$ 是种群 $i$ 消耗每单位资源 $S$ 或 $R$ 的收获率. $K_{s_i}$, $K_{r_i}$ 是种群 $i$ 关于资源 $S$ 或 $R$ 的半饱和常数. 下面将分析模型 (6.1.1) 的解的性态, 以此来回答生物学上的问题: 在什么条件下会没有种群? 在什么条件下一个种群或两个种群幸存或者绝种? 同时也寻求幸存种群和资源的极限性态.

下面介绍 Hsu 等[3] 的主要工作.

**引理 6.1.1** (6.1.1) 的解是正的和有界的, 进而有

$$S(t)=S^0-\sum_{i=1}^{2}\frac{x_i(t)}{y_{s_i}}+o(1),\quad t\to\infty, \tag{6.1.2}$$

$$R(t)=R^0-\sum_{i=1}^{2}\frac{x_i(t)}{y_{s_i}}+o(1),\quad t\to\infty. \tag{6.1.3}$$

其证法类似于定理 2.1.1.

注意到 $\dfrac{m_{s_i}S^0}{K_{s_i}+S^0}<D$ 等价于 $m_{s_i}\geqslant D$ 或 $\dfrac{K_{s_i}D}{m_{s_i}-D}>S^0$, $\dfrac{m_{r_i}R^0}{K_{r_i}+R^0}<D$ 等价于 $m_{r_i}\leqslant D$ 或 $\dfrac{K_{r_i}D}{m_{r_i}-D}>R^0$.

**引理 6.1.2** 如果

$$\frac{m_{s_i}S^0}{K_{s_i}+S^0}<D$$

或

$$\frac{m_{r_i}R^0}{K_{r_i}+R^0}<D, \tag{6.1.4}$$

那么 $\lim\limits_{t\to\infty}x_i(t)=0$.

此引理说明种群 $x_i$ 幸存的必要条件是 $0<\dfrac{K_{s_i}D}{m_{s_i}-D}<S^0$ 和 $0<\dfrac{K_{r_i}D}{m_{r_i}-D}<R^0$.

**证明** 由 (6.1.1) 知

$$x_i=x_i(0)\exp\left(\int_0^t\left[\min\left\{\frac{m_{s_i}S(\xi)}{K_{s_i}+S(\xi)},\quad \frac{m_{r_i}R(\xi)}{K_{r_i}+R(\xi)}\right\}-D\right]\mathrm{d}\xi\right).$$

选择 $\varepsilon > 0$ 使得

$$\min\left\{\frac{m_{s_i}(S^0+\varepsilon)}{K_{s_i}+(S^0+\varepsilon)}-D,\quad \frac{m_{r_i}(R^0+\varepsilon)}{K_{r_i}+(R^0+\varepsilon)}-D\right\}<0.$$

由 (6.1.2) 和 (6.1.3), 选择 $t_0>0$, 使得 $t\geqslant t_0$ 时, $S(t)\leqslant S^0+\varepsilon$, $R(t)\leqslant R^0+\varepsilon$, 那么, 对一适当的常数 $c$, 有

$$x_i\leqslant cN_i(0)\exp\left(\left[\min\left\{\frac{m_{s_i}(S^0+\varepsilon)}{K_{s_i}+(S^0+\varepsilon)}-D,\quad \frac{m_{r_i}(R^0+\varepsilon)}{K_{r_i}+(R^0+\varepsilon)}-D\right\}\right](t-t_0)\right).$$

因此 $\lim\limits_{t\to\infty}x_i(t)=0$. □

**推论 6.1.1** 如果 (6.1.4) $i=1,2$ 成立, 那么 $\lim\limits_{t\to\infty}S(t)=S^0$, $\lim\limits_{t\to\infty}R(t)=R^0$ 和 $\lim\limits_{t\to\infty}x_i(t)=0$, $i=1,2$.

令

$$J_{s_i}=\frac{K_{s_i}D}{m_{s_i}-D},\qquad J_{r_i}=\frac{K_{r_i}D}{m_{r_i}-D},\quad i=1,2,$$
$$C_i=\frac{y_{s_i}}{y_{r_i}},\qquad T_i=\frac{R^0-J_{r_i}}{S^0-J_{s_i}},\quad i=1,2.$$

**定理 6.1.1** 令 (6.1.4) 对 $i=1,2$ 成立, $0<J_{s_1}<S^0$, $0<J_{r_1}<R^0$.

(I) 如果 $T_1<C_1$, 那么 (6.1.1) 的轨线当 $t\to\infty$ 时趋于平衡点 $(E_{s_1})$, 这里 $(E_{s_1})=(J_{s_1},\ R_{s_1^*},\ N_{s_1^*},\ 0)$, $N_{s_1^*}=y_{s_1}(S^0-J_{s_1})$, $R_{s_1^*}=R^0-\dfrac{N_{s_1^*}}{y_{r_1}}$;

(II) 如果 $T_1<C_1$, 那么 (6.1.1) 的轨线当 $t\to\infty$ 时趋于平衡点 $(E_{r_1})$, 这里 $(E_{r_1})=(S_{r_1^*},\ J_{s_1},\ N_{r_1^*},\ 0)$, $N_{r_1^*}=y_{r_1}(R^0-J_{r_1})$, $S_{r_1^*}=S^0-\dfrac{N_{r_1^*}}{y_{s_1}}$.

令 (6.1.4) 对 $i=1$ 成立, $0<J_{s_2}<S^0$, $0<J_{r_2}<R^0$.

(III) 如果 $T_2>C_2$, 那么 (6.1.1) 的轨线当 $t\to\infty$ 时趋于平衡点 $(E_{s_2})$, 这里 $(E_{s_2})=(J_{s_2},\ R_{s_2^*},\ 0,\ X_{s_2^*})$, $X_{s_2^*}=y_{s_2}(S^0-J_{s_2})$, $R_{s_2^*}=R^0-\dfrac{N_{s_2^*}}{y_{r_2}}$;

(IV) 如果 $T_2<C_2$, 那么 (6.1.1) 的轨线当 $t\to\infty$ 时趋于平衡点 $(E_{r_2})$, 这里 $(E_{r_2})=(S_{r_2^*},\ J_{r_2},\ 0,\ X_{r_2^*})$, $X_{r_2^*}=y_{r_2}(R^0-J_{r_2})$, $S_{r_2^*}=S^0-\dfrac{X_{r_2^*}}{y_{s_2}}$.

在证明之前先考虑李雅普诺夫函数

$$V(S,R,x_1,x_2)=\left(S+\sum_{i=1}^{2}\frac{x_i}{y_{s_i}}-S^0\right)^2+\left(R+\sum_{i=1}^{2}\frac{x_i}{y_{r_i}}-R^0\right)^2,$$

对 (6.1.1), 计算得到

$$\dot{V} = -2\left[\left(S + \sum_{i=1}^{2} \frac{x_i}{y_{s_i}} - S^0\right) + \left(R + \sum_{i=1}^{2} \frac{x_i}{y_{r_i}} - R^0\right)^2\right] \leqslant 0.$$

因此, $E = \{(S,\ R,\ x_1,\ x_2) : \dot{V} = 0\} = \{(S,\ R,\ x_1,\ x_2) : S^0 = S + \sum_{i=1}^{2} \frac{x_i}{y_{s_i}},\ R^0 = R + \sum_{i=1}^{2} \frac{x_i}{y_{r_i}},\ S \geqslant 0,\ R \geqslant 0,\ x_i \geqslant 0,\ i = 1,2\}$, 那么 (6.1.1) 轨线的 $\omega$ 极限集 $\Omega$ 留在 $E$ 中, 并且研究下面的二维系统解的极限性态就足够了:

$$\begin{cases} \dfrac{\mathrm{d}x_1}{\mathrm{d}t} = x_1 G_1(x_1, x_2), \\ \dfrac{\mathrm{d}x_2}{\mathrm{d}t} = x_2 G_2(x_1, x_2), \\ x_1(0) \geqslant 0, \quad x_2(0) \geqslant 0, \end{cases} \tag{6.1.5}$$

这里$G_i(x_1, x_2) = g_i\left(S^0 - \sum_{i=1}^{2} \frac{x_i}{y_{s_i}},\ \ R^0 - \sum_{i=1}^{2} \frac{x_i}{y_{r_i}}\right) - D,\ i = 1,2.$

**证明**　先证明 (I) 和 (II). 由于 (6.1.4) 对 $i = 2$ 成立, 那么由引理 6.1.2 知, $\lim\limits_{t\to\infty} x_2(t) = 0$. 那么 (6.1.1) 的轨线趋于 $E \cap \{(S,\ R,\ x_1,\ x_2) : x_2 = 0\}$, 它满足所考虑的方程 $\dfrac{\mathrm{d}x_1}{\mathrm{d}t} = x_1 G_1(x_1, 0),\ \ x_1 \geqslant 0$, 或等价于

$$\frac{\mathrm{d}x_1}{\mathrm{d}t} = x_1\left[\min\left\{\frac{(m_{s_1} - D)\left(S^0 - J_{s_1} - \dfrac{x_1}{y_{s_1}}\right)}{K_{s_1} + S^0 - \dfrac{x_1}{y_{s_1}}},\ \frac{(m_{r_1} - D)\left(S^0 - J_{r_1} - \dfrac{x_1}{y_{r_1}}\right)}{K_{r_1} + R^0 - \dfrac{x_1}{y_{r_1}}}\right\}\right], \tag{6.1.6}$$

$$x_1 \geqslant 0.$$

如果 $T_1 > C_1$, 即 $(R^0 - J_{r_1})y_{r_1} > (S^0 - J_{s_1})y_{s_1}$, 那么 $x_1 = 0$ 和 $x_1 = (S^0 - J_{s_1})y_{s_1}$ 是 (6.1.6) 仅有的两个平衡点, 并且 $\lim\limits_{t\to\infty} x_1(t) = x_{s_1^*} = (S^0 - J_{s_1})y_{s_1}$. (6.1.6) 说明了 $x_1(0) > 0$. 由于 $0 < J_{s_1} < S^0$, $0 < J_{r_1} < R^0$, 由 (6.1.1) 的第三个方程, $\lim\limits_{t\to\infty} x_1(t) = 0$ 是不可能的, 那么存在 $(\bar{S}, \bar{R}, \bar{x_1}, 0) \in \Omega$, $\bar{x_1} > 0$, 因而 (I) 的结论可直接从 $\omega$ 极限集的不变性得到, 并且 $(E_{s_1})$ 是渐近稳定的.

如果 $T_1 < C_1$, 那么使用上面的证明方法即得 (II) 的证明. (III) 和 (IV) 的证明类似于 (I) 和 (II). 定理证毕. □

**定义 6.1.1**　如果 $T_1 > C_1$(或 $T_1 < C_1$), 那么种群 $x_1$ 是 $S$ 限制的 (或 $R$ 限制的); 类似地, 如果 $T_2 > C_2$(或 $T_2 < C_2$), 我们说种群 $x_2$ 是 $S$ 限制的 (或 $R$ 限制的).

假定

$$(\mathrm{H}_1) \qquad S^0 > J_{s_1}, \quad J_{s_2} > 0, \quad R^0 > J_{r_1}, \quad J_{r_2} > 0.$$

在假设 $(\mathrm{H}_1)$ 下, 不失一般性, 方程 (6.1.1) 可以重新排列, 所以可以假定

$$(\mathrm{H}_2) \qquad J_{r_1} < J_{r_2}, \quad J_{s_1} < J_{s_2}$$

或

$$(\mathrm{H}_3) \qquad J_{r_1} < J_{r_2}, \quad J_{s_2} < J_{s_1}.$$

令参数

$$T^* = \frac{R^0 - J_{r_2}}{S^0 - J_{s_1}}, \quad x_{1c^*} = \frac{y_{s_1}(S^0 - J_{s_1})(c_2 - T^*)}{c_1 - c_2}, \quad x_{2c^*} = \frac{y_{s_2}(S^0 - J_{s_1})(T^* - c_1)}{c_2 - c_1}.$$

下面需要描述 (6.1.5) 的等倾线 $\dfrac{\mathrm{d}x_1}{\mathrm{d}t} = 0, \quad \dfrac{\mathrm{d}x_2}{\mathrm{d}t} = 0$ 的各种情况. 下面的证明将基于这些几何图形, 首先注意变换

$$S = S^0 - \sum_{i=1}^{2} \frac{x_i}{y_{s_i}}, \quad R = R^0 - \sum_{i=1}^{2} \frac{x_i}{y_{r_i}}, \tag{6.1.7}$$

从 $S$-$R$ 平面到 $x_1$-$x_2$ 平面是一对一的, $c_1 \neq c_2$, 在此变换下, (6.1.5) 能够重新写成

$$\frac{\mathrm{d}x_1}{\mathrm{d}t} = x_1\left[\min\left\{\frac{(m_{s_1}-D)\left(S^0-J_{s_1}-\dfrac{x_1}{y_{s_1}}-\dfrac{x_2}{y_{s_2}}\right)}{K_{s_1}+S^0-\dfrac{x_1}{y_{s_1}}-\dfrac{x_2}{y_{s_2}}}, \frac{(m_{r_2}-D)\left(R^0-J_{r_1}-\dfrac{x_1}{y_{r_1}}-\dfrac{x_2}{y_{r_2}}\right)}{K_{r_1}+R^0-\dfrac{x_1}{y_{r_1}}-\dfrac{x_2}{y_{r_2}}}\right\}\right],$$

$$\frac{\mathrm{d}x_2}{\mathrm{d}t} = x_2\left[\min\left\{\frac{(m_{s_2}-D)\left(S^0-J_{s_2}-\dfrac{x_1}{y_{s_1}}-\dfrac{x_2}{y_{s_2}}\right)}{K_{s_2}+S^0-\dfrac{x_1}{y_{s_1}}-\dfrac{x_2}{y_{s_2}}}, \frac{(m_{r_1}-D)\left(R^0-J_{r_2}-\dfrac{x_1}{y_{r_1}}-\dfrac{x_2}{y_{r_2}}\right)}{K_{r_2}+R^0-\dfrac{x_1}{y_{r_1}}-\dfrac{x_2}{y_{r_2}}}\right\}\right],$$

$$x_1 \geqslant 0, \quad x_2 \geqslant 0. \tag{6.1.8}$$

等倾线 $\dfrac{\mathrm{d}x_i}{\mathrm{d}t} = 0, \ i = 1, 2$ 能够在变换 (6.1.7) 下分成四种情况:

情况 1 $T_i \geqslant C_1, C_2, \ i = 1, 2$(图 6.1.2);

情况 2 $T_i \leqslant C_1, C_2, \ i = 1, 2$(图 6.1.3);

情况 3 $C_1 \leqslant T_i \leqslant C_2, \ i = 1, 2$(图 6.1.4);

情况 4 $C_2 \leqslant T_i \leqslant C_1, \ i = 1, 2$(图 6.1.5).

注意到 (6.1.5) 或 (6.1.8) 的等倾线, 类似地, 能用等倾线分析来研究 (6.1.5) 的解的性态.

**定理 6.1.2**　假定 $(H_1)$ 和 $(H_2)$ 成立, 令 $c_1 \neq c_2$, 那么定理 6.1.1 中, (I) 和 (II) 成立.

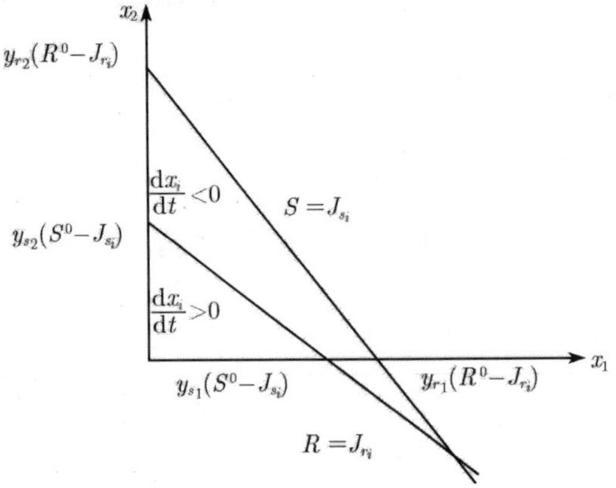


图 6.1.2

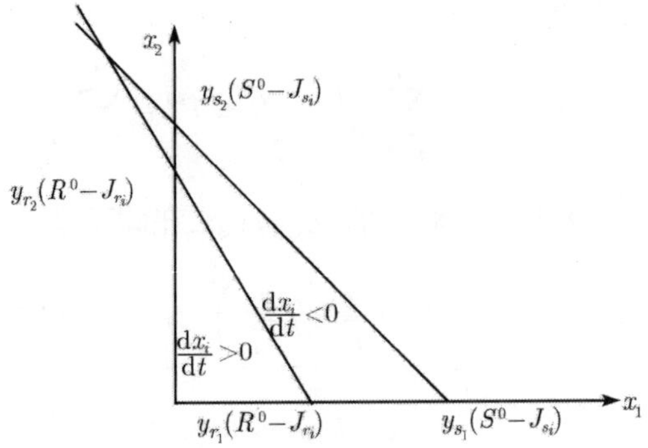


图 6.1.3

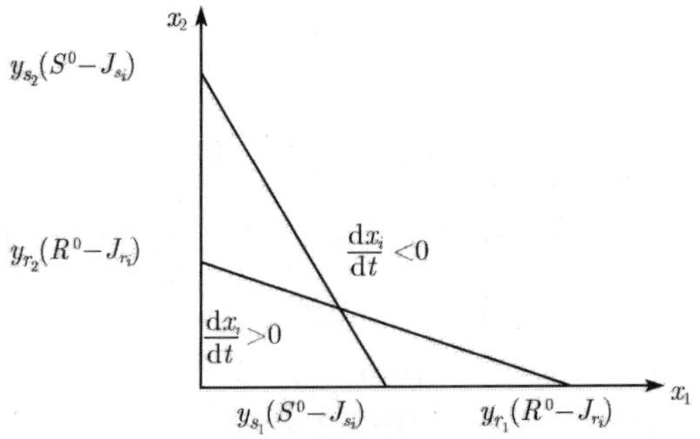


图 6.1.4

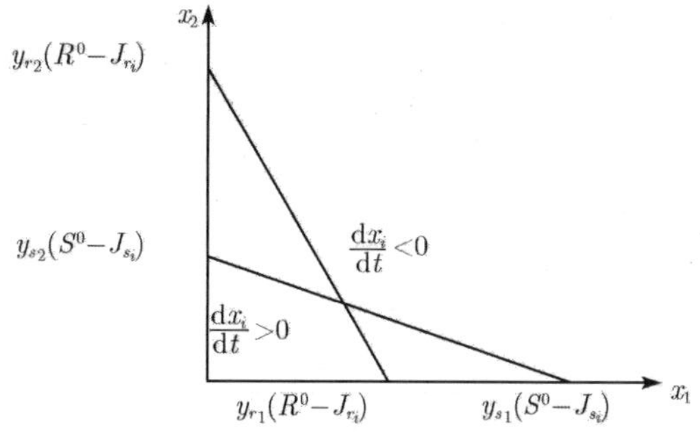


图 6.1.5

**证明** 假定 $T_1 > C_1$, 由于 $c_1 \neq c_2$, 非奇异变换

$$S = S^0 - \sum_{i=1}^{2} \frac{x_i}{y_{s_i}}, \quad R = R^0 - \sum_{i=1}^{2} \frac{x_i}{y_{r_i}}$$

把图 6.1.6(a) 或 6.1.6(b) 中 (6.1.1)的两条不相交的等倾线映射到 $x_1 - x_2$ 平面中 (6.1.5) 的两条不相交的等倾线. 连接 (6.1.5) 的两条等倾线 $\frac{\mathrm{d}x_1}{\mathrm{d}t} = 0, \frac{\mathrm{d}x_2}{\mathrm{d}t} = 0$, 产生几个不同的图.

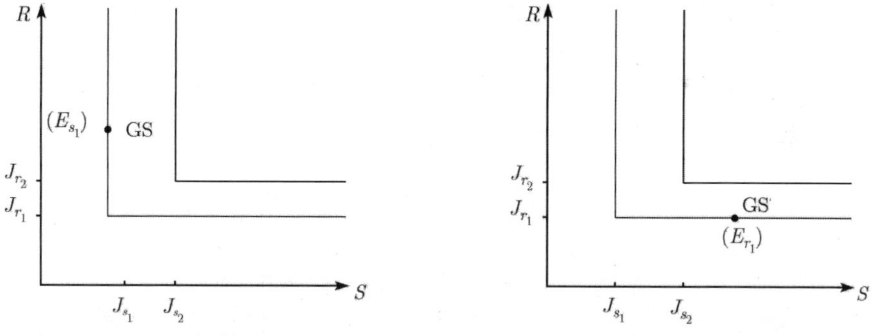


(a) $x_1$ 是 $S$ 限制的 (b) $x_1$ 是 $R$ 限制的

图 6.1.6

(6.1.6) 的等倾线$\frac{\mathrm{d}x_1}{\mathrm{d}t} = 0$ 是图 6.1.2 或图 6.1.4. 另一方面, 等倾线 $\frac{\mathrm{d}x_2}{\mathrm{d}t} = 0$ 有四种形式. 这些形式在讨论中是类似的, 仅需选一个来证明. 如图 6.1.7 是图 6.1.2 和图 6.1.5 各自等倾线$\frac{\mathrm{d}x_1}{\mathrm{d}t} = 0, \frac{\mathrm{d}x_2}{\mathrm{d}t} = 0$ 的连接 (图 6.1.7).

如果 $x_1(0) > 0$, $x_2(0) \geqslant 0$, 那么从等倾线分析, (6.1.6) 的轨线趋于 $(y_{s_1}(S^0 - J_{s_1}), \ 0)$.

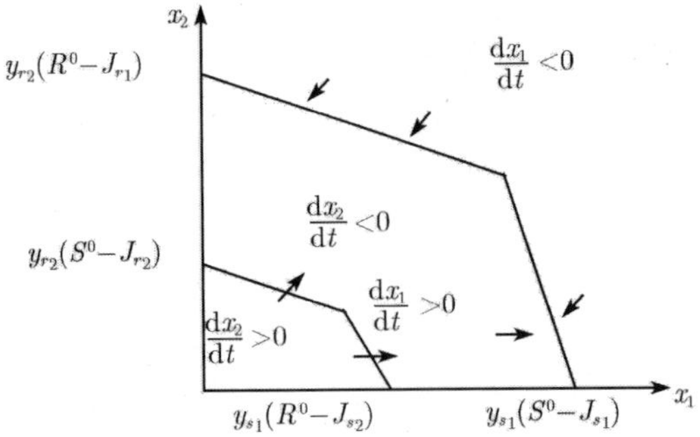


图 6.1.7

考虑 (6.1.1) 的轨线 $(S(t),\ R(t),\ x_1(t),\ x_2(t))$. 首先断定 $\lim\limits_{t\to\infty} x_1(t)\neq 0$. 假定 $\lim\limits_{t\to\infty} x_1(t)=0$, 那么由 $(\mathrm{H}_1)$ 和引理 6.1.1, 有 $\lim\limits_{t\to\infty} x_2(t)\neq 0$. 因此, 对某个 $\bar{S}\geqslant 0$, $\bar{R}>0$, $\bar{x}_2>0$, 存在一个点 $(\bar{S},\ \bar{R},\ 0,\ \bar{x}_2)\in\Omega$, 这里 $\Omega$ 是轨线 $(S(t),\ R(t),\ x_1(t),\ x_2(t))$ 的 $\omega$ 极限集. 由 $\omega$ 极限集的不变性知 $(E_{s_2})\in\Omega$ (如果 $T_2>C_2$) 或 $(E_{r_2})\in\Omega$ (如果 $T_2<C_2$). 试比较下面的两个系统:

$$\begin{cases}\dfrac{\mathrm{d}S}{\mathrm{d}t}=(S^0-S)D-\dfrac{1}{y_{s_1}}g_1(S,R)x_1-\dfrac{1}{y_{s_2}}g_2(S,R)x_2,\\[2mm] \dfrac{\mathrm{d}R}{\mathrm{d}t}=(R^0-R)D-\dfrac{1}{y_{r_1}}g_1(S,R)x_1-\dfrac{1}{y_{r_2}}g_2(S,R)x_2,\\[2mm] \dfrac{\mathrm{d}x_2}{\mathrm{d}t}=[g_2(S,R)-D]x_2\end{cases}\tag{6.1.9}$$

和

$$\begin{cases}\dfrac{\mathrm{d}S}{\mathrm{d}t}=(S^0-S)D-\dfrac{1}{y_{s_2}}g_2(S,R)x_2,\\[2mm] \dfrac{\mathrm{d}R}{\mathrm{d}t}=(R^0-R)D-\dfrac{1}{y_{r_2}}g_2(S,R)x_2,\\[2mm] \dfrac{\mathrm{d}x_2}{\mathrm{d}t}=[g_2(S,R)-D]x_2.\end{cases}\tag{6.1.10}$$

显然, 在假定 $\lim\limits_{t\to\infty} x_1(t)=0$ 下, 有 (6.1.9) 渐近到 (6.1.10). $(E_{s_2})\in\Omega$(如果 $T_2>C_2$), 或者 $(E_{r_2})\in\Omega$(如果 $T_2<C_2$). $(\hat{E}_{r_2})$ 或 $(\hat{E}_{s_2})$ 对系统 (6.1.10) 是渐近稳定的, 这里 $(\hat{E}_{r_2})=(S_{r_2^*},\ J_{r_2},\ x_{r_2^*})$, $(\hat{E}_{s_2})=(J_{s_2},\ R_{s_2^*},\ x_{s_2^*})$, 由 Markus 定理得到 $\lim\limits_{t\to\infty} S(t)=S_{r_2^*}$, $\lim\limits_{t\to\infty} R(t)=J_{r_2}$, $\lim\limits_{t\to\infty} x_2(t)=x_{r_2^*}$, 或者 $\lim\limits_{t\to\infty} S(t)=J_{r_2}$, $\lim\limits_{t\to\infty} R(t)=R_{s_2^*}$, $\lim\limits_{t\to\infty} x_2(t)=x_{s_2^*}$. 无论哪种情况均意味着 $x_1(t)$ 是无界的 (图 6.1.6), 这就得到矛盾, 因此, $\lim\limits_{t\to\infty} x_1(t)\neq 0$.

由于 $\lim\limits_{t\to\infty} x_1(t)\neq 0$, 从而存在一个点 $(\hat{S},\ \hat{R},\ \hat{x_1},\ \hat{x_2})\in\Omega$, 这里 $\hat{S}\geqslant 0$, $\hat{R}\geqslant$

0, $\hat{x_1} > 0$, $\hat{x_2} \geqslant 0$, 具有初值 $x_1(0) = \hat{x_1}$, $x_2(0) = \hat{x_2}$ 的轨道 $(x_1(t), x_2(t))$ 趋于 $(x_{s_1^*}, 0)$, 于是利用 $\omega$ 极限集的不变性, $\Omega \in E$ 意味着 $(E_{s_1}) \in \Omega$, 但 $(E_{s_1})$ 是渐近稳定的, 因此 $\lim\limits_{t\to\infty}(S(t), R(t), x_1(t), x_2(t)) = (E_{s_1})$.

对 $T_2 < C_2$ 的情况, 类似的证明得到 $(E_{r_1})$ 是全局渐近稳定的. □

**定理 6.1.3 (I)** 假设 $(\mathrm{H}_1)$ 和 $(\mathrm{H}_3)$ 成立, 令 $C_1 \neq C_2$, 如果 $T^* < C_1$, $C_2$, 那么定理 6.1.4 (I), (II) 成立 (图 6.1.8(a), 6.1.8(b));

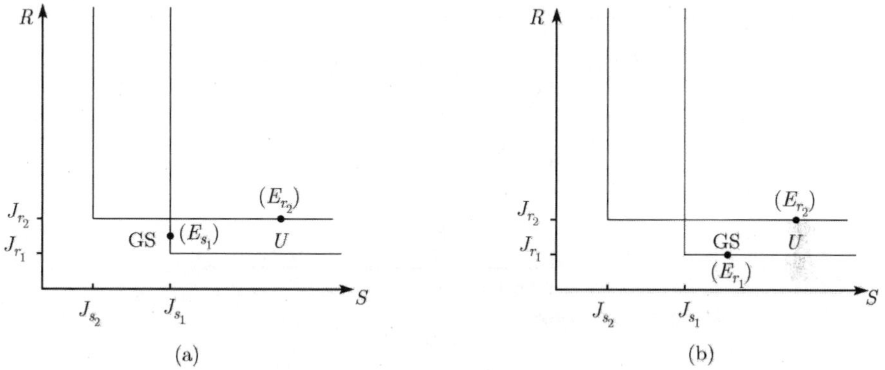


图 6.1.8

**定理 6.1.3 (II)** 在 (I) 的假设下, 如果 $T^* \geqslant C_1$, $C_2$, 那么定理 6.1.1 中 (III), (IV) 成立 (图 6.1.9(a), 6.1.9(b)).

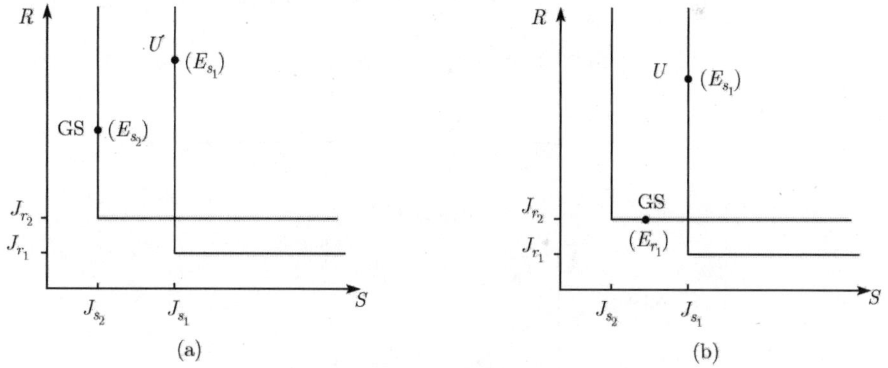


图 6.1.9

**证明** 仅证明 (I), (II) 的证明是类似的. 由于 $J_{r_1} < J_{r_2}$, $J_{s_1} < J_{s_2}$, 所以

$$T^* = \frac{R^0 - J_{r_2}}{S^0 - J_{s_1}} < T_1 = \frac{R^0 - J_{r_1}}{S^0 - J_{s_1}}, \quad T^* = \frac{R^0 - J_{r_2}}{S^0 - J_{s_1}} > T_2 = \frac{R^0 - J_{r_2}}{S^0 - J_{s_2}}.$$

由假设 $T^* < C_1$, $C_2$, 有 $T_2 < C_1$, $C_2$. 应用假设 $(\mathrm{H}_3)$ 和 $T^* < C_1$, $C_2$, 得到

(6.1.6) 的等倾线 $\frac{\mathrm{d}x_1}{\mathrm{d}t}=0$, $\frac{\mathrm{d}x_2}{\mathrm{d}t}=0$ 四种可能的形式.

情况 1　$T_1 \geqslant C_1$, $C_2$(图 6.1.10, 它对应于图 6.1.8(a));

情况 2　$T_1 \leqslant C_1$, $C_2$(图 6.1.11, 它对应于图 6.1.8(b));

情况 3　$C_1 \leqslant T_1 \leqslant C_2$(图 6.1.12, 它对应于图 6.1.9(a));

情况 4　$C_2 \leqslant T_1 \leqslant C_1$(图 6.1.13, 它对应于图 6.1.9(b)).

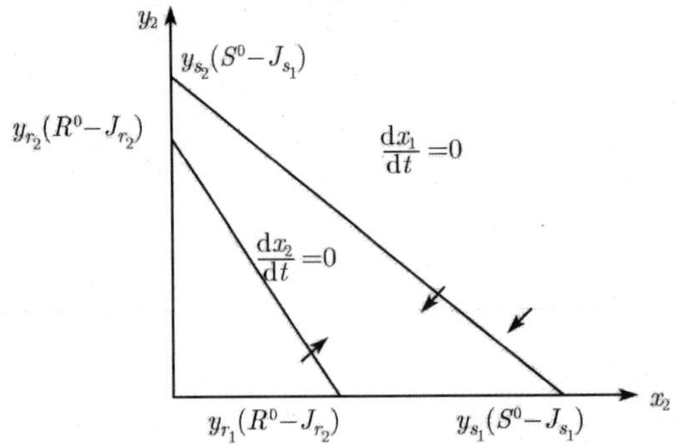


图 6.1.10

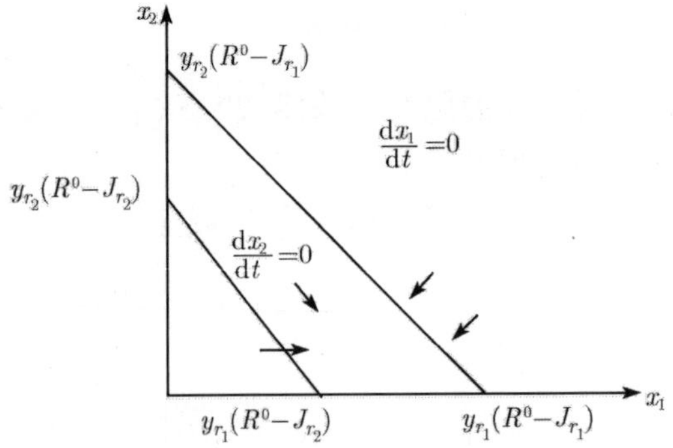


图 6.1.11

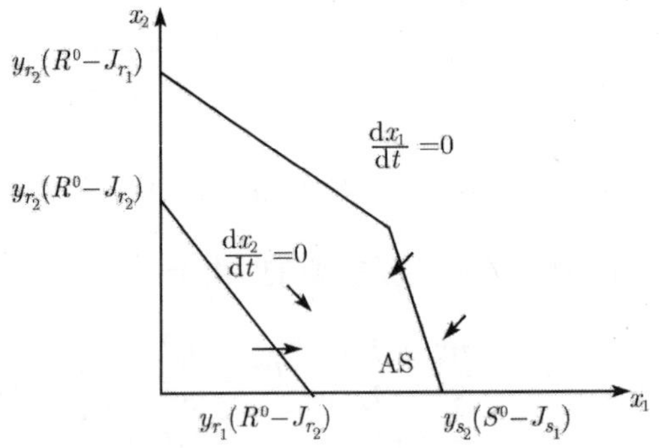


图 6.1.12

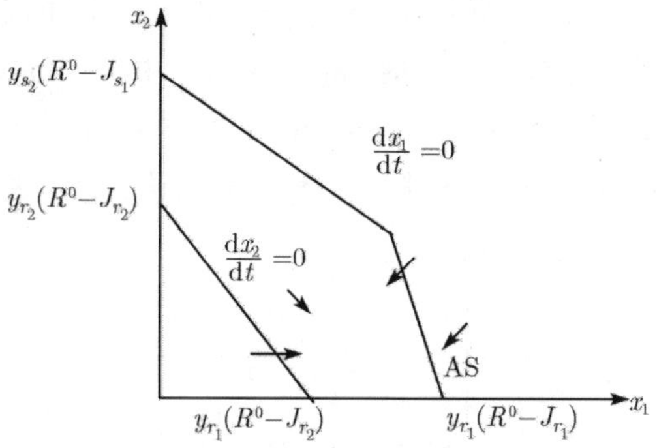


图 6.1.13

应用定理 6.1.2 的证明, 即可得 (I) 的证明. □

**定理 6.1.3 (III)** 在 (I) 的假设下, 如果 $C_1 < T^* < C_2$, 那么正平衡点 $(E_c) = (J_{s_1}, J_{r_2}, x_{1c^*}, x_{2c^*})$ 存在且在第一象限内是全局渐近稳定的, 如图 6.1.14 所示.

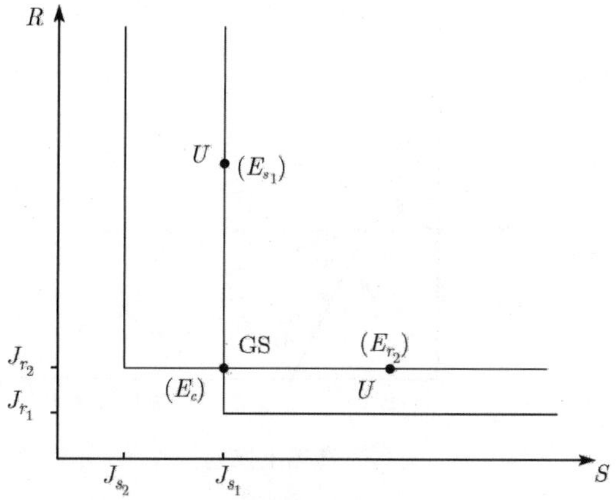


图 6.1.14

**证明** 在 $(H_3)$ 的假设下, 有 $T^* < T_1$, $T^* > T_2$, 由于 $C_1 < T^* < C_2$, 那么有四种情况与图 6.1.14 对应.

情况 1 $C_1 \leqslant T_1 \leqslant C_2$, $C_1 \leqslant T_2 \leqslant C_2$(图 6.1.15);

情况 2 $C_1 \leqslant T_2 \leqslant C_2$, $T_1 \geqslant C_1$, $C_2$(图 6.1.16);

情况 3 $C_1 \leqslant T_1 \leqslant C_2$, $T_2 \leqslant C_1$, $C_2$(图 6.1.17);

情况 4 $T_2 \leqslant C_1$, $C_2$; $T_2 \geqslant C_1$, $C_2$(图 6.1.18).

首先, 由线性稳定性分析知 $(E_c)$ 是渐近稳定的. 应用类似定理 6.1.2 中的证明得到 $\lim\limits_{t\to\infty} x_1(t) \neq 0$, $\lim\limits_{t\to\infty} x_2(t) \neq 0$. 如同定理 6.1.2 中证明的方法, 能充分说明存在

一个点 $(\bar{S},\ \bar{R},\ \bar{x}_1,\ \bar{x}_2)\in\Omega$, 这里 $\bar{x}_1>0,\ \bar{x}_2>0$, 这样有下面三种情况:

情况 1　对某个 $t_0$, 当 $t\geqslant t_0$ 时, $x_1(t)\geqslant x_{1c}^*$. 由于 $\lim\limits_{t\to\infty}x_2(t)\neq 0$, 存在一个点 $(\bar{S},\ \bar{R},\ \bar{x}_1,\ \bar{x}_2)\in\Omega$, 这里对某个 $\varepsilon>0,\ \bar{x}_1\geqslant x_{1c}^*,\ \bar{x}_2\geqslant\varepsilon$.

情况 2　对某个 $t_0$, 当 $t\geqslant t_0$ 时, $x_1(t)\leqslant x_{1c}^*$, 这时又有两种可能:

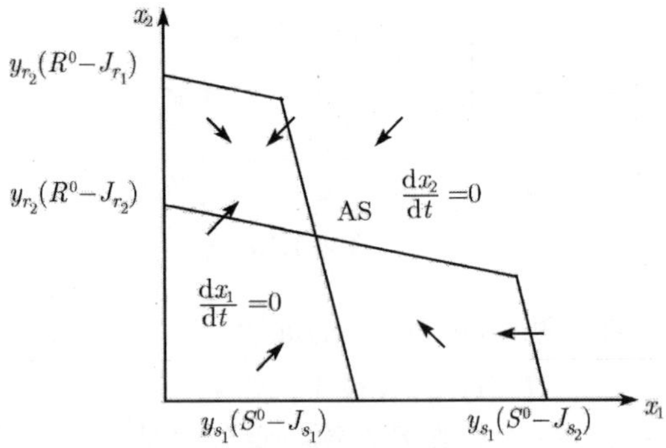


图 6.1.15

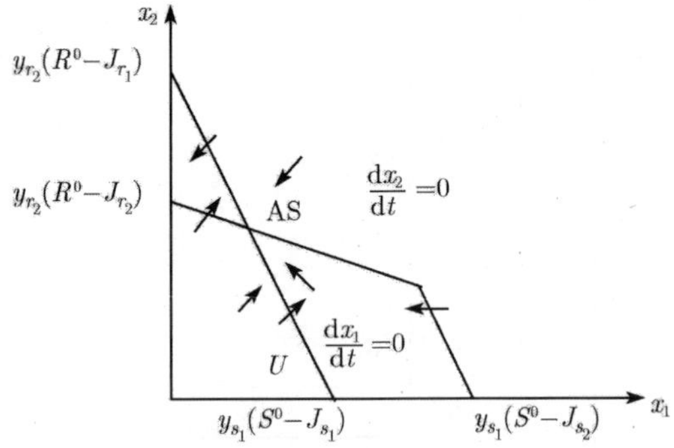


图 6.1.16

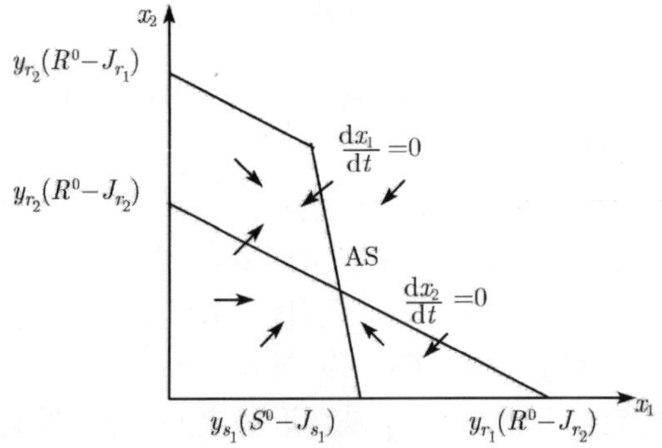


图 6.1.17

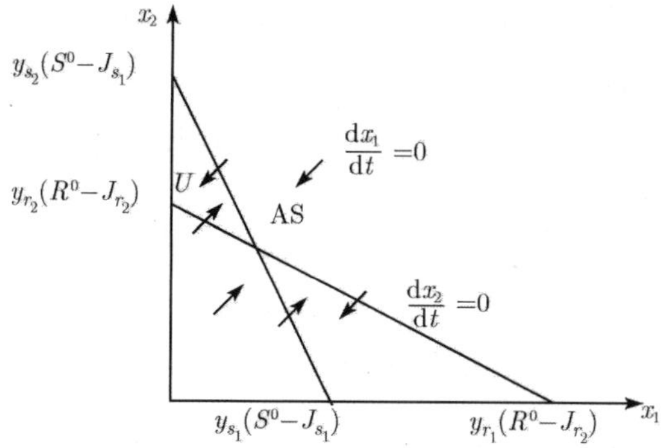


图 6.1.18

(1) 对某个 $c$, $\lim\limits_{t\to\infty} x_1(t) = c > 0$. 由于 $\lim\limits_{t\to\infty} x_2(t) \neq 0$, 存在一个点 $(\bar{S},\ \bar{R},\ c,\ \bar{x}_2) \in \Omega$, 这里对某个 $\varepsilon > 0$, $\bar{x}_1 = c > 0$, $\bar{x}_2 \geqslant \varepsilon$;

(2) 如果 $\lim\limits_{t\to\infty} x_1(t)$ 不存在. 那么存在 $\varepsilon > 0$ 和一序列 $\{t_n\}$ 满足 $x_1(t_n) > \varepsilon$ 和 $\dfrac{dx_1}{dt}(t_n) = 0$. 可以选择子序列 $\{t_{ni}\}$, 使得或者对所有 $t_{ni}$, 有 $S(t_{ni}) = J_{s_1}$, 或者对所有 $t_{ni}$, 有 $R(t_{ni}) = J_{r_1}$. 如果对所有 $t_{ni}$, $S(t_{ni}) = J_{s_1}$, 那么从 (6.1.2) 有

$$\begin{aligned} x_2(t_{ni}) &= y_{s_2}\left[(S^0 - J_{s_1}) - \frac{x_{t_{ni}}}{y_{s_1}}\right] + o(1) \\ &\geqslant y_{s_2}\left[(S^0 - J_{s_1}) - \frac{x_{1c}^*}{y_{s_1}}\right] + o(1) \\ &= x_{2c}^* + o(1). \end{aligned} \tag{6.1.11}$$

令 $t_{ni} \to \infty$, 选择一个适当的 $t_{ni}$ 的子序列, 存在一个点 $(\bar{J_{s_1}}, \bar{R}, \bar{x}_1, \bar{x}_2) \in \Omega$, 这里 $\bar{x}_1 \geqslant \varepsilon$, $\bar{x}_2 \geqslant x_{2c}^*$. 如果对所有 $t_{ni}$, $R(t_{ni}) = J_{r_1}$, 那么从 (6.1.3) 有

$$\begin{aligned} x_2(t_{ni}) &= y_{r_2}\left[(R^0 - J_{r_1}) - \frac{x_{t_{ni}}}{y_{r_1}}\right] + o(1) \\ &\geqslant y_{r_2}\left[(R^0 - J_{r_1}) - \frac{x_{1c}^*}{y_{r_1}}\right] + o(1) \\ &= x_{2c}^* + o(1). \end{aligned} \tag{6.1.12}$$

因此存在一点 $(\bar{S},\ \bar{J_{r_1}},\ \bar{x}_1,\ \bar{x}_2) \in \Omega$, 这里 $\bar{x_1} \geqslant \varepsilon$, $\bar{x_2} \geqslant x_{2c}^*$.

情况 3 若 $x_1(t)$ 在 $x_1 = x_{1c}^*$ 附近振动, 那么存在 $\{t_n\}$, 使得 $\dfrac{dx_1}{dt}(t_n) < 0$, $x_1(t_n) = x_{1c}^*$. 这时可以选择一子序列 $\{t_{ni}\}$, 使得对所有 $t_{ni}$, $S(t_{ni}) \leqslant J_{s_1}$, 或者对所有 $t_{ni}$, $R(t_{ni}) \leqslant J_{r_1}$. 这样从 (6.1.2) 或 (6.1.3), 仍有不等式 (6.1.11) 和 (6.1.12) 成立, 证毕. □

**定理 6.1.3 (IV)**　在 (I) 的假定下, 如果 $C_2 < T^* < C_1$, 那么 $(E_c)$ 是存在和不稳定的, 进而有四种可能的结果:

(1) 如果 $x_1$ 是 $S$ 限制的和 $x_2$ 是 $S$ 限制的, 那么 $(E_{s_1})$ 和 $(E_{s_2})$ 是渐近稳定的 (图 6.1.19(a));

(2) 如果 $x_1$ 是 $R$ 限制的和 $x_2$ 是 $S$ 限制的, 那么 $(E_{r_1})$ 和 $(E_{s_2})$ 是渐近稳定的 (图 6.1.19(b));

(3) 如果 $x_1$ 是 $S$ 限制的和 $x_2$ 是 $R$ 限制的, 那么 $(E_{s_1})$ 和 $(E_{r_2})$ 是渐近稳定的 (图 6.1.20(a));

(4) 如果 $x_1$ 是 $R$ 限制的和 $x_2$ 是 $R$ 限制的, 那么 $(E_{r_1})$ 和 $(E_{r_2})$ 是渐近稳定的 (图 6.1.20(b)).

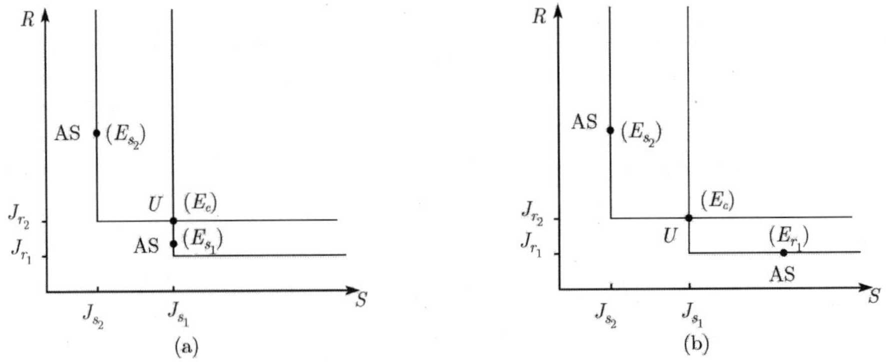


图 6.1.19

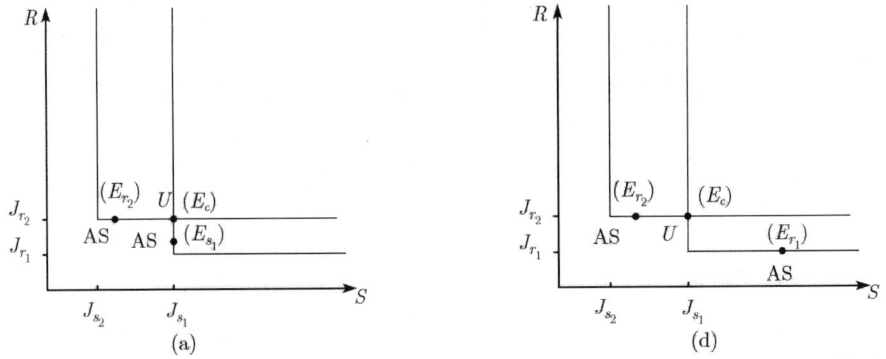


图 6.1.20

**证明**　由假设 $C_2 < T^* < C_1$ 知, 正平衡点 $(E_c)$ 存在. 由假设 $C_2 < T^* < C_1$ 和线性分析可知, $(E_c)$ 是不稳定的. 其他结果可由图 6.1.19(b)、图 6.1.20(a)、图 6.1.20(b) 看出. □

## 6.2 关于两个补充资源的一般情形

Butler 和 Wolkowicz[4] 在文献 [3] 的基础上进一步研究了更为一般的模型:

$$\begin{cases} S'(t) = (S^0 - S(t))D - \displaystyle\sum_{i=1}^{2} \frac{x_i(t)}{y_{S_i}} f_i(S(t), R(t)), \\ R'(t) = (R^0 - R)D - \displaystyle\sum_{i=1}^{2} \frac{x_i(t)}{y_{R_i}} f_i(S(t), R(t)), \\ x_i'(t) = x_i(t)[-D + f_i(S(t), R(t))], \\ S(0) = S_0 > 0, \quad R(0) = R_0 > 0, \quad x_i(0) = x_i0 > 0, \quad i = 1, 2, \end{cases} \tag{6.2.1}$$

这里 $f_i(S(t),\ R(t)) = \min\{p_i(S(t)),\ q_i(R(t))\}$, $i = 1, 2$. $p_i$, $q_i$ 满足以下的条件:

$$p_i,\ q_i : \mathbf{R}_+ \to \mathbf{R}_+, \tag{6.2.2}$$

$$p_i,\ q_i \text{ 是连续可微的}, \tag{6.2.3}$$

$$p_i(0) = 0, \quad q_i(0) = 0, \tag{6.2.4}$$

$$\forall S > 0,\ \ p_i'(S) > 0; \quad \forall R > 0,\ \ q_i'(R) > 0. \tag{6.2.5}$$

由 (6.2.3) 知, 函数 $f_i(S(t),\ R(t))$ 在 $S$ 和 $R$ 关于 $\mathbf{R}_+ \times \mathbf{R}_+$ 的任何紧致子空间上满足利普希茨条件, 因此满足解对初值的唯一性和解对初值和参数的连续依赖性.

表 6.2.1 为 (6.2.1) 可能具备的平衡点, 表 6.2.2 简述了这些平衡点处在非负锥中和它们局部渐近稳定的准则. 这可以从它们的线性分析中得到.

**表 6.2.1 (6.2.1) 的平衡点**

| 符号 | 平衡点 |
|---|---|
| $E_{S^0,R^0}$ | $(S^0, R^0, 0, 0)$ |
| $E_{\lambda_{S_1},*}$ | $(\lambda_{S_1}, R^0 - c_1(S^0 - \lambda_{S_1}), 0)$ |
| $E_{*,\lambda_{R_1}}$ | $\left(S^0 - \dfrac{R^0 - \lambda_{R_1}}{c_1}, \lambda_{R_1}, y_{R_1}(S^0 - \lambda_{S_1}), 0\right)$ |
| $E_{\lambda_{S_2},*}$ | $(\lambda_{S_2}, R^0 - c_2(S^0 - \lambda_{S_2}), 0, y_{S_2}(S^0 - \lambda_{S_2}))$ |
| $E_{*,\lambda_{R_2}}$ | $\left(S^0 - \dfrac{R^0 - \lambda_{R_2}}{c_2}, \lambda_{R_2}, 0, y_{R_2}(R^0 - \lambda_{R_2})\right)$ |

续表

| 符号 | 平衡点 |
| --- | --- |
| $E_{\lambda_{S_1},\lambda_{R_2}}$ | $(\lambda_{S_1},\lambda_{R_2},x_1^*,x_2^*)$<br>这里 $x_1^*=y_{S_1}y_{R_1}\left(\dfrac{y_{S_2}(S^0-\lambda_{S_1})-y_{R_2}(R^0-\lambda_{R_2})}{y_{R_1}y_{S_2}-y_{S_1}y_{R_2}}\right)$<br>$x_2^*=y_{S_2}y_{R_2}\left(\dfrac{y_{R_2}(R^0-\lambda_{R_2})-y_{S_1}(S^0-\lambda_{S_1})}{y_{R_1}y_{S_2}-y_{S_1}y_{R_2}}\right)$ |
| $E_{\lambda_{S_2},\lambda_{R_1}}$ | $(\lambda_{S_2},\lambda_{R_1},\hat{x_1},\hat{x_2})$<br>这里 $\hat{x_1}=y_{S_1}y_{R_1}\left(\dfrac{y_{S_2}(S^0-\lambda_{S_2})-y_{R_2}(R^0-\lambda_{R_1})}{y_{R_1}y_{S_2}-y_{S_1}y_{R_2}}\right)$<br>$\hat{x_2}=y_{S_2}y_{R_2}\left(\dfrac{y_{R_1}(R^0-\lambda_{R_1})-y_{S_1}(S^0-\lambda_{S_1})}{y_{R_1}y_{S_2}-y_{S_1}y_{R_2}}\right)$ |

**表 6.2.2　(6.2.1) 平衡点的局部稳定性分析**

| 平衡点 | 存在准则 | 渐近稳定性准则 |
| --- | --- | --- |
| $E_{S^0,\ R^0}$ | 总是存在 | $\lambda_{S_1}>S^0$ 或 $\lambda_{R_1}>R^0$<br>$\lambda_{S_2}>S^0$ 或 $\lambda_{R_2}>R^0$ |
| $E_{\lambda_{S_1},\ *}$ | $\lambda_{S_1}<S^0$ 和 $T_1>C_1$ | $\lambda_{S_1}<\lambda_{S_2}$ 和 $T^*<C_1$ |
| $E_{*,\ \lambda_{R_1}}$ | $\lambda_{R_1}<R^0$, $\lambda_{S_1}<S^0$<br>$T_1<C_1$ | $\lambda_{R_1}<\lambda_{R_2}$<br>$T^*>C_1$ 和 $\lambda_{S_2}<S^0$ |
| $E_{\lambda_{S_2},\ *}$ | $\lambda_{S_2}<S^0$<br>$T_2>C_2$ | $\lambda_{S_1}<\lambda_{S_2}$<br>或 $T^*<C_2$ |
| $E_{*,\ \lambda_{R_2}}$ | $\lambda_{R_2}<R^0$,$\lambda_{S_2}<S^0$<br>$T_2<C_2$ | $\lambda_{R_1}>\lambda_{R_2}$<br>$T^*>C_2$ 和 $\lambda_{S_1}<S^0$ |
| $E_{\lambda_{S_1},\ \lambda_{R_2}}$ | $\lambda_{S_1}>\lambda_{S_2}$ 和 $\lambda_{R_1}<\lambda_{R_2}$<br>$C_1<T^*<C_2$ 和 $\lambda_{S_1}<S^0$<br>或 $C_1>T^*>C_2$ 和 $\lambda_{S_1}<S^0$ | $C_1<C_2$ |
| $E_{\lambda_{S_1},\ \lambda_{R_2}}$ | $\lambda_{S_1}<\lambda_{S_2}$ 和 $\lambda_{R_1}>\lambda_{R_2}$<br>$C_1<T_*<C_2$ 和 $\lambda_{S_1}<S^0$<br>或 $C_1>T_*>C_2$ 和 $\lambda_{S_2}<S^0$ | $C_1>C_2$ |

这里

$$C_i=\frac{y_{S_i}}{y_{R_i}},\quad T_i=\frac{R^0-\lambda_{R_i}}{S^0-\lambda_{S_i}},\quad i=1,2,$$

$$T^*=\frac{R^0-\lambda_{R_2}}{S^0-\lambda_{S_1}},\quad T_*=\frac{R^0-\lambda_{R_1}}{S^0-\lambda_{S_2}},\quad C_1\neq C_2.$$

表 6.2.3 简述了所有可能的生态学结果.

**表 6.2.3 (6.2.1) 竞争结果的分类**

| 生态学结果 | 竞争准则 |
| --- | --- |
| 两种群死亡<br>(1) ⇒ 种群 1 死亡<br>(2) ⇒ 种群 2 死亡 | (1) $\lambda_{S_1} > S^0$ 或 $\lambda_{R_1} > R^0$<br>(2) $\lambda_{S_2} > S^0$ 或 $\lambda_{R_2} > R^0$ |
| 种群 1 幸存<br>种群 2 死亡 | $\lambda_{S_1} < S^0,\lambda_{R_1} < R^0$<br>和 $\lambda_{S_1} < \lambda_{S_2},\lambda_{R_1} < \lambda_{R_2}$<br>或 $\lambda_{S_1} < \lambda_{S_2},\ \lambda_{R_1} > \lambda_{R_2},\ T_* > C_1, C_2$<br>或 $\lambda_{S_1} > \lambda_{S_2},\ \lambda_{R_1} < \lambda_{R_2},\ T^* < C_1, C_2$<br>或 $\lambda_{S_2} > S^0$, 或 $\lambda_{R_2} > R^0$ |
| 种群 2 幸存<br>种群 1 死亡 | $\lambda_{S_2} < S^0,\ \lambda_{R_2} < R^0$<br>$\lambda_{S_1} > \lambda_{S_2},\ \lambda_{R_1} < \lambda_{R_2}$<br>或 $\lambda_{S_1} < \lambda_{S_2},\ \lambda_{R_1} > \lambda_{R_2}$ 和 $T_* < C_1, C_2$<br>或 $\lambda_{S_1} > \lambda_{S_2},\ \lambda_{R_1} < \lambda_{R_2}$ 和 $T^* > C_1, C_2$<br>或 $\lambda_{S_1} > S^0$, 或 $\lambda_{R_1} > R^0$ |
| 种群 1 和 2<br>在正平衡点共存 | $\lambda_{S_2} < S^0,\ \lambda_{R_2} < R^0,\ i = 1, 2$<br>和 $\lambda_{S_1} > \lambda_{S_2},\ \lambda_{R_1} < \lambda_{R_2},\ C_1 > T_* > C_2$<br>或 $\lambda_{S_1} > \lambda_{S_2},\ \lambda_{R_1} < \lambda_{R_2},\ C_1 < T^* < C_2$ |
| 一种群幸存<br>另一种群死亡.<br>初始浓度确定结果 | $\lambda_{S_2} < S^0,\ \lambda_{R_2} < R^0,\ i = 1, 2$<br>$\lambda_{S_1} < \lambda_{S_2},\ \lambda_{R_1} > \lambda_{R_2}$ 和 $C_1 < T_* < C_2$<br>或 $\lambda_{S_1} > \lambda_{S_2},\lambda_{R_1} < \lambda_{R_2}$ 和 $C_1 > T^* > C_2$ |

由前述所知系统 (6.2.1) 的解是正的和有界的, 进而集合

$$\mu = \left\{(S,\ R,\ x_1,\ x_2) \in \mathbf{R}_+^{\psi}:\ S^0 = S + \frac{x_1}{y_{S_1}} + \frac{x_2}{y_{S_2}},\quad R^0 = R + \frac{x_1}{y_{R_1}} + \frac{x_2}{y_{R_2}}\right\}$$

是全局吸引的, 且 (6.2.1) 等价于系统

$$\begin{cases} x_i(t)' = x_i(t)\left[-D + f_i\left(S^0 - \dfrac{x_1(t)}{y_{S_1}} - \dfrac{x_2(t)}{y_{S_2}}, R^0 - \dfrac{x_1(t)}{y_{R_1}} - \dfrac{x_2(t)}{y_{R_2}}\right)\right], \quad i = 1, 2, \\ x_i(0) > 0,\ i = 1, 2, \quad \dfrac{x_{10}}{y_{S_1}} + \dfrac{x_{20}}{y_{S_2}} \leqslant S^0, \quad \dfrac{x_{10}}{y_{R_1}} + \dfrac{x_{20}}{y_{R_2}} \leqslant R^0 \end{cases} \tag{6.2.6}$$

及

$$S(t) = S^0 - \frac{x_1(t)}{y_{S_1}} - \frac{x_2(t)}{y_{S_2}}, \quad R(t) = R^0 - \frac{x_1(t)}{y_{R_1}} - \frac{x_2(t)}{y_{R_2}}. \tag{6.2.7}$$

下面将用以下的表示方法:

$$B_i = \{(S, R) : S > \lambda_{S_i},\ R > \lambda_{R_i}\}, \quad i = 1, 2, \tag{6.2.8}$$

$$Q = \bigcup_{i=1}^{2} B_i, \tag{6.2.9}$$

$$K = \bigcap_{i=1}^{2} B_i. \tag{6.2.10}$$

如果 $(S,\ R) \in B_i$, 那么 $f_i(S,R) > D$; 如果 $(S,\ R) \notin \mathrm{cl}B_i$, 那么 $f_i(S,R) < D$; 如果 $(S,\ R) \in \partial B_i$, 那么 $f_i(S,R) = D$.

动力系统关于 $\mu$ 是平凡的.

(1) $(\lambda_{S_1} < \lambda_{S_2},\ \lambda_{R_1} < \lambda_{R_2})$ 或 $(\lambda_{S_1} > \lambda_{S_2},\ \lambda_{R_1} > \lambda_{R_2})$; (2) $(\lambda_{S_1} < \lambda_{S_2},\ \lambda_{R_1} > \lambda_{R_2})$ 或 $(\lambda_{S_1} > \lambda_{S_2},\ \lambda_{R_1} < \lambda_{R_2})$.

图 6.2.1 可以说明以下引理.

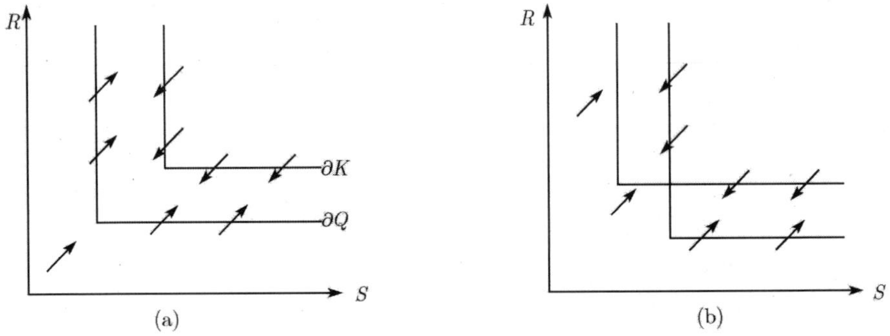


图 6.2.1

**引理 6.2.1**　令 $(S(t),\ R(t),\ x_1(t),\ x_2(t))$ 是 (6.2.1) 具有初值条件限制到 $\mu$ 的解.(注意它仍然意味着 $x_{i_0} > 0,\ i = 1, 2$).

(i) 如果存在 $\tau \geqslant 0$, 使得 $(S(\tau),\ R(\tau)) \in \partial Q \backslash \partial K$, 那么 $S'(\tau) > 0,\ R'(\tau) > 0$;

(ii) 如果存在 $\tau \geqslant 0$, 使得 $(S(\tau),\ R(\tau)) \in \partial Q \cap \partial K$, 那么 $(S(\tau),\ R(\tau),\ x_1(\tau),\ x_2(\tau))$ 是 (6.2.1) 的一个平衡点且 $S'(\tau) = R'(\tau) = 0$;

(iii) 如果存在 $\tau \geqslant 0$, 使得 $(S(\tau),\ R(\tau)) \in \partial K \backslash \partial Q$, 那么 $S'(\tau) < 0,\ R'(\tau) > 0$;

(iv) 如果存在 $\tau \geqslant 0$, 使得 $(S(\tau),\ R(\tau)) \in \mathbf{R}_+^2 \backslash \mathrm{cl}Q$, 那么 $S'(\tau) > 0,\ R'(\tau) > 0$;

(v) 如果存在 $\tau \geqslant 0$, 使得 $(S(\tau),\ R(\tau)) \in K$, 那么 $S'(\tau) < 0,\ R'(\tau) < 0$.

**证明**　(i) 如果 $(S(\tau),\ R(\tau)) \in \partial Q \backslash \partial K$, 那么 $x_i(t)' = x_i(t)[-D + f_i(S(t), R(t))]$, $i = 1, 2$, 或者 $x_1'(\tau) < 0,\ x_1'(\tau) = 0$, 因而由

$$S'(t) + \sum_{i=1}^{2} \frac{x_i'(t)}{y_{S_i}}, \quad R'(t) + \sum_{i=1}^{2} \frac{x_i'(t)}{y_{R_i}} \tag{6.2.11}$$

可得结论.

(ii) 如果 $(S(\tau),\ R(\tau)) \in \partial Q \cap \partial K$, 那么 $x_1'(\tau) = x_2'(\tau) = 0$, 由 (6.2.1) 且 $c_1 \neq c_2$, 从而得到 $S'(\tau) = R'(\tau) = 0$.

(iii), (iv), (v) 的证明类似. □

**引理 6.2.2** 令 $(S(t),\ R(t),\ x_1(t),\ x_2(t))$ 是 (6.2.1) 具有在 $\mu$ 中初值条件的一个解. 对充分大的 $t$, 有下列之一成立:

(i) $(S(t),\ R(t)) \in \mathbf{R}_+^2 \backslash \mathrm{cl}Q$,

(ii) $(S(t),\ R(t)) \in K$,

(iii) $(S(t),\ R(t)) \in Q \backslash \mathrm{cl}K$,

(iv) $(S(t),\ R(t)) \in \partial Q \cap \partial K$.

**定理 6.2.1** 初值条件限制在 $\mu$ 的 (6.2.1) 的动力系统是平凡的, 即所有在 $\mu$ 中出发的轨线趋近于某个平衡点.

**证明** 令 $\gamma(t) = (S(t),\ R(t),\ x_1(t),\ x_2(t))$ 是 (6.2.1) 具有 $\mu$ 中初值条件的解, 那么对充分大的 $t$, 引理 6.2.2 成立. 关于 $\mu$ 有

$$\begin{cases} S^0 = S(t) + \dfrac{x_1(t)}{y_{S_1}} + \dfrac{x_2(t)}{y_{S_2}}, \\[2ex] R^0 = R(t) + \dfrac{x_1(t)}{y_{R_1}} + \dfrac{x_2(t)}{y_{R_2}}. \end{cases} \tag{6.2.12}$$

如果引理 6.2.2 中的 (i) 成立, 即对所有充分大的 $t$, $(S(t),\ R(t)) \in \mathbf{R}_+^2 \backslash \mathrm{cl}Q$, 那么对所有充分大的 $t$, $x_1'(t) < 0,\ x_2'(t) < 0$. 由于 $x_i(t)' = x_i(t)[-D + f_i(S(t),\ R(t))]$, 所以对所有 $t \geqslant 0$, 有 $x_i(t) > 0$, 且对所有大的 $t$, $S(t) < \min\{\lambda_{S_1},\ \lambda_{S_2}\}$ 和 $R(t) < \min\{\lambda_{R_1},\ \lambda_{R_2}\}$. 由于解有界, $x_1(t)$ 和 $x_2(t)$ 对充分大的 $t$ 单调, 因而它们必定收敛. 由 (6.2.12) 知 $S(t)$ 和 $R(t)$ 也收敛. 如果 (i) 或 (ii) 成立, 证明类似. 如果 (iv) 成立, 则由引理 6.2.1(ii) 可得结果. □

**定理 6.2.2** (6.2.1) 的动力系统是平凡的.

**证明** 考虑系统 (6.2.6) 和 (6.2.7), 这个系统等价于初始条件限制在 $\mu$ 中的系统 (6.2.1). 在 $x_1 - x_2$ 平面上作 (6.2.6) 的相平面分析, 基于表 6.2.2 中的分析, 说明没有鞍点连接是可能的, 因此动力系统 (6.2.1) 是平凡的.

如果允许对 $i = 1, 2$, $\lambda_{S_i} > S^0$ 或 $\lambda_{R_i} > R^0$, 那么不存在正平衡点, 因此存在关于 $x_i$ 绝种的平衡点 (如图 6.2.2a, b), 图 6.2.2(a) 对应于表 6.2.3 中的第一个生物学上的结果, 图 6.2.2(b) 对应于第二、三个结果.

如果假定 $\lambda_{S_i} < S^0$ 和 $\lambda_{R_i} < R^0$, $i = 1, 2$, 那么 (由于 $c_1 \neq c_2$) 仅存在四种基本图形 (图 6.2.3), 图 6.2.3(a) 对应于表 6.2.3 中的第二个生物学结果, 图 6.2.3(b) 对应于第三个结果, 图 6.2.3(c) 对应于第四个结果, 图 6.2.3(d) 对应于第六个结果, 显然不存在鞍点连接, 从而得证. □

假定 $\lambda_{S_i} < S^0$, $\lambda_{R_i} > R^0$, $i = 1, 2$. (a) 种群 1 总是存活, (b) 种群 2 总是存活, (c) 种群 1, 2 共存在一个全局渐近稳定的内部平衡点, (d) 初始浓度确定结果: 一个

种群存活, 另一个死亡, 除了初始条件在相平面上的闭合曲线的解以外.

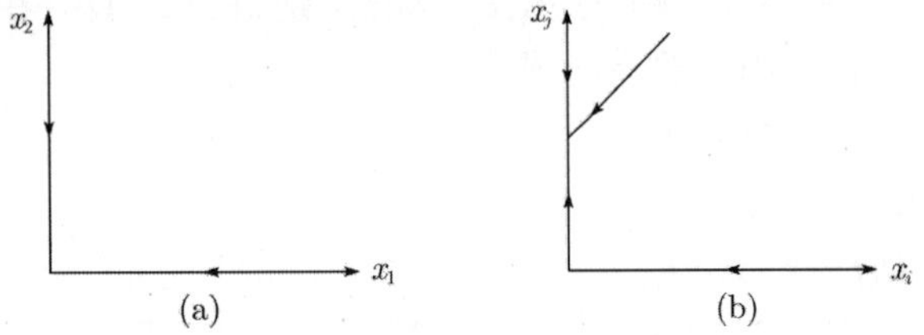


图 6.2.2

(a) $\lambda_{S_i} > S^0$ 和 $\lambda_{R_i} > R^0$, $i = 1, 2$. 每个种群都最终死亡.

(b) $\lambda_{S_i} > S^0$ 或 $\lambda_{R_i} > R^0, i = 1, 2$; $\lambda_{S_j} < S^0$ 和 $\lambda_{R_j} < R^0, j = 1, 2$. 种群 $i$ 在它的竞争对手缺席时最终死亡.

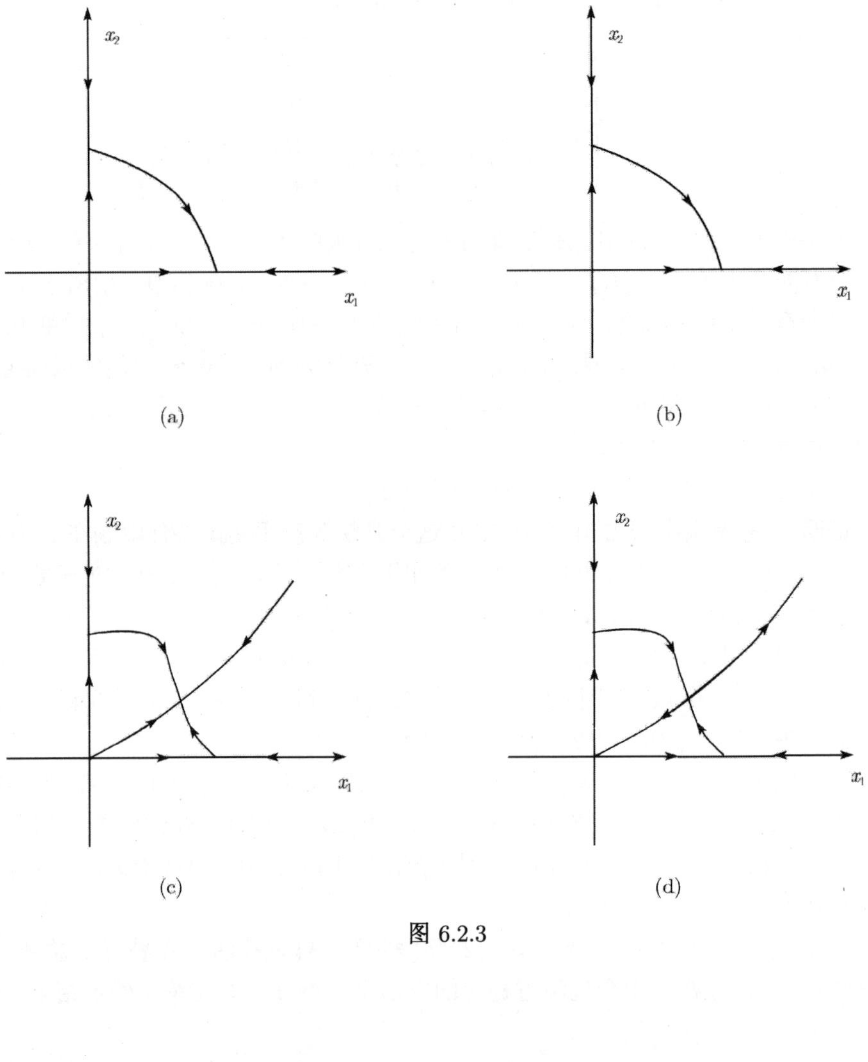


图 6.2.3

## 6.3 关于两个替换资源的开发竞争

种群 $x_1$ 和 $x_2$ 开发竞争两个替换资源 $S$ 和 $R$ 的模型为

$$\begin{cases} S'(t) = (S^0 - S(t))D - \sum_{i=1}^{2} \dfrac{x_i(t)}{\xi_i} S_i(S(t), R(t)), \\ R'(t) = (R^0 - R(t))D - \sum_{i=1}^{2} \dfrac{x_i(t)}{\eta_i} R_i(S(t), R(t)), \\ x_i'(t) = x_i(t)[-D_i + G_i(S(t), R(t))], \quad i = 1, 2, \\ S(0) = S_0 \geqslant 0, \quad R(0) = R_0 \geqslant 0, \quad x_i(0) = x_{i0} > 0, \quad i = 1, 2, \end{cases} \tag{6.3.1}$$

这里

$$G_i(S(t), R(t)) = S_i(S(t), R(t)) + R_i(S(t), R(t)).$$

$S_i(S, R)$ 是单位种群由于消耗资源 $S$ 而得到的生长率, $\xi$ 是相应的生长常数. $R_i(S, R), \eta$ 具有相应的含义. 假定

$$S_i,\ R_i : \mathbf{R}_+^2 \to \mathbf{R}_+, \tag{6.3.2}$$

$$S_i,\ R_i \text{ 是连续可微的}, \tag{6.3.3}$$

$$\forall R \geqslant 0, \quad S_i(0, R) = 0; \quad \forall S \geqslant 0, \quad R_i(S, 0) = 0. \tag{6.3.4}$$

对 $(S,\ R) \in \mathbf{R}_+^2$

$$\begin{cases} \dfrac{\partial}{\partial S} S_i(S, R) > 0, \quad \dfrac{\partial}{\partial R} R_i(S, R) > 0, \\ \dfrac{\partial}{\partial S} S_i(S, R) \leqslant 0, \quad \dfrac{\partial}{\partial S} R_i(S, R) \leqslant 0. \end{cases} \tag{6.3.5}$$

对 $S \geqslant 0$,

$$S_i(S, 0) = p_i(S),$$

对 $R \geqslant 0$,

$$R_i(0, R) = q_i(S). \tag{6.3.6}$$

对 $(S,\ R) \in \mathbf{R}_+^2$,

$$\frac{\partial}{\partial S} G_i(S,\ R) > 0, \quad \frac{\partial}{\partial R} G_i(S, R) > 0; \tag{6.3.7}$$

$$G_i(\lambda_i, 0) = p_i(\lambda_i) = D_i, \quad G_i(0, \mu_i) = q_i(\mu_i) = D_i. \tag{6.3.8}$$

由隐函数存在定理, 存在 $\phi_i(S) \in C'$ 使得 $G_i(S, \phi_i(S)) = D_i$ 对所有 $0 < S < \lambda_i$, $\phi_i'(S) < 0$ 成立. 由定义 $\phi_i(0) = \mu_i$, $\phi_i(\lambda_i) = 0$, $g_1(S, K_1)$ 及 $g_2(R, K_2)$ 满

足 $g_i(0,K)>0$, $g_i(K_i,K_i)=0$, $g_i'(0,K_2)\leqslant 0$, 对任何 $K_i>0$, $S>0$, $R>0$, $g_1'(S,K_1)<0$, $g_2'(R,K_2)<0$ 成立. 作适当变换, (6.3.1) 可以成为

$$\begin{cases} S'(t)=(1-S(t))-\sum_{i=1}^{2}\dfrac{x_i(t)}{\xi_i}S_i(S(t),R(t)),\\ R'(t)=(1-R(t))-\sum_{i=1}^{2}\dfrac{x_i(t)}{\eta_i}R_i(S(t),R(t)),\\ x_i'(t)=x_i(t)[-D_i+G_i(S(t),R(t))],\quad i=1,2,\\ S(0)=S_0\geqslant 0,\quad R(0)=R_0\geqslant 0,\quad x_i(0)=x_{i0}>0,\quad i=1,2. \end{cases}\tag{6.3.9}$$

**定理 6.3.1**　(6.3.9) 的所有解 $S(t)$, $R(t)$, $x_i(t)$, $i=1,2$ 是正的和有界的.

**推论 6.3.1**　对任意给定的 $\delta>0$, (6.3.9) 的所有解当 t 充分大时, $S(t)<1+\delta$, $R(t)<1+\delta$.

**证明**　考虑 $S(t)$, 由 (6.3.9)

$$S'(t)=(1-S(t))-\sum_{i=1}^{2}\frac{x_i(t)}{\xi_i}S_i(S(t),R(t))<1-S(t),$$

此即意味着 $S(t)\leqslant 1+(S(0)-1)\mathrm{e}^{-t}$.　□

**推论 6.3.2**　如果存在一个 $t_0\geqslant 0$, 使得 $S(t_0)<1$, 那么对所有 $t\geqslant t_0$, $S(t)<1$. 对 $R(t)$ 有类似的结果.

**证明**　假定存在第一个 $T>t_0$ 使得 $S(T)=1$ 和 $S(t)<1$ 对 $t_0\leqslant t<T$ 成立, 那么 $S'(T)\geqslant 0$, 然而由 (6.3.9),

$$S'(T)=-\sum_{i=1}^{2}\frac{x_i(t)}{\xi_i}S_i(S(T),R(T))<0,$$

得到矛盾. 证毕.　□

**引理 6.3.1**　令 $\omega(t)\in C^2(t_0,\ \infty)$, $\omega(t)\geqslant 0$, $K>0$,

(I) 如果 $\omega'(t)\geqslant 0$, $\omega(t)$ 有界和对所有 $t\geqslant t_0$, $\omega''(t)\geqslant K$, 那么当 $t\to\infty$ 时, $\omega'(t)\to 0$.

(II) 如果 $\omega'(t)\leqslant 0$, 和对所有 $t\geqslant t_0$, $\omega''(t)\geqslant -K>-\infty$, 那么当 $t\to\infty$ 时, $\omega'(t)\to 0$.

**定理 6.3.2**　如果 $G_i(1,1)<D_i$, $i=1,2$, 那么 $\boldsymbol{E}_0=(1,1,0,0)$ 是全局渐近稳定的.

**证明**　假设对所有 $t\geqslant 0$, $S(t)>1$, 那么对 $t\geqslant 0$ 有 $S'(t)<0$, 这意味着当 $t\to\infty$ 时 $S(t)\to S^*\geqslant 1$. 这样 $S'(t)\leqslant 1-S\leqslant 1-S^*$, 从而当 $t\to\infty$ 时,

$S(t) \leqslant (1-S^*)t+S(0) \to -\infty$, 这与当 $t \geqslant 0$ 时 $S(t)>1$ 相矛盾. 因此, 当 $t\to\infty$ 时, $S(t)\to 1$. 类似地, 如果对 $t\geqslant 0$ 时 $R(t)>1$, 那么当 $t\to\infty$ 时 $R(t)\to 1$. 由推论 6.3.2, 对某个 $\bar{t}\geqslant 0$, $S(\bar{t})<1$. 因而对 $t\geqslant\bar{t}$, $S(t)<1$. 类似的对某个 $\tilde{t}\geqslant 0$, $R(\tilde{t})<1$, 那么对 $t\geqslant\tilde{t}$, $R(t)<1$. 由 $G_i$ 的连续性, 存在 $\delta>0$ 使得 $G_i(1+\delta,1+\delta)<D_i$. 由上式知存在一个 $T$ 使得对 $t\geqslant T$ 有 $S(t)<1+\delta$, $R(t)<1+\delta$, 那么对所有 $t\geqslant T$, $x_i(t)'<0$. 由上面的引理知, 这意味着当 $t\to\infty$ 时 $x_i(t)'\to 0$. 因而

$$\lim_{t\to\infty}\sup G_i(S(t),R(t)) \leqslant G_i(1+\delta,1+\delta)<D_i,$$

且当 $t\to\infty$ 时 $x_i(t)\to 0$. 令 $Q\in\{(S,\ R,\ x_1,\ x_2)\in\mathbf{R}_+^4:\ x_1>0,\ x_2>0\}$. 我们已经证明对任何 $p=(\underline{S},\ \underline{R},\ \underline{x_1},\ \underline{x_2})\in\Omega(Q)$, $\underline{x_1}=0$, $\underline{x_2}=0$, 这里 $\Omega(Q)$ 表示通过 $Q$ 的轨道的 $\omega$ 极限集. 在 $(S,\ R,\ 0,\ 0)\in\mathbf{R}_+^4$ 系统退化为 $S'(t)=1-S$, $R'(t)=1-R$. 因此 $S(t)\to 1$, $R(t)\to 1$, 这样 $\{\boldsymbol{E}_0\}\in\Omega(Q)$. 由线性分析可知 $\boldsymbol{E}_0$ 是局部渐近稳定的, 因此如果对 $i=1,2$, $G_i(1,1)<D$, 那么 $\boldsymbol{E}_0$ 是全局渐近稳定的, 证毕. □

(6.3.9) 有三个容易确定的平衡点, 分别是

$$\boldsymbol{E}_0=(1,\ 1,\ 0,\ 0),$$

$$\boldsymbol{E}_1=(\bar{S},\ \bar{R},\ \bar{x_1},\ 0),$$

$$\boldsymbol{E}_2=(\bar{S},\ \bar{R},\ 0,\ \bar{x_2}).$$

容易得到 $\boldsymbol{E}_1$ 存在且唯一的充要条件是 $G_1(1,1)>D_1$, $E_2$ 存在且唯一的充要条件是 $G_2(1,1)>D_2$, 如果还有其他平衡点存在, 则它们必是内部平衡点. 一个内部平衡点是下面系统的解 $(S^*,\ R^*,\ x_1^*,\ x_2^*)$

$$\begin{cases} G_1(S(t),R(t))=D_1,\\ G_1(S(t),R(t))=D_2. \end{cases} \tag{6.3.10}$$

$$\begin{cases} \dfrac{x_1(t)}{\xi_1}S_1(S(t),R(t))+\dfrac{x_2(t)}{\xi_2}S_2(S(t),R(t))=1-S,\\[2ex] \dfrac{x_1(t)}{\eta_1}R_1(S(t),R(t))+\dfrac{x_2(t)}{\eta_2}R_2(S(t),R(t))=1-R. \end{cases} \tag{6.3.11}$$

由于 $G_i(\lambda_i,0)=p_i(\lambda_i)=D_i$, $G_i(0,\mu_i)=q_i(\mu_i)=D_i$, 以及 $x_1^*$, $x_2^*$ 为正, 所以 $0<S^*<\min\{1,\lambda_1,\lambda_2\}$ 和 $0<R^*<\min\{1,\mu_1,\mu_2\}$. 先考虑 (6.3.10), 注意到它与 $x_1$, $x_2$ 无关.

**定理 6.3.3** 如果存在 $S_1$, $S_2<\min\{1,\ \lambda_1,\ \lambda_2\}$, $S_1\neq S_2$, 使得

(1) $G_1(S_2,\phi_2(S_2))<D_1$, $\quad G_2(S_1,\phi_1(S_1))<D_2$

或者

(2) $G_1(S_2,\phi_2(S_2)) > D_1, \quad G_2(S_1,\phi_1(S_1)) > D_2$,
那么 (6.3.10) 存在一个解 $(S^*,\ R^*)$.

**证明**　(1) 定义 $\phi_i(S)$, 使得对 $0 < S < \lambda_i$, $G_i(S,\ \phi_i(S)) = D_i$. 在定理条件的假设下, $\phi_1(S_2) > \phi_2(S_2)$, $\phi_2(S_1) > \phi_1(S_1)$. 由于 $G_i$ 是一个增函数, 不失一般性, 假定 $S_1 < S_2$, 并且在 $I = [S_1,\ S_2]$ 上定义 $\psi(S) = \phi_1(S) - \phi_2(S) < 0$, 那么 $\psi$ 在 $I$ 是连续的, 且 $\psi(S_1) = \phi_1(S_1) - \phi_2(S_1) < 0$, $\psi(S_2) = \phi_1(S_2) - \phi_2(S_2) > 0$. 因此, 存在 $S^* \in \dot{I}$ 使得 $\psi(S^*) = \phi_1(S^*) - \phi_2(S^*) = 0$, 即 $G_1(S^*, R^*) = D_1$ 和 $G_2(S^*, R^*) = D_2$, 这里 $R^* = \phi_1(S^*) = \phi_2(S^*)$. 因此 (6.3.10) 有一个解. (2) 的证明与 (1) 类似. □

限制 $0 < S < \min\{1, \lambda_1, \lambda_2\}$ 和 $0 < R < \min\{1, \mu_1, \mu_2\}$, 定义

$$\triangle(S,R) = \frac{S_1(S,R)}{\xi_1}\frac{R_2(S,R)}{\eta_2} - \frac{S_2(S,R)}{\xi_2}\frac{R_1(S,R)}{\eta_1}, \tag{6.3.12}$$

那么由 (6.3.11), 根据克拉默法则得到

$$\begin{cases} x_1 = \dfrac{\dfrac{R_2(S,R)(1-S)}{\eta_2} - \dfrac{S_2(S,R)(1-R)}{\xi_2}}{\triangle(S,R)}, \\ x_2 = \dfrac{\dfrac{S_1(S,R)(1-R)}{\xi_1} - \dfrac{R_1(S,R)(1-S)}{\eta_1}}{\triangle(S,R)} \end{cases} \tag{6.3.13}$$

首先确定 $x_1, x_2$ 何时均为正. 假定 $x_1, x_2$ 的分子为正, 那么

$$\frac{R_2(S,R)(1-S)}{\eta_2} > \frac{S_2(S,R)(1-R)}{\xi_2},$$

$$\frac{S_1(S,R)(1-R)}{\xi_1} > \frac{R_1(S,R)(1-S)}{\eta_1}.$$

因此, 上式可改写为

$$\frac{\xi_2}{S_2(S,R)}\frac{R_2(S,R)}{\eta_2} > \frac{1-R}{1-S}$$

和

$$\frac{1-R}{1-S} > \frac{\xi_1}{S_1(S,R)}\frac{R_1(S,R)}{\eta_1}.$$

因而

$$\frac{\xi_2}{S_2(S,R)}\frac{R_2(S,R)}{\eta_2} > \frac{\xi_1}{S_1(S,R)}\frac{R_1(S,R)}{\eta_1},$$

即 $\triangle(S,R) > 0$. 因此如果 $x_1$ 和 $x_2$ 的分子为正, 则 $x_1$ 和 $x_2$ 也为正. 类似地, 如果 $x_1$ 和 $x_2$ 的分子为负, 那么 $\triangle(S,R) < 0$, 即 $x_1$ 和 $x_2$ 为正. 从而有下述结果.

**定理 6.3.4** 令 $(x_1^*, x_2^*)$ 是 (6.3.11) 的一个解, 那么 $x_1^* > 0$ 和 $x_2^* > 0$ 的充分必要条件是 $x_1^*$ 和 $x_2^*$ 的分子同号.

为了寻求 (6.3.10) 与 (6.3.11) 的一个解, 定义

$$N_{x_1}(S) = \frac{R_2(S, \phi_1(S))(1-S)}{\eta_2} - \frac{S_2(S, \phi_2(S))(1-\phi_2(S))}{\xi_2},$$

$$N_{x_2}(S) = \frac{S_1(S, \phi_1(S))(1-\phi_1(S))}{\xi_1} - \frac{R_1(S, \phi_1(S))(1-S)}{\eta_1}.$$

$N_{x_i}(S)$ 是 (6.3.13) 中 $x_i(S)$ 的分子, 其中, $R$ 被 $\phi_i(S)$ 所代替, 这里 $i, j = 1, 2$ 和 $i \neq j$. 由 $E_2 = (\bar{S}, \bar{R}, 0, \bar{x_2})$, 得到

$$\bar{x_2} = \frac{\xi_2(1-\bar{S_2})}{S_2(\bar{S_2}, \phi_2(\bar{S_2}))} = \frac{\eta_2(1-\phi_2(\bar{S_2}))}{R_2(\bar{S_2}, \phi_2(\bar{S_2}))}.$$

因此,

$$\frac{R_2(\bar{S_2}, \phi_2(\bar{S_2}))(1-\phi_2(\bar{S_2}))}{\eta_2} - \frac{S_2(\bar{S_2}, \phi_2(\bar{S_2}))(1-\bar{S_2})}{\xi_2} = N_{x_1}(\bar{S_2}) = 0.$$

由 (6.3.8) 知 $\phi_2(\lambda_2) = 0$, $\phi_2(0) = \mu_2$. 因此由 (6.3.4) 有

$$N_{x_1}(\lambda_2) = \frac{D_2}{\xi_2}, \quad N_{x_1}(0) = \frac{D_2}{\eta_2}.$$

同样, 在 $E_1 = (\bar{S}, \bar{R_1}, \bar{x_1}, 0)$,

$$\bar{x_1} = \frac{\xi_1(1-\bar{S_1})}{S_1(\bar{S_1}, \phi_1(\bar{S_1}))} = \frac{\eta_1(1-\phi_1(\bar{S_1}))}{R_1(\bar{S_1}, \phi_1(\bar{S_1}))}.$$

类似地, $N_{x_2}(0) = -\dfrac{D_1}{\eta_1}$, $N_{x_1}(\bar{S_1}) = 0$, $N_{x_2}(\lambda_1) = \dfrac{D_1}{\xi_1}$. 进而

$$\begin{aligned}
\frac{\mathrm{d}}{\mathrm{d}S} N_{x_1}(S) =& \frac{(1-S)}{\eta_2}\left\{\frac{\partial}{\partial S} R_2(S, \phi_2(S)) + \frac{\partial}{\partial R} R_2(S, \phi_2(S))\phi_2'(S)\right\} \\
& - \frac{1-\phi_2(S)}{\xi_2}\left\{\frac{\partial}{\partial S} S_2(S, \phi_2(S)) + \frac{\partial}{\partial R} S_2(S, \phi_2(S))\phi_2'(S)\right\} \\
& - \frac{R_2(S, \phi_2(S))}{\eta_2} + \phi_2'(S)\frac{S_2(S, \phi_2(S))}{\xi_2}, \\
\frac{\mathrm{d}}{\mathrm{d}S} N_{x_2}(S) =& \frac{1-\phi_1(S)}{\xi_1}\left\{\frac{\partial}{\partial S} S_1(S, \phi_1(S)) + \frac{\partial}{\partial R} R_1(S, \phi_1(S))\phi_1'(S)\right\}
\end{aligned}$$

$$-\frac{1-S}{\eta_1}\left\{\frac{\partial}{\partial S}R_1(S,\phi_1(S))+\frac{\partial}{\partial R}R_1(S,\phi_1(S))\phi_1'(S)\right\}$$

$$-\phi_1'(S)\frac{S_1(S,\phi_1(S))}{\xi_1}+\frac{R_1(S,\phi_1(S))}{\eta_1}.$$

由 (6.3.5) 得到 $\frac{\mathrm{d}}{\mathrm{d}S}N_{x_1}(S)<0$ 和 $\frac{\mathrm{d}}{\mathrm{d}S}N_{x_2}(S)>0$, 说明了 $0<S<1$ 和 $0<\phi_1(S),\ \phi_2(S)<1$. 注意到如果 $\bar{S}_1<\bar{S}_2$, 那么对 $\bar{S}_1<S<\bar{S}_2$, $N_{x_1}(S)$ 和 $N_{x_2}(S)$ 是正的; 如果 $\bar{S}_2<\bar{S}_1$, 那么对 $\bar{S}_2<S<\bar{S}_1$, $N_{x_1}$ 和 $N_{x_2}$ 是负的.

结合以上讨论与定理 6.3.4, 得到

**定理 6.3.5**　假定存在 (6.3.10) 的一个解 $(S^*,\ R^*)$, 那么对应于 (6.3.11) 的满足 $x_1^*>0,\ x_2^*>0$ 的解 $(x_1^*,\ x_2^*)$ 存在的充分必要条件是 $\min\{\bar{S}_1,\ \bar{S}_2\}<S^*<\max\{\bar{S}_1,\ \bar{S}_2\}$.

现在来确定 (6.3.9) 平衡点的局部稳定性. 它的变分矩阵 $\boldsymbol{V}_4(S,R,x_1,x_2)$ 为

$$\begin{pmatrix} -1-\sum\limits_{i=1}^{2}\frac{x_i}{\xi_i}\frac{\partial}{\partial S}S_i(S,R) & -\sum\limits_{i=1}^{2}\frac{x_i}{\xi_i}\frac{\partial}{\partial R}S_i(S,R) & -\frac{S_1(S,R)}{\xi_1} & -\frac{S_2(S,R)}{\xi_2} \\ -\sum\limits_{i=1}^{2}\frac{x_i}{\eta_i}\frac{\partial}{\partial S}R_i(S,R) & -1-\sum\limits_{i=1}^{2}\frac{x_i}{\eta_i}\frac{\partial}{\partial R}R_i(S,R) & -\frac{R_1(S,R)}{\eta_1} & \frac{R_2(S,R)}{\eta_2} \\ x_1\frac{\partial}{\partial S}G_1(S,R) & x_1\frac{\partial}{\partial R}G_1(S,R) & -D_1+G_1(S,R) & 0 \\ x_2\frac{\partial}{\partial S}G_2(S,R) & x_2\frac{\partial}{\partial R}G_2(S,R) & 0 & -D_2+G_2(S,R) \end{pmatrix},$$

它在 $\boldsymbol{E}_0$ 点是

$$\boldsymbol{V}_4(\boldsymbol{E}_0)=\begin{pmatrix} -1 & 0 & -\frac{S_1(1,1)}{\xi_1} & -\frac{S_2(1,1)}{\xi_2} \\ 0 & -1 & -\frac{R_1(1,1)}{\eta_1} & \frac{R_2(1,1)}{\eta_2} \\ 0 & 0 & -D_1+G_1(1,1) & 0 \\ 0 & 0 & 0 & -D_2+G_2(1,1) \end{pmatrix},$$

这里特征根 $\alpha_1=\alpha_2=-1,\ \alpha_3=G_1(1,1)-D_1,\ \alpha_4=G_2(1,1)-D_2$. 如果 $G_1(1,1)<D_1,\ G_2(1,1)<D_2$, 那么 $\boldsymbol{E}_0$ 是局部渐近稳定的, 即 $\boldsymbol{E}_1$ 和 $\boldsymbol{E}_2$ 均不存在时 $\boldsymbol{E}_0$ 为局部稳定. 如果 $G_1(1,1)>D_1$ 或 $G_2(1,1)>D_2$, 那么 $\boldsymbol{E}_0$ 是不稳定的, 即 $\boldsymbol{E}_1$ 和 $\boldsymbol{E}_2$ 存在时 $\boldsymbol{E}_0$ 不稳定.

假定 $G_1(1,1)>D_1$, 这样 $\boldsymbol{E}_1$ 存在, 变分矩阵 $\boldsymbol{E}_1$ 的值 $\boldsymbol{V}_4(\boldsymbol{E}_1)$ 为

$$\begin{pmatrix} -1-\dfrac{\bar{x_1}}{\xi_1}\dfrac{\partial}{\partial S}S_i(\bar{S_1},\bar{R_1}) & -\dfrac{\bar{x_1}}{\xi_1}\dfrac{\partial}{\partial R}S_1(\bar{S_1},\bar{R_1}) & -\dfrac{S_1(\bar{S_1},\bar{R_1})}{\xi_1} & -\dfrac{S_2(\bar{S_1},\bar{R_1})}{\xi_2} \\ -\dfrac{\bar{x_1}}{\eta_1}\dfrac{\partial}{\partial S}R_1(\bar{S_1},\bar{R_1}) & -1-\dfrac{\bar{x_1}}{\eta_1}\dfrac{\partial}{\partial R}R_1(\bar{S_1},\bar{R_1}) & -\dfrac{R_1(\bar{S_1},\bar{R_1})}{\eta_1} & -\dfrac{R_2(\bar{S_1},\bar{R_1})}{\eta_2} \\ \bar{x_1}\dfrac{\partial}{\partial S}G_1(\bar{S_1},\bar{R_1}) & \bar{x_1}\dfrac{\partial}{\partial R}G_1(\bar{S_1},\bar{R_1}) & 0 & 0 \\ 0 & 0 & 0 & -D_2+G_2(\bar{S_1},\bar{R_1}) \end{pmatrix},$$

这时 $\boldsymbol{V}_4(\bar{S_1},\bar{R_1},\bar{x_1},0)$ 的特征多项式为

$$(\alpha-(G_2(\bar{S_1},\bar{R_1}))-D_2)(\alpha^3+A_1\alpha^2+B_1\alpha+C_1).$$

显然 $G_2(\bar{S_1},\bar{R_1})<D_2$ 是 $\boldsymbol{E}_1$ 为局部渐近稳定的一个必要条件.

类似地, 如果 $G_2(1,1)>D_2$, 则 $E_2$ 存在. $\boldsymbol{V}_4(\bar{S_2},\bar{R_2},0,\bar{x_2})$ 的特征多项式为

$$(\alpha-(G_1(\bar{S_2},\bar{R_2}))-D_1)(\alpha^3+A_2\alpha^2+B_2\alpha+C_2).$$

显然 $G_1(\bar{S_2},\bar{R_2})<D_1$ 是 $\boldsymbol{E}_2$ 局部渐近稳定的一个必要条件.

现在假定存在 (6.3.10) 和 (6.3.11) 的一个解 $\boldsymbol{E}_*=(S^*,R^*,x_1^*,x_2^*)\in\mathbf{R}_+^4$. 那么 $\boldsymbol{V}_4(S^*,R^*,x_1^*,x_2^*)$ 的特征多项式为

$$\begin{aligned}&\alpha^4+(b_1+b_4)\alpha^3+(a_1+a_4+b_1b_4-b_2b_3)\alpha^2\\&+(b_1a_4+b_4a_1-b_3a_2-b_2a_3)\alpha+(a_1a_4-a_2a_3),\end{aligned}\tag{6.3.14}$$

这里

$$\begin{aligned}
b_1 &=1+\frac{\partial}{\partial S}S_1(S^*,R^*)\frac{x_1^*}{\xi_1}+\frac{\partial}{\partial S}S_2(S^*,R^*)\frac{x_2^*}{\xi_2},\\
b_2 &=\frac{\partial}{\partial R}S_1(S^*,R^*)\frac{x_1^*}{\xi_1}+\frac{\partial}{\partial R}S_2(S^*,R^*)\frac{x_2^*}{\xi_2},\\
b_3 &=\frac{\partial}{\partial S}R_1(S^*,R^*)\frac{x_1^*}{\eta_1}+\frac{\partial}{\partial S}R_2(S^*,R^*)\frac{x_2^*}{\eta_2},\\
b_4 &=1+\frac{\partial}{\partial R}R_1(S^*,R^*)\frac{x_1^*}{\eta_1}+\frac{\partial}{\partial R}R_2(S^*,R^*)\frac{x_2^*}{\eta_2},\\
a_1 &=\frac{x_1^*}{\xi_1}S_1(S^*,R^*)\frac{\partial}{\partial S}G_1(S^*,R^*)+\frac{x_2^*}{\xi_2}S_2(S^*,R^*)\frac{\partial}{\partial S}G_2(S^*,R^*),\\
a_2 &=\frac{x_1^*}{\xi_1}S_1(S^*,R^*)\frac{\partial}{\partial R}G_1(S^*,R^*)+\frac{x_2^*}{\xi_2}S_2(S^*,R^*)\frac{\partial}{\partial R}G_2(S^*,R^*),\\
a_3 &=\frac{x_1^*}{\eta_1}R_1(S^*,R^*)\frac{\partial}{\partial S}G_1(S^*,R^*)+\frac{x_2^*}{\eta_2}R_2(S^*,R^*)\frac{\partial}{\partial S}G_2(S^*,R^*),
\end{aligned}$$

$$a_4 = \frac{x_1^*}{\eta_1}R_1(S^*,R^*)\frac{\partial}{\partial R}G_1(S^*,R^*) + \frac{x_2^*}{\eta_2}R_2(S^*,R^*)\frac{\partial}{\partial R}G_2(S^*,R^*).$$

首先注意到

$$\begin{aligned}a_1a_4 - a_2a_3 = &\left(\frac{\partial}{\partial S}G_1(S^*,R^*)\frac{\partial}{\partial R}G_2(S^*,R^*) - \frac{\partial}{\partial R}G_1(S^*,R^*)\frac{\partial}{\partial S}G_2(S^*,R^*)\right)\\ &\left(\frac{S_1(S^*,R^*)}{\xi_1}\frac{R_2(S^*,R^*)}{\eta_2} - \frac{S_2(S^*,R^*)}{\xi_2}\frac{R_1(S^*,R^*)}{\eta_1}\right)\\ = &\bigtriangledown(S^*,R^*)\cdot\triangle(S^*,R^*),\end{aligned}$$

这里 $\triangle(S,R)$ 为 (6.3.12). 由赫尔维茨准则知, $\boldsymbol{E}_*$ 局部渐近稳定的一个必要条件是 $\bigtriangledown(S^*,R^*)$ 和 $\triangle(S^*,R^*)$ 有相同的符号.

下面是关于系统持续生存的一个定理.

**定理 6.3.6** 假设 $G_i(1,1) > D_i$, $i=1,2$, $G_1(\bar{S_2},\bar{R_2}) > D_1$ 和 $G_2(\bar{S_1},\bar{R_1}) > D_2$. 如果关于初值在 $J_1 = \{(S,R,x_1,x_2)\in \mathbf{R}_+^4 : x_1>0, x_2=0\}$ 内的所有解, $\boldsymbol{E}_1$ 是全局渐近稳定的; 关于初值在 $J_2 = \{(S,R,x_1,x_2)\in \mathbf{R}_+^4 : x_1=0, x_2>0\}$ 内的所有解, $\boldsymbol{E}_2$ 是全局渐近稳定的, 那么系统 (6.3.9) 关于 $x_1(0)>0$, $x_2(0)>0$ 的所有解是持续生存的.

**证明** 考虑 (6.3.9) 的某个解 $(S(t),R(t),x_1(t),x_2(t))$. 对某个 $t\geqslant 0$, $x_i(t)=0$, 由于

$$x_i(t) = x_i(0)\exp\left(\int_0^t(-D_i + G_i(S(\tau),R(\tau))\mathrm{d}\tau\right),$$

那么 $x_i(t)\equiv 0$.

假定对 $i=1,2$, 对某个 $t\geqslant 0$ 成立, 这时系统 (6.3.9) 退化为

$$\begin{aligned}&S'(t) = 1 - S(t),\\ &R'(t) = 1 - R(t),\\ &x_i'(t) = 0, \quad i=1,2,\\ &S(0)\geqslant 0,\quad R(0)\geqslant 0,\quad x_i(0)=0,\quad i=1,2.\end{aligned}$$

这个系统有解 $S(t) = (S(0)-1)\mathrm{e}^{-t}+1$, $R(t) = (R(0)-1)\mathrm{e}^{-t}+1$, $x_i(t)\equiv 0$, $i=1,2$. 这样关于初值在 $J_0 = \{(S,R,0,0)\in \mathbf{R}_+^4\}$ 的解 $\boldsymbol{E}_0$ 是全局吸引的.

选择 $\underline{X}\in \dot{\mathbf{R}}_+^4$, 由引理 6.2.1, $\Omega(\underline{X})$ 关于 (6.3.9) 是非空, 紧致和不变的集合. 假定 $\{\boldsymbol{E}_0\}\in\Omega(\underline{X})$, 令 $\boldsymbol{M}^+(\boldsymbol{E}_0)$ 表示 $\boldsymbol{E}_0$ 稳定的流形. 由于 $G_i(1,1)>D_i$, $i=1,2$, $\boldsymbol{E}_0$ 是不稳定的, $\boldsymbol{V}_4(\boldsymbol{E}_0)$ 有两个正实根和两个负实根. 因此由于 $\boldsymbol{M}^+(\boldsymbol{E}_0)\supset J_0$, $\boldsymbol{M}^+(\boldsymbol{E}_0) = J_0$ 和它不交于 $\dot{\mathbf{R}}_+^4$, 这就意味着 $\{\boldsymbol{E}_0\}\neq\Omega(\underline{X})$. 因此, 由 Butler-McGehee 引理[5], 存在 $p_0\in\boldsymbol{M}^+(\boldsymbol{E}_0)$, 使得 $p_0\in\Omega(\underline{X})\backslash\{\boldsymbol{E}_0\}$, 因而 $\mathrm{cl}\mathcal{O}(p_0)\subset\Omega(\underline{X})$, 这里 $\mathcal{O}(p_0)$ 表示通过 $p_0$ 的整条轨线. 然而, 由于 $\boldsymbol{E}_0$ 是全局吸引, 或者在 $\mathcal{O}(p_0)$ 成

为无界的, 或者 $S$ 或 $R$ 之一当 $t\to\infty$ 时成为负的, 无论哪种情况, 都得到矛盾, 因此 $\{\boldsymbol{E}_0\}\notin\Omega(\underline{X})$.

假定 $\{\boldsymbol{E}_1\}\in\Omega(\underline{X})$. 由于 $G_2(\bar{S}_1,\bar{R}_1)>D_2$, $E_1$ 是不稳定的, 因此 $\dim(\boldsymbol{M}^+(\boldsymbol{E}_1))<4$. 由于 $\boldsymbol{M}^+(\boldsymbol{E}_1)\supset J_1$, $\dim(\boldsymbol{M}^+(\boldsymbol{E}_1))\geqslant 3$, 因此 $\boldsymbol{M}^+(\boldsymbol{E}_1)=J_1$ 不交于 $\mathbf{R}_+^4$, 这就意味着 $\{\boldsymbol{E}_1\}\neq\Omega(\underline{X})$. 所以由 Butler-McGehee 引理, 存在 $p_1\in\boldsymbol{M}^+(\boldsymbol{E}_1)$, 使得 $p_1\in\Omega(\underline{X})\backslash\{\boldsymbol{E}_1\}$, 因而 $\mathrm{cl}\mathcal{O}(p_1)\subset\Omega(\underline{X})$. 然而, 由于 $\boldsymbol{E}_1$ 是全局吸引, 或者 $\mathcal{O}(p_1)$ 当 $t\to\infty$ 时无界, 或在 $\mathrm{cl}\mathcal{O}(p_1)\supset\{\boldsymbol{E}_0\}$, 无论哪种情况都得到矛盾, 因此 $\{\boldsymbol{E}_1\}\notin\Omega(\underline{X})$. 类似的可以得到 $\{\boldsymbol{E}_2\}\notin\Omega(\underline{X})$.

由定理 6.3.1, $x_i(t)$ 是有界的. 如果 $S(t)$ 充分接近于零时 $S'(t)>0$, $R(t)$ 充分接近于零时 $R'(t)>0$, 那么得到 $\Omega(\underline{X})$ 内的任何点满足 $\underline{S}>0,\underline{R}>0$.

假定 (6.3.9) 是不持续生存的, 那么存在一个点 $\tilde{p}\in\Omega(\underline{X})$, 使得对某个 $i\in\{0,1,2\}$, $\tilde{p}\in J_i$ 和 $\mathrm{cl}\mathcal{O}(\tilde{p})\subset\Omega(\underline{X})$. 如果 $\tilde{p}\in J_0$, 那么 $\{\boldsymbol{E}_0\}\in\mathrm{cl}\mathcal{O}(\tilde{p})$. 由于 $\boldsymbol{E}_0$ 关于初值在 $J_0$ 中的所有解是全局吸引的, 这就意味着 $\{\boldsymbol{E}_0\}\in\Omega(\underline{X})$, 得到矛盾. 如果 $\tilde{p}\in J_1$, 那么 $\{\boldsymbol{E}_1\}\in\mathrm{cl}\mathcal{O}(\tilde{p})$. 由于 $\boldsymbol{E}_1$ 关于初值在 $J_1$ 中的所有解是全局吸引的, 这就意味着 $\{\boldsymbol{E}_1\}\in\Omega(\underline{X})$, 又得到矛盾. 类似地, 如果 $\tilde{p}\in J_2$, 那么 $\{\boldsymbol{E}_2\}\in\mathrm{cl}\mathcal{O}(\tilde{p})$. 由于 $\boldsymbol{E}_2$ 于初值在 $J_2$ 内的所有解是全局吸引的, 这就意味着 $\{\boldsymbol{E}_2\}\in\Omega(\underline{X})$, 又得到矛盾. 因此 (6.3.9) 是持续生存的. □

文献 [8], [9] 对模型进行了进一步的讨论, 文献 [10] 又把模型改进为具有时滞的情况.

## 参 考 文 献


[1] Leon J A, Tumpson D B. Competition between two species for two complementary or two substitutable resources. J. Theoret. Biol., 1975, 50: 185~201.

[2] Rapport D. An optimization model of food selection. Amer. Nature., 1971, 105: 575~587.

[3] Hsu S B, Cheng K S, Hubbell S P. Exploitative competition of microorganisms for two complementary nutrients in continuous cultures. SIAM. J. Appl Math., 1981, 41: 422~444.

[4] Butler G J, Wolkowicz G S K. Exploitative competition in a chemostat for two complementary, and possibly inhibitory, resources. Math. Biosci., 1987, 83: 1~48.

[5] Freedman P, Waltman H I. Persistence in models of three interacting predator-prey populations. Math. Biosci., 1984, 68: 213~231.

[6] Ballyk M M, Wolkowicz G S K. Exploitative competition in the chemostat for two perfectly substitutable resources. Math Biosci., 1993, 118: 127~180.

[7] Wolkowicz G S K, Ballyk M M, Lu Z. Microbial dynamics in a chemostat:competition, growth, implications of enrichment. Differential Equations and Control Theory, 1996.

[8] Ballyk M M, Wolkowicz G S K. An examination of the thresholds of enrichment:A resource-based growth model. J. Math. Biol., 1995, 33: 435～457.

[9] Wolkowicz G S K, Ballyk M M, Daoussis S P. Interaction in a chemostat: introduction of a competitor can promote greaterdiversity. Rocky Mountain J. Math., 1995, 25: 515～543.

[10] Li B, Wolkowicz G S K, Kuang Y. Global asymptotic behavior of a chemostat model with two perfectly complementary resources and distributed delay. SIAM J. Appl. Math., 2000, 60: 2058～2086.

# 第 7 章　在恒化器组中的开发竞争

恒化器在微生物生态学的研究中扮演了一个重要的角色, 通过它能够使得理论和实验研究都变得容易. 在恒化器中, 不同微生物种群之间开发竞争的主要结果是竞争排斥原理成立. 在自然界里共存是可以存在的, 一个重要原因是在食物源中营养倾斜度的存在和恒化器很好的组合的假设. Lovitt 和 Wimpenny[1, 2] 把许多恒化器连接起来, 称它们为恒化器组 (gradostat). 在他们的实验中有一个营养倾斜度. 首先由 Tang[3] 对一个种群在恒化器组中的生长进行了数学上的分析, 这些结果后来由 Smith[4] 进行了改进. 两个种群在两个培养室竞争的研究由 Jäger 等[5] 给出, 它包含了各种极限性态的分类, 其中也有共存的情况. Smith 和 Tang[6] 研究了在培养室之间交流率的作用. 下面逐一介绍这些工作.

## 7.1　一个种群的情况

在文献 [3] 中, Tang 首先研究了如下的模型:

$$\begin{cases} S_i' = (S_{i-1} - 2S_i + S_{i+1})D - \dfrac{1}{y}\dfrac{mS_i}{a+S_i}U_i, \\ U_i' = (U_{i-1} - 2U_i + U_{i+1})D + \dfrac{mS_i}{a+S_i}U_i, \\ S_0 = S^0, \quad S_{n+1} = U_0 = U_{n+1} = 0, \\ S_i(0) > 0, \quad U_i(0) > 0, \quad 1 \leqslant i \leqslant n. \end{cases} \tag{7.1.1}$$

这是一个由 $n$ 个容器组成的恒化器组数学模型, 在容器两端的稀释率、食物源的供应率以及两个临近容器之间输送率均为常数 $D$, $S_i(t)$ 和 $U_i(t)$ 分别表示营养源与微生物在第 $i$ 个容器中 $t$ 时刻的浓度.

为了书写方便, 把 (7.1.1) 写成向量的形式

$$\begin{cases} \boldsymbol{S}'(t) = D\boldsymbol{A}\boldsymbol{S}(t) - \dfrac{1}{y}\boldsymbol{B}(\boldsymbol{S}(t))\boldsymbol{U}(t) + DS^0\boldsymbol{e}_1, \\ \boldsymbol{U}'(t) = D\boldsymbol{A}\boldsymbol{U}(t) + \boldsymbol{B}(\boldsymbol{S}(t))\boldsymbol{U}(t), \\ \boldsymbol{S}(0) > 0, \quad \boldsymbol{U}(0) > 0, \end{cases} \tag{7.1.2}$$

这里 $\boldsymbol{A}$ 和 $\boldsymbol{B}$ 是 $n \times n$ 矩阵

$$
\boldsymbol{A}=\begin{pmatrix}
-2 & 1 & 0 & 0 & \cdots & 0\\
1 & -2 & 1 & 0 & \cdots & 0\\
0 & 1 & -2 & 1 & \cdots & 0\\
\vdots & \vdots & \vdots & \vdots & & \vdots\\
0 & 0 & 0 & 0 & \cdots & -2
\end{pmatrix},
$$

$\boldsymbol{B}(\boldsymbol{S}(t))$ 是一个对角矩阵, 它的第 $i$ 个对角元素是 $\dfrac{mS_i(t)}{a+S_i(t)}$, $\boldsymbol{e}_i$ 是 $\mathbf{R}_+^n$ 中的单位向量, 它除了第 $i$ 个元素之外其余为零.

注意到 (7.1.2) 的任何从 $\mathbf{R}_+^n$ 出发的解当 $t>0$ 时不能穿过平面 $S_i=0$ 或 $U(i)=0$, 因此, $\mathbf{R}_+^n$ 是不变的. 这个事实与下面的定理说明解与生物学意义是一致的.

**定理 7.1.1**　方程 (7.1.2) 任何轨线的 $\omega$ 极限集是 $\Omega=\left\{(\boldsymbol{S},\boldsymbol{U})\in\mathbf{R}_+^{2n}:\dfrac{\boldsymbol{S}+\boldsymbol{U}}{y}=\boldsymbol{\omega}\right\}$, 这里 $\omega_i=S^0\left(1-\dfrac{i}{n+1}\right)$.

**证明**　令 $\boldsymbol{Z}(t)=\boldsymbol{S}(t)+\dfrac{1}{y}\boldsymbol{U}(t)$, 那么

$$
\boldsymbol{Z}'(t)=D(\boldsymbol{A}\boldsymbol{Z}(t)+S^0\boldsymbol{e}_1),
$$

$$
\boldsymbol{Z}(0)=\boldsymbol{S}(0)+\frac{1}{y}\boldsymbol{U}(0)>0.
$$

$\boldsymbol{A}$ 的特征根是$\lambda_k=2\left(\cos\dfrac{K\pi}{n+1}-1\right), 1\leqslant K\leqslant n$. 由于所有的特征根为负, 因而初值问题的解 $\boldsymbol{Z}(t)$ 是有界的和渐近趋于稳定状态 $\boldsymbol{\omega}=-S^0\boldsymbol{A}^{-1}\boldsymbol{e}_1, \boldsymbol{A}^{-1}$ 是形如

$$
(\boldsymbol{A}^{-1})_{ij}=\begin{cases}
\dfrac{-i(n-j+1)}{n+1}, & j\geqslant i,\\
(\boldsymbol{A}^{-1})_{ji}, & j<i
\end{cases}
$$

的矩阵, 从而 $\omega_i=S^0\left(1-\dfrac{i}{n+1}\right)$. □

定理 7.1.1 意味着当 $t\to\infty$ 时, (7.1.2) 等价于

$$
\begin{cases}
\boldsymbol{U}'(t)=D\boldsymbol{A}\boldsymbol{U}(t)+\boldsymbol{B}\left(\boldsymbol{\omega}-\dfrac{1}{\boldsymbol{U}(t)}\right)\boldsymbol{U}(t),\\
\boldsymbol{U}(0)>0.
\end{cases}
\tag{7.1.3}
$$

下面在集合 $\Omega_0=\{\boldsymbol{U}\in\mathbf{R}_+^n:\ \boldsymbol{U}\leqslant y\boldsymbol{\omega}\}$ 内寻找方程 (7.1.3) 的解.

**定理 7.1.2**　方程 (7.1.3) 的每条轨线都趋于系统的一个平衡点.

**证明**　在 $\Omega_0$ 上定义李雅普诺夫函数

$$V(\boldsymbol{U})=\sum_{i=1}^{n}\left((U_i^2-U_iU_{i+1})D-\int_0^{U_i}m\frac{\omega_i-\dfrac{1}{y}\boldsymbol{Z}}{a+\omega_i-\dfrac{1}{y}\boldsymbol{Z}}\mathrm{d}\boldsymbol{Z}\right),$$

则

$$\left.\frac{\mathrm{d}V(t)}{\mathrm{d}t}\right|_{(7.1.3)}=\sum_{i=1}^{n}U_i'(2U_i-U_{i-1}-U_{i+1})\boldsymbol{D}-mU_i\frac{\omega_i-\dfrac{1}{y}U_i}{a+\omega_i-\dfrac{1}{y}U_i}$$

$$=\sum_{i=1}^{n}-(U_i')^2.$$

由 LaSalle 不变原理, (7.1.3) 的所有轨线趋于 $\{\boldsymbol{U}\in\Omega_0:\ \dot{V}(\boldsymbol{U})=0\}$ 内的最大不变集, 这时它是系统的平衡点.

方程 (7.1.3) 的渐近解是下面方程的解:

$$D\boldsymbol{A}\boldsymbol{U}+\boldsymbol{B}\left(\boldsymbol{\omega}-\frac{1}{y}\boldsymbol{U}\right)\boldsymbol{U}=0,\quad \boldsymbol{U}\in\Omega_0. \tag{7.1.4}$$

在有限营养源的情况下, 在实验中能够被控制的常数是稀释率 $\boldsymbol{D}$ 和输入浓度 $\boldsymbol{S}^0$, 取 $\mu=1/D$ 作为参数, $S^0$ 固定, 那么 (7.1.4) 就成为

$$\boldsymbol{A}\boldsymbol{U}+\mu\boldsymbol{F}(U)=0,\quad U=\Omega_0, \tag{7.1.5}$$

这里 $\boldsymbol{F}(U)=\boldsymbol{B}\left(\omega-\dfrac{1}{y}U\right)U$. 如果定义一个算子, $\bar{Y}:(0,\ \infty)\times\Omega_0\to\mathbf{R}_+^n$, 如,

$$\bar{Y}(\mu,\ \boldsymbol{U})=-\mu\boldsymbol{A}^{-1}\boldsymbol{F}(\boldsymbol{U}),$$

那么方程 (7.1.5) 的任何解能够被看成是

$$\bar{Y}(\boldsymbol{U},\ \boldsymbol{U})=\boldsymbol{U} \tag{7.1.6}$$

的一个不定点.(7.1.6) 的解集由 $\Sigma$ 来表示, 那么可以利用隐函数定理和单调性来研究它. 首先看一下 $\bar{Y}$ 的某些性质来确定它的结构.

**定义 7.1.1** 如果对每个 $\boldsymbol{U}\in\mathbf{R}_+^n$, $J(\boldsymbol{U})>0$, 则称算子 $J:\mathbf{R}_+^n\to\mathbf{R}^n$ 是严格正的; 如果对每个 $\boldsymbol{U}\in\mathbf{R}_+^n$, $J(\boldsymbol{U})\gg 0$, 则称算子 $J:\mathbf{R}_+^n\to\mathbf{R}^n$ 是强正的. 如果 $J(\tau\boldsymbol{U})-\tau J(\boldsymbol{U})\gg 0$ 对所有 $\boldsymbol{U}$ 和所有 $\tau\in(0,\ 1)$ 成立, $J$ 被称为强子线性的; 如果 $\boldsymbol{U}\gg\boldsymbol{V}$ 意味着 $J(\boldsymbol{U})\gg J(\boldsymbol{V})$, 则它是强递增的. 严格递增和严格子线性算子可以类似定义.

令 $\boldsymbol{F}'$ 是 $\boldsymbol{F}$ 在 $\boldsymbol{U}=0$ 时的雅可比矩阵, 令 $\boldsymbol{L}=-\boldsymbol{A}^{-1}\boldsymbol{F}'$, 注意到 $\boldsymbol{F}'$ 是第 $i$ 个对角元素为 $m\omega_i/(a+\omega_i)$ 的一个对角矩阵. 能够证明 $\boldsymbol{L}$ 在 $\mathbf{R}_+^n$ 上是一个强正和完全连续的算子, 且 $\bar{Y}(\mu,\ \boldsymbol{U})=\mu\boldsymbol{L}(\boldsymbol{U})+h(\mu,\boldsymbol{U})$, 这里 $h(\mu,\boldsymbol{U})$ 满足条件

$$\lim_{|U|\to 0}\frac{|h(\cdot,\boldsymbol{U})|}{|\boldsymbol{U}|}=0.$$

**定理 7.1.3** $\boldsymbol{L}$ 的谱半径 $r(\boldsymbol{L})$ 是正的, 且 $(1/r(\boldsymbol{L}),0)$ 是方程 (7.1.6) 的平凡解的唯一的分叉点, 进而这个从 $(1/r(\boldsymbol{L}),0)$ 发散的分叉有一个无界的全局连续统.

**定理 7.1.4** 令 $c>0$, 定义 $\boldsymbol{A}_c$ 是矩阵 $\boldsymbol{A}-c\boldsymbol{J}$, 则 $-(\boldsymbol{A}_c)^{-1}$ 是一个强正算子.

**定理 7.1.5** 对每个 $\mu>0$, 存在 $M>0$, 使得算子 $\bar{Y}_M:(0,\ \infty)\times\Omega_0\to\mathbf{R}_+^n$, $\bar{Y}_M(\mu,\boldsymbol{U})=-\boldsymbol{A}_M^{-1}(\mu\boldsymbol{F}(\boldsymbol{U})+M\boldsymbol{U})$ 在 $\boldsymbol{U}$ 中是强正的、强递增和强子线性的, 进一步, $\bar{Y}_M$ 有至多一个不动点, 它也是强正和稳定的.

**证明** 对所有 $\boldsymbol{U}\in\Omega_0$,

$$\frac{\mathrm{d}}{\mathrm{d}U_i}(\boldsymbol{F}(\boldsymbol{U}))_i=m\left(1-\frac{a(a+\omega_i)}{\left(a+\omega_i-\dfrac{1}{y}U_i\right)^2}\right)$$
$$\geqslant-\frac{mn}{a(n+1)}S^{0}.$$

令 $M>\mu mnS^0/a(n+1)$, 那么 $\mu\boldsymbol{F}(\boldsymbol{U})+M\boldsymbol{U}$ 是一个 $\boldsymbol{U}$ 的严格递增函数, 而且 $\boldsymbol{A}_M^{-1}$ 存在. 注意到矩阵 $-\boldsymbol{A}_M^{-1}$ 是强正的, 因此 $\bar{Y}_M$ 是强正和强递增的, 从而 $\bar{Y}_M$ 的所有正不动点必须在 $\mathbf{R}_+^n$ 的内部.

为了证明 $\bar{Y}_M$ 的强子线性, 注意到如果 $U_i\geqslant 0$, 则

$$(\boldsymbol{F}(\tau\boldsymbol{U})-\tau\boldsymbol{F}(\boldsymbol{U}))_i=ma\tau U_i\left(\frac{1}{a+\omega_i-\dfrac{1}{y}U_i}-\frac{1}{a+\omega_i-\dfrac{\tau}{y}U_i}\right)\geqslant 0$$

对所有 $\tau\in(0,\ 1)$ 成立, 因此,

$$\bar{Y}_M(\mu,\tau\boldsymbol{U})-\tau\bar{Y}_M(\mu,\boldsymbol{U})=-\mu\boldsymbol{A}_M^{-1}\left(\boldsymbol{F}(\tau\boldsymbol{U})-\tau\boldsymbol{F}(\boldsymbol{U})\right)$$

对所有 $\boldsymbol{U}>0$ 成立.

$\bar{Y}_M$ 的正不动点的唯一性和稳定性证明可见文献 [7]. □

**定义 7.1.2** 如果向量 $\boldsymbol{\phi},\boldsymbol{\psi}\in\mathbf{R}_+^n$ 使得 $\boldsymbol{\phi}\leqslant\boldsymbol{\psi}$, 以及

$$\boldsymbol{A\phi}+\mu\boldsymbol{F}(\boldsymbol{\phi})\geqslant 0,$$
$$\boldsymbol{A\psi}+\mu\boldsymbol{F}(\boldsymbol{\psi})\leqslant 0,$$

那么分别称它们为方程 (7.1.5) 的下解和上解.

**定理 7.1.6** 令 $\boldsymbol{\phi}$ 和 $\boldsymbol{\psi}$ 是方程 (7.1.5) 的下解和上解, 那么存在 $\boldsymbol{U}\in\mathbf{R}_+^n$, $\boldsymbol{\phi}\leqslant\boldsymbol{U}\leqslant\boldsymbol{\psi}$, 它是方程 (7.1.5) 的一个解.

**证明** 令 $\boldsymbol{U}_1=\boldsymbol{\phi}$, $\boldsymbol{U}_{k+1}=\bar{Y}_M(\mu,\boldsymbol{U}_k)$, $\boldsymbol{V}_1=\boldsymbol{\psi}$, $\boldsymbol{V}_{k+1}=\bar{Y}_M(\mu,\boldsymbol{V}_k)$. 下面将证明 $\{\boldsymbol{U}_k\}$ 是下解的一个有界非减序列, $\{\boldsymbol{V}_k\}$ 是上解的一个有界非增序列. 由于

$$\begin{aligned}-\boldsymbol{A}_M(\boldsymbol{U}_2-\boldsymbol{U}_1)&=-\boldsymbol{A}_M\left(\bar{Y}_M(\mu,\boldsymbol{U}_1)-\boldsymbol{U}_1\right)\\&=-\boldsymbol{A}_M(-\boldsymbol{A}_M^{-1})\left(\mu\boldsymbol{F}(\boldsymbol{U}_1)+M\boldsymbol{U}_1-\boldsymbol{U}_1\right)\\&=\mu\boldsymbol{F}(\boldsymbol{U}_1)+\boldsymbol{A}\boldsymbol{U}_1\\&\geqslant 0,\end{aligned}$$

$-\boldsymbol{A}_M^{-1}$ 是强正的, 所以 $-\boldsymbol{A}_M^{-1}\left(-\boldsymbol{A}_M(\boldsymbol{U}_2-\boldsymbol{U}_1)\right)\geqslant 0$ 或 $\boldsymbol{U}_2\geqslant\boldsymbol{U}_1$, 此外由于 $\mu\boldsymbol{F}(\boldsymbol{U})+M\boldsymbol{U}$ 在 $\boldsymbol{U}$ 中是严格递增的,

$$\begin{aligned}\boldsymbol{A}\boldsymbol{U}_2+\mu\boldsymbol{F}(\boldsymbol{U}_2)&=(\boldsymbol{A}-M)\boldsymbol{U}_2+\mu\boldsymbol{F}(\boldsymbol{U}_2)+M\boldsymbol{U}_2\\&=\boldsymbol{A}_M\left(-\boldsymbol{A}_M^{-1}(\mu\boldsymbol{F}(\boldsymbol{U}_1)+M\boldsymbol{U}_1)\right)+\mu\boldsymbol{F}(\boldsymbol{U}_2)+M\boldsymbol{U}_2\\&=\mu\boldsymbol{F}(\boldsymbol{U}_2)+M\boldsymbol{U}_2-(\mu\boldsymbol{F}(\boldsymbol{U}_1)+M\boldsymbol{U}_1)\\&\geqslant 0.\end{aligned}$$

这说明 $\boldsymbol{U}_2$ 也是一个下解, 类似地, 可以证明 $\boldsymbol{V}_2$ 也是一个上解和 $\boldsymbol{V}_2\leqslant\boldsymbol{V}_1$. 进一步, $-\boldsymbol{A}_M(\boldsymbol{V}_2-\boldsymbol{U}_2)=\mu\boldsymbol{F}(\boldsymbol{\psi})+M\boldsymbol{\psi}-(\mu\boldsymbol{F}(\boldsymbol{\phi})+M\boldsymbol{\phi})\geqslant 0$, 因此 $\boldsymbol{V}_2\geqslant\boldsymbol{U}_2$. 由前面叙述, 得到 $\boldsymbol{U}_1\leqslant\boldsymbol{U}_2\leqslant\cdots\leqslant\boldsymbol{V}_2\leqslant\boldsymbol{V}_1$, 序列 $\{\boldsymbol{U}_k\}$ 和 $\{\boldsymbol{V}_k\}$ 分别收敛于 $\boldsymbol{U}$ 和 $\boldsymbol{V}$, 这里 $\boldsymbol{U}<\boldsymbol{V}$. 注意到 $\bar{Y}_M$ 在 $\boldsymbol{U}$ 中是一致连续的, 因此,

$$\begin{aligned}\bar{Y}_M(\mu,\boldsymbol{U})&=\bar{Y}_M(\mu,\lim_{k\to\infty}\boldsymbol{U}_k)\\&=\lim_{k\to\infty}\bar{Y}_M(\mu,\boldsymbol{U}_k)\\&=\lim_{k\to\infty}\boldsymbol{U}_{k+1}\\&=\boldsymbol{U}.\end{aligned}$$

类似地, $\bar{Y}_M(\mu,\boldsymbol{V})=\boldsymbol{V}$. 这就证明了 $\bar{Y}_M$ 的一个不动点的存在性. 最后注意到 $\bar{Y}$ 的不动点和 $\bar{Y}_M$ 的不动点是相同的, 这样就得到了定理的结论. □

**引理 7.1.1** 令 $\mu_2>\mu_1>0$, 如果 $\boldsymbol{U}_1>0$ 是 (7.1.5) 对应于 $\mu=\mu_1$ 的一个解, 那么存在 $\boldsymbol{U}_2\gg\boldsymbol{U}_1$, 使得 $\boldsymbol{U}_2$ 是对应于 $\mu=\mu_2$ 相同方程的一个解.

**证明** 由于 $\mu_2>\mu_1$, $\boldsymbol{A}\boldsymbol{U}_1+\mu_2\boldsymbol{F}(\boldsymbol{U}_1)=-\mu_1\boldsymbol{F}(\boldsymbol{U}_1)+\mu_2\boldsymbol{F}(\boldsymbol{U}_2)>0$ 说明 $\boldsymbol{U}_1$ 是方程 (7.1.5) $\mu=\mu_2$ 时的一个下解. 由上面的引理知, 对 $\mu$ 的值存在一个解 $\boldsymbol{U}_2>\boldsymbol{U}_1$, $\bar{Y}_M(\cdot,\boldsymbol{U})$ 的强正性意味着 $\boldsymbol{U}_2\gg\boldsymbol{U}_1$. □

**定理 7.1.7** 对每个 $S^0$, 存在一个数 $\mu_0=\mu_0(n)>0$, 使得下列各式成立:

(1) 如果 $\mu\leqslant\mu_0$, 则 $\Sigma=\{0\}$;

(2) 如果 $\mu>\mu_0$, 则 $\Sigma=\{0,\xi\}$;

(3) 如果 $(\mu_0,\infty)\times\Omega_0\to\Omega_0:\mu\to\xi(\mu)$ 是一个强递增 $C^2$ 映射, 则 $\lim\limits_{\mu\to\mu_0}\xi(\mu)=0$, $\lim\limits_{\mu\to\infty}\xi(\mu)=y_\omega$;

(4) 如果 $\mu\leqslant\mu_0$, 则 0 是 (全局和渐近) 稳定的;

(5) 如果 $\mu>\mu_0$, 则 0 是不稳定的, $\xi$ 是 (全局和渐近) 稳定的.

**证明** (1) 和 (2) 是定理 7.1.3、定理 7.1.5 和引理 7.1.1 的推论. (3)~(5) 的第一部分证明可以在文献 [7] 中找到. (3) 的第二部分的证明是基于这样的事实: $y_\omega$ 是方程 (7.1.5) 对 $\mu>0$ 的一个上解, 正如 $1/\mu=0$ 时的解. □

**注 7.1.1** 已经看到 $\{\boldsymbol{U}\in\Omega_0:\dot{\boldsymbol{V}}(\boldsymbol{U})=0\}$ 中最大不变集合或者为全局吸引子或者为一对互相排斥的全局吸引子. 这样 (7.1.2) 在 $\mathbf{R}_+^{2n}$ 中解的渐近性态正如方程 (7.1.3) 在 $\Omega$ 中的渐近性态, 它们是相同的, 定理 7.1.7 描述了方程 (7.1.2) 的平衡点.

令 $D_0=1/\mu_0$, 稀释率的临界值确定了种群的幸存或绝种. 在恒化器的数学分析中, 能够看到 $D_0$ 显然依赖于 $m$, $a$ 和 $S^0$. 但对于恒化器组这就不容易看出了.$D_0$ 有一个如 $r(L)$ 的同样的值, 它由定理 7.1.3 给出, 但计算 $r(\boldsymbol{L})$ 不是一件简单的事情. 由于 (7.1.3) 非平凡稳定解的存在性与平凡解的不稳定性相一致, 在理论上 $D_0$ 也能够通过观察 $\boldsymbol{A}+\mu\boldsymbol{F}'$ 有非负特征值的条件来确定, 但这个工作仅对于 $n<5$, 甚至对于 $n=3$ 或 4, 特征值的一般形式也是太复杂了.

## 7.2 两个种群和两个容器的情况

Jäger 等[5] 继而研究了两个种群和两个容器的恒化器组, 这个系统如图 7.2.1 所示.

它的基本特点是流动率和容积是常数, 因而两个恒化器之间流动率和每个容器的流出率是相同的. 这时它的模型可以表示成

$$\begin{cases}S_1'=(S^{(0)}-2S_1+S_2)D-f_U(S_1)U_1/y_U-f_V(S_1)V_1/y_V,\\ S_2'=(S_1-2S_2)D-f_U(S_2)U_2/y_U-f_V(S_2)V_2/y_V,\\ U_1'=(-2U_1+U_2)D+f_U(S_1)U_1,\\ U_2'=(U_1-2U_2)D+f_U(S_2)U_2,\\ V_1'=(-2V_1+V_2)D+f_V(S_1)V_1,\\ V_2'=(V_1-2V_2)D+f_V(S_2)V_2,\\ S_i(0)\geqslant0,\quad U_i(0)\geqslant0,\quad V_i(0)\geqslant0,\quad i=1,2.\end{cases}\tag{7.2.1}$$

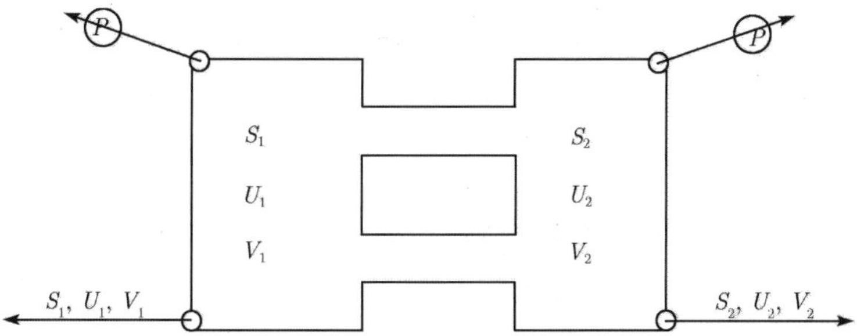


图 7.2.1 带有两个容器和两个种群恒化器组的示意图, 输入由泵 $(P)$ 控制.

函数$f_U(S_i) = \dfrac{m_U S_i}{a_U + S_i}$, $f_V(S_i) = \dfrac{m_V S_i}{a_V + S_i}$, $i = 1, 2$. 常数 $m_U$ 和 $m_V$ 是种群 $U$ 和 $V$ 当 $a_U$ 和 $a_V$ 对应于 Michaelis-Menten 常数时的最大生长率, $y_U$ 和 $y_V$ 是变换因子. $S^{(0)}$ 是受限制营养源的输入浓度, $D$ 是稀释率. $S^{(0)}$, $D$ 这两个量可以由实验控制. 由于对竞争感兴趣, 因此, 一般假定函数 $f_U$ 和 $f_V$ 是不同的, 特别假定 $m_U \neq m_V$, 或者 $a_U \neq a_V$.

作适当变换, (7.2.1) 可以成为

$$\begin{cases} S_1' = 1 - 2S_1 + S_2 - f_U(S_1)U_1 - f_V(S_1)V_1, \\ S_2' = S_1 - 2S_2 - f_U(S_2)U_2 - f_V(S_2)V_2, \\ U_1' = -2U_1 + U_2 + f_U(S_1)U_1, \\ U_2' = U_1 - 2U_2 + f_U(S_2)U_2, \\ V_1' = -2V_1 + V_2 + f_V(S_1)V_1, \\ V_2' = V_1 - 2V_2 + f_V(S_2)V_2, \\ S_i(0) \geqslant 0, \quad U_i(0) \geqslant 0, \quad V_i(0) \geqslant 0, \quad i = 1, 2. \end{cases} \tag{7.2.2}$$

令 $\mathbf{R}_+^n = \{(x_1, \cdots, x_n) : x_i \in \mathbf{R},\ x_i \geqslant 0,\ i = 1, \cdots, n\}$ 是闭非负锥, $\mathring{\mathbf{R}}_+^n = \{(x_1, \cdots, x_n) : x_i \in \mathbf{R},\ x_i > 0,\ i = 1, \cdots, n\}$ 是开正锥.

**引理 7.2.1** $\mathbf{R}_+^6$ 在 (7.2.2) 的解映射下是正不变的.

**引理 7.2.2** 系统 (7.2.2) 是耗散且是指数收敛的,

$$\lim_{t\to\infty}(S_1 + U_1 + V_1) = \frac{2}{3},$$

$$\lim_{t\to\infty}(S_2 + U_2 + V_2) = \frac{1}{3},$$

此外, 6 维集合

$$\Gamma = \left\{(S_1,\ S_2,\ U_1,\ U_2,\ V_1,\ V_2) \in \mathbf{R}_+^6 : S_1 + U_1 + V_1 = \frac{2}{3},\ S_2 + U_2 + V_2 = \frac{1}{3}\right\}$$

是正不变的.

**证明**　令

$$Z_i(t) = S_i(t) + U_i + V_i, \quad i = 1,\ 2,$$

那么

$$\begin{cases} Z_1' = 1 - 2Z_1 + Z_2, \\ Z_2' = Z_1 - 2Z_2. \end{cases} \tag{7.2.3}$$

解 (7.2.3) 即可得结论. □

由这两个引理的结论知, 任何轨线的 $\omega$ 极限集合是非空的、紧致的、连通的和包含在 $\Gamma$ 内. 由于每条轨线渐近趋于它的 $\omega$ 极限集合, 因此, 分析系统 (7.2.2) 的 $\omega$ 极限集的流就足够了. $\omega$ 极限集中的轨线满足

$$\begin{cases} U_1' = 1 - 2S_1 + S_2 - f_U(S_1)U_1 - f_V(2/3 - U_1 - V_1)V_1, \\ U_2' = S_1 - 2S_2 - f_U(S_2)U_2 - f_V(1/3 - U_2 - V_2)V_2, \\ V_1' = -2V_1 + V_2 + f_V(2/3 - U_1 - V_1)V_1, \\ V_2' = V_1 - 2V_2 + f_V(1/3 - U_2 - V_2)V_2. \end{cases} \tag{7.2.4}$$

下面着手分析 $\Gamma$ 中的解, 即 $U_i(0) \geqslant 0,\ V_i(0) \geqslant 0,\ i = 1, 2,\ 2/3 - U_1 - V_1 \geqslant 0$ 和 $1/3 - U_2 - V_2 \geqslant 0$.

**引理 7.2.3**　令 $(S_1^*,\ S_2^*,\ U_1^*,\ U_2^*,\ V_1^*,\ V_2^*)$ 是 (7.2.2) 的一个平衡点, 则

(1) $U_1^* > 0$ 当且仅当 $U_2^* > 0$, $V_1^* > 0$ 当且仅当 $V_2^* > 0$, $S_1^* > S_2^* > 0$;

(2) $f_U(S_1^*) > f_U(S_2^*)$, $f_V(S_1^*) > f_V(S_2^*)$;

(3) 如果 $U_1^* > 0$, 则 $1/2 < 2 - f_U(S_1^*) < 1$, $1 < 2 - f_U(S_2^*) < 2$, $(2 - f_U(S_1^*))(2 - f_U(S_2^*)) = 1$;

(4) 如果 $V_1^* > 0$, 则 $1/2 < 2 - f_V(S_1^*) < 1$, $1 < 2 - f_V(S_2^*) < 2$, $(2 - f_V(S_1^*))(2 - f_V(S_2^*)) = 1$.

**证明**　所有这些结论都可通过计算得到. 只讨论 $U_i^*$ 的情形, $V_i^*$ 的情形是类似的. (1) 中的两个叙述可以从方程中直接得到. (7.2.2) 中的第二个方程在平衡点可以写成

$$S_1^* - 2S_2^* = U_2^* f_U(S_2^*) + V_2^* f_V(S_2^*) \geqslant 0,$$

因此, $S_1^* \geqslant 2S_2^* > S_2^*$, 直接代入到 (7.2.2) 的方程中去, 则 $S_2^*$ 不能为零. 由于 $f_U$ 是单调增, (2) 的结论即可得到.

为证明 (3), 注意到 $U_2^* = (2 - f_U(S_1^*))U_1^*$ 和 $U_1^* = (2 - f_U(S_2^*))U_2^*$, 由 (1) 得到 $2 - f_U(S_1^*) > 0,\ \ 2 - f_U(S_2^*) > 0$ 和 $(2 - f_U(S_1^*))(2 - f_U(S_2^*)) = 1$, 由 (2) 即可得到不等式. □

显然系统存在一个平衡点 (2/3, 1/3, 0, 0, 0, 0), 由引理 7.2.3 (1), 还能存在形如 $(\hat{S}_1, \hat{S}_2, \hat{U}_1, \hat{U}_2, 0, 0)$ 和 $(\tilde{S}_1, \tilde{S}_2, 0, 0, \tilde{V}_1, \tilde{V}_2)$ 的平衡点, 它们的非零成分皆为正. 这里的每一种情形对应于一个种群不能幸存而退化到一个种群的情形. 这种平衡点的存在性和它的稳定性已经在 7.2.1 节中分析过. 我们感兴趣的是内部平衡点的存在性和它的稳定性.

**引理 7.2.4** 如果 $a_U \neq a_V$ 或 $m_U \neq m_V$, 则在 $\mathbf{R}_+^6$ 中最多存在一个平衡点

$$\boldsymbol{E}^* = (S_1^*,\ S_2^*,\ U_1^*,\ U_2^*,\ V_1^*,\ V_2^*).$$

**证明** 假定

$$a_U(2m_U-3)(m_V-1)(m_V-3) \neq a_V(2m_V-3)(m_U-1)(m_U-3). \tag{7.2.5}$$

由引理 7.2.3, 有

$$\begin{cases} (2-f_U(S_1^*))(2-f_U(S_2^*))=1, \\ (2-f_V(S_1^*))(2-f_V(S_2^*))=1. \end{cases} \tag{7.2.6}$$

虽然 (7.2.6) 关于 $S_1^*$, $S_2^*$ 是非线性的, 但关于 $r_1 = S_1^* + S_2^*$ 和 $r_2 = S_1^* S_2^*$ 是线性的. 把 (7.2.6) 改写成

$$\begin{cases} 3a_U^2 - A_{11}a_U r_1 + A_{12} r_2 = 0, \\ 3a_V^2 - A_{21}a_V r_1 + A_{22} r_2 = 0, \end{cases} \tag{7.2.7}$$

这里

$$A_{11} = 2m_U - 3, \quad A_{12} = (m_U-1)(m_U-3),$$
$$A_{21} = 2m_V - 3, \quad A_{22} = (m_V-1)(m_V-3).$$

(7.2.5) 恰为行列式

$$\begin{vmatrix} -A_{11}a_U & A_{12} \\ -A_{21}a_V & A_{22} \end{vmatrix}$$

不为零的条件. 这时 $r_1 = C_2/C_1$, $r_1 = C_3/C_1$, 这里

$$C_1 = A_{12}A_{21}a_V - A_{11}A_{22}a_U,$$

$$C_2 = 3A_{12}a_V^2 - 3A_{22}a_U^2,$$

$$C_3 = 3A_{11}a_V^2 - 3A_{21}a_U^2.$$

如果 $r_1$ 或 $r_2$ 非正, 则在 $\mathbf{R}_+^6$ 内不存在内部平衡点. 现在恢复 $S_1^*$ 和 $S_2^*$, 这样存在两个方程

$$S_1^* S_2^* = \frac{C_3}{C_1},$$

$$S_1^* + S_2^* = \frac{C_2}{C_1},$$

解得

$$\begin{cases} S_1^* = \dfrac{C_2 \pm \sqrt{C_2^2 - 4C_1C_3}}{2C_1}, \\ S_2^* = \dfrac{C_2 \mp \sqrt{C_2^2 - 4C_1C_3}}{2C_1}. \end{cases} \tag{7.2.8}$$

由于 $S_1^* > S_2^*$, 因此, 仅存在一种符号的选择. 如果它们存在, 则由 (7.2.8) 唯一确定, 那么

$$\begin{cases} U_1^* = \dfrac{2S_1^* + f_V(S_1^*)(2/3 - S_1^*) - S_2^* - 1}{f_V(S_1^*) - f_U(S_1^*)}, \\ U_2^* = \dfrac{2S_2^* + f_V(S_2^*)(1/3 - S_2^*) - S_1^* - 1}{f_V(S_2^*) - f_U(S_2^*)}, \\ V_1^* = 2/3 - S_1^* - U_1^*, \\ V_2^* = 1/3 - S_2^* - U_2^*. \end{cases} \tag{7.2.9}$$

在 $U_1^*$ 或 $U_2^*$ 中分母是非零的. 注意到由于 $f_U \neq f_V$, 它们两个不可能同时为零. 如果它们中的一个, 如 $f_V(S_1^*) - f_U(S_1^*)$ 是零, 那么首先确定 $U_2^*$, 然后通过代入 (7.2.2) 解出 $U_1^*$.

如果等式 (7.2.5) 成立, 那么 (7.2.6) 的解表示两条平行线. 如果它们是重合的, 则存在一个连续解; 如果不重合, 则不存在连续解.

只有一个种群但有 $n$ 个容器的恒化器组已经在 7.1 节分析了, 对只有两个容器的情况, 可以通过简单的几何证明得到更为精确的结果. 这时系统 (7.2.4) 成为

$$\begin{cases} U_1' = -2U_1 + U_2 + f_U\left(\dfrac{2}{3} - U_1\right)U_1, \\ U_2' = U_1 - 2U_2 + f_U\left(\dfrac{1}{3} - U_2\right)U_2. \end{cases} \tag{7.2.10}$$

系统 (7.2.10) 是互惠的. 由于

$$\frac{\partial}{\partial U_2}\left(-2U_1 + U_2 + f_U\left(\frac{2}{3} - U_1\right)U_1\right) = 1,$$

$$\frac{\partial}{\partial U_1}\left(U_1 - 2U_2 + f_U\left(\frac{1}{3} - U_2\right)U_2\right) = 1,$$

系统 (7.2.10) 有一直接的结论, 即它不存在极限环.

定义 $\alpha_1(Z) = 2 - f_U(2/3 - Z)$ 和 $\alpha_2(Z) = 2 - f_U(1/3 - Z)$.

(7.2.10) 的变分矩阵在原点的形式是

$$\boldsymbol{J}_U = \begin{pmatrix} -\alpha_l(0) & 1 \\ 1 & -\alpha_2(0) \end{pmatrix},$$

特征值为

$$\lambda = \frac{-(\alpha_1(0) + \alpha_2(0)) \pm \sqrt{(\alpha_1(0) - \alpha_2(0))^2 + 4}}{2}.$$

我们可立刻看出特征值是实的, 且如果 $\alpha_1(0)\alpha_2(0) < 1$, 则原点是一个鞍点.

**引理 7.2.5** 如果 $\alpha_1(0)\alpha_2(0) \geqslant 1$, 则当 $\alpha_1(0) + \alpha_2(0) > 0$ 时，原点是一个吸引子, 当 $\alpha_1(0) + \alpha_2(0) < 0$ 时, 原点是一个排斥子; 如果 $\alpha_1(0)\alpha_2(0) < 1$, 则原点是一个排斥子.

**证明** 如果 $\alpha_1(0)\alpha_2(0) > 1$, 则两个特征根有相同的符号, 因此原点是一个吸引子或者是排斥子是根据 $\alpha_1(0) + \alpha_2(0)$ 的符号来决定.

注意对 (7.2.10) 而言, 非负象限是正不变的. 当 $\alpha_1(0)\alpha_2(0) < 1$(即原点为鞍点) 时, 将证明原点的稳定流形不穿过正象限的内部. 令 $\lambda^+$ 和 $\lambda^-$ 表示 $\boldsymbol{J}_U$ 的正特征值和负特征值. 经过简单的计算得出当 $\alpha_2(0) + \lambda^- < 0$ 时, $\alpha_1(0) + \lambda^+ > 0$, 对应于 $\lambda^-$ 的特征向量 $(Z_1,\ Z_2)$ 满足 $Z_1 - (\alpha_2(0) + \lambda^-)Z_2 = 0$, 或者特征向量的斜率是负的, 这样原点的吸引集合 (稳定的流形) 是外部到 $\mathbf{R}^2_+$. 如果 $U(t) = (U_1(t),\ U_2(t))$ 是 (7.2.10) 的以原点为 $\omega$ 极限点的一条轨线, 它不能在稳定的流形上. 因此 $\omega$ 极限集合必须包含除了原点以外的稳定流形的一个点[8], 得到矛盾. 这样原点不是 $U$ 中任何非平凡轨线的 $\omega$ 极限点. 剩下的情况是 $\alpha_1(0)\alpha_2(0) = 1$, 这时一个特征值是零, 另一个是 $-(\alpha_1(0) + \alpha_2(0))$, 中心流形的斜率是 $\alpha_1(0)$, 假定 $\alpha_1(0) > 0$, (因此 $\alpha_2(0) > 0$) 且令 $U(t) = (U_1(t),\ U_2(t))$ 是一个解, 当 $t \to \infty$ 时它不收敛到原点, 那么 $U(t)$ 有一个异于原点的 $\omega$ 极限点, 且由于系统是互惠的, 不存在极限环, 因此 $\omega$ 极限集包含一个平衡点 $E^*(U_1^*,\ U_2^*)$, $U_1^* > 0$, $U_2^* > 0$, 由引理 7.2.3

$$\alpha_1(U_1^*)\alpha_2(U_2^*) = 1,$$

此外又 $1 = \alpha_1(0)\alpha_2(0) < \alpha_1(U_1^*)\alpha_2(U_2^*) = 1$, 矛盾. 这样 $U(t)$ 不存在且原点是一个吸引子.

假定 $\alpha_1(0) < 0$（因此 $\alpha_2(0) < 0$）, 令 $U(t) = (U_1(t),\ U_2(t))$ 是一个解, 它以原点作为 $\omega$ 极限点. 原点的中心流形的斜率是负的, 不稳定流形的斜率是正的, 因此原点的吸引集 $A$ 是正象限的外部. 这样 $U(t)$ 不在 $A$ 中, 因此它的 $\omega$ 极限集必须有

一个除原点外 $A$ 中的一个点[8], 但由于 $U(t) \in \mathring{\mathbf{R}}_+^2$ 和 $A \cap \mathbf{R}_+^2 = \{(0,0)\}$, 得到矛盾. 这样 $U(t)$ 的轨线不能有原点作为 $\omega$ 极限点且原点是一个排斥子. □

**引理 7.2.6**　如果原点是 (7.2.10) 的一个吸引子 (即 $\alpha_1(0)\alpha_2(0) \geqslant 1$ 和 $\alpha_1(0)+\alpha_2(0) > 0$), 那么不存在形如 $(\hat{U}_1, \hat{U}_2)$ 的平衡点, $\hat{U}_i > 0$, $i = 1, 2$ 且原点吸引所有从 $\mathring{\mathbf{R}}_+^2 \cap \Gamma$ 内出发的轨线.

证明与引理 7.2.5 类似.

**引理 7.2.7**　如果原点对 $\mathring{\mathbf{R}}_+^2 \cap \Gamma$ 是一个排斥子, 则在集合内部存在 (7.2.10) 的一个平衡点, 并且它是一个全局吸引子.

**证明**　假定存在两个不同点 $(\hat{U}_1, \hat{U}_2)$, $(\tilde{U}_1, \tilde{U}_2), \hat{U}_i > 0$, $\tilde{U}_i > 0$, $i = 1, 2$. 假定 $\hat{U}_1 \leqslant \tilde{U}_1$, 那么就有

$$\hat{U}_2 = \hat{U}_1\alpha_1(\hat{U}_1) \leqslant \tilde{U}_1\alpha_1(\tilde{U}_1) = \tilde{U}_2,$$

等号只有在 $\hat{U}_1 = \tilde{U}_1$ 时成立. 因此如果 $(\hat{U}_1, \hat{U}_2) \neq (\tilde{U}_1, \tilde{U}_2)$, 则

$$1 = \alpha_1(\hat{U}_1)\alpha_2(\hat{U}_2) < \alpha_1(\tilde{U}_1)\alpha_2(\tilde{U}_2) = 1,$$

得到矛盾, 这样在正象限内部只存在一个平衡点, 由于在界面上仅有的平衡点即原点不能是 $\omega$ 极限点, 故所有轨线必须趋于内部平衡点. □

下面计算在 $\Gamma$ 中 (7.2.4) 的每个平衡点的局部稳定性. (7.2.4) 的变分矩阵是

$$\boldsymbol{J} = \begin{pmatrix} -\alpha_1 - \beta_1 & 1 & -\beta_1 & 0 \\ 1 & -\alpha_2 - \beta_2 & 0 & -\beta_2 \\ -\beta_3 & 0 & -\alpha_3 - \beta_3 & 1 \\ 0 & -\beta_4 & 1 & -\alpha_4 - \beta_4 \end{pmatrix}, \tag{7.2.11}$$

这里的 $\alpha_i$ 和 $\beta_i$, $i = 1, 2, 3, 4$ 由下式给出:

$$\alpha_1 = 2 - f_U(2/3 - U_1 - V_1), \quad \alpha_2 = 2 - f_U(1/3 - U_2 - V_2),$$

$$\alpha_3 = 2 - f_V(2/3 - U_1 - V_1), \quad \alpha_4 = 2 - f_V(1/3 - U_2 - V_2),$$

$$\beta_1 = \frac{m_U a_U U_1}{(a_U + 2/3 - U_1 - V_1)^2}, \quad \beta_2 = \frac{m_U a_U U_2}{(a_U + 1/3 - U_2 - V_2)^2},$$

$$\beta_3 = \frac{m_V a_V V_1}{(a_V + 2/3 - U_1 - V_1)^2}, \quad \beta_4 = \frac{m_V a_V V_2}{(a_V + 1/3 - U_2 - V_2)^2}.$$

令 $\Sigma$ 表示在 $\Gamma$ 内系统 (7.2.4) 的平衡点集合, $\boldsymbol{E}^0$ 表示为 (0, 0, 0, 0); $\hat{\boldsymbol{E}} = (\hat{U}_1,\ \hat{U}_2,\ 0,\ 0)$, $\hat{U}_i > 0$, $i = 1, 2$; $\tilde{\boldsymbol{E}} = (0,\ 0, \tilde{V}_1,\ \tilde{V}_2)$, $\tilde{V}_i > 0$, $i = 1, 2$ 和

$\boldsymbol{E}^* = (U_1^*, U_2^*, V_1^*, V_2^*)$, $U_i^* > 0$, $V_i^* > 0$, $i = 1, 2$. $\boldsymbol{E}^0$ 总是存在, 在前面部分已经看到 $\hat{\boldsymbol{E}}$ 和 $\tilde{\boldsymbol{E}}$ 存在的条件. $\boldsymbol{E}^*$ 的存在性可通过动力系统技术来得到.

**引理 7.2.8** $\Sigma = \{\boldsymbol{E}^0\}$ 当且仅当

$$\begin{cases} \alpha_1(0)\alpha_2(0) \geqslant 1, & \alpha_1(0) > 0, \\ \alpha_3(0)\alpha_4(0) \geqslant 1, & \alpha_3(0) > 0, \end{cases} \tag{7.2.12}$$

如果 (7.2.12) 满足, 那么在 $\Gamma$ 内出发的所有轨线趋于 $\boldsymbol{E}^0$.

**证明** 矩阵 $\boldsymbol{J}$ 在 $\boldsymbol{E}^0$ 有 $\beta_i = 0$, $i = 1, 2, 3, 4$. 因此,

$$\boldsymbol{J} = \begin{pmatrix} \boldsymbol{J}_U & \boldsymbol{0} \\ \boldsymbol{0} & \boldsymbol{J}_V \end{pmatrix}.$$

使用引理 7.2.6, 由 (7.2.12) 知 $\boldsymbol{E}^0$ 是一个局部吸引子. 下面证明 $\boldsymbol{E}^0$ 在 $\mathbf{R}_+^4 \cap \Gamma$ 内是全局吸引的. 令 $(U_1(t), U_2(t), V_1(t), V_2(t))$ 是 (7.2.4) 的一个解, $U_i > 0$, $V_i > 0$. 令 $\tilde{U}_i(t)$, $i = 1, 2$ 是 (7.2.10) 的一个解, $\tilde{U}_i(0) = U_i(0)$, $i = 1, 2$. 由于 $f_U(2/3 - Z)$ 和 $f_U(1/3 - Z)$ 在 $Z$, $U_i \geqslant 0$ 和 $V_i \geqslant 0$ 时单调减, $U_i(t)$ 满足:

$$U' < U_2 - \left(2 - f_U\left(\frac{2}{3} - U_1(t)\right)\right) U_1(t),$$

$$U_2 < U_1 - \left(2 - f_U\left(\frac{1}{3} - U_2(t)\right)\right) U_2(t).$$

因此由文献 [9] 中第 1 章定理 10 得到, $0 \leqslant U_i(t) \leqslant \tilde{U}(t)$ 且由于 $\tilde{U}(t) \to 0$, 因此 $U_i \to 0$, $i = 1, 2$. 对 $V_i$ 有一个类似的结果成立. 这就说明所有在正锥内的解趋于 $\boldsymbol{E}^0$. □

如果 (7.2.12) 中有一个条件不成立, 则原点在对应的二维系统中是一个排斥子, 因此存在一个非平凡的平衡点.

**引理 7.2.9** 如果 $\alpha_3(\hat{U}_1)\alpha_4(\hat{U}_2) > 1$, 那么若 $\alpha_3(\hat{U}_1) > 0$, 则 $\hat{\boldsymbol{E}}$ 是一个吸引子; 若 $\alpha_3(\hat{U}_1) < 0$, 则有一个二维不稳定流形. 如果 $\alpha_3(\hat{U}_1)\alpha_4(\hat{U}_2) < 1$ 或 $\alpha_3(\hat{U}_1)\alpha_4(\hat{U}_2) > 1$, $\alpha_3(\hat{U}_1) < 0$, 则 $\hat{\boldsymbol{E}}$ 不是从 $\Gamma$ 内部出发的任何轨线的极限点. 使用 $\alpha_1(\tilde{V}_1)$ 和 $\alpha_2(\tilde{V}_2)$, 类似的叙述也适用于 $\tilde{\boldsymbol{E}}$.

**证明** 如果 $\alpha_3(\hat{U}_1)\alpha_4(\hat{U}_2) < 1$, 就存在一个负的和一个正的特征值. 令 $\lambda^-$ 表示负的特征值, $\boldsymbol{Z} = (Z_1, Z_2, Z_3, Z_4)$ 是对应的特征向量, 由于

$$\lambda^- + \alpha_3 = \frac{\alpha_3 - \alpha_4 - \sqrt{(\alpha_3 - \alpha_4)^2 + 4}}{2} < 0$$

和 $(\lambda^-+\alpha_3(\hat{U}_1))Z_3 = Z_4$, $Z_3$ 和 $Z_4$ 符号相反, 因此 $\boldsymbol{Z}$ 一定在正锥指向 $(\hat{U}_1, \hat{U}_2, 0, 0)$, 特别 $\hat{\boldsymbol{E}}$ 的稳定流形不穿过正锥的内部. 在另一种情况中, 不稳定流形是二维的和稳定流形处在边界上, 这样没有从 $\Gamma$ 内部出发的轨线能趋于 $\hat{\boldsymbol{E}}$. □

**定理 7.2.1**　如果 $\hat{\boldsymbol{E}}$ 和 $\tilde{\boldsymbol{E}}$ 存在, 且如果每个都满足引理 7.2.9 的不稳定条件之一, 那么 $\boldsymbol{E}^*$ 存在且 (7.2.4) 是一致持续生存的.

**证明**　如果以上条件满足, $\boldsymbol{E}^0$(如果它不是平凡的), $\hat{\boldsymbol{E}}$ 和 $\tilde{\boldsymbol{E}}$ 的稳定的流形不穿过正锥的内部. 此外正锥的边界 $\Gamma$ 内部不存在环线. 由于任何这样的环线必须包含原点, 它排斥非负锥, 三个平衡点又是孤立的. 由文献 [8] 的定理 4.1 给出一致持续生存, 以及把文献 [10] 中的推论应用到 $\mathbf{R}^4_+$, 得到内部平衡点的存在性. □

**定理 7.2.2**　如果 $a_U \neq a_V$, 或 $m_U \neq m_V$ 和 $\boldsymbol{E}^*$ 存在, 则 $\boldsymbol{E}^*$ 是渐近稳定的.

**证明**　$\boldsymbol{J}$ 在 $\boldsymbol{E}^*$ 时, 如果非对角元素被它的绝对值来代替, 则它有负实部的特征值. 它的主子式交替改变符号[11], 令 $d_i, i = 1, 2, 3, 4$ 表示下式的主子式:

$$\begin{pmatrix} -\alpha_1-\beta_1 & 1 & \beta_1 & 0 \\ 1 & -\alpha_2-\beta_2 & 0 & \beta_2 \\ \beta_3 & 0 & -\alpha_3-\beta_3 & 1 \\ 0 & \beta_4 & 1 & -\alpha_4-\beta_4 \end{pmatrix}. \tag{7.2.13}$$

需证明 $d_1 < 0,\ d_2 > 0,\ d_3 < 0,\ d_4 > 0$. 立即有 $d_1 = -\alpha_1 - \beta_1 < 0$ 和

$$\begin{aligned} d_2 =& \alpha_1\alpha_2 + \alpha_1\beta_2 + \alpha_2\beta_1 + \beta_1\beta_2 - 1 \\ =& \alpha_1\beta_2 + \alpha_2\beta_1 + \beta_1\beta_2 > 0. \end{aligned}$$

由引理 7.2.3 知, $\alpha_1\alpha_2 = 1$, 此外

$$d_3 = -\alpha_1\beta_2\beta_3 - \alpha_1\alpha_3\beta_2 - \alpha_2\alpha_3\beta_1 - \alpha_3\beta_1\beta_2 < 0.$$

最后, 计算最困难的 $d_4$, 经计算得

$$d_4 = (\alpha_1\alpha_4 - 1)\beta_2\beta_3 + (\alpha_2\alpha_3 - 1)\beta_1\beta_4. \tag{7.2.14}$$

首先有

$$\beta_1 = \frac{a_U}{m_U(S_1^*)^2}(\alpha_1 - 2)^2 U_1^*, \quad \beta_2 = \frac{a_U}{m_U(S_2^*)^2}(\alpha_2 - 2)^2 U_2^*,$$

$$\beta_3 = \frac{a_V}{m_V(S_1^*)^2}(\alpha_4 - 2)^2 V_1^*, \quad \beta_4 = \frac{a_V}{m_V(S_2^*)^2}(\alpha_4 - 2)^2 V_2^*.$$

然后, $\alpha_2$, $\alpha_3$, $U_2^*$, $V_1^*$ 由下面的来代替.

$$\alpha_2 = 1/\alpha_1, \quad \alpha_3 = 1/\alpha_4, \quad U_2^* = \alpha_1 U_1^*, \quad V_1^* = \alpha_4 V_2^*.$$

(7.2.14) 中的第一项成为

$$(\alpha_1\alpha_4 - 1)\beta_2\beta_3 = (\alpha_1\alpha_4 - 1)\frac{a_U a_V}{m_U m_V}\frac{1}{(S_1^* S_2^*)^2}\left(\frac{1}{\alpha_1} - 2\right)^2 \cdot \left(\frac{1}{\alpha_4} - 2\right)^2 \alpha_1\alpha_4 U_1^* U_2^*,$$

第二项为

$$(\alpha_2\alpha_3 - 1)\beta_1\beta_4 = \left(\frac{1}{\alpha_1\alpha_4} - 1\right)\frac{a_U a_V}{m_U m_V}\frac{1}{(S_1^* S_2^*)^2} \cdot (\alpha_1 - 2)^2 (\alpha_4 - 2)^2 U_1^* V_2^*.$$

因此,

$$d_4 = \frac{a_U a_V}{m_U m_V}\frac{U_1^* V_2^*}{(S_1^* S_2^*)^2} R(\alpha_1, \ \alpha_4),$$

这里

$$R(\alpha_1, \ \alpha_1) = (\alpha_1\alpha_4 - 1)\left(\frac{1}{\alpha_1} - 2\right)^2\left(\frac{1}{\alpha_4} - 2\right)^2 + (\frac{1}{\alpha_1\alpha_4} - 1)(\alpha_1 - 2)^2(\alpha_4 - 2)^2\alpha_1\alpha_4.$$

下面将证明 $R(\alpha_1, \ \alpha_4)$ 在 $\alpha_1$ 和 $\alpha_4$ 由引理 7.2.3 所容许的范围内是正的, 它可以写成

$$R(\alpha_1, \ \alpha_4) = \frac{3(\alpha_1\alpha_4 - 1)^2}{\alpha_1\alpha_4} Q(\alpha_1, \ \alpha_4),$$

这里 $Q(\alpha_1, \ \alpha_4) = 5 + 5\alpha_1\alpha_4 - 4\alpha_1 - 4\alpha_4$, $Q$ 是 $\alpha_1$ 的一个增函数. 因此, $Q > 3 - 3\alpha_4/2$, 它一定是正的.

如果 $\alpha_1\alpha_4 \neq 1$, 证明已经完成. 如果 $\alpha_1\alpha_4 = 1$, 那么有 $\alpha_1 = \alpha_3$ 和 $\alpha_2 = \alpha_4$ 或 $f_U(S_1^*) = f_V(S_1^*)$ 和 $f_U(S_2^*) = f_V(S_2^*)$, 函数 $f_U$ 和 $f_V$ 穿过原点及至多一个其他点. 由于 $0 < S_2^* < S_1^*$, 从而两个函数是相同的, 得到矛盾, 从而定理得证. □

**定理 7.2.3** 假定 (7.2.4) 的所有平衡点是双曲的.

(1) 如果 $\varSigma = \{\boldsymbol{E}^0\}$, 则 $\boldsymbol{E}^0$ 是在 $\mathring{\varGamma}$ 中出发的所有轨线的一个吸引子.

(2) 如果 $\varSigma = \{\boldsymbol{E}^0, \ \hat{\boldsymbol{E}}\}$, 或 $\{\boldsymbol{E}^0, \ \tilde{\boldsymbol{E}}\}$, 则非平凡平衡点是在 $\mathring{\varGamma}$ 中出发的所有轨线的吸引子.

(3) 如果 $\Sigma=\{\boldsymbol{E}^0,\ \hat{\boldsymbol{E}},\ \tilde{\boldsymbol{E}}\}$, 则 $\boldsymbol{E}^0$ 或 $\tilde{\boldsymbol{E}}$ 之一是在 $\overset{\circ}{\Gamma}$ 中出发的所有轨线的一个吸引子.

(4) 如果 $\Sigma=\{\boldsymbol{E}^0,\ \hat{\boldsymbol{E}},\ \tilde{\boldsymbol{E}},\ \boldsymbol{E}^*\}$, 则 $\boldsymbol{E}^*$ 是在 $\overset{\circ}{\Gamma}$ 中出发的所有轨线的一个吸引子.

其证明可参见文献 [5].

## 7.3　两个种群和 $n$ 个容器的情况

在文献 [12] 中, Smith 等又研究了两种群和 $n$ 个容器的情况, 得到了与文献 [5] 类似的结果, 这里介绍文献 [12] 的工作. 具有 $n$ 个容器的数学模型为

$$\begin{cases} S_i'=(S_{i-1}-2S_i+S_{i+1})D-\dfrac{U_i}{y_U}f_U(S_i)-\dfrac{V_i}{y_V}f_V(S_i),\\ U_i'=(U_{i-1}-2U_i+U_{i+1})D+U_if_U(S_i),\\ V_i'=(V_{i-1}-2V_i+V_{i+1})D+V_if_V(S_i),\quad i=1,\cdots,n,\end{cases}\tag{7.3.1}$$

这里, $f_U(S)=\dfrac{m_US}{a_U+S}$, $f_V(S)=\dfrac{m_VS}{a_V+S}$, $i=1,\ 2.\ S_0=S^{(0)},\ U_0=V_0=0,\ S_{n+1}=U_{n+1}=V_{n+1}=0,\ \ S_i\geqslant 0,\ U_i\geqslant 0,\ V_i\geqslant 0$. 这里字母的意义如前所述. 为方便, 通过变换, (7.3.1) 化成

$$\begin{cases} S_i'=S_{i-1}-2S_i+S_{i+1}-U_if_U(S_i)-V_if_V(S_i),\\ U_i'=U_{i-1}-2U_i+U_{i+1}+U_if_U(S_i),\\ V_i'=V_{i-1}-2V_i+V_{i+1}+V_if_V(S_i),\quad i=1,\cdots,n.\end{cases}\tag{7.3.2}$$

在一般不具消耗的恒化器组中, 向量 $\boldsymbol{S}(t)=(S_1,\ \cdots,\ S_n)$ 在时间 $t$ 的变化率是

$$[\mathrm{diag}(V_i)]\boldsymbol{S}'=\bar{\boldsymbol{A}}\boldsymbol{S}+\boldsymbol{g},\tag{7.3.3}$$

这里

$$\bar{\boldsymbol{A}}=\boldsymbol{E}-\mathrm{diag}[C_i]-\mathrm{diag}\left[\sum_{l=1}^{n}E_{li}\right],$$

$$\boldsymbol{g}=\left(D_1S_1^{(0)},\ D_2S_2^{(0)},\ \cdots,D_nS^{(0)_n}\right).$$

当 $D_i=V_i=1,\ E_{ij}=1(j=i-1,\ j=i+1)$ 和 $E_{ij}=0,\ (j\neq i-1,\ j\neq i+1)$. $C_1,\ C_n=1,\ C_i=0\ (i\neq 1,\ i\neq n)$ 时, (7.3.3) 退化到 (7.3.2) 中方程的第一

个集合. 方程 (7.3.2) 考虑更多各种各样的流入和流出. 当然容积 $V_i$ 必须保持不变. 如果 (7.3.3) 是一个恒化器组, 这就要求

$$\sum_j E_{ij} + D_i = \sum_l E_{li} + C_i, \tag{7.3.4}$$

即容积的流入或流出率是相同的. 通过在 (7.3.3) 两边乘以 $(\mathrm{diag}V_i)^{-1}$ 得到

$$\boldsymbol{S}' = \boldsymbol{A}\boldsymbol{S} + \boldsymbol{e}_0, \tag{7.3.5}$$

这里 $\boldsymbol{e}_0 = \mathrm{diag}(V_i^{-1})\boldsymbol{g}$, $\boldsymbol{A} = \mathrm{diag}(V_i^{-1})\bar{\boldsymbol{A}}$. 假定对某个 $i$, $S_i^{(0)} > 0$, 因此, $\boldsymbol{e}_0 > 0$. 由 $\boldsymbol{A}$ 的定义, 有 $A_{ii} < 0$. 由于 $E_{ii} = 0$ 和 $A_{ij} \geqslant 0$, 当

$$\sum_{j=1}^{n} A_{ij} = -V_i^{-1} D_i \leqslant 0 \tag{7.3.6}$$

时使用 (7.3.4), 假定 $S_i^0 > 0$ 意味着 $D_i > 0$, 因此, (7.3.6) 中严格不等式成立. 矩阵 $\boldsymbol{A}$ 假定是不可约的, 即恒化器组不可分解为两个子集合, 每个子集合不从另一个子集合接受输入.

令

$$\boldsymbol{F}_U = \mathrm{diag}\left[f_U(S_1),\ f_U(S_2),\ \cdots, f_U(S_n)\right],$$

$$\boldsymbol{F}_V = \mathrm{diag}\left[f_V(S_1),\ f_V(S_2),\ \cdots, f_V(S_n)\right],$$

那么模型成为

$$\begin{cases} \boldsymbol{S}' = \boldsymbol{e}_0 + \boldsymbol{A}\boldsymbol{S} - \boldsymbol{F}_U(S)\boldsymbol{U} - \boldsymbol{F}_V(\boldsymbol{S})\boldsymbol{V}, \\ \boldsymbol{U}' = \boldsymbol{A}\boldsymbol{U} + \boldsymbol{F}_U(\boldsymbol{S})\boldsymbol{U}, \\ \boldsymbol{V}' = \boldsymbol{A}\boldsymbol{V} + \boldsymbol{F}_V(\boldsymbol{S})\boldsymbol{V}. \end{cases} \tag{7.3.7}$$

为了讨论方便, 首先给出一些证明. 对 $n$ 维向量 $\boldsymbol{a}$ 和 $\boldsymbol{b}$, 如果对所有 $i$ 有 $a_i \leqslant b_i$, 则记作 $\boldsymbol{a} \leqslant \boldsymbol{b}$, 如果 $\boldsymbol{a} \leqslant \boldsymbol{b}$, $\boldsymbol{a} \neq \boldsymbol{b}$, 则记作 $\boldsymbol{a} < \boldsymbol{b}$; 对所有 $i$, $a_i < b_i$, 记作 $\boldsymbol{a} \ll \boldsymbol{b}$, 如果 $\boldsymbol{a} \leqslant \boldsymbol{b}$, 记作 $[\boldsymbol{a},\ \boldsymbol{b}] = \{\boldsymbol{x} \in \mathbf{R}^n:\ \boldsymbol{a} \leqslant \boldsymbol{x} \leqslant \boldsymbol{b}\}$. 对 $n$ 阶矩阵如果对所有 $(i,\ j)$ 有 $a_{ij} \geqslant b_{ij}(a_{ij} > b_{ij})$, 记作 $\boldsymbol{A} \geqslant \boldsymbol{B}(\boldsymbol{A} \gg \boldsymbol{B})$. 如果矩阵 $\boldsymbol{A}$ 的元素 $a_{ij}$ 对所有 $i,\ j,\ i \neq j$ 为 $a_{ij} \geqslant 0$, 称它为拟正的.

矩阵 $\boldsymbol{M}$ 的谱用 $\sigma(\boldsymbol{M})$ 来表示, 它是矩阵 $\boldsymbol{M}$ 特征值的集合. 该矩阵 $\boldsymbol{M}$ 的稳定性模 $s(\boldsymbol{M})$ 为

$$S(\boldsymbol{M}) = \max\{\mathrm{Re}\lambda:\ \lambda \in \sigma(\boldsymbol{M})\}.$$

如果 $\boldsymbol{M}$ 和 $\boldsymbol{N}$ 是拟正的, $\boldsymbol{M} \leqslant \boldsymbol{N}$, $\boldsymbol{M} \neq \boldsymbol{N}$, $\boldsymbol{M} + \boldsymbol{N}$ 是不可约的, 那么 $s(\boldsymbol{M}) < s(\boldsymbol{N})$.

**引理 7.3.1**　具有非负初始条件的 (7.3.7) 的解在 $t \geqslant 0$ 是非负和有界的, 且 $\lim\limits_{t\to\infty}(\boldsymbol{S}(t)+\boldsymbol{U}(t)+\boldsymbol{V}(t))=\boldsymbol{Z}$, 这里 $\boldsymbol{Z}\geqslant 0$ 是 $\boldsymbol{AZ}+\boldsymbol{e}_0=0$ 的唯一解.

**证明**　令 $\boldsymbol{W}(t)=\boldsymbol{S}(t)+\boldsymbol{U}(t)+\boldsymbol{V}(t)$, 那么

$$\boldsymbol{W}'=\boldsymbol{AW}+\boldsymbol{e}_0,\quad \boldsymbol{W}(0)=\boldsymbol{S}(0)+\boldsymbol{U}(0)+\boldsymbol{V}(0)>0. \tag{7.3.8}$$

利用参数变换公式和改变变量得到

$$\boldsymbol{W}(t)=\mathrm{e}^{\boldsymbol{A}t}\boldsymbol{W}(0)+\int_0^t \mathrm{e}^{\boldsymbol{A}s}\boldsymbol{e}_0\mathrm{d}s.$$

当 $t\to\infty$ 时得到

$$\boldsymbol{W}(\infty)=\left[\int_0^\infty \mathrm{e}^{\boldsymbol{A}s}\mathrm{d}s\right]\boldsymbol{e}_0=-\boldsymbol{A}^{-1}\boldsymbol{e}_0=\boldsymbol{Z},$$

$\boldsymbol{Z}$ 为正是容易得到的. □

这样 (7.3.7) 的解满足:

$$\begin{aligned}
&\boldsymbol{U}'=[\boldsymbol{A}+\boldsymbol{F}_U(\boldsymbol{Z}-\boldsymbol{U}-\boldsymbol{V})]\boldsymbol{U},\quad \boldsymbol{U}(0)=\boldsymbol{U}_0\geqslant 0,\\
&\boldsymbol{V}'=[\boldsymbol{A}+\boldsymbol{F}_V(\boldsymbol{Z}-\boldsymbol{U}-\boldsymbol{V})]\boldsymbol{V},\quad \boldsymbol{V}(0)=\boldsymbol{V}_0\geqslant 0,\\
&\boldsymbol{P}=\{(\boldsymbol{U},\ \boldsymbol{V}):(\boldsymbol{U},\ \boldsymbol{V})\in\mathbf{R}_+^{2n},\ \boldsymbol{U}+\boldsymbol{V}\leqslant\boldsymbol{Z}\}.
\end{aligned} \tag{7.3.9}$$

(7.3.9) 在 $P$ 的内部产生一个强单调的动力系统. 令 $\boldsymbol{x}=(\boldsymbol{U},\ \boldsymbol{V})$ 和 $\boldsymbol{y}=(\bar{\boldsymbol{U}},\ \bar{\boldsymbol{V}})$ 是 $\mathbf{R}^{2n}$ 中的两个点. 当 $\boldsymbol{U}\leqslant\bar{\boldsymbol{U}}$ 和 $\bar{\boldsymbol{V}}\leqslant\boldsymbol{V}$ 时, 记作 $\boldsymbol{x}\leqslant_K\boldsymbol{y}$; 如果 $\boldsymbol{x}\leqslant_K\boldsymbol{y}$ 和 $\boldsymbol{x}\neq\boldsymbol{y}$, 记作 $\boldsymbol{x}<_K\boldsymbol{y}$; 如果 $\boldsymbol{U}\ll\bar{\boldsymbol{U}},\bar{\boldsymbol{V}}\leqslant\boldsymbol{V}$, 记作 $\boldsymbol{x}\ll\boldsymbol{y}$. 令 $[\boldsymbol{x},\boldsymbol{y}]_K=\{\boldsymbol{Z}:\boldsymbol{x}\leqslant_K\boldsymbol{Z}\leqslant_K\boldsymbol{y}\}$, $(\boldsymbol{U}(t,\boldsymbol{U}_0,\boldsymbol{V}_0),\boldsymbol{V}(t,\boldsymbol{U}_0,\boldsymbol{V}_0))$ 来表示 (7.3.9) 满足条件 $(\boldsymbol{U}(0,\boldsymbol{U}_0,\boldsymbol{V}_0),\boldsymbol{V}(0,\boldsymbol{U}_0,\ \boldsymbol{V}_0))=(\boldsymbol{U}_0,\ \boldsymbol{V}_0)$ 的解. 记 $\boldsymbol{\pi}(x,t)=(\boldsymbol{U}(t,\boldsymbol{U}_0,\boldsymbol{V}_0),\boldsymbol{V}(t,\boldsymbol{U}_0,\boldsymbol{V}_0))$ 或 $\boldsymbol{\pi}(\boldsymbol{U}_0,\boldsymbol{V}_0,t)$. 当 (7.3.9) 中 $\boldsymbol{V}_0=0$ 时, $\boldsymbol{V}$ 消失, 因此把解写成 $\boldsymbol{U}(t,\boldsymbol{U}_0)$. 类似地, 如果 $\boldsymbol{U}_0=0$, 则可写成 $\boldsymbol{V}(t,\ \boldsymbol{V}_0)$.

正如文献 [5] 中所述, 对两个容器的恒化器组, 如果 $\boldsymbol{x}$ 和 $\boldsymbol{y}$ 属于 $P$ 的内部且满足 $\boldsymbol{x}<_K\boldsymbol{y}$, 那么有 $\boldsymbol{\pi}(x,\ t)\ll_K\boldsymbol{\pi}(y,\ z)$. 甚至需要一个更强的单调性质, 即如果 $\boldsymbol{x}$ 和 $\boldsymbol{y}$ 属于 $P$, $\boldsymbol{x}<_K\boldsymbol{y}$ 并且 $\boldsymbol{x}\gg 0$ 或 $\boldsymbol{y}\gg 0$, 那么 $\boldsymbol{\pi}(x,\ t)\ll_K\boldsymbol{\pi}(y,\ t)$ 成立[13]. 上述强单调性是基于这样的情况, 即 (7.3.9) 的雅可比矩阵有如下形式:

$$\boldsymbol{J}=\begin{pmatrix}\boldsymbol{A} & -\boldsymbol{B}\\ -\boldsymbol{C} & \boldsymbol{D}\end{pmatrix},$$

这里 $\boldsymbol{A},\ \boldsymbol{B},\ \boldsymbol{C},\ \boldsymbol{D}$ 是 $n\times n$ 阶矩阵, $\boldsymbol{A}$ 和 $\boldsymbol{D}$ 是拟正的, $\boldsymbol{B}\geqslant 0,\ \boldsymbol{C}\geqslant 0,\ \boldsymbol{J}$ 是不可约的. 应用文献 [13] 中的定理 2.5 可以推得以上的单调性质.

**引理 7.3.2** 如果 $(\boldsymbol{U}_0, \boldsymbol{V}_0) \in P$, 满足

$$([\boldsymbol{A} + \boldsymbol{F}_U(\boldsymbol{Z} - \boldsymbol{U}_0 - \boldsymbol{V}_0)]\boldsymbol{U}_0,\ [\boldsymbol{A} + \boldsymbol{F}_V(\boldsymbol{Z} - \boldsymbol{U}_0 - \boldsymbol{V}_0)]\boldsymbol{V}_0) \leqslant_K 0, \tag{7.3.10}$$

则 $0 \leqslant t_1 \leqslant t_2$ 意味着

$$\boldsymbol{\pi}(\boldsymbol{U}_0,\ \boldsymbol{V}_0,\ t_2) \leqslant_K \boldsymbol{\pi}(\boldsymbol{U}_0, \boldsymbol{V}_0, t_1) \leqslant_K (\boldsymbol{U}_0, \boldsymbol{V}_0). \tag{7.3.11}$$

进而, 当 $t \to \infty$ 时, $\boldsymbol{\pi}(\boldsymbol{U}_0, \boldsymbol{V}_0, t_2)$ 收敛到 (7.3.9) 的一个平衡点. 若 (7.3.10) 的不等号相反, 一个类似的与 (7.3.11) 相反的结论成立.

**引理 7.3.3** 如果 $(\boldsymbol{U}(t), \boldsymbol{V}(t))$ 满足 (7.3.9), 并且 $\boldsymbol{U}_0 > 0(\boldsymbol{V}_0 > 0)$, 那么对所有 $t > 0$, 有 $\boldsymbol{U}(t) \gg 0(\boldsymbol{V}(t) \gg 0)$.

**证明** $\boldsymbol{U}(t)$ 满足线性方程 $\boldsymbol{U}'(t) = \boldsymbol{A}(t)\boldsymbol{U}(t)$, 这里 $\boldsymbol{A}(t) = \boldsymbol{A} + \boldsymbol{F}_U(\boldsymbol{Z} - \boldsymbol{U}(t) - \boldsymbol{V}(t))$ 是拟正和不可约的. 如果 $\boldsymbol{U}(0) > 0$, 那么对 $t > 0$, $\boldsymbol{U}(t) \gg 0$. 由文献 [14] 中定理即可得结论. □

当不存在竞争时, (7.3.9) 中有一个方程将消失, 假定 $\boldsymbol{V}$ 消失, 这时 (7.3.9) 成为

$$\boldsymbol{U}' = [\boldsymbol{A} + \boldsymbol{F}_U(\boldsymbol{Z} - \boldsymbol{U})]\boldsymbol{U}, \quad \boldsymbol{U}(0) = \boldsymbol{U}_0. \tag{7.3.12}$$

**引理 7.3.4**[3,13] 如果 $s(\boldsymbol{A}+\boldsymbol{F}_U(\boldsymbol{Z})) \leqslant 0$, 那么对每个 $\boldsymbol{U}_0 > 0$, $\lim\limits_{t\to\infty} \boldsymbol{U}(t, \boldsymbol{U}_0) = 0$; 如果 $s(\boldsymbol{A} + \boldsymbol{F}_U(\boldsymbol{Z})) > 0$, 那么存在唯一的一个平衡点 $\hat{\boldsymbol{U}}$, $\hat{\boldsymbol{U}} \gg 0$. 对每个 $\boldsymbol{U}_0, 0 < \boldsymbol{U}_0 < \boldsymbol{Z}$, 有 $\lim\limits_{t\to\infty} \boldsymbol{U}(t,\ \boldsymbol{U}_0) = \hat{\boldsymbol{U}}$.

当只有一个种群 $\boldsymbol{V}$ 时, 由 $\bar{\boldsymbol{V}}$ 表示一个正平衡点：对系统 (7.3.9), $(\hat{U}, 0)$ 和 $(0, \tilde{V})$ 是平衡点.

当存在竞争时, 有三个容易确定的平衡点

$$\boldsymbol{E}_0 : (0, 0), \quad \hat{\boldsymbol{E}} : (\hat{U}, 0), \quad \tilde{\boldsymbol{E}} : (0, \tilde{V}),$$

令 $\Sigma$ 表示 (7.3.9) 平衡点的集合, 显然 $\Sigma$ 依赖于 (7.3.9) 的参数且 $\boldsymbol{E}_0 \in \Sigma$.

**引理 7.3.5** (1) $\boldsymbol{E}_0$ 总是存在;

(2) 当且仅当 $s(\boldsymbol{A} + \boldsymbol{F}_U(\boldsymbol{Z})) > 0$ 时, $\hat{\boldsymbol{E}}$ 存在;

(3) 当且仅当 $s(\boldsymbol{A} + \boldsymbol{F}_V(\boldsymbol{Z})) > 0$ 时, $\tilde{\boldsymbol{E}}$ 存在;

(d) 如果存在一平衡点 $\boldsymbol{E}^* = (\bar{\boldsymbol{U}}, \bar{\boldsymbol{V}}) \in P$, $\bar{\boldsymbol{U}} > 0$, $\bar{\boldsymbol{V}} > 0$, 那么 $\hat{\boldsymbol{E}}$ 和 $\tilde{\boldsymbol{E}}$ 存在, 并且 $0 \ll \bar{\boldsymbol{U}} \ll \hat{\boldsymbol{U}}$, $0 \ll \bar{\boldsymbol{V}} \ll \tilde{\boldsymbol{V}}$.

**证明** (1), (2), (3) 显然成立. 现考虑 (4). 如果 $\bar{\boldsymbol{U}} = 0$, 那么 $(\bar{\boldsymbol{U}},\ \bar{\boldsymbol{V}})$ 与 $\tilde{\boldsymbol{E}}$ 相同, 故 $\bar{\boldsymbol{U}} > 0$, 类似地, $\bar{\boldsymbol{V}} > 0$. 由 (7.3.9) 知 $\bar{\boldsymbol{U}}$ 是对应于拟正, 不可约矩阵 $\boldsymbol{A} + \boldsymbol{F}_U(\boldsymbol{Z} - \bar{\boldsymbol{U}} - \bar{\boldsymbol{V}})$ 零特征根的特征向量. 矩阵本身有一个唯一的非负特征向量, 可以数乘, 且这个特征向量一定有全部正的成分, 即得 $\bar{\boldsymbol{U}} \gg 0$, 类似可得 $\bar{V} \gg 0$.

下面介绍一个比较方法, 在以后的证明中将会用到. 令 $(\boldsymbol{U}(0),\boldsymbol{V}(0))\gg 0$ 属于 $P$, $(\boldsymbol{U}(t),\boldsymbol{V}(t))$ 对应于 (7.3.9) 的解. $\boldsymbol{\omega}(t)$ 是 (7.3.11) 满足 $\boldsymbol{\omega}(0)=\boldsymbol{U}(0)$ 的解. 由于 $(\boldsymbol{\omega}(t),\ 0)$ 是 (7.3.9) 的解, 满足 $(\boldsymbol{U}(0),\boldsymbol{V}(0))<_K(\boldsymbol{\omega}(0),\ 0)$, (7.3.9) 的强单调性意味着对 $t>0$, $(\boldsymbol{U}(t),\boldsymbol{V}(t))\ll_K(\boldsymbol{\omega}(t),0)$, 特别地, 对 $t>0$, $\boldsymbol{U}(t)\ll\boldsymbol{\omega}(t)$. 由定理 7.3.4, 如果 $\hat{\boldsymbol{E}}$ 不存在, 则 $\lim\limits_{t\to\infty}\boldsymbol{\omega}(t)=0$ 且 $\lim\limits_{t\to\infty}\boldsymbol{U}(t)=0$. 但如果 $(\boldsymbol{U}(0),\boldsymbol{V}(0))=(\bar{\boldsymbol{U}},\ \bar{\boldsymbol{V}})$, 那么会导致矛盾 $0\ll\bar{\boldsymbol{U}}=0$, 这样 $\hat{\boldsymbol{E}}$ 一定存在. 再一次利用定理 7.3.4, $\lim\limits_{t\to\infty}\boldsymbol{\omega}(t)=\hat{\boldsymbol{U}}$, $(\boldsymbol{U}(0),\ \boldsymbol{V}(0))=(\bar{\boldsymbol{U}},\ \bar{\boldsymbol{V}})$. 比较以上的情况得出 $\bar{\boldsymbol{U}}\leqslant\hat{\boldsymbol{U}}$. 类似的比较方法, 用 $(0,\ \boldsymbol{\omega}(t))$ 代替 $(\boldsymbol{\omega}(t),0)$, $\boldsymbol{\omega}(0)=\boldsymbol{V}(0)$, 得出 $\tilde{\boldsymbol{E}}$ 一定存在, 且 $\bar{\boldsymbol{V}}\leqslant\tilde{\boldsymbol{V}}$. 这样 $\tilde{\boldsymbol{E}}<_K(\bar{\boldsymbol{U}},\bar{\boldsymbol{V}})<_K\hat{\boldsymbol{E}}$, 再次应用强单调性, 由于 $(\bar{\boldsymbol{U}},\bar{\boldsymbol{V}})\gg 0$, 得到 $\tilde{\boldsymbol{E}}\ll_K(\bar{\boldsymbol{U}},\bar{\boldsymbol{V}})\ll_K\hat{\boldsymbol{E}}$, 这意味着 $\bar{\boldsymbol{V}}\ll\tilde{\boldsymbol{V}}$, $\bar{\boldsymbol{U}}\ll\tilde{\boldsymbol{U}}$. 引理得证. □

由引理 7.3.5(4) 立即可得, 如果 $\boldsymbol{E}^*=(\bar{\boldsymbol{U}},\ \bar{\boldsymbol{V}})\in\Sigma$, 满足 $\bar{\boldsymbol{U}}>0$, $\bar{\boldsymbol{V}}>0$, 那么 $\{\boldsymbol{E}_0,\ \hat{\boldsymbol{E}},\ \tilde{\boldsymbol{E}},\ \boldsymbol{E}^*\}\subset\Sigma$ 并且 $\boldsymbol{E}^*\gg 0$. $\boldsymbol{E}^*$ 表示两种群在每个容器中共存.

平衡点的局部稳定性由它的线性部分来决定, (7.3.9) 的变分矩阵为

$$\boldsymbol{J}=\begin{pmatrix}\boldsymbol{A}+\boldsymbol{F}_U(\boldsymbol{Z}-\boldsymbol{U}-\boldsymbol{V})-\boldsymbol{D}_U & -\boldsymbol{D}_U\\ -\boldsymbol{D}_V & \boldsymbol{A}+\boldsymbol{F}_V(\boldsymbol{Z}-\boldsymbol{U}-\boldsymbol{V})-\boldsymbol{D}_V\end{pmatrix}. \tag{7.3.13}$$

这里

$$\boldsymbol{D}_U=\operatorname{diag}\left(U_1f_U'(Z_1-U_1-V_1),\cdots,\ U_nf_U'(Z_n-U_n-V_n)\right),$$

$$\boldsymbol{D}_V=\operatorname{diag}\left(V_1f_V'(Z_1-U_1-V_1),\cdots,\ V_nf_V'(Z_n-U_n-V_n)\right).$$

在 $\boldsymbol{E}_0$ 的变分矩阵为

$$\boldsymbol{J}=\begin{pmatrix}\boldsymbol{J}_U & \boldsymbol{0}\\ \boldsymbol{0} & \boldsymbol{J}_V\end{pmatrix}. \tag{7.3.14}$$

如果 $s(\boldsymbol{A}+\boldsymbol{F}_U(\boldsymbol{Z}))\leqslant 0$, $s(\boldsymbol{A}+\boldsymbol{F}_V(\boldsymbol{Z}))\leqslant 0$, 那么对每个部分应用定理 7.3.4, 即可得到稳定性结果.

利用引理 7.3.5 的比较方法及 $\Omega$ 极限集的一般性质可建立下面的结果.

**定理 7.3.1**　令 $\Sigma$ 表示 (7.3.9) 平衡点的集合.

(1) 如果 $\Sigma=\{\boldsymbol{E}_0\}$, 那么 $\boldsymbol{E}_0$ 是 (7.3.9) 的全局吸引子;

(2) 如果 $\Sigma=\{\boldsymbol{E}_0,\ \hat{\boldsymbol{E}}\}$, 或 $\Sigma=\{\boldsymbol{E}_0,\ \tilde{\boldsymbol{E}}\}$, 则非平凡平衡点吸引带有初值 $(\boldsymbol{U}_0,\boldsymbol{V}_0)\in P$ 的所有轨线. 这里第一种情况满足 $\boldsymbol{U}_0>0$, 第二种情况满足 $\boldsymbol{V}_0>0$.

**引理 7.3.6**　如果 $\hat{\boldsymbol{E}}$ 存在, 那么当且仅当 $s(\boldsymbol{A}+\boldsymbol{F}_V(\boldsymbol{Z}-\hat{\boldsymbol{U}}))<0$ 时, 它是渐近稳定的; 如果 $s(\boldsymbol{A}+\boldsymbol{F}_V(\boldsymbol{Z}-\hat{\boldsymbol{U}}))>0$, 则变分矩阵在 $\hat{\boldsymbol{E}}$ 有一个正特征值. 类似的结果在 $\tilde{\boldsymbol{E}}$ 也成立.

**证明** 变分矩阵在 $\hat{\boldsymbol{E}}$ 为

$$\boldsymbol{J}=\begin{pmatrix} \boldsymbol{A}+\boldsymbol{F}_U(\boldsymbol{Z}-\hat{\boldsymbol{U}})-\boldsymbol{D}_U & -\boldsymbol{D}_U \\ \boldsymbol{0} & \boldsymbol{A}+\boldsymbol{F}_V(\boldsymbol{Z}-\hat{\boldsymbol{U}}) \end{pmatrix},$$

这里子矩阵为 $n\times n$ 阶, 由于对 $\hat{\boldsymbol{E}}$ 存在 $s(\boldsymbol{A}+\boldsymbol{F}_U(\boldsymbol{Z}-\hat{\boldsymbol{U}}))=0$, $s(\boldsymbol{A}+\boldsymbol{F}_U(\boldsymbol{Z}-\hat{\boldsymbol{U}})-\boldsymbol{D}_U)<s(\boldsymbol{A}+\boldsymbol{F}_U(\boldsymbol{Z}-\hat{\boldsymbol{U}})$, 左下角的零矩阵保证了右下角的特征值为 $\boldsymbol{J}$ 的特征值. □

由此容易得到下面的定理.

**定理 7.3.2** 如果 $\Sigma=\{\boldsymbol{E}_0,\hat{\boldsymbol{E}},\tilde{\boldsymbol{E}}\}$, 那么

(1) 对所有 $(\boldsymbol{U}_0,\boldsymbol{V}_0)\in P$, $\boldsymbol{U}_0>0$, 有 $\lim\limits_{t\to\infty}\boldsymbol{\pi}(\boldsymbol{U}_0,\boldsymbol{V}_0,t)=\hat{\boldsymbol{E}}$

或者

(2) 对所有 $(\boldsymbol{U}_0,\boldsymbol{V}_0)\in P$, $\boldsymbol{V}_0>0$, 有 $\lim\limits_{t\to\infty}\boldsymbol{\pi}(\boldsymbol{U}_0,\boldsymbol{V}_0,t)=\tilde{\boldsymbol{E}}$.

其证明可见文献 [5] 中的引理 6.6. 由定理 7.3.2 及引理 7.3.6, 如果 $\Sigma=\{\boldsymbol{E}_0,\ \hat{\boldsymbol{E}},\ \tilde{\boldsymbol{E}}\}$, $s(\boldsymbol{A}+\boldsymbol{F}_V(\boldsymbol{Z}-\hat{\boldsymbol{U}}))<0$, 则定理 7.3.2 中的 (1) 成立; 如果 $s(\boldsymbol{A}+\boldsymbol{F}_V(\boldsymbol{Z}-\hat{\boldsymbol{U}}))>0$ 则 (2) 成立.

**定理 7.3.3** 假定 $\hat{\boldsymbol{E}}$ 和 $\tilde{\boldsymbol{E}}$ 存在, 且

$$s(\boldsymbol{A}+\boldsymbol{F}_U(\boldsymbol{Z}-\tilde{\boldsymbol{V}}))>0,\quad s(\boldsymbol{A}+\boldsymbol{F}_V(\boldsymbol{Z}-\tilde{\boldsymbol{U}}))<0,\tag{7.3.15}$$

那么存在 (7.3.9) 的平衡点,

$$\boldsymbol{E}^*=(\boldsymbol{U}^*,\ \boldsymbol{V}^*)\gg 0,\quad \boldsymbol{E}^{**}=(\boldsymbol{U}^{**},\ V^{**})\gg 0$$

满足

$$\tilde{\boldsymbol{E}}\ll_K\boldsymbol{E}^*\ll_K\boldsymbol{E}^{**}\ll_K\hat{\boldsymbol{E}}.$$

集合

$$\mu=[\boldsymbol{E}^*,\ \boldsymbol{E}^{**}]_K\cap P=([\boldsymbol{U}^*,\ \boldsymbol{U}^{**}]\times[\boldsymbol{V}^{**},\ \boldsymbol{V}^*])\cap P$$

吸引所有从 $(\boldsymbol{U}_0,\ \boldsymbol{V}_0)\in P$ 出发的轨线. 进而存在 $P$ 的一个开的和致密的子集合, 它由点 $(\boldsymbol{U}_0,\ \boldsymbol{V}_0)$ 组成, 对于这个子集合 $\boldsymbol{\pi}(\boldsymbol{U}_0,\ \boldsymbol{V}_0,\ t)$, 当 $t\to\infty$ 时在 0 中逼近于一个平衡点. $\boldsymbol{E}^*$ 和 $\boldsymbol{E}^{**}$ 有这样的性质, 即 (7.3.9) 雅可比稳定性模在这些点是非正的.

把该定理证明分成下面的注和几个引理.

**注 7.3.1** 如果 $\boldsymbol{E}^*=\boldsymbol{E}^{**}$, 则 $\boldsymbol{E}^*$ 是一个全局吸引子, 且定理对应于文献 [5] 中的结果. 如果 $\boldsymbol{E}^*\neq\boldsymbol{E}^{**}$, 那么由强单调性知 $\boldsymbol{E}^*\ll_K\boldsymbol{E}^{**}$.

**引理 7.3.7** 假定定理 7.3.2 中的假设成立, 那么存在 $\boldsymbol{E}^{**}\in\Sigma$ 满足:

(1) $\tilde{\boldsymbol{E}}\ll_K\boldsymbol{E}^{**}\ll_K\hat{\boldsymbol{E}}$;

(2) 如果 $(\boldsymbol{U}_0, \boldsymbol{V}_0) \in [\boldsymbol{E}^*, \boldsymbol{E}^{**}]_K \cap P$ 和 $\boldsymbol{U}_0 > 0$, 则 $\lim\limits_{t\to\infty} \boldsymbol{\pi}(\boldsymbol{U}_0, \boldsymbol{V}_0, t) = \boldsymbol{E}^{**}$;

(3) $s(\boldsymbol{J}^{**}) \leqslant 0$, 这里 $\boldsymbol{J}^{**}$ 是 (7.3.9) 在 $\boldsymbol{E}^{**}$ 的雅可比矩阵.

**证明**　对 (7.3.9) 在 $\hat{\boldsymbol{E}}$ 的雅可比矩阵进行如在引理 7.3.6 证明中的分析知, $\hat{s} = s(\boldsymbol{J}) = s(\boldsymbol{A} + \boldsymbol{F}_V(\boldsymbol{Z} - \hat{\boldsymbol{U}})) > 0$ 是对应于特征向量 $\hat{\boldsymbol{W}} = (\boldsymbol{W}_1, \boldsymbol{W}_2)$ 的一个简单特征值, 满足

$$[\boldsymbol{A} + \boldsymbol{F}_U(\boldsymbol{Z} - \hat{\boldsymbol{U}}) - \boldsymbol{D}_U]\boldsymbol{W}_1 - \boldsymbol{D}_U \boldsymbol{W}_Z = \hat{s}\boldsymbol{W}_1,$$

$$[\boldsymbol{A} + \boldsymbol{F}_V(\boldsymbol{Z} - \hat{\boldsymbol{U}})]\boldsymbol{W}_2 = \hat{s}\boldsymbol{W}_2.$$

由 Perron-Frobenius 理论, 可以得到 $\boldsymbol{W}_2 \gg 0$. 一旦 $\boldsymbol{W}_2$ 确定, $\boldsymbol{W}_1$ 可由下式确定:

$$\boldsymbol{W}_1 = [\boldsymbol{A} + \boldsymbol{F}_U(\boldsymbol{Z} - \hat{\boldsymbol{U}}) - \boldsymbol{D}_U - \hat{s}\boldsymbol{I}]^{-1}\boldsymbol{D}_U \boldsymbol{W}_2 \ll 0,$$

这里使用了 $-[\boldsymbol{A} + \boldsymbol{F}_U(\boldsymbol{Z} - \hat{\boldsymbol{U}}) - \boldsymbol{D}_U - \hat{s}\boldsymbol{I}]^{-1} \gg 0$. 由于

$$\begin{aligned} s(\boldsymbol{A} + \boldsymbol{F}_U(\boldsymbol{Z} - \hat{\boldsymbol{U}}) - \boldsymbol{D}_U - \hat{s}\boldsymbol{I}) &= s(\boldsymbol{A} + \boldsymbol{F}_U(\boldsymbol{Z} - \hat{\boldsymbol{U}}) - \boldsymbol{D}_U) - \hat{s} \\ &\leqslant s(\boldsymbol{A} + \boldsymbol{F}_U(\boldsymbol{Z} - \hat{\boldsymbol{U}})) - \hat{s} \\ &= -\hat{s}, \end{aligned}$$

这样 $\hat{\boldsymbol{W}} \ll_K 0$.

现在应用引理 7.3.2 研究经过 $\hat{\boldsymbol{E}}$ 在 $\hat{\boldsymbol{W}}$ 方向以下半直线上的点,

$$\begin{cases} \boldsymbol{U}(r) = \hat{\boldsymbol{U}} + r\boldsymbol{W}_1, \\ \boldsymbol{V}(r) = r\boldsymbol{W}_2. \end{cases} \tag{7.3.16}$$

令 $F(\boldsymbol{U}, \boldsymbol{V})$ 表示由 (7.3.9) 定义的向量场, 那么 $F(\boldsymbol{U}(0), \boldsymbol{V}(0)) = F(\hat{\boldsymbol{U}}, 0) = (0, 0)$ 和

$$\left.\frac{\mathrm{d}}{\mathrm{d}r}\right|_{r=0} F(\boldsymbol{U}(r),\ \boldsymbol{V}(r)) = \boldsymbol{J}\hat{\boldsymbol{W}} = \hat{s}\hat{\boldsymbol{W}} \ll_K 0.$$

对应于小正数 $r$ 的每个点 $(\boldsymbol{U}(r), \boldsymbol{V}(r))$, 引理 7.3.2 的假设成立, 因此 $\boldsymbol{\pi}(\boldsymbol{U}(r), \boldsymbol{V}(r), t)$ 单调收敛于 (7.3.9) 的一个平衡点 $\boldsymbol{E}_r$, 满足

$$\tilde{\boldsymbol{E}} \ll_K \boldsymbol{\pi}(\boldsymbol{U}(r), \boldsymbol{V}(r), t) \ll_K (\boldsymbol{U}(r), \boldsymbol{V}(r)) \ll_K \hat{\boldsymbol{E}} (t \geqslant 0).$$

最左边的不等式成立是由于单调性. 上面的论证同样适用于 $\tilde{\boldsymbol{E}}$. $\boldsymbol{E}_r = \boldsymbol{E}^*$ 对所有充分小的 $r > 0$ 是独立的, 这是由于它的单调性所致. 如果 $0 < r_1 < r_2$, 那么

$$(\boldsymbol{U}(r_2), \boldsymbol{V}(r_2)) \ll_K (\boldsymbol{U}(r_1), \boldsymbol{V}(r_1)) \ll_K \hat{\boldsymbol{E}}.$$

因此应用 $\boldsymbol{\pi}(\cdot,\ t)$, 单调性和令 $t \to \infty$, 得到 $\boldsymbol{E}_{r_2} \ll_K \boldsymbol{E}_{r_1} \ll_K \hat{\boldsymbol{E}}$. 这样 $\boldsymbol{E}^{**} = \lim\limits_{r\to\infty} \boldsymbol{E}_r$ 是一个平衡点且满足 $\boldsymbol{E}^{**} \neq \hat{\boldsymbol{E}}$, 由于 $\boldsymbol{E}^{**} = \hat{\boldsymbol{E}}$ 意味着在 $\boldsymbol{J}$ 的零空间中存

在向量 $\boldsymbol{x} <_K 0$, 但这与 $\hat{\boldsymbol{W}}$ 是唯一的相矛盾, 对 $\boldsymbol{J}$ 与零有关的特征向量可用 $<_K$, 从而由强单调性知 $\boldsymbol{E}^{**} \ll \hat{\boldsymbol{E}}$, 因此对充分小的 $r$, $\boldsymbol{E}^{**} \ll_K (\boldsymbol{U}(r), \boldsymbol{V}(r))$ 成立. 显然, 对充分小的 $r > 0$, 有 $\boldsymbol{E}_r = \boldsymbol{E}^{**}$, 从而 (1) 成立.

如果 $(\boldsymbol{U}(0), \boldsymbol{V}(0)) \in [\boldsymbol{E}^{**}, \hat{\boldsymbol{E}}]_K$ 和 $\boldsymbol{V}_0 > 0$, 那么由强单调性和引理 7.3.3, 对 $t > 0$, 有 $\boldsymbol{E}^{**} \ll_K \boldsymbol{\pi}(\boldsymbol{U}_0,\ \boldsymbol{V}_0,\ t) \ll_K \hat{\boldsymbol{E}}$. 对充分小的正数 $r$, 有 $\boldsymbol{\pi}(\boldsymbol{U}_0, \boldsymbol{V}_0, 1) \ll_K (\boldsymbol{U}(r), \boldsymbol{V}(r))$ 以及利用单调性, (2) 得证.

关键是允许构造从通过 $\hat{\boldsymbol{E}}$ 的半直线 (7.3.16) 发出的单调收敛的轨线, 这里 $s(\boldsymbol{J}) > 0$ 和选择满足 $\hat{\boldsymbol{W}} \ll_K 0$ ($\hat{\boldsymbol{W}} \gg_K 0$ 将被用在 $\tilde{\boldsymbol{E}}$) 所对应的特征向量. 如果 $s(j^{**}) > 0$, 这里 $j^{**}$ 是 (7.3.9) 的雅可比矩阵在 $\boldsymbol{E}^{**}$ 的值, 那么由 Perron-Frobenius 理论到 (7.3.9) 直接描述的不可约矩阵的一个简单推广, 给出一个对应的特征向量 $\boldsymbol{W}^{**} \gg_K 0$[11, 15]. 但一个单调增 (关于 $\leqslant_K$) 轨道从通过 $\boldsymbol{E}^{**}$ 的半直线方向发出, 如在第一段中的证明, 在这方向 $\boldsymbol{W}^{**}$ 能被精确的构造, 它显然与 $\boldsymbol{E}^{**}$ 是来自经过 $\hat{\boldsymbol{E}}$ 在 $\hat{\boldsymbol{W}}$ 方向半直线上的一个单调减 (关于 $\leqslant_K$) 轨道的极限相矛盾, 这样 $s(\boldsymbol{J}^{**}) \leqslant 0$, 从而 (3) 得证. □

一个与引理 7.3.7 平行的结果成立. 事实上, 由引理 7.3.7 的证明知, 存在 $\boldsymbol{E}^* \in \Sigma$ 满足下面的条件;

(1) $\tilde{\boldsymbol{E}} \ll_K \boldsymbol{E}^* \ll_K \hat{\boldsymbol{E}}$;

(2) 如果$(\boldsymbol{U}_0, \boldsymbol{V}_0) \in [\tilde{\boldsymbol{E}}, \boldsymbol{E}^*]_K \cap P$ 和 $\boldsymbol{U}_0 > 0$, 那么 $\lim\limits_{t\to\infty} \boldsymbol{\pi}(\boldsymbol{U}_0, \boldsymbol{V}_0,\ t) = \boldsymbol{E}^*$;

(3) $s(\boldsymbol{J}^*) \leqslant 0$, 这里 $\boldsymbol{J}^*$ 是 (7.3.9) 在 $\boldsymbol{E}^*$ 的雅可比矩阵, 显然还有 $\tilde{\boldsymbol{E}}_K \ll \boldsymbol{E}^* \leqslant_K \boldsymbol{E}^{**} \ll_K \hat{\boldsymbol{E}}$.

**引理 7.3.8** 如果定理 7.3.3 的假设成立, 令 $\Omega = \{(\boldsymbol{U}, \boldsymbol{V}) \in P : \tilde{\boldsymbol{E}} \ll_k (\boldsymbol{U}, \boldsymbol{V}) \ll_k \hat{\boldsymbol{E}}\}$, 那么

(1) $\Omega$ 中每个点的正极限集合包含在 $O$ 中;

(2) 如果 $(\boldsymbol{U}(0), \boldsymbol{V}(0)) \in P$ 满足 $\boldsymbol{U}(0) > 0$ 和 $\boldsymbol{V}(0) > 0$, 那么对所有 $t > 0$, $\boldsymbol{\pi}(\boldsymbol{U}_0, \boldsymbol{V}_0,\ t) \in \Omega$.

**证明** 如果 $(\boldsymbol{U}(0), \boldsymbol{V}(0)) \in \Omega$, 那么选择一个如 (7.3.15) 中 $\hat{\boldsymbol{W}}$ 方向通过 $\hat{\boldsymbol{E}}$ 的半直线上的点 $(\boldsymbol{U}(t), \boldsymbol{V}(t))$, 使得 $(\boldsymbol{U}(0), \boldsymbol{V}(0)) \leqslant_K (\boldsymbol{U}(r), \boldsymbol{V}(r))$. 当 $t \to \infty$ 时, $\pi(\boldsymbol{U}_r, \boldsymbol{V}_r, t) \to \boldsymbol{E}^{**}$, 由单调性有 $(\boldsymbol{U},\ \boldsymbol{V}) \leqslant_K \boldsymbol{E}^{**}$ 对在 $(\boldsymbol{U}_0, \boldsymbol{V}_0)$ 出发的 (7.3.9) 轨线的正极限集合的每个点成立. 一个类似的证明得到 $(\boldsymbol{U}, \boldsymbol{V}) \geqslant_K \boldsymbol{E}^*$. (1) 得证.

下面通过说明对每个满足 $\boldsymbol{U}(0) > 0$ 和 $\boldsymbol{V}(0) > 0$ 的点 $(\boldsymbol{U}(0), \boldsymbol{V}(0)) \in P$, 存在 $T \geqslant 0$, 使得对 $t \geqslant T$ 时, $(\boldsymbol{U}(t),\ \boldsymbol{V}(t)) \in \Omega$ 来完成证明. 由引理 7.3.3, 对 $t > 0$, 有 $(\boldsymbol{U}(t), \boldsymbol{V}(t)) \gg 0$. 由强单调性, 满足 $(\bar{\boldsymbol{U}}(0),\ \bar{\boldsymbol{V}}(0)) = (\boldsymbol{U}(0,\ 0) >_K (\boldsymbol{U}(0),\ \boldsymbol{V}(0)))$ 的 (7.3.9) 的解 $(\bar{\boldsymbol{U}}(t),\ \bar{\boldsymbol{V}}(t))$ 对 $t > 0$ 一定满足 $(\bar{\boldsymbol{U}}(t), \bar{\boldsymbol{V}}(t)) = (\bar{\boldsymbol{U}}(t),\ 0) \gg_K (\boldsymbol{U}(t), \boldsymbol{V}(t))$. 类似地, 对 $t > 0$, 有 $(\bar{\bar{\boldsymbol{U}}}(t),\ \bar{\bar{\boldsymbol{V}}}(t)) \ll_K (\boldsymbol{U}(t),\ \boldsymbol{V}(t))$, 这里 $(\bar{\bar{\boldsymbol{U}}}(t), \bar{\bar{\boldsymbol{V}}}(t))$

是 (7.3.9) 满足 $(\bar{\bar{U}}(0), \bar{\bar{V}}(0)) = (0, \boldsymbol{V}(0))$ 的解. 令不等式 $(\bar{\bar{U}}(t), \bar{\bar{V}}(t)) = (0, \bar{\bar{V}}(t)) \ll_K (\boldsymbol{U}(t), \boldsymbol{V}(t)) \ll_K (\bar{\boldsymbol{U}}(t), 0)$ 中 $t \to \infty$ 且注意到当 $t \to \infty$ 时, $\bar{\bar{V}}(t) \to \tilde{\boldsymbol{E}}$ 和 $\bar{\boldsymbol{U}} \to \hat{\boldsymbol{E}}$, 得到 $\bar{\Omega}$ 吸引 (7.3.9) 的所有解, 因而由单调性知 $\Omega$ 是正不变的. 因此, 如果 $(\boldsymbol{U}(t), \boldsymbol{V}(t))$ 是一个满足 $\boldsymbol{U}(0) > 0, \boldsymbol{V}(0) > 0$ 的 (7.3.9) 的解并且 $(\boldsymbol{U}(t), \boldsymbol{V}(t))$ 不最终进入和停留在 $\Omega$ 中, 那么它不能对任何 $t$ 属于 $\Omega$. 但由于 $\bar{\Omega}$ 吸引解, 因此它的正极限集合 $\Lambda$ 属于 $\partial\Omega$. 由此可见, 对每一个点 $(\boldsymbol{U}, \boldsymbol{V}) \in \Lambda$, 或者对某个 $i$, $U_i \geqslant \hat{U}_i$ 成立, 或者对某个 $i$, $V_i \geqslant \hat{V}_i$ 成立, 或者两种情况同时成立. 如果 $\Lambda$ 包含点 $(\boldsymbol{U}, \boldsymbol{V})$, $\boldsymbol{U} > 0$, $\boldsymbol{V} > 0$, 那么由不变性它包含一个点 $(\boldsymbol{U}, \boldsymbol{V}) \gg 0$, 但这个点因属于 $\bar{\Omega}$, 故满足 $\tilde{\boldsymbol{E}} \ll_K (\boldsymbol{U}, \boldsymbol{V}) \ll_K \tilde{\boldsymbol{E}}$, 强单调性意味着对 $t > 0$, 有 $\tilde{\boldsymbol{E}} \ll_K \boldsymbol{\pi}(\boldsymbol{U}, \boldsymbol{V}, t) \ll_K \hat{\boldsymbol{E}}$, 且由于 $\boldsymbol{\pi}(\boldsymbol{U}, \boldsymbol{V}, t) \in \Lambda$, 这样就和 $\Lambda$ 的每一个点存在 $i$, 使得或者 $\bar{\boldsymbol{U}}_i \geqslant \hat{\boldsymbol{U}}_i$, 或者 $\bar{\boldsymbol{V}}_i \geqslant \tilde{\boldsymbol{V}}_i$, 或者两个同时成立相矛盾. 这样可以得出, $(\boldsymbol{U}, \boldsymbol{V}) \in \Lambda$ 意味着或者 $\boldsymbol{U} = 0$, 或者 $\boldsymbol{V} = 0$, 但两个不同时为零. $\Lambda$ 的连通性、不变性及 $\boldsymbol{E}_0 \notin \Lambda$ 意味着 $\Lambda = \{\tilde{\boldsymbol{E}}\}$ 或 $\Lambda = \{\hat{\boldsymbol{E}}\}$. 如果 $\Lambda = \{\hat{\boldsymbol{E}}\}$, 那么对任意 $t_0 > 0$ 有熟知的比较方法发现 $\hat{\boldsymbol{E}}$ 吸引集合 $U[(\boldsymbol{U}(t), \boldsymbol{V}(t)), (\boldsymbol{U}(t), 0)]_K$. 对 $t > 0$, 如果 $(\boldsymbol{U}(t), \boldsymbol{V}(t)) \gg 0$, 则这个集合非空. 这样 $\hat{\boldsymbol{E}}$ 是一个文献 [14] 中所谓的 "trap" 陷阱, 由此可得 (7.3.9) 的雅可比矩阵在 $\hat{\boldsymbol{E}}$ 的所有特征值有非正实部, 这与 (7.3.14) 相矛盾, 一个类似的证明排除了 $\Lambda = \{\tilde{\boldsymbol{E}}\}$. 因此得到 $(\boldsymbol{U}(t), \boldsymbol{V}(t))$ 最终进入和留在 $\Omega$ 中. □

**定理 7.3.3 证明**　由引理 7.3.10 可得到平衡点 $\boldsymbol{E}^*$ 和 $\boldsymbol{E}^{**}$ 的所有结果. 令 $(\boldsymbol{U}_0, \boldsymbol{V}_0) \in P$ 满足 $\boldsymbol{U}(0) > 0$ 和 $\boldsymbol{V}(0) > 0$, 由引理 7.3.8 (2), 存在 $T \geqslant 0$, 使得对所有 $t \geqslant T$, $\boldsymbol{\pi}(\boldsymbol{U}_0, \boldsymbol{V}_0, t) \in \Omega$, 由引理 7.3.8(1), $\Lambda \subset O$, 这里 $\Lambda$ 是 (7.3.9) 通过 $(\boldsymbol{U}_0, \boldsymbol{V}_0)$ 的轨线的正极限集合. □

从文献 [16] 的主要结果和 $O$ 吸引 (7.3.9) 的轨线的事实可以得到, 存在一个开的和由点 $(\boldsymbol{U}_0, \boldsymbol{V}_0)$ 组成的 $P$ 的致密的子集合, $\boldsymbol{\pi}(\boldsymbol{U}_0, \boldsymbol{V}_0, t)$ 当 $t \to \infty$ 时逼近于属于 $O$ 的 (7.3.9) 的一个平衡点. 这个结果并不能仅从文献 [16] 的定理 2.4 得到, 由于 $\boldsymbol{\pi}$ 不是在所有 $P$ 上强保序的 (可参阅文献 [16] 中的定义, 这是比强单调稍弱的性质), 强单调性和强保序的性质对初值例如 $(\boldsymbol{U}_0, 0)$ 和 $(\boldsymbol{U}_1, 0)$ 不能成立, 这里 $(\boldsymbol{U}_0 < \boldsymbol{U}_1)$. 尽管 $(\boldsymbol{U}_0, 0) <_k (\boldsymbol{U}_1, 0)$, 但 $\boldsymbol{\pi}(\boldsymbol{U}_0, 0, t) \ll_K \boldsymbol{\pi}(\boldsymbol{U}_1, 0, t)$ 对任何 $t$ 不成立, 由于这些解留在 $\boldsymbol{U} = 0$ 平面上, 甚至稍弱的强保序性质也不成立. 当然这些解收敛到 $\hat{\boldsymbol{E}}$, 除非 $\boldsymbol{U}_0 = 0$ 或 $\boldsymbol{U}_1 = 0$. 但重要的是强保序性质对这些初值的不成立, 对相应于 $\boldsymbol{U} = 0$ 的初值也不成立. 幸运的是定理 7.3.3 的证明意味着 $P$ 的子集合 $H_r = [\tilde{\boldsymbol{E}} + r\tilde{\boldsymbol{W}}, \hat{\boldsymbol{E}} + r\hat{\boldsymbol{W}}]_K \cap P$, 这里 $r > 0$ 是任意小正数, $\tilde{\boldsymbol{W}} \gg_k 0 (\hat{\boldsymbol{W}} \ll_k 0)$ 是 (7.3.9) 在 $\tilde{\boldsymbol{E}}(\hat{\boldsymbol{E}})$ 的雅可比矩阵的特征向量, 对 (7.3.9) 是紧致、正不变的, 如果 $r$ 足够小, 包含 $O$ 在它的内部, 但 $\boldsymbol{\pi}$ 关于 $H_r$ 是强单调的. 文献 [16] 中的定理 2.4 应用 $H_r$ 到 $\boldsymbol{\pi}$, 意味着存在一个开的和致密的 $H_r$ 的子集合 $U_r$. $H_r$ 是由这样的点组成

它的轨道时渐近到 $O$ 中 (7.3.9) 的一个孤立平衡点. 显然, 对所有小正数 $r>0$, $U_r$ 的并集给出一个有需要性质的 $P$ 开的和致密的子集合.

## 7.4 恒化器组中的反应扩散

模型的另一个选择是简单地使用一个容器和排除“很好搅拌”的假设. 从而得到形如反应扩散方程的系统.

$$\begin{cases} \dfrac{\partial S}{\partial t}=d\dfrac{\partial^2 S}{\partial x^2}-\dfrac{m_1 Su}{a_1+S}-\dfrac{m_2 Sv}{a_2+S}, \\ \dfrac{\partial u}{\partial t}=d\dfrac{\partial^2 u}{\partial x^2}+\dfrac{m_1 Su}{a_1+S}, \\ \dfrac{\partial v}{\partial t}=d\dfrac{\partial^2 v}{\partial x^2}+\dfrac{m_2 Sv}{a_2+S}, \quad 0<x<1. \end{cases} \tag{7.4.1}$$

边界条件为

$$\begin{cases} \dfrac{\partial S}{\partial x}(t,\ 0)=-S^{(0)}, \\ \dfrac{\partial u}{\partial x}(t,0)=\dfrac{\partial v}{\partial x}(t,0)=0, \\ \dfrac{\partial S}{\partial x}(t,1)+rS(t,1)=0, \\ \dfrac{\partial u}{\partial x}(t,1)+ru(t,1)=0, \\ \dfrac{\partial v}{\partial x}(t,1)+rv(t,1)=0. \end{cases} \tag{7.4.2}$$

初始条件为

$$\begin{cases} S(0,x)=S_0(x)\geqslant 0, \\ u(0,\ x)=u_0(x)\geqslant 0, \quad u_0(x)\not\equiv 0, \\ v(0,\ x)=v_0(x)\geqslant 0, \quad v_0(x)\not\equiv 0. \end{cases} \tag{7.4.3}$$

这个系统解的性态在文献 [17] 中已有研究, 利用分支理论证明了种群共存是可能的, 但未给出任何稳定性结果. 文献 [18] 继文献 [17] 的研究得到某些稳定性结果.

**引理 7.4.1** (7.4.1)~(7.4.3) 的解 $S(t,x),u(t,x),v(t,x)$ 对所有 $t\to 0, 0<x<1$ 存在, 非负, 有界, 且对某个 $\alpha>0$, 当 $t\to\infty$ 时

$$\|S(t,\cdot)+u(t,\cdot)+v(t,\cdot)-\phi\|_\infty=O(\mathrm{e}^{-\alpha t}), \tag{7.4.4}$$

这里

$$\phi=\phi(x)=S^{(0)}\left(\frac{1+r}{r}-x\right), \quad 0<x<1. \tag{7.4.5}$$

**证明**　文献 [19] 已证明解的局部存在性. 解为正的, 仅需证明在区域 $\{(S,u,v):S\geqslant 0,u\geqslant 0,v\geqslant 0\}$ 是不变的[20] 及使用强极值原理[21].

令 $W(t,x)=S(t,x)+u(t,x)+v(t,x)-\phi(x)$. 由方程及初边值条件得到 $W(t,x)$ 满足

$$\frac{\partial W}{\partial t}=d\frac{\partial^2 W}{\partial x^2}, \tag{7.4.6}$$

$$\frac{\partial W}{\partial t}(t,0)=0, \tag{7.4.7}$$

$$\frac{\partial W}{\partial t}(t,1)+rW(t,1)=0, \tag{7.4.8}$$

$$W(0,x)=S(0,x)+W(0,x)+v(0,x)-\phi(x). \tag{7.4.9}$$

令 $\eta_0>0$ 和 $\psi=\psi(x)>0$ 分别是

$$\alpha\psi''+\lambda\psi=0, \tag{7.4.10}$$

$$\psi'(0)=0,\ \psi'(1)+r\psi(1)=0 \tag{7.4.11}$$

的最小特征值和主要特征函数. 由文献 [22] 知, 在 $(0,1)$ 上 $\psi(x)>0$, 然而由解的初值问题的唯一性和在 $[0,1]$ 上 $\psi(0)>0$, $\psi(1)>0$ 或 $\psi(x)>0$.

由分离变量法可以解 (7.4.6)~(7.4.9), 由文献 [21], 令

$$W(t,x)=\psi(x)Z(x,t)\mathrm{e}^{-\alpha t}, \tag{7.4.12}$$

这里 $\alpha>0$ 待定. 容易得到 $Z(x,t)$ 满足

$$d\frac{\partial^2 Z}{\partial x^2}-\frac{\partial Z}{\partial t}+2d\frac{\psi'}{\psi}\frac{\partial Z}{\partial x}+(-\eta_0+\alpha)Z=0, \tag{7.4.13}$$

$$\frac{\partial Z}{\partial x}(t,0)=0,\quad \frac{\partial Z}{\partial x}(t,1)=0. \tag{7.4.14}$$

令 $\alpha$ 满足 $0<\alpha<\eta_0$ , 那么由 (7.4.13), (7.4.14) 和极值原理, 得到 $Z(t,x)$ 在内部点没有非负最大值 $M$, 除非 $M=0$. 因此

$$Z(t,x)\leqslant \max Z(0,x). \tag{7.4.15}$$

类似地, 在 (7.4.13), (7.4.14) 中由 $-Z$ 代替 $Z$, 得到

$$-Z(t,x)\leqslant \max_{0\leqslant x\leqslant 1}\{-Z(0,x)\}$$

或

$$Z(t,x) \geqslant -\min_{0\leqslant x\leqslant 1}\{Z(0,x)\}.$$

因此, (7.4.12), (7.4.13) 意味着对某个 $C$,

$$|Z(t,x)| \leqslant C.$$

由 (7.4.13) 知 (7.4.4) 成立. 引理得证. □

函数 $\phi(x)$ 表示在没有消耗时 ($u_0(x)\equiv 0,\ v_0(x)\equiv 0$) 营养的分配. 引理说明了这样一个事实, 即所有营养和等量的微生物与这个函数是相等的. 在函数 $\phi(x)$ 中所出现的 $S^0$ 和 $r$ 是恒化器的主要参数, (7.4.1)~(7.4.3) 的解在 $C_+\times C_+\times C_+$ 上形成了一个半动力系统, 这里 $C_+$ 是带有上确界范数在 $[0,1]$ 上的非负连续函数的集合. 这个半动力系统由 $T(t)x$ 来表示, 这里 $t\geqslant 0$, $x$ 表示由 (7.4.3) 给出的初始条件. 对 $t>0$, 该算子是紧的[23]. 引理说明系统是耗散的, 因此有一个连通的全局吸引子[23]. (7.4.4) 推断吸引子是在由 $S+u+v-\phi=0$ 给出的子集合中. 对这个集合, (7.4.1)~(7.4.3) 成为

$$\begin{cases} \dfrac{\partial u}{\partial t} = d\dfrac{\partial^2 u}{\partial x^2} + f_1(\phi-u-v)u, \\[2ex] \dfrac{\partial v}{\partial t} = d\dfrac{\partial^2 v}{\partial x^2} + f_2(\phi-u-v)v. \end{cases} \tag{7.4.16}$$

边界条件为

$$\begin{cases} \dfrac{\partial u}{\partial x}(t,0)=0, \quad \dfrac{\partial u}{\partial x}(t,1)+ru(t,1)=0, \\[2ex] \dfrac{\partial v}{\partial x}(t,0)=0, \quad \dfrac{\partial v}{\partial x}(t,1)+rv(t,1)=0. \end{cases} \tag{7.4.17}$$

初始条件为

$$\begin{cases} u(0,x)=u_0(x)\geqslant 0, \quad v(0,x)=v_0(x)\geqslant 0, \\ u_0(x)\not\equiv 0, \quad v_0(x)\not\equiv 0, \quad \phi(x)-u_0(x)-v_0(x)\geqslant 0, \end{cases} \tag{7.4.18}$$

这里

$$f_i(S) = \begin{cases} \dfrac{m_i S}{a_i+S}, & S\geqslant 0, \\[2ex] 0, & S\leqslant 0, \end{cases} \qquad i=1,2.$$

如果初始条件 $v(x)\equiv 0$, 则一个较低维的动力系统等价于在 (7.4.1) 中 $v(t,x)\equiv 0$. 由于引理 7.4.1 仍然成立, 这时研究一个单种群的生长情况等价于 (7.4.16) 中使

$v(t,x) \equiv 0$, 这样适当考虑

$$\begin{cases} \dfrac{\partial u}{\partial t} = d\dfrac{\partial^2 u}{\partial x^2} + \dfrac{m_1(\phi(x)-u)}{a_1+\phi(x)-u}u, \\ \dfrac{\partial u}{\partial t}(t,0) = 0, \quad \dfrac{\partial u}{\partial x}(t,1) + ru(t,1) = 0. \end{cases} \tag{7.4.19}$$

如果在 (7.4.16) 中 $u(t,x) \equiv 0$, 那么有

$$\begin{cases} \dfrac{\partial v}{\partial t} = d\dfrac{\partial^2 v}{\partial x^2} + \dfrac{m_1(\phi(x)-v)}{a_1+\phi(x)-v}v, \\ \dfrac{\partial v}{\partial t}(t,0) = 0, \quad \dfrac{\partial v}{\partial x}(t,1) + rv(t,1) = 0. \end{cases} \tag{7.4.19$'$}$$

下面的定理给出当固定 $r$ 和 $S^{(0)}$ 时, 在什么条件下一个种群不能幸存.

**定理 7.4.1**　(1) 如果 $m_1 < \lambda_0 d$, 那么 $u(x,t)$ 当 $t \to \infty$ 时指数衰减到零, 这里 $\lambda_0 > 0$ 是

$$\begin{cases} \psi'' + \lambda\dfrac{\phi(x)}{a_1+\phi(x)}\psi = 0, \\ \psi'(0) = 0, \quad \psi'(1) + r\psi(1) = 0 \end{cases} \tag{7.4.20}$$

的第一个特征值.

(2) 如果 $m_2 < \mu_0 d$, 那么 $v(x,t)$ 当 $t \to \infty$ 时指数衰减到零, 这里 $\mu_0 > 0$ 是

$$\begin{cases} \psi'' + \mu\dfrac{\phi(x)}{a_2+\phi(x)}\psi = 0, \\ \psi'(0) = 0, \quad \psi'(1) + r\psi(1) = 0 \end{cases} \tag{7.4.21}$$

的第一个特征值.

这个定理叙述了如果最大生长率小或扩散系数大, 那么微生物当 $t \to \infty$ 时趋于绝种. 由文献 [18] 知

$$\lambda_0 = \min_{\psi}\left\{\frac{\displaystyle\int_0^1 (\psi'(x))^2 \mathrm{d}x + r\psi^2(1)}{[W_1\psi^2(x)\mathrm{d}x]^{1/2}}\right\} > 0, \tag{7.4.22}$$

$$\mu_0 = \min_{\psi}\left\{\frac{\displaystyle\int_0^1 (\psi'(x))^2 \mathrm{d}x + r\psi^2(1)}{[W_2\psi^2(x)\mathrm{d}x]^{1/2}}\right\} > 0, \tag{7.4.23}$$

这里 $W_i(x) = \dfrac{\phi(x)}{a_i+\phi(x)}, \quad i = 1,2.$

**证明** 仅证明 (1), (2) 的证明是类似的. 由引理 7.4.1 知, 给出 $\varepsilon > 0$, 存在 $t_0 > 0$, 使得对所有 $t \geqslant t_0$, $0 \leqslant x \leqslant 1$ 有 $S(t,x) \leqslant \phi(x) + \varepsilon$ 成立. 令 $U(t,x)$ 是如下系统的解:

$$\begin{cases} \dfrac{\partial U}{\partial t} = d\dfrac{\partial^2 U}{\partial x^2} + \dfrac{m_1(\phi(x)+\varepsilon)}{a_1+\phi(x)+\varepsilon}U, & (7.4.24) \\ \dfrac{\partial U}{\partial t}(t,0) = 0, \quad \dfrac{\partial U}{\partial x}(t,1) + rU(t,1) = 0, & (7.4.25) \\ U(t_0,x) > u(t_0,x), \quad 0 \leqslant x \leqslant 1. & (7.4.26) \end{cases}$$

仅证明对所有 $t \geqslant t_0$, $0 \leqslant x \leqslant 1$, $u(t,x) < U(t,x)$.

令 $W(t) = u(t,x) - U(t,x)$, 那么由 (7.4.20) 和 (7.4.24) 得

$$\begin{cases} d\dfrac{\partial^2 W}{\partial x^2} - \dfrac{\partial W}{\partial t} = \dfrac{m_1(\phi(x)+\varepsilon)}{a_1+\phi(x)+\varepsilon}U - \dfrac{m_1(\phi(x)-u)}{a_1+\phi(x)-u}u, & (7.4.27) \\ \dfrac{\partial W}{\partial t}(t,0) = 0, \quad \dfrac{\partial W}{\partial t}(t,1) + rW(t,1) = 0, & (7.4.28) \\ W(t_0,x) < 0, \quad 0 \leqslant x \leqslant 1. & (7.4.29) \end{cases}$$

以上的结论等价于对所有 $t \geqslant t_0$, $0 \leqslant x \leqslant 1$, 有 $W(t,x) < 0$.

如果不是, 令 $t_1$ 是 $W(t_1,x_1) = 0$ 的第一个时刻, 那么从 (7.4.27) 对 $0 < x < 1$, $t_0 < t \leqslant t_1$ 有

$$d\frac{\partial^2 W}{\partial x^2} - \frac{\partial W}{\partial t} \geqslant 0.$$

由最大值原理[24], 在 $0 \leqslant x \leqslant 1$, $t_0 \leqslant t \leqslant t_1$ 上 $W$ 的最大值沿着 $S_1 = \{t_0 \leqslant t \leqslant t_1,\ t = 0\}$ 或 $S_2 = \{t_0 \leqslant t \leqslant t_1,\ t = 1\}$ 或 $S_3 = \{t = t_0, 0 < x < 1\}$ 一点发生. (7.4.29) 排除了在 $S_3$ 一个非负最大值发生. 如果 $W$ 在 $S_1$ 存在一个非负最大值 $W(t,0)$, 那么由最大值原理[24] 得到 $\dfrac{\partial W}{\partial x}(t,0) < 0$, 这与 (7.4.28) 矛盾. 类似地, 如果 $W$ 在 $S_2$ 有一个非负最大值 $W(t,1)$, 那么 $\dfrac{\partial W}{\partial x}(t,1) > 0$, 由 $\dfrac{\partial W}{\partial x}(t,1) = -rW(t,1) \leqslant 0$ 知与 (7.4.28) 相矛盾.

下面对某个 $K > 0$, $\alpha > 0$ 和对所有 $t \geqslant t_0, 0 \leqslant x \leqslant 1$, 建立 $U(x,t) \leqslant K\mathrm{e}^{-\alpha(t-t_0)}$. 令 $\psi(x) > 0$, $0 \leqslant x \leqslant 1$, $\|\psi\|_2 = 1$ 是对应于 (7.4.20) 的第一个特征值 $\lambda_0 > 0$ 的主特征函数. 由 $U(x,t) = Z(x,t)\psi(x)\mathrm{e}^{-\alpha(t-t_0)}$ 应用分离变量法, 这里 $\alpha > 0$ 待定, 那么 $Z(x,t)$ 满足

$$d\frac{\partial^2 Z}{\partial x^2} - \frac{\partial Z}{\partial t} + 2d\frac{\psi'(x)}{\psi(x)}\frac{\partial Z}{\partial t} + \frac{1}{\psi(x)}\left[d\psi'' + \alpha\psi + \frac{m_1(\phi(x)+\varepsilon)}{a_1+\phi(x)+\varepsilon}\psi\right]Z = 0, \quad (7.4.30)$$

$$\frac{\partial Z}{\partial t}(t,0)=0,\quad \frac{\partial Z}{\partial t}(t,1)=0. \tag{7.4.31}$$

考虑 (7.4.30) 中的方括号, 由假设 $\frac{m_1}{d}<\lambda_0$ 和 $\lambda=\lambda_0$ 得到

$$\begin{aligned}&d\psi''+\alpha\psi+\frac{m_1(\phi(x)+\varepsilon)}{a_1+\phi(x)+\varepsilon}\psi\\&=-\frac{d\lambda_0\phi(x)}{a_1+\phi(x)}\psi+\alpha\psi+\frac{m_1(\phi(x)+\varepsilon)}{a_1+\phi(x)+\varepsilon}\psi\\&\leqslant\alpha\psi+\left[\frac{m_1(\phi(x)+\varepsilon)}{a_1+\phi(x)+\varepsilon}\psi-\frac{m_1\phi(x)}{a_1+\phi(x)}\psi\right]+\left[\frac{m_1\phi(x)}{a_1+\phi(x)}\psi-\frac{d\lambda_0\phi(x)}{a_1+\phi(x)}\psi\right]\\&<0,\end{aligned}$$

这里 $\varepsilon>0,\ \alpha>0$ 是充分小的. 由 (7.4.30) 有

$$d\frac{\partial^2 Z}{\partial x^2}-\frac{\partial Z}{\partial t}+2d\frac{\psi'(x)}{\psi(x)}\frac{\partial Z}{\partial x}>0, \tag{7.4.32}$$

由 (7.4.31), (7.4.32) 和最大值原理得到

$$Z(x,t)\leqslant Z(x,t_0)\leqslant \sup_{0\leqslant x\leqslant 1}\left(\frac{U(x,t_0)}{\psi(x)}\right).$$

因此对某个 $K>0$, 有 $U(x,t)\leqslant V(x,t)\leqslant K\mathrm{e}^{-\alpha(t-t_0)}$, 定理得证. □

**定理 7.4.2**　如果 $m_1>\lambda_0 d$, $u(t,x)$ 是 (7.4.19) 的解, 那么 $\lim\limits_{t\to\infty}u(t,x)=\hat{u}(x)$, 这里 $\hat{u}(x)$ 是下面方程的唯一正稳定状态解

$$\begin{cases}\dfrac{\partial u}{\partial t}=d\dfrac{\partial^2 u}{\partial x^2}+\dfrac{m_1(\phi(x)-u)}{a_1+\phi(x)-u}u,\\ \dfrac{\partial u}{\partial t}(t,0)=0,\quad \dfrac{\partial u}{\partial x}(t,1)+ru(t,1)=0,\\ u(0,x)=u_0(x)\geqslant 0,\quad u_0\not\equiv 0.\end{cases} \tag{7.4.33}$$

要证明它先给出两个简单的引理.

**引理 7.4.2**　如果 $m_1>\lambda_0 d$, $u(t,x)$ 是 (7.4.19) 的一个解, 那么 $\limsup\limits_{t\to\infty}\|u(t,\cdot)\|_\infty>0$.

**证明**　若结论不成立, 则在 $0\leqslant x\leqslant 1$, 当 $t\to\infty$ 时, $u(x,t)$ 一致趋于零, 那么对任意 $\varepsilon>0$, 存在 $t_0>0$, 使得对 $t\geqslant t_0$, $0\leqslant x\leqslant 1$ 有 $u(t,x)<\varepsilon$, 这样 $u(x,t)$ 满足

$$\frac{\partial u}{\partial t}\geqslant d\frac{\partial^2 u}{\partial x^2}+\frac{m_1(\phi(x)-\varepsilon)}{a_1+\phi(x)-\varepsilon}u.$$

由最大值原理得到 $u(x,t) \geqslant U(x,t)$, 这里 $U(x,t)$ 满足

$$\begin{cases} \dfrac{\partial U}{\partial t} = d\dfrac{\partial^2 U}{\partial x^2} + \dfrac{m_1(\phi(x)-\epsilon)}{a_1+\phi(x)-\epsilon}U, \\ \dfrac{\partial U}{\partial t}(t,0) = 0, \quad \dfrac{\partial U}{\partial x}(t,1) + rU(t,1) = 0, \\ U(t_0,x) \leqslant u_(t_0,x), \quad u(t_0,x) \geqslant 0, \quad 0 \leqslant x \leqslant 1. \end{cases}$$

再次利用分离变量法, 设

$$U(t,x) = Z(t,x)\psi(x)\mathrm{e}^{\beta(t-t_0)}, \tag{7.4.34}$$

这里 $\beta$ 为待定, 那么 $Z(t,x)$ 满足

$$\alpha\frac{\partial^2 Z}{\partial x^2} - \frac{\partial Z}{\partial t} + 2d\frac{\psi'(x)}{\psi(x)}\frac{\partial Z}{\partial t} + \frac{1}{\psi(x)}\left[d\psi'' - \beta\psi + \frac{m_1(\phi(x)-\varepsilon)}{a_1+\phi(x)-\varepsilon}\psi\right]Z = 0, \tag{7.4.35}$$

$$\frac{\partial Z}{\partial x}(t,0) = 0, \quad \frac{\partial Z}{\partial x}(t,1) = 0. \tag{7.4.36}$$

由于 $\dfrac{m_1}{d} > \lambda_0$, 对充分小的 $\varepsilon$, $\beta > 0$, 以及所有 $0 \leqslant x \leqslant 1$ 得到

$$\begin{aligned} & d\psi'' - \beta\psi + \frac{m_1(\phi(x)-\varepsilon)}{a_1+\phi(x)-\varepsilon}\psi \\ = & \frac{d\left(\dfrac{m_1}{d} - \lambda_0\right)\phi(x)}{a_1+\phi(x)}\psi - \beta\psi + \left[\frac{m_1(\phi(x)-\varepsilon)}{a_1+\phi(x)-\varepsilon}\psi - \frac{m_1\phi(x)}{a_1+\phi(x)}\psi\right]. \end{aligned} \tag{7.4.37}$$

由 (7.4.35), (7.4.37) 有

$$d\frac{\partial^2 Z}{\partial x^2} - \frac{\partial Z}{\partial t} + 2d\frac{\psi'(x)}{\psi(x)}\frac{\partial Z}{\partial x} < 0, \tag{7.4.38}$$

那么由 (7.4.36), (7.4.38) 及最小值原理得

$$Z(x,t) \geqslant Z(x,t_0) \geqslant \inf_{0\leqslant x\leqslant 1}\left(\frac{U(t_0,x)}{\psi(x)} > 0\right). \tag{7.4.39}$$

因此对某个 $K > 0$ 有 $u(x,t) \geqslant K\mathrm{e}^{\beta(t-t_0)}$, 这与 $u(x,t)$ 有界相矛盾, 引理得证. □

**引理 7.4.3** 如果 $m_1 > \lambda_0 d$, 则存在 (7.4.33) 的一个唯一正稳定解 $\hat{u}(x)$ 且 $\lim\limits_{t\to\infty} u(t,x) = \hat{u}(x)$.

**证明** 任何 (7.4.33) 的稳定状态解满足

$$du'' + \frac{m_1(\phi-u)}{a_1+\phi-u}u = 0, \tag{7.4.40}$$

$$u'(0)=0, \quad u'(1)+ru(1)=0. \tag{7.4.41}$$

在文献 [17] 中, 已证明当考虑 $m_1$ 作为一个分支参数时, 分支在 $m_1=\lambda_0 d$ 时发生. 对 $m_1/d>\lambda_0$, 存在 (7.4.40), (7.4.41) 的一个正解, 满足 $0<\hat{u}(x)<\phi(x)$. 假定 $u_1(x),u_2(x)$ 是两个正稳定解, 满足对 $0\leqslant x\leqslant 1$ 时, $u_1(x)>0,u_2<\phi(x)$. 存在两种情况:

情况 1　曲线 $y=u_1$ 和 $y=u_2$ 在 $0\leqslant x\leqslant 1$ 上不相交. 不失一般性, 假定 $u_1(x)<u_2(x)$ 对所有 $0\leqslant x\leqslant 1$ 成立. 令 $\omega=\dfrac{u_2}{u_1}$, 那么得

$$\omega''+2\omega'\frac{u_1}{u_1}+\frac{1}{d}c(x)\omega=0, \tag{7.4.42}$$

$$\omega'(0)=0, \quad \omega'(1)=0, \tag{7.4.43}$$

这里

$$c(x)=\frac{m_1(\phi-u_2)}{a_1+\phi-u_2}-\frac{m_1(\phi-u_1)}{a_1+\phi-u_1}\leqslant 0. \tag{7.4.44}$$

从 (7.4.43) 和最大值原理, $\omega(x)\equiv$ 常数. 由于对所有的 $x\in[0,1]$, $0<U_1(x)<U_2(x)$, 故 $\omega(x)\equiv 0$, 这与对所有 $x\in[0,\ 1]$, $\omega=\dfrac{u_2}{u_1}>0$ 相矛盾.

情况 2　曲线 $y=U_1$ 和 $y=U_2$ 在某点相交. 不失一般性, 从 (7.4.41), $u_i'(0)=0$, $i=1,2$ 和常微分方程解的唯一性, 可以假定在 $(0,\delta)$ 对某个 $0<\delta<1$, $u_1(\delta)=u_2(\delta)$ 有 $u_1(0)<u_2(0)$ 和 $u_1(x)<u_2(x)$. 令 $\omega=\dfrac{U_2}{U_1}$, 那么 $\omega(x)$ 满足 (7.4.42)~(7.4.44) 和 $\omega(0)>1$. 由最大值原理, 在 $[0,\delta]$ 上 $\omega(x)$ 的最大值发生在 $x=\delta$. 因此 $\omega(\delta)>\omega(0)>1$ 或 $u_2(\delta)>u_1(\delta)$. 这就引出矛盾.

剩下只需证明引理中的收敛性. 考虑李雅普诺夫函数[23],

$$V(\psi)=\int_0^1\left[\frac{d}{2}\left(\frac{\partial\psi}{\partial x}\right)^2-F(x)\psi(x)\right]\mathrm{d}x+B(\psi),$$

这里 $F(x,u)=\displaystyle\int_0^u f(x,s)\mathrm{d}s$, $f(x,u)=\dfrac{m_1(\phi(x)-u)}{a_1+\phi(x)-u}u$, $B(\psi)=\dfrac{rd}{2}\psi^2(t)$. 那么就得到

$$\frac{\mathrm{d}}{\mathrm{d}t}V(u(t,x))=-\int_0^1\left(\frac{\partial u}{\partial t}\right)^2\mathrm{d}x\leqslant 0$$

和 $u(t,x)$ 趋于最大不变集合, 这里 $\displaystyle\int_0^1\left(\frac{\partial u}{\partial t}\right)^2\mathrm{d}x=0$, 即稳定状态解的集合. 由于 $\dfrac{m_1}{d}>\lambda_0$, 由引理 7.4.2, 仅有正稳定状态解是 $\hat{u}$. 从而定理 7.4.2 得证. 对种群 $v$ 类

似的结论成立. □

**定理 7.4.3** 令 $U(t,x)$ 和 $V(t,x)$ 是 (7.4.16)~(7.4.18) 的解.

(1) 如果 $m_1 > \lambda_0 d$ 和 $m_2 < \mu_0 d$, 那么对 $0 \leqslant x \leqslant 1$, $\lim\limits_{t\to\infty} u(t,x) = \hat{u}(x)$, $\lim\limits_{t\to\infty} v(t,x) = 0$ 一致成立. 这里 $\hat{u}(x)$ 是

$$\frac{\partial u}{\partial t} = d\frac{\partial^2 u}{\partial x^2} + \frac{m_1(\phi(x)-u)}{a_1+\phi(x)-u}u,$$

$$\frac{\partial u}{\partial t}(t,0) = 0, \quad \frac{\partial u}{\partial x}(t,1) + ru(t,1) = 0,$$

$$U(0,x) = u_0(x) \geqslant 0, \quad u_0 \not\equiv 0$$

的唯一正稳定状态.

(2) 如果 $m_1 < \lambda_0 d$ 和 $m_2 > \mu_0 d$, 那么 $\lim\limits_{t\to\infty} u(t,x) = 0$ 和 $\lim\limits_{t\to\infty} v(t,x) = \bar{v}(x)$ 对 $0 \leqslant x \leqslant 1$ 一致成立, 这里 $v(x)$ 是

$$\frac{\partial v}{\partial t} = d\frac{\partial^2 v}{\partial x^2} + \frac{m_2(\phi(x)-v)}{a_2+\phi(x)-v}v,$$

$$\frac{\partial v}{\partial t}(t,0) = 0, \quad \frac{\partial v}{\partial x}(t,1) + rv(t,1) = 0,$$

$$v(0,x) = v_0(x) \geqslant 0, \quad v_0 \not\equiv 0$$

的解.

**证明** 证明 (1), (2) 的情况是类似的. 令 $u(t,x), v(t,x)$ 是 (7.4.16)~(7.4.18) 的解. 那么 $v(t,x)$ 满足:

$$\frac{\partial v}{\partial t} \leqslant d\frac{\partial^2 v}{\partial x^2} + f_2(\phi - v)v,$$

$$\frac{\partial v}{\partial t}(t,0) = 0, \quad \frac{\partial v}{\partial x}(t,1) + rv(t,1) = 0,$$

$$v(0,x) = v_0(x).$$

比较该不等式的解与 (7.4.19$'$) 的解 $v(t,x)$, 这里 $v_0 \leqslant v(0,x)$, 它可得 $v(t,x) \leqslant v(t,x)$. 由定理 7.4.2(2), $\lim\limits_{t\to\infty} v(t,x) = \omega(\mathrm{e}^{-\alpha t})$. 考虑在 $C_+ \times C_+$ 上由 (7.4.16)~(7.4.18) 定义的动力系统, $\Omega$ 极限集在 $C_+ \times \{0\}$ 中. 任何 (7.4.16)~(7.4.18) 满足 $v_0(x) \equiv 0$, $u_0(x) \geqslant 0, u_0(x) \not\equiv 0$ 的解, 有 $u(t,x)$ 作为 (7.4.19) 的一个解. 由于 $m_1 > \lambda_0 d$, 所有这样的轨线有 $(\hat{u}, 0)$ 作为它们的 $\Omega$ 极限集. 定理得证. □

下面的定理是方程 (7.4.1)~(7.4.3) 的结果.

**定理 7.4.4**　(1) 如果 $m_1 < \lambda_0 d$ 和 $m_2 < \mu_0 d$, 则

$$\begin{cases} \lim\limits_{t\to\infty} S(x,t) = \phi(x), \\ \lim\limits_{t\to\infty} u(t,x) = 0, \\ \lim\limits_{t\to\infty} v(t,x) = 0. \end{cases} \tag{7.4.45}$$

(2) 如果 $m_1 < \lambda_0 d$ 和 $m_2 > \mu_0 d$, 则

$$\begin{cases} \lim\limits_{t\to\infty} S(x,t) = \phi(x) - \tilde{v}(x), \\ \lim\limits_{t\to\infty} u(t,x) = 0, \\ \lim\limits_{t\to\infty} v(t,x) = \tilde{v}(x). \end{cases} \tag{7.4.46}$$

(3) 如果 $m_1 > \lambda_0 d$ 和 $m_2 < \mu_0 \delta$, 则

$$\begin{cases} \lim\limits_{t\to\infty} S(x,t) = \phi(x) - \hat{u}(x), \\ \lim\limits_{t\to\infty} u(t,x) = \hat{u}(x), \\ \lim\limits_{t\to\infty} v(t,x) = 0. \end{cases} \tag{7.4.47}$$

这样, 有一个有趣的问题 (即有一个有意义的竞争), 作基本假设

(H)　　$$m_1 > \lambda_0 d, \quad m_2 > \mu_0 d.$$

在假设 (H) 下, 每个竞争者若在没有竞争的恒化器中将幸存. 下面是建立在假设 (H) 下的一个绝种结果.

**定理 7.4.5**　令 (H) 成立.

(1) 如果 $m_2 \leqslant m_1$, $\dfrac{m_2}{m_1} < \dfrac{a_2}{a_1}$ 或 $m_2 > m_1$, $\dfrac{m_2}{m_1} < \dfrac{a_2}{a_1}$, $0 < \phi(x) < \dfrac{m_1 a_2 - m_2 a_1}{m_2 - m_1}$, 那么 (7.4.47) 成立.

(2) 如果 $m_1 \leqslant m_2$, $\dfrac{m_1}{m_2} < \dfrac{a_1}{a_2}$, 或 $m_1 > m_2$, $\dfrac{m_1}{m_2} < \dfrac{a_1}{a_2}$, $0 < \phi(x) < \dfrac{m_2 a_1 - m_1 a_2}{m_1 - m_2}$, 那么 (7.4.46) 成立.

证明可参阅文献 [18].

## 参 考 文 献

[1] Lovitt P W, Wimpenny I W T. The gradostat: a bidirectimal compound chemostat and its applications in microbiological research. Gen. Microbial, 1981, 127: 261~268.

[2] Lovitt P W, Wimpenny I W T. The investigation and analysis of heterrogeneous environments using the gradostat, in Microbiological Methods for Environmental Biotechnology. Grainger J M, Lynch J M, eds. Orlando: Academy Press, 1984.

[3] Tang B. Mathematical investigating of growth of microorganisms in the gradostat. J. Math. Biol., 1986, 23: 319~339.

[4] Smith H L. Equilibrium distribution of species among vessels of a gradostat. J. Math. Biol., 1991, 30: 31~48.

[5] Jäger W, So J W H, Tang B, et al. Competition in the gradostat. J. Math. Biol., 1987, 25: 23~42.

[6] Smith H L, Tang B. Competition in the gradostat: the role of the communication rate. J. Math. Biol., 1989, 27: 139~165.

[7] Amann H. Fixed point eguations and nonlinear eigenvalue problens in ordered Bansch space. SIAM Rev., 1976, 18: 620~709.

[8] Butler G, Waltman P. Persistence in dynamical system. J. Diff. Equ., 1986, 63: 255~263.

[9] Coppel W A. Stability and asymptotic behavior of differential equations. Baston: Heath, 1965.

[10] Butler G, Freedman H I, Waltman P. Uniformly persistent systems. Proc. A. M. S., 1986, 96: 425~483.

[11] Smith H L. Systems of ordinary diffenential equations which generate an order preserving flow: a survey of results. SIAM Rev., 1988, 30: 87~113.

[12] Smith H L, Tang B, Waltman P. Competition in an n-vessel gradostat. SIAM J. Appl. Math., 1991, 51(5): 1451~1471.

[13] Smith H L. Microbial growth in periodic gradostats. Rocky Mountain Math. J., 1998, 863.

[14] Hirsch M W. Systems of differential equations which are competitive or cooperative II: convergence almost everywhere. SIAM J. Appl. Math., 1985, 16: 423~439.

[15] Smith H L. Competing subcommunities of Mutualists and a generalized Kanke theorem. SIAM J. Math. Anal., 1986, 46: 865~874.

[16] Smith H L, Thieme H. Convergence for strongly ordered preserving semiflows. SIAM J. Math. Anal., 1992, 22: 1081~1101.

[17] So J, Waltman P. A nonlinear boundary value problem arising from competition in the chemostat. Applied Math and computation, 1989, 32: 169~183.

[18] Hsu S B, Waltman P. On a systm of reaction-diffusion eguations arising from competition in an unstirred chemostat. SIAM J. Appl. Math., 1993, 53: 1026~1044.

[19] Smith H L, Waltman P. The gradostat: a model of competition along a nutrient gradient. J. Microbial Ecology, 1991, 22: 207~226.

[20] Cheuh K N, Conley C C, Smoller J A. Positively invariant regions for systems of non-linear diffusion equations. Indiana University Math, J., 1977, 26: 373~392.

[21] Leung A W. Systems of Nonlinear Partial Differential Equations, Applications to Biology and Engineering. Kluwer: Academic Publishers, 1989.

[22] Coddington E A, Levinson N. Theory of Ordinary Differential Equations. New York: McGraw Hill, 1955.

[23] Hale J. Asymptotic Behavior of Dissipative Systems. Amer. Math. Soc., 1988.

[24] Protter M H, Weinberg H. Maximun Principles in Differential Equations. Prentice Hall: Englewood Cliffs, N. J., 1967.

# 第 8 章　具有抑制因子的恒化器中的开发竞争

在生物种群的竞争中, 抑制因子对生物种群具有一定的影响. 所谓抑制因子, 广义上说可以是毒素、污染物质等. 例如, 在治疗疾病时, 可以使用抗菌素, 病毒细菌中的一类会受到抗菌素的影响而另一类会对抗菌素具有抵制作用, 这种情况是非常普遍的. 把抗菌素作为抑制因子正是所要讨论的内容. 我们想知道的结果是具有抗性的细菌能否竞争得过不具有抗性的细菌. 如果具有抗性的细菌竞争力比较强, 则表明抗菌素在治疗过程中收效甚微. 根据抑制因子的来源情况可分为外来抑制因子和内部产生的抑制因子; 根据抑制因子对微生物的影响力大小可分为限制生长型和致命型. 下面将分节讨论.

## 8.1　外来抑制因子

恒化器模型作为开发竞争系统中的一类典型模型, 被广泛应用于生态问题. 本节中以基本的恒化器模型作为出发点, 讨论加入抑制因子后模型的性态. 例如, 在使用微生物处理工业废水时, 一种微生物可以吸收废水中的污染物质而对自身无害, 而另一种微生物会受到污染物质有害的影响, 从而降低其自身的生长率. 在生态意义上, 把第一种微生物看做是对污染物质的分解, 有利于环境的净化. 从竞争的观点看, 可以分解污染物质或毒素的微生物能否在与另一微生物的竞争中存活. 环境净化成功与否的标志是环境中污染物质或毒素还留有多少, 就此类问题最初的模型是由 Lenski 和 Hattingh[8] 提出来的, 他们利用计算机模拟出各种结果, 在此介绍 Hsu 和 Waltman[5] 的工作. 他们的模型如下:

$$
\begin{cases}
S' = (S^0 - S)D - \dfrac{m_1 x_1 S}{a_1 + S} f(p) - \dfrac{m_2 x_2 S}{a_2 + S}, \\[2mm]
{x_1}' = x_1 \left( \dfrac{m_1 S}{a_1 + S} f(p) - D \right), \\[2mm]
{x_2}' = x_2 \left( \dfrac{m_2 S}{a_2 + S} - D \right), \\[2mm]
p' = (p^0 - p)D - \dfrac{\delta x_2 p}{K + p}, \\[2mm]
S(0) \geqslant 0, \quad x_i(0) > 0,\ i = 1, 2, \quad p(0) \geqslant 0,
\end{cases}
\tag{8.1.1}
$$

其中, $S^0$, $p^0$ 分别是营养物质的初始浓度和抑制因子投入的初始浓度; $D$ 是稀释率;

$m_i, a_i, (i=1,2)$ 分别代表最大生长率和半饱和系数; $\delta$ 和 $K$ 对于抑制因子 $p$ 来说扮演类似的角色, 分别为微生物 $x_2$ 吸收的最大吸收率和半饱和系数. 函数 $f(p)$ 代表了抑制因子 $p$ 对微生物 $x_1$ 生长的抑制程度. 在文献 [8] 中, $f(p)=\mathrm{e}^{-\lambda p}$.

为了研究方便, 对系统 (8.1.1) 进行无量纲化, 得到 (8.1.1) 的无量纲系统

$$\begin{cases} S' = 1 - S - \dfrac{m_1 x_1 S}{a_1 + S} f(p) - \dfrac{m_2 x_2 S}{a_2 + S}, \\ {x_1}' = x_1 \left( \dfrac{m_1 S}{a_1 + S} f(p) - 1 \right), \\ {x_2}' = x_2 \left( \dfrac{m_2 S}{a_2 + S} - 1 \right), \\ p' = 1 - p - \dfrac{\delta x_2 p}{K + p,} \\ S(0) \geqslant 0, \quad x_i(0) > 0, \ i = 1, 2, \quad p(0) \geqslant 0. \end{cases} \tag{8.1.2}$$

对函数 $f(p)$ 有如下假设:

$$1)\ f(p) \geqslant 0, \quad f(0) = 1; \quad 2)\ f'(p) < 0, \quad p > 0.$$

令 $\Sigma = 1 - S - x_1 - x_2$, 则 $\Sigma' = -\Sigma$, 从而系统可以写为

$$\begin{cases} \Sigma' = -\Sigma, \\ {x_1}' = x_1 \left( \dfrac{m_1 (1 - \Sigma - x_1 - x_2)}{a_1 + 1 - \Sigma - x_1 - x_2} f(p) - 1 \right), \\ {x_2}' = x_2 \left( \dfrac{m_2 (1 - \Sigma - x_1 - x_2)}{a_2 + 1 - \Sigma - x_1 - x_2} - 1 \right), \\ p' = 1 - p - \dfrac{\delta x_2 p}{K + p}. \end{cases} \tag{8.1.3}$$

显然 $\lim\limits_{t\to\infty} \Sigma(t) = 0$, 因而 (8.1.3) 的 $\Omega$ 极限集上的解满足

$$\begin{cases} {x_1}' = x_1 \left( \dfrac{m_1 (1 - x_1 - x_2)}{a_1 + 1 - x_1 - x_2} f(p) - 1 \right), \\ {x_2}' = x_2 \left( \dfrac{m_2 (1 - x_1 - x_2)}{a_2 + 1 - x_1 - x_2} - 1 \right), \\ p' = 1 - p - \dfrac{\delta x_2 p}{K + p}, \\ x_i(0) > 0, \ i = 1, 2, \quad x_1(0) + x_2(0) < 1, \quad p(0) \geqslant 0. \end{cases} \tag{8.1.4}$$

定义损益浓度为

$$\begin{cases} \dfrac{m_1\lambda_1}{a_1+\lambda_1}=1, & \dfrac{m_2\lambda_2}{a_2+\lambda_2}=1, \\ \dfrac{m_1\lambda^+}{a_1+\lambda^+}f(1)=1, & \dfrac{m_1\lambda^-}{a_1+\lambda^-}f(p^*)=1. \end{cases} \tag{8.1.5}$$

$\lambda_1$ 和 $\lambda_2$ 是不存在抑制因子时 $x_1$ 和 $x_2$ 的损益浓度; $\lambda^+$ 和 $\lambda^-$ 分别是微生物 $x_1$ 在抑制因子浓度最大时 $(p=1)$ 和最小时 $(p=p^*)$ 的损益浓度, 其中 $p^*$ 是方程 $(1-p)(K+p)-\delta(1-\lambda_2)p=0$ 的正根.

方程 (8.1.4) 保证了如果 $x_i(0)>0$, $(i=1,2)$, 那么当 $t>0$ 时, $x_i(t)>0$, 进一步有 $p'\mid_{p=0}=1>0$. 因而若 $p(0)\geqslant 0$, 则当 $t>0$ 时, $p(t)>0$, 那么 $x_1(t)$, $x_2(t)$ 满足:

$$\begin{cases} x_1' \leqslant x_1\left(\dfrac{m_1(1-x_1-x_2)}{a_1+1-x_1-x_2}-1\right), \\ x_2' = x_2\left(\dfrac{m_2(1-x_1-x_2)}{a_2+1-x_1-x_2}-1\right). \end{cases} \tag{8.1.6}$$

对函数 $g(X)=\dfrac{m_iX}{a_i+X}$ 关于变量 $1-x_1-x_2$ 利用单调性可得

$$x_1' \leqslant x_1\left(\frac{m_1(1-x_1-x_2)}{a_1+1-x_1-x_2}-1\right),$$
$$x_2' \leqslant x_2\left(\frac{m_2(1-x_1-x_2)}{a_2+1-x_1-x_2}-1\right).$$

我们有如下命题.

**命题 8.1.1** 如果 $m_i\leqslant 1$, 或者 $m_i>1$ 且 $\lambda_i\geqslant 1$, 则 $\lim\limits_{t\to\infty}x_i(t)=0$; 如果 $m_i>1$ 且 $0<\lambda_i<1$, 则 $\lim\limits_{t\to\infty}\sup x_i(t)\leqslant 1-\lambda_i$, $i=1$或 2.

该命题说明了这样一个事实: 如果某个竞争者在基本恒化器模型中不能存活, 那么它在具有抑制因子的恒化器中也无法存活, 因而总是假设 $m_i>1$ 且 $0<\lambda_i<1$, $i=1,2$.

**命题 8.1.2** 若 $0<\lambda_2<\lambda_1<1$, 则 $\lim\limits_{t\to\infty}(x_1(t),x_2(t),p(t))=(0,x_2^*,p_2^*)$, 其中, $x_2^*=1-\lambda_2$, $p_2^*<1$ 是方程

$$(1-p)(K+p)-\delta(1-\lambda_2)p=0 \tag{8.1.7}$$

的正根.

命题 8.1.2 在生态意义上表明, 如果 $x_1$ 不受抑制因子影响时被淘汰, 那么当它受到抑制因子影响时依然被淘汰. 该命题由比较定理直接可得.

系统 (8.1.2) 有三个边界平衡点, 分别记为 $\boldsymbol{E}_0=(0,0,1)$, $\boldsymbol{E}_1=(x_1^*,0,1)$, $\boldsymbol{E}_2=(0,x_2^*,p_2^*)$. $\boldsymbol{E}_0$ 总是存在的. 当 $0<\lambda_2<1$ 时, $\boldsymbol{E}_2$ 存在, 其中 $x_2^*=1-\lambda_2$, $p_2^*$ 是 (8.1.7) 的正根. 在损益浓度的定义 (8.1.5) 中, $0<\lambda^+<1$ 相应于在恒化器中第一个微生物当抑制因子浓度最大时存活. 经过简单的计算可知, $\boldsymbol{E}_1=(1-\lambda^+,0,1)$ 当 $\lambda^+>0$ 时存在, 并且当 $0<\lambda^+<1$ 时在 $x_1-p$ 平面上渐近稳定. 若 $1-\lambda^+<0$, 那么 $\boldsymbol{E}_1$ 无意义. $\boldsymbol{E}_1$ 和 $\boldsymbol{E}_2$ 的局部稳定性依赖于损益浓度的大小.

每个平衡点的局部稳定性可以通过计算这些点处线性化系统的雅可比矩阵的特征值决定.

系统 (8.1.2) 在 $\boldsymbol{E}_i$ 处的线性化系统的雅可比矩阵为

$$\boldsymbol{J}=\begin{pmatrix} m_{11} & m_{12} & m_{13} \\ m_{21} & m_{22} & 0 \\ 0 & m_{32} & m_{33} \end{pmatrix}. \tag{8.1.8}$$

在 $\boldsymbol{E}_0$ 点,

$$\boldsymbol{J}=\begin{pmatrix} \dfrac{m_1f(1)}{a_1+1}-1 & 0 & 0 \\ 0 & \dfrac{m_2}{1+a_2}-1 & 0 \\ 0 & -\dfrac{\delta}{1+K} & -1 \end{pmatrix}.$$

$\lambda_2<1$, 所以 $m_{22}=\dfrac{m_2}{1+a_2}-1>0$. 当 $0<\lambda^+<1$ 时, $m_{11}>0$, 否则反之. 当 $m_{11}<0$ 时, $\boldsymbol{E}_0$ 的稳定流形是 $x_1-p$ 平面.

在 $\boldsymbol{E}_1$ 点, $m_{21}=0$, 因而特征根是主对角线上的元素

$$\mu_1=-\frac{m_1a_1(1-\lambda^+)}{(a_1+\lambda^+)^2}f(1),\quad \mu_2=\frac{m_2a_2(\lambda^+-\lambda_2)}{(a_2+\lambda^+)(a_2+\lambda_2)},\quad \mu_3=-1. \tag{8.1.9}$$

如果 $0<\lambda^+<\lambda_2<1$, 则 $\boldsymbol{E}_1$ 是渐近稳定的, 这意味着在抑制因子浓度达到最高时 $x_1$ 比 $x_2$ 竞争力强; 如果 $\lambda^+>\lambda_2$, 则 $\boldsymbol{E}_1$ 不稳定.

在 $\boldsymbol{E}_2$ 点, $m_{12}=m_{13}=m_{23}=0$, 因而三个特征根依次是

$$\mu_1=\frac{m_1\lambda_2f(p^*)}{a_1+\lambda_2}-1,\quad \mu_2=-\frac{m_2a_2(1-\lambda_2)}{(a_2+\lambda_2)^2},\quad \mu_3=-1-\frac{\delta K(1-\lambda_2)}{(K+p_2^*)^2}. \tag{8.1.10}$$

显然 $\mu_2$, $\mu_3$ 均为负, $\boldsymbol{E}_2$ 总存在一个二维的稳定流形.

关于边界平衡位置的局部稳定性由表 8.1.1 给出.

注意到集合 $\varPhi_1=\{(x_1,\ x_2,\ p):x_1>0,\ x_2=0,\ p>0\}$ 和 $\varPhi_2=\{(x_1,\ x_2,\ p):x_1=0,\ x_2>0,\ p>0\}$ 均为正的不变集, 这两个集合均表示平面, 因而可以使用 Poincaré-Bendixson 定理. 若 $\boldsymbol{E}_1$ 存在, 则它在集合 $\varPhi_1$ 上是全局吸引子; 若 $\boldsymbol{E}_2$ 存

表 8.1.1 (8.1.2) 平衡点的局部稳定性分析

| 平衡点 | 存在准则 | 渐近稳定性准则 |
|---|---|---|
| $\boldsymbol{E}_0$ | 总是存在 | $\lambda_1 > 1,\ \lambda_2 > 1$ |
| $\boldsymbol{E}_1$ | $0 < \lambda^+ < 1$ | $0 < \lambda^+ < \lambda_2$ |
| $\boldsymbol{E}_2$ | $\lambda_2 < 1$ | $0 < \lambda_2 < \lambda^-$ |

在, 则它在集合 $\Phi_2$ 上是全局吸引子. $\boldsymbol{E}_1$ 和 $\boldsymbol{E}_2$ 分别是集合 $\Phi_1$ 和 $\Phi_2$ 内的唯一平衡点, 而二维竞争系统是不存在极限环的, 这样分别从集合 $\Phi_1$ 和 $\Phi_2$ 内出发的解最终会趋于 $\boldsymbol{E}_1$ 和 $\boldsymbol{E}_2$. 用表 8.1.2 给出全局吸引子的结论, 详细证明可以参见文献 [5].

表 8.1.2 (8.1.2) 全局吸引子条件

| 全局吸引子 | 条件 |
|---|---|
| $\boldsymbol{E}_0$ | $\lambda_1 > 1,\ \lambda_2 > 2$ |
| $\boldsymbol{E}_2$ | $\lambda_2 < \lambda_1 < \lambda^- < \lambda^+$ |
| $\boldsymbol{E}_2$ | $\lambda_1 < \lambda_2 < \lambda^- < \lambda^+$ |
| $\boldsymbol{E}_1$ | $\lambda_1 < \lambda^- < \lambda^+ < \lambda_2$ |

当 $\lambda_1 < \lambda^- < \lambda_2 < \lambda^+$ 时, 对于内部平衡点的存在性及系统的持久生存将会出现很有趣的结论.

记内部平衡点 $\boldsymbol{E}_c = (x_{1c}^*, x_{2c}^*, p_c^*)$, 则必有

$$1 - x_{1c}^* - x_{2c}^* = \lambda_2. \tag{8.1.11}$$

因为在 (8.1.2), 这是 $x_2$ 的微分等于 0 的唯一非平凡解. 进而在 (8.1.2) 中, 令 $x_1' = 0$, 将发现 $\dfrac{a_1+\lambda_2}{m_1\lambda_2}$ 必须在 $f$ 的值域中. $\lambda_1 < \lambda_2$ 意味着 $\dfrac{a_1+\lambda_2}{m_1\lambda_2} < 1$, 如果 $\dfrac{a_1+\lambda_2}{m_1\lambda_2} > \lim\limits_{p\to\infty} f(p)$, 则 $\dfrac{a_1+\lambda_2}{m_1\lambda_2}$ 将在 $f$ 的值域中, 因而令 $p_c^* = f^{-1}\dfrac{a_1+\lambda_2}{m_1\lambda_2}$, 由 $f$ 的单调性, $p_c^*$ 若存在则唯一. 若 $p_c^* < 1$, 则令 $p'(t) = 0$ 可得 $x_{2c}^* = (1-p_c^*)(K+p_c^*)/\delta p_c^*$. 因而 $p_c^* < 1$ 对于 $\boldsymbol{E}_c$ 的存在是必要的. 由 $p_c^*$ 的唯一性知 $x_{2c}^*$ 是唯一的. 如果 $x_{2c}^* < 1-\lambda_2$, 则由 (8.1.11), $x_{1c}^*$ 是唯一的且 $x_{1c}^* = 1 - x_{2c}^* - \lambda_2$.

**命题 8.1.3** 内部平衡点 $\boldsymbol{E}_c$ 存在当且仅当

(1) 在 $\boldsymbol{E}_2$ 处的雅可比矩阵有一个正的特征值;

(2) 若 $\boldsymbol{E}_1$ 存在, 则在 $\boldsymbol{E}_1$ 处的雅可比矩阵有一个正的特征值, 即满足 $f(1) < (a_1+\lambda_2)/m_1\lambda_2$ 且 $\lambda_2 < 1$.

根据命题 8.1.3, 若 $\boldsymbol{E}_c$ 存在, 则 $\boldsymbol{E}_c$ 是不稳定的, 并且如果 $\boldsymbol{E}_1$ 存在, 则也是不稳定的. 我们有如下关于持久生存的结论.

**定理 8.1.1** 若 $\boldsymbol{E}_c$ 存在, 则系统 (8.1.2) 是一致持久的.

**证明** 注意到 $\boldsymbol{E}_0$ 的稳定流形 $M^+(\boldsymbol{E}_0)$ 或者是 $p$ 轴, 如果 $\boldsymbol{E}_1$ 存在; 或者是 $x_1-p$ 平面, 如果 $\boldsymbol{E}_1$ 不存在. $\boldsymbol{E}_2$ 的稳定流形 $M^+(\boldsymbol{E}_2)$ 是 $x_2-p$ 平面. 若 $\boldsymbol{E}_1$ 存在, 则其稳定流形 $M^+(\boldsymbol{E}_1)$ 是 $x_1-p$ 平面. 因为 $(x_1(0),\ x_2(0),\ p(0))$ 不属于上述任何稳定流形, 因而它的 $\Omega$ 极限集不会是 $\boldsymbol{E}_0, \boldsymbol{E}_1, \boldsymbol{E}_2$ 中的任何一个. 进一步根据 Butler-McGehee 定理, $\Omega$ 极限集不会包含任何平衡点. 如果 $\Omega$ 极限集包含 $\mathbf{R}^3_+$ 中的边界上的点, 则由其不变性, 其必包含 $\boldsymbol{E}_0, \boldsymbol{E}_1, \boldsymbol{E}_2$ 中的任何一个或一个无界轨道. 而上述情况均是不可能的, 所以 $\Omega$ 极限集必位于正锥内部. 定理得证. □

$\boldsymbol{E}_c$ 的局部稳定性由其线性系统的雅可比矩阵的特征值决定. $\boldsymbol{E}_c$ 是渐近稳定的当且仅当

$$
\begin{aligned}
&\left(1+\frac{\delta K x_{2c}^*}{(K+p_c^*)^2}+\frac{a_1 x_{1c}^*}{(a_2+\lambda_2)\lambda_2}+\frac{a_2 x_{2c}^*}{(a_2+\lambda_2)\lambda_2}\right)\\
&\times\left(1+\frac{\delta K x_{2c}^*}{(K+p_c^*)^2}\right)\left(\frac{a_1 x_{1c}^*}{(a_2+\lambda_2)\lambda_2}+\frac{a_2 x_{2c}^*}{(a_2+\lambda_2)\lambda_2}\right)\\
&>-\frac{f'(p_c^*)}{f(p_c^*)}\frac{a_2}{(a_2+\lambda_2)\lambda_2}\frac{\delta p_c^*}{K+p_c^*}x_{1c}^* x_{2c}^*.
\end{aligned}
\tag{8.1.12}
$$

$\boldsymbol{E}_c$ 的局部稳定性可由 (8.1.12) 决定, 但是不稳定的极限环或多重极限环的存在性却是未知的. 若令 $f(p)=\mathrm{e}^{-\mu p}$, 则可以对参数复制式的内部平衡点的稳定性和不稳定性均成为可能.

在文献 [3, 9] 中, Hirsch 和 Smith 证明了系统 (8.1.2) 可以存在极限环, 且可以发生 Hopf 分支. 然而这些现象在不具有抑制因子的恒化器模型中是不会发生的.

## 8.2 具有致命影响的外来抑制因子

当抑制因子不再仅仅影响微生物的生长, 而是对微生物具有致命的侵袭时, 从生态学的角度看, 微生物的死亡率远远大于生长率. 为了描述微生物和抑制因子之间的相互影响, 引进一个新的参数 $\gamma$, 而不再使用函数 $f(p)$, 从而模型成为

$$
\begin{cases}
S'=(S^0-S)D-\dfrac{m_1x_1S}{a_1+S}-\dfrac{m_2x_2S}{a_2+S},\\
{x_1}'=x_1\left(\dfrac{m_1S}{a_1+S}-D-\gamma p\right),\\
{x_2}'=x_2\left(\dfrac{m_2S}{a_2+S}-D\right),\\
p'=(p^0-p)D-\dfrac{\delta x_2 p}{K+p},\\
S(0)\geqslant 0,\quad x_i(0)>0,\ i=1,2,\quad p(0)\geqslant 0.
\end{cases}
\tag{8.2.1}
$$

尽管该系统在形式上和系统 (8.1.1) 非常类似, 但是在数学上它们是完全不同的. 现在介绍 Hsu 等 [4] 的工作.

对系统 (8.2.1) 进行无量纲化得:

$$
\begin{cases}
S' = 1 - S - \dfrac{m_1 x_1 S}{a_1 + S} - \dfrac{m_2 x_2 S}{a_2 + S}, \\
x_1{}' = x_1 \left( \dfrac{m_1 S}{a_1 + S} - 1 - \gamma p \right), \\
x_2{}' = x_2 \left( \dfrac{m_2 S}{a_2 + S} - 1 \right), \\
p' = 1 - p - \dfrac{\delta x_2 p}{K + p}, \\
S(0) \geqslant 0, \quad x_i(0) > 0,\ i = 1, 2, \quad p(0) \geqslant 0.
\end{cases}
\tag{8.2.2}
$$

定义损益浓度为

$$
\begin{cases}
\dfrac{m_1 \lambda_1}{a_1 + \lambda_1} = 1, \qquad \dfrac{m_2 \lambda_2}{a_2 + \lambda_2} = 1, \\
\dfrac{m_1 \lambda^+}{a_1 + \lambda^+} = 1 + \gamma, \quad \dfrac{m_1 \lambda^-}{a_1 + \lambda^-} = 1 + \gamma p^*,
\end{cases}
\tag{8.2.3}
$$

其中, $p^*$ 是方程 $(1-p)(K+p) = \delta(1-\lambda_2)p$ 的正根. 参数 $\lambda$ 意义如前, $\lambda_1$ 和 $\lambda_2$ 是不存在抑制因子时 $x_1$ 和 $x_2$ 的损益浓度; $\lambda^+$ 和 $\lambda^-$ 分别是微生物 $x_1$ 在抑制因子浓度最大时 $(p = 1)$ 和最小时 $(p = p^*)$ 的损益浓度, 关于 $\lambda$ 的参数 $\lambda_1$, $\lambda_2$, $\lambda^+$, $\lambda^-$ 均由和 $x_1$ 有关的参数来定义, 因而它们是有序的. 假设 $\lambda_1 < \lambda^- < \lambda^+$. 系统 (8.2.2) 的解的性质将由 $\lambda_2$ 所插入上述不等式的位置决定.

通过简单的微分不等式技巧, 可以得到系统 (8.2.2) 的所有解最终会进入并停留在区域 $Q = \{0 \leqslant S \leqslant 1,\ 0 \leqslant x_i \leqslant 1, p^* - \epsilon \leqslant p \leqslant 1 + \epsilon\}$ 中.

系统存在三个边界平衡点, 分别记为 $\boldsymbol{E}_0 = (1,\ 0,\ 0,\ 1)$, $\boldsymbol{E}_1 = (\lambda^+,\ \hat{x_1},\ 0,\ 1)$, $\boldsymbol{E}_2 = (\lambda_2,\ 0,\ 1 - \lambda_2,\ p^*)$, 其中 $\hat{x_1} = \dfrac{1 - \lambda^+}{1 + \gamma}$. 系统也存在内部平衡点

$$
\boldsymbol{E}_c = (\lambda_2,\ x_{1c},\ x_{2c},\ p_c),
$$

其中,

$$
\begin{aligned}
p_c &= \frac{1}{\gamma} \left( \frac{m_1 \lambda_2}{a_1 + \lambda_2} - 1 \right), \\
x_{2c} &= \frac{(1 - p_c)(K + p_c)}{\delta p_c}, \\
x_{1c} &= \frac{1 - \lambda_2 - x_{2c}}{1 + \gamma p_c}.
\end{aligned}
$$

这些平衡点的局部稳定性可由相应点的雅可比矩阵的特征根来决定. 各平衡点的存在性及局部稳定性条件由表 8.2.1 给出.

**表 8.2.1　(8.2.2) 平衡点的局部稳定性分析**

| 平衡点 | 存在准则 | 渐近稳定性准则 |
|---|---|---|
| $\boldsymbol{E}_0$ | 总是存在 | $\lambda^+ > 1,\ \lambda_2 > 1$ |
| $\boldsymbol{E}_1$ | $\lambda^+ < 1$ | $\lambda^+ < \lambda_2$ |
| $\boldsymbol{E}_2$ | $\lambda_2 < 1$ | $\lambda_2 < \lambda^-$ |
| $\boldsymbol{E}_c$ | $\lambda^- < \lambda_2 < 1$ 且 $\lambda^+$ 不存在<br>或 $\lambda_2 < \lambda^+$ | Routh-Hurwitz |

接下来讨论平衡点的全局性态, 关于全局性的证明方法和上节中的相关内容是不同的, 因为系统 (8.2.2) 不再是竞争系统, 因而三维竞争系统的理论不再可行, 然而全局性的结论和 8.1 节中的结论是类似的. 边界平衡点的全局稳定性表示某个或全部微生物的灭绝. 边界平衡点的全局性结论及其用到的方法由表 8.2.2 给出.

**表 8.2.2　(8.2.2) 边界平衡点的全局稳定性分析**

| 平衡点 | 全局稳定条件 | 证明方法 |
|---|---|---|
| $\boldsymbol{E}_0$ | $\lambda^+ > 1,\ \lambda_2 > 1$ | 比较原理 |
| $\boldsymbol{E}_1$ | $\lambda_1 < \lambda^- < \lambda^+ < 1 < \lambda_2$ | 波动原理 |
| | $1 > \lambda_2 > \lambda^+ + \dfrac{\gamma}{1+\gamma}$ | 波动原理 |
| $\boldsymbol{E}_2$ | $\lambda_2 < 1,\ \lambda_1 > 1$ | 波动原理 |
| | $\lambda_2 < 1,\ \lambda_2 < \lambda^- < \lambda^+$ | 李雅普诺夫函数 |

下面以 $\boldsymbol{E}_1$ 的全局性为例给出证明.

**定理 8.2.1**　如果 $\lambda_2 > 1$, 则 $\lim\limits_{t\to\infty} x_2(t) = 0$. 进一步, 如果 $\lambda^+ < 1$, 则 $\boldsymbol{E}_1$ 是全局渐近稳定的.

**证明**　如果 $\lim\limits_{t\to\infty} x_2(t)$ 存在但不为 0, 不妨设 $\lim\limits_{t\to\infty}\inf x_2(t) < \lim\limits_{t\to\infty}\sup x_2(t)$. 因为 $x_2(t)$ 不是单调的但却是光滑的, 所以存在序列 $\{t_k\}$, 当 $k\to\infty$ 时, $t\to\infty$, 使得 $x_2'(t_k) = 0$, 从而 $\lim\limits_{t\to\infty} x_2(t_k) = \lim\limits_{t\to\infty}\sup x_2(t) > 0$, 因此 $\lim\limits_{k\to\infty}\left[\dfrac{m_2 S(t_k)}{a_2 + S(t_k)} - 1\right] = 0$, 或者 $\lim\limits_{k\to\infty} S(t_k) = \lambda_2 > 1$, 而这是矛盾的. 所以 $\lim\limits_{t\to\infty} x_2(t) = 0$, 即 $\Omega$ 极限集位于平面 $x_2 = 0$ 上. 在不变集 $x_2 = 0$ 上, 系统 (8.2.2) 变为

$$
\begin{aligned}
S' &= 1 - S - \frac{m_1 x_1 S}{a_1 + S},\\
{x_1}' &= x_1\left(\frac{m_1 S}{a_1 + S} - 1 - \gamma p\right),\\
p' &= 1 - p.
\end{aligned}
$$

显然 $\lim\limits_{t\to\infty} p(t) = 1$, 进而考虑极限系统

$$S' = 1 - S - \frac{m_1 x_1 S}{a_1 + S},$$
$$x_1{}' = x_1\left(\frac{m_1 S}{a_1 + S} - 1 - \gamma\right).$$

如果 $\lambda^+ < 1$, 则 $\lim\limits_{t\to\infty} S(t) = \lambda^+$ 且 $\lim\limits_{t\to\infty} x_1(t) = \hat{x}_1$, 即

$$\lim_{t\to\infty}(S(t),\ x_1(t),\ x_2(t),\ p(t)) = (\lambda^+,\ \hat{x}_1,\ 1).$$

定理证毕. □

在 $\boldsymbol{E}_2$ 的全局性证明中, 用到下面的李雅普诺夫函数

$$V(S,\ x_1,\ x_2,\ p) = \int_{\lambda_2}^{S}\left(1 - \frac{a_2 + \eta}{m_2\eta}\right)\mathrm{d}\eta + cx_1 + \int_{1-\lambda_2}^{x_2}\frac{\eta - 1 - \lambda_2}{\eta}\mathrm{d}\eta,$$

具体计算过程可参见文献 [4].

内部平衡点 $\boldsymbol{E}_c$ 的存在意味着微生物可能共存, 或者是一个全局稳定的平衡点或者是吸引子. 当 $\boldsymbol{E}_c$ 存在时, 系统 (8.2.2) 是一致持久生存的, 其证明类似于 8.1 节中持久生存的证明.

## 8.3 内部抑制因子

在前两节中, 讨论的是抑制因子来源于外界时的情形. 本节和下一节将讨论竞争的微生物一方自身产生对另一方有害的抑制因子的情况.

令 $x$ 代表受抑制因子影响的微生物, $y$ 代表产生抑制因子的微生物, 参数 $k$ 代表产生抑制因子微生物所消耗的营养量. 其余参数意义如前, 模型如下:

$$\begin{cases} S' = (S^0 - S)D - \dfrac{m_1 S}{a_1 + S}x\mathrm{e}^{-\mu p} - \dfrac{m_2 S}{a_2 + S}y, \\ x' = x\left(\dfrac{m_1 S}{a_1 + S}\mathrm{e}^{-\mu p} - D\right), \\ y' = y\left[(1-k)\dfrac{m_2 S}{a_2 + S} - D\right], \\ p' = ky\dfrac{m_2 S}{a_2 + S} - Dp, \\ S(0) \geqslant 0,\quad x(0) > 0,\quad y(0) > 0,\quad p(0) \geqslant 0. \end{cases} \tag{8.3.1}$$

对 (8.3.1) 进行无量纲化得

$$\begin{cases} S' = 1 - S - \dfrac{m_1 S}{a_1 + S} x \mathrm{e}^{-\mu p} - \dfrac{m_2 S}{a_2 + S} y, \\ x' = x \left( \dfrac{m_1 S}{a_1 + S} \mathrm{e}^{-\mu p} - 1 \right), \\ y' = y \left[ (1-k) \dfrac{m_2 S}{a_2 + S} - 1 \right], \\ p' = ky \dfrac{m_2 S}{a_2 + S} - p, \\ S(0) \geqslant 0, \quad x(0) > 0, \quad y(0) > 0, \quad p(0) \geqslant 0. \end{cases} \tag{8.3.2}$$

引进变量 $\varSigma = 1 - S - x - y - p$, 则 $\varSigma' = -\varSigma$, 所以 (8.3.2) 的渐近系统如下:

$$\begin{cases} x' = x \left[ \dfrac{m_1(1-x-y-p)}{a_1 + (1-x-y-p)} \mathrm{e}^{-\mu p} - 1 \right], \\ y' = y \left[ (1-k) \dfrac{m_2(1-x-y-p)}{a_2 + (1-x-y-p)} - 1 \right], \\ p' = ky \dfrac{m_2(1-x-y-p)}{a_2 + S} - p. \end{cases} \tag{8.3.3}$$

令 $\varGamma = p - cy$, $c = \dfrac{k}{1-k}$, 则 $\varGamma' = -\varGamma$. 所以 (8.3.3) 的极限方程是

$$\begin{cases} x' = x \left[ \dfrac{m_1(1-x-(1+c)y)}{a_1 + (1-x-(1+c)y)} \mathrm{e}^{-vc\mu y} - 1 \right], \\ y' = y \left[ (1-k) \dfrac{m_2(1-x-(1+c)y)}{a_2 + (1-x-(1+c)y)} - 1 \right], \end{cases} \tag{8.3.4}$$

其中, 变量 $x$ 和 $y$ 属于集合 $\varOmega = \left\{ (x, y) : x \geqslant 0,\ y \geqslant 0,\ (1+c)y + x \leqslant 1,\ c = \dfrac{k}{1-k} \right\}$.

定义损益浓度为

$$\frac{m_1 \lambda_1}{a_1 + \lambda_1} = 1, \quad \frac{m_2 \lambda_2}{a_2 + \lambda_2} = 1, \quad \frac{m_2 \lambda_2^+}{a_2 + \lambda_2^+} = \frac{1}{1-k}. \tag{8.3.5}$$

在本节中, 抑制因子没有最小浓度, 因为如果 $y$ 灭绝, 将不会有抑制因子产生. 显然 $\lambda_2 < \lambda_2^+$.

系统 (8.3.4) 有三个边界平衡点, 分别记为 $\boldsymbol{E}_0 = (0,\ 0)$, $\boldsymbol{E}_1 = (1 - \lambda_1,\ 0)$ 和 $\boldsymbol{E}_2 = (0,\ (1 - \lambda_2^+)(1-k))$.

平衡点的局部稳定性由该点线性化系统的变分矩阵的特征根决定. 各平衡点的存在性及局部稳定性条件由表 8.3.1 给出.

**表 8.3.1 (8.3.4) 平衡点的局部稳定性分析**

| 平衡点 | 存在准则 | 渐近稳定性准则 |
| --- | --- | --- |
| $\boldsymbol{E}_0$ | 总是存在 | $\lambda_1>1,\ \lambda_2^+>1$ |
| $\boldsymbol{E}_1$ | $0<\lambda_1<1$ | $0<\lambda_1<\lambda_2^+$ |
| $\boldsymbol{E}_2$ | $\lambda_2^+<1$ | $\dfrac{m_1\lambda_2^+}{a_2+\lambda_2^+}\mathrm{e}^{-k\mu(1-\lambda_2^+)}<1$ |

关于系统 (8.3.2) 内部平衡点的存在性及其稳定性较为复杂. 内部平衡点应满足方程

$$\frac{m_1(1-x-(1+c)y)}{a_1+1-x-(1+c)y}\mathrm{e}^{-c\mu y}-1=0,$$

$$(1-k)\frac{m_2(1-x-(1+c)y)}{a_2+1-x-(1+c)y}-1=0,$$

其中, 变量 $x$, $y$ 属于区域 $\Omega$. 从第二个方程可知, 任何内部平衡点必位于直线

$$(1+c)y+x=1-\lambda_2^+,\quad (x,y)\in\Omega^\circ.$$

因为

$$\frac{m_1\lambda_2^+}{a_1+\lambda_2^+}\mathrm{e}^{-c\mu p}=1, \tag{8.3.6}$$

所以内部平衡点若存在, 则必有 $\lambda_1<\lambda_2^+$. 对 (8.3.6) 求解有

$$y_c=-\frac{1}{c\mu}\ln\left(\frac{a_1+\lambda_2^+}{m_1\lambda_2^+}\right).$$

若 $\lambda_2^+>\lambda_1$, 则 $y_c>0$, 且当 $\mu$ 充分大即 $\mu>\mu_0$ 时, $y_c<1$, 此时 $x_c=1-\lambda_2^+-(1+c)y_c$. 若 $\mu$ 充分大, 则 $x_c>0$. 所以定义 $\mu_0$ 为两个条件都满足时的临界值.

系统 (8.3.4) 是二维的且是光滑的, 因而可以使用 Poincaré-Bendixson 定理. 若 $\boldsymbol{E}_c$ 不存在, 则唯一的 $\Omega$ 极限集是 $\boldsymbol{E}_1$ 或 $\boldsymbol{E}_2$. $0<\lambda_1<\lambda_2^+$ 使得 $\boldsymbol{E}_c$ 存在, 从而 $\boldsymbol{E}_1$ 是局部渐近稳定的. 若 $\boldsymbol{E}_c$ 存在, 则式 (8.3.6) 使得 $\boldsymbol{E}_2$ 是局部渐近稳定的. 进一步, (8.3.5) 是一个竞争系统, 不存在极限环. 这样当 $\boldsymbol{E}_c$ 存在时, 对于充分大的 $\mu$ 是不稳定的, 而 $\boldsymbol{E}_1$, $\boldsymbol{E}_2$ 均为局部稳定的. $\boldsymbol{E}_1$, $\boldsymbol{E}_2$ 的吸引域均为开集, 又因为内部平衡点是不稳定的, 则 $\boldsymbol{E}_1$ 和 $\boldsymbol{E}_2$ 将吸引除了 $\boldsymbol{E}_c$ 稳定流形以外的所有轨道. 这就意味着竞争结果依赖于初始值.

直接由 Poincaré-Bendixson 定理得到的全局结论由表 8.3.2 给出.

**表 8.3.2　(8.3.4) 平衡点的全局稳定性分析**

| 存在准则 | 全局吸引子 |
|---|---|
| $\lambda_2^+ > 1,\ \lambda_1 > 1$ | $\boldsymbol{E}_0$ 是全局吸引子 |
| $\lambda_2^+ > 1,\ \lambda_1 < 1$ | $\boldsymbol{E}_1$ 是全局吸引子 |
| $\lambda_2^+ < 1,\ \lambda_2^+ < \lambda_1$ | $\boldsymbol{E}_2$ 是全局吸引子 |
| $\lambda_2^+ < 1,\ \lambda_1 < \lambda_2^+,\ \mu < \mu_0$ | $\boldsymbol{E}_1$ 是全局吸引子 |

## 8.4 具有致命影响的内部抑制因子

本节讨论抑制因子由某一个竞争者产生, 它对另一竞争者具有致命伤害的情况. 以下介绍 Hsu 和 Waltman[7] 的工作. 其模型如下:

$$\begin{cases} S' = (S^0 - S)D - \dfrac{m_1 S}{a_1 + S}x - \dfrac{m_2 S}{a_2 + S}y, \\ x' = x\left(\dfrac{m_1 S}{a_1 + S} - D - \gamma p\right), \\ y' = y\left[(1-k)\dfrac{m_2 S}{a_2 + S} - D\right], \\ p' = k\dfrac{m_2 S y}{a_2 + S} - Dp, \\ S(0) \geqslant 0, \quad x(0) > 0, \quad y(0) > 0, \quad p(0) \geqslant 0. \end{cases} \tag{8.4.1}$$

变量和参数如上节所述.$0 \leqslant k < 1$ 代表用来产生毒素所消耗营养的比率系数. 对系统 (8.2.1) 进行无量纲化得

$$\begin{cases} S' = 1 - S - \dfrac{m_1 S}{a_1 + S}x - \dfrac{m_2 S}{a_2 + S}y, \\ x' = x\left(\dfrac{m_1 S}{a_1 + S} - 1 - \gamma p\right), \\ y' = y\left[(1-k)\dfrac{m_2 S}{a_2 + S} - 1\right], \\ p' = k\dfrac{m_2 S}{a_2 + S}y - p. \\ S(0) \geqslant 0, \quad x_i(0) > 0,\ i = 1, 2, \quad p(0) \geqslant 0. \end{cases} \tag{8.4.2}$$

毒素和受害微生物之间的相互作用用 $-p\gamma x$ 表示. 显然正锥是正不变的. 令 $\Sigma = S + x + y + p$, 则 $\Sigma' = 1 - S - x - y - \gamma xp \leqslant 1 - \Sigma$, 所以 $\lim\limits_{t\to\infty} \sup \Sigma(t) \leqslant 1$, 从而得到系统 (8.4.2) 是耗散的, 因而存在一个紧的全局吸引子. 令 $Z = p - \dfrac{ky}{1-k}$, 则

$Z' = -Z$, 显然 $Z(t) \to 0$, 因而可得 (8.4.2) 的极限系统

$$\begin{aligned} S' &= 1 - S - \frac{m_1 S x}{a_1 + S} - \frac{m_2 S y}{a_2 + S}, \\ x' &= x\left[\frac{m_1 S}{a_1 + S} - 1 - \frac{k\gamma}{1-k} y\right], \\ y' &= y\left[(1-k)\frac{m_2 S}{a_2 + S} - 1\right]. \end{aligned}$$

定义 $\lambda_1, \lambda_2^+, \hat{\lambda}$ 为以下方程的解

$$\frac{m_1 \lambda_1}{a_1 + \lambda_1} = 1, \quad \frac{m_2 \lambda_2^+}{a_2 + \lambda_2^+} = \frac{1}{1-k}, \quad \frac{m_1 \hat{\lambda}}{a_1 + \hat{\lambda}} = 1 + \gamma k(1 - \hat{\lambda}),$$

显然 $\lambda_1 < \hat{\lambda}$.

系统有三个边界平衡点, 分别是 $\boldsymbol{E}_0 = (1,\ 0,\ 0)$, $\boldsymbol{E}_1 = (\lambda_1,\ 1-\lambda_1,\ 0)$, $\boldsymbol{E}_2 = (\lambda_2^+,\ 0,\ (1-k)(1-\lambda_2^+))$, 系统也可以存在唯一内部平衡点 $\boldsymbol{E}_c = (S_c,\ x_c,\ y_c)$. 显然 $S_c = \lambda_2^+ < 1$, $y_c = \dfrac{1-k}{k\gamma}\left(\dfrac{m_1 \lambda_2^+}{a_1 + \lambda_2^+} - 1\right)$. 若 $y_c > 0$, 则需 $\lambda_2^+ > \lambda_1$. $x_c$ 的符号由 $1 - \lambda_2^+ - \dfrac{1}{k\gamma}\left(\dfrac{m_1 \lambda_2^+}{a_1 + \lambda_2^+}\right)$ 决定, 即 $\lambda_2^+ < \lambda^-$.

各平衡点的存在性及局部稳定性条件由表 8.4.1 给出.

**表 8.4.1 (8.4.2) 平衡点的局部稳定性分析**

| 平衡点 | 存在准则 | 渐近稳定性准则 |
|---|---|---|
| $\boldsymbol{E}_0$ | 总是存在 | $\lambda_1 > 1,\ \lambda_2^+ > 1$ |
| $\boldsymbol{E}_1$ | $0 < \lambda_1 < 1$ | $0 < \hat{\lambda} < \lambda_2^+$ |
| $\boldsymbol{E}_2$ | $\lambda_2^+ < 1$ | $0 < \lambda_2^+ < \hat{\lambda}$ |
| $\boldsymbol{E}_c$ | $\lambda_1 < \lambda_2^+ < \hat{\lambda} < 1$ | 不稳定 |

关于 $\boldsymbol{E}_1$ 和 $\boldsymbol{E}_2$ 的全局性有如下定理.

**定理 8.4.1** 如果 $\lambda_1 < \hat{\lambda} < \lambda_2^+$, 则 $\boldsymbol{E}_1$ 是全局稳定的.

该定理的证明用到下面的李雅普诺夫函数:

$$V(S,\ x,\ y) = \int_{\lambda_1}^{S} \frac{x_c\left(\dfrac{m_1\zeta}{a_1+\zeta} - 1\right)}{1-\zeta} \mathrm{d}\zeta + \int_{x_c}^{x} \frac{\zeta - x_c}{\zeta} \mathrm{d}\zeta + cy,$$

其中, $c$ 是待定常数.

**定理 8.4.2** 若 $\lambda_2^+ < \lambda_1 < \hat{\lambda}$, 则 $\boldsymbol{E}_2$ 是全局稳定的.

用下面的李雅普诺夫函数可得到该定理的结论.

$$V(S,\ x,\ y) = \int_{\lambda_2^+}^{S} \frac{\eta - \lambda_2^+}{\eta} \mathrm{d}\eta + c_1 \int_{y_c}^{y} \frac{\eta - y_c}{\eta} \mathrm{d}\eta + c_2 x,$$

其中, $c_1$ 和 $c_2$ 均为待定常数.

以上两个定理的证明过程计算量很大, 在计算过程中主要使用了 Wolkowicz 和 Lu[11] 的方法.

以上讨论的是用于产生毒素所消耗的那部分营养当作常数时的情况, 更自然的假设是用于产生毒素所消耗的那部分营养是一个依赖于系统的函数, 即 $k = k(x, y)$. 用 $k = k(x, y)$ 代替 (8.4.1) 中的 $k$, 得到如下系统:

$$\begin{cases} S' = (S^0 - S)D - \dfrac{m_1 S x}{a_1 + S} - \dfrac{m_2 S y}{a_2 + S}, \\ x' = x\left(\dfrac{m_1 S}{a_1 + S} - D - \gamma p\right), \\ y' = y\left[(1 - k(x, y))\dfrac{m_2 S}{a_2 + S} - D\right], \\ p' = k(x, y)\dfrac{m_2 S y}{a_2 + S} - Dp. \end{cases} \tag{8.4.3}$$

无量纲化得

$$\begin{cases} S' = 1 - S - \dfrac{m_1 S}{a_1 + S}x - \dfrac{m_2 S}{a_2 + S}y, \\ x' = x\left(\dfrac{m_1 S}{a_1 + S} - 1 - \gamma p\right), \\ y' = y\left[(1 - k(x, y))\dfrac{m_2 S}{a_2 + S} - 1\right], \\ p' = k(x, y)\dfrac{m_2 S}{a_2 + S}y - p, \\ S(0) \geqslant 0, \quad x(0) > 0, \quad y(0) > 0, \quad p(0) \geqslant 0. \end{cases} \tag{8.4.4}$$

在文献 [2] 中, 作者考虑了两种情形, 分别是:$k(x, y) = \dfrac{\alpha y}{\beta + x + y}$ 和 $k(x, y) = \dfrac{\alpha x}{\beta + x + y}$. 有兴趣的读者可参见文献 [1], [2]. 文献 [12] 还讨论了恒化器中带有养分循环和一个抑制因子, 具有质粒和不具有质粒的微生物之间的竞争模型.

## 参 考 文 献

[1] Bassler B L. How bacteriatalk to each other: regulation of gene expression by quorum sensing. Curr. Opinions Microbiol, 1999, 2: 582~587(6).

[2] Braselton J P, Waltman P. A competition model with dynamically allocated inhibitor production. Math. Biosci., 2001, 173: 55~84.

[3] Hirsch M. Systems of differential equations which are competitive or cooperative. I: Limit sets, SIAM J. Appl. Math., 1982, 13: 167~179.

[4] Hsu S B, Li Y S, Waltman P. Competition in the presence of a lethal external inhibitor. Math. Biosci., 2000, 167: 177~199.

[5] Hsu S B, Waltman P. Analysis of a model of two competitors in a chemostat with an external inhibitor. SIAM J. Appl. Math., 1992, 52: 528~541.

[6] Hsu S B, Waltman P. A survey of mathematical models of competition with an inhibitor. Math. Biosci., 2004, 187: 53~91.

[7] Hsu S B, Waltman P. Competition in the chemostat when one competitor produces a toxin. Jpn. J. Indust. Appl. Math., 1998, 15: 471~490.

[8] Lenski R E, Hattingh S. Coexistence of two competitors on one resource and one inhibitor: a chemostat model based on bacteria and antibiotics. J.Theoretic. Biol., 1986, 122: 83~93.

[9] Smith H L. Periodic orbits of competitive and cooperative systems. J. Different. Eq., 1986, 65: 361~373.

[10] Smith H L, Waltman P. The theory of the chemostat: dynamics of microbial competition. Cambridge: Cambridge University Press, 1995.

[11] Wolkowicz G S K, Lu Z. Global dynamics of a mathematical model of competition in the chemostat: general response functions and differential death rates. SIAM J. Appl. Math., 1992, 32: 222~233.

[12] Lu Z, Hadeler K P. Model of plasmid-bearing and plasmid-free competition in the chemostat wiyh nutrient recycling and an inhibitor. Math Biosci, 1998, 148: 147~159.

# 第 9 章 具有时滞的模型

众所周知, 时滞可以对生态系统的性质产生相当大的影响. 理论生态学家们普遍认为在种群的相互作用中, 时滞是不可避免的, 并且较长的时滞会破坏系统平衡位置的稳定性 [6, 7]. 一些不稳定的现象, 如平衡位置的不稳定性和周期波动都可以被解释为在模型中引入了时滞所产生的后果. 时滞可分为离散时滞和分布时滞两种, 第一个将离散时滞引入恒化器模型的是 Finn 和 Wilson[8], 其目的是为了研究恒化器中一种酵母的持久振动. Caperon[9] 的模型既包含了离散时滞也包含了分布时滞, 其研究目的是恒化器中种群的即时振动. 在恒化器模型中引入的时滞一般是用来描述种群吸收营养所耗费的时间, 如文献 [10]~[12]; 另一类含有时滞的恒化器模型是具有养分再生的模型, 如文献 [13], [14], 这类模型一般以分布时滞作为养分循环项.

## 9.1 具有分布时滞的恒化器模型

下面介绍 Wolkowicz 和 Xia[12] 的工作. 他们研究了一个具有分布时滞的恒化器模型的全局渐近性质, 模型如下:

$$\begin{cases} S'(t) = D(S^0 - S(t)) - x_1(t)p_1(S(t)) - x_2(t)p_2(S(t)), \\ {x_1}'(t) = -Dx_1(t) + \displaystyle\int_{-\infty}^{t} x_1(\theta)p_1(S(\theta))\mathrm{e}^{-D(t-\theta)}K_1(t-\theta)\mathrm{d}\theta, \\ {x_2}'(t) = -Dx_2(t) + \displaystyle\int_{-\infty}^{t} x_2(\theta)p_2(S(\theta))\mathrm{e}^{-D(t-\theta)}K_2(t-\theta)\mathrm{d}\theta, \end{cases} \tag{9.1.1}$$

其中, $S(t)$ 为 $t$ 时刻培养基 (即养分) 的浓度, $x_i(t)$ 为第 $i$ 个种群在时刻 $t$ 的浓度.$S^0$ 和 $D$ 均为正参数, 分别表示限制养分的输入浓度和恒化器中的稀释率. 假定种群的死亡率比起稀释率 $D$ 充分小, 因此忽略不计. $K_i : \mathbf{R}_+ \longrightarrow \mathbf{R}_+$ 是时滞核函数, 在该文中使用一般形式

$$K_i(u) = \frac{\alpha_i^{r_i+1}u^{r_i}}{r_i!}\mathrm{e}^{-\alpha_i u}, \quad i = 1,\ 2. \tag{9.1.2}$$

其相应的中值时滞为

$$\tau_i = \int_0^{\infty} uK_i(u)\mathrm{d}u = \frac{r_i+1}{\alpha_i},$$

其中, $\alpha_i > 0$ 是常数, $r_i \geqslant 0$ 是整数, 称为核函数的阶. 当 $r_i$ 分别为 0 和 1 时, 相应的核函数称为弱时滞核函数和强时滞核函数. 对于功能反应函数 $p_i(S(t))$, 有如下假设:

(1) $p_i : \mathbf{R}_+ \to \mathbf{R}_+$ 是单调递增的且满足局部的利普希茨条件,

$$p_i(0) = 0; \tag{9.1.3}$$

(2) 存在 $\lambda_i$, 这里 $\lambda_i$ 是关于 $\alpha_i$ 和 $r_i$ 的函数使得

$$\begin{cases} p_i(s) < D\left(\dfrac{D+\alpha_i}{\alpha_i}\right)^{r_i+1}, \quad S < \lambda_i, \\ p_i(s) > D\left(\dfrac{D+\alpha_i}{\alpha_i}\right)^{r_i+1}, \quad S > \lambda_i. \end{cases} \tag{9.1.4}$$

在假设 (1) 和 (2) 下, 系统总是存在稀释平衡位置 $\boldsymbol{E}_0 = (S^0, 0, 0)$, 此外对每个 $i$, 若 $\lambda_i < S^0$, 则存在如下平衡位置:

$$\boldsymbol{E}_1 = \left(\lambda_1,\ \left(\frac{\alpha_1}{D+\alpha_1}\right)^{r_1+1}(S^0-\lambda_1),\ 0\right),$$

$$\boldsymbol{E}_2 = \left(\lambda_2,\ 0,\ \left(\frac{\alpha_2}{D+\alpha_2}\right)^{r_2+1}(S^0-\lambda_2)\right).$$

在以下陈述中均假设系统 (9.1.1) 满足 (9.1.2)~(9.1.4). 令 $BC_+^3$ 表示从 $(-\infty, 0]$ 到 $\mathbf{R}_+^3$ 的连续有界函数组成的 Banach 空间, 根据 (9.1.3), 系统 (9.1.1) 满足解的存在唯一性定理, 所以对任意的初始函数 $\phi = (\phi_0, \phi_1, \phi_2) \in BC_+^3$, 存在唯一正解 $\pi(\phi; t) := (S(\phi; t), x_1(\phi; t), x_2(\phi; t))$.

**引理 9.1.1** 系统 (9.1.1) 的解是正的和有界的.

**定理 9.1.1** 令 $\pi(\phi; t)$ 是系统 (9.1.1) 的任意一正解, 如果 $\lambda_i \geqslant S^0$, $i = 1, 2$, 那么当 $t \to \infty$ 时, $x_i(\phi; t) \to 0$.

该定理说明种群幸存的必要条件是 $\lambda_i < S^0$, 即如果种群 $i$ 的损益临界 (break-even) 大于输入浓度, 则无论是否存在竞争者, 该种群均会趋于灭亡. 在证明此定理之前, 首先给出一些准备工作. 定义

$$\begin{cases} y_i(t) = \displaystyle\int_{-\infty}^{t} x_1(\theta)p_1(S(\theta))G_{D,\alpha_1}^{i}(t-\theta)\mathrm{d}\theta, \quad i = 0, 1, \cdots, r_1, \\ z_j(t) = \displaystyle\int_{-\infty}^{t} x_2(\theta)p_2(S(\theta))G_{D,\alpha_2}^{j}(t-\theta)\mathrm{d}\theta, \quad j = 0, 1, \cdots, r_2, \end{cases} \tag{9.1.5}$$

其中, $G_{D,\alpha_i}^k(t)=\dfrac{\alpha_i^{k+1}}{k!}t^k\mathrm{e}^{-(D+\alpha_i)t},\quad i=1,2,\quad k=0,1,\cdots,\max\{r_1,r_2\}$,

这样 $(S(t),x_1(t),y_0(t),y_1(t),\cdots,y_{r_1}(t),x_2(t),z_0(t),z_1(t),\cdots,z_{r_2}(t))$ 满足:

$$\begin{cases} S'=(S^0-S)D-x_1p_1(S)-x_2p_2(S),\\ {x_1}'=-Dx_1+y_{r_1},\\ {y_0}'=-(D+\alpha_1)y_0+\alpha_1x_1p_1(S),\\ {y_i}'=-(D+\alpha_1)y_i+\alpha_1y_{i-1},\quad i=1,2,\cdots,r_1,\\ {x_2}'=-Dx_2+z_{r_2},\\ {z_0}'=-(D+\alpha_2)z_0+\alpha_2x_2p_2(S),\\ {z_j}'=-(D+\alpha_2)z_j+\alpha_2z_{j-1},\quad j=1,2,\cdots,r_2. \end{cases} \tag{9.1.6}$$

令

$$W(t)=S^0-S(t)-\sum_{i=0}^{r_1}\frac{y_i(t)}{\alpha_1}-\sum_{j=0}^{r_2}\frac{z_j(t)}{\alpha_2}-x_1(t)-x_2(t),\quad t\geqslant 0, \tag{9.1.7}$$

则从 (9.1.6) 有 $W'(t)=-DW(t),\ t\geqslant 0$, 因此,

$$S(t)+\sum_{i=0}^{r_1}\frac{y_i(t)}{\alpha_1}+\sum_{j=0}^{r_2}\frac{z_j(t)}{\alpha_2}+x_1(t)+x_2(t)=S^0+\rho(t),\quad t\geqslant 0, \tag{9.1.8}$$

其中, $\rho(t)$ 是连续函数, 并且当 $t\to\infty$ 时, $\rho(t)\to 0$.

下面证明定理 9.1.1.

**证明**　不失一般性, 假设 $\lambda_1\geqslant S^0$. 令 $y_i(t)$ 如 (9.1.5) 所定义, 则从 (9.1.6) 知, $(S(t),x_1(t),y_0(t),y_1(t),\cdots,y_{r_1}(t))$ 满足:

$$\begin{cases} S'=(S^0-S)D-x_1p_1(S)-x_2p_2(S),\\ {x_1}'=-Dx_1+y_{r_1},\\ {y_0}'=-(D+\alpha_1)y_0+\alpha_1x_1p_1(S),\\ {y_i}'=-(D+\alpha_1)y_i+\alpha_1y_{i-1},\quad i=1,2,\cdots,r_1. \end{cases} \tag{9.1.9}$$

定义

$$\omega(t)=\sum_{i=0}^{r_1}\frac{(D+\alpha_1)^i}{\alpha_1^{i+1}}y_i(t)+\left(\frac{D+\alpha_1}{\alpha_1}\right)^{r_1+1}x_1(t),\quad t\geqslant 0, \tag{9.1.10}$$

则从 (9.1.6) 和 (9.1.8) 得, $\omega(t)$ 对于 $t>0$ 是正的和有界的. 进一步, 由 (9.1.9) 得

$$\omega'(t) = x_1(t)\left[-D\left(\frac{D+\alpha_1}{\alpha_1}\right)^{r_1+1} + p_1(S(t))\right]. \tag{9.1.11}$$

另一方面, 从 (9.1.9) 的第一个方程有, 或者当 $t \to \infty$ 时, $S(t) \downarrow S^0$; 或者对所有充分大的 $t$, $S(t) < S^0$. 如果 $t \to \infty$ 时, $S(t) \downarrow S^0$, 则由 (9.1.8), $\lim\limits_{t\to\infty} x_1(t) = 0$. 若对于充分大的 $t$, $S(t) < S^0 \leqslant \lambda_1$, 则根据 (9.1.11), $\omega'(t) < 0$. 因此, 当 $t \to \infty$ 时, $\omega(t) \downarrow \omega^*$, 其中 $\omega^* \geqslant 0$. 注意到 (9.1.8) 成立, 则从 (9.1.9) 和 Barbălat 引理, ${y_i}'(t)$ 和 ${x_1}'(t)$ 是一致连续的, 因此, $\omega'(t)$ 一致连续, 从而 $\lim\limits_{t\to\infty} \omega'(t) = 0$. 由 (9.1.11) 得到

$$\lim_{t\to\infty} x_1(t)\left[-D\left(\frac{D+\alpha_1}{\alpha_1}\right)^{r_1+1} + p_1(S(t))\right] = 0. \tag{9.1.12}$$

若 $\limsup\limits_{t\to\infty} x_1(t) > 0$, 则对于序列 $\{t_m\} \uparrow \infty$ 和实数 $\gamma > 0$, $\lim\limits_{m\to\infty} x_1(t_m) = \gamma$ 成立. 由 (9.1.12), $\lim\limits_{m\to\infty} S(t_m) = \lambda_1$. 若 $\lambda_1 > S^0$, 则导出矛盾. 若 $\lambda_1 = S^0$, 根据 (9.1.8) 得到 $\lim\limits_{m\to\infty} x_1(t_m) = 0$, 与 $\gamma > 0$ 矛盾. 因此, $\limsup\limits_{t\to\infty} x_1(t) = 0$. 定理证毕. □

由定理 9.1.1, 立即可以得出以下结论.

**定理 9.1.2** 若 $\lambda_1, \lambda_2 > S^0$, 则对系统 (9.1.1) 的所有的正解 $\pi(\phi;t)$, $\lim\limits_{t\to\infty} \pi(\phi;t) = \boldsymbol{E}_0$.

**证明** 首先根据定理 9.1.1, $\lim\limits_{t\to\infty} x_i(t) = 0$, $i = 1, 2$. 定义 $y_i(t), z_j(t)$ 如 (9.1.5), 则 $(S(t), x_1(t), y_0(t), y_1(t), \cdots, y_{r_1}(t), y_{r_2}(t), z_0(t), z_1(t), \cdots, z_{r_2}(t))$ 满足 (9.1.6). 根据解的有界性、Barbălat 引理和方程组 (9.1.6) 不难看到

$$\lim_{t\to\infty} y_i(t) = 0, \quad i = 0, 1, 2, \cdots, r_1,$$

$$\lim_{t\to\infty} z_j(t) = 0, \quad j = 0, 1, 2, \cdots, r_2.$$

根据 (9.1.8), 得到 $\lim\limits_{t\to\infty} S(t) = S^0$. 因此, $\lim\limits_{t\to\infty} (S(t), x_1(t), x_2(t)) = \boldsymbol{E}_0$. □

定理 9.1.2 说明, 两种群的灭绝是由于恒化器对于每个种群来说都是营养不丰裕导致的, 而非两种群之间存在竞争导致灭绝. 当 $\lambda_i$, $i = 1, 2$ 中只有一个小于 $S^0$ 时, 得到正解的全局渐近性质.

**定理 9.1.3** 如果 $\lambda_i < S^0 \leqslant \lambda_j$, $i \neq j$, 则对于系统 (9.1.1) 的所有正解 $\pi(\phi;t)$, $\lim\limits_{t\to\infty} \pi(\phi;t) = \boldsymbol{E}_i$.

为了证明定理 9.1.3, 首先研究 (9.1.6). 由 (9.1.8), 考虑如下渐近自治系统:

$$\begin{cases} {x_1}' = -Dx_1 + y_{r_1}, \\ {y_0}' = -(D+\alpha_1)y_0 + \alpha_1 x_1 p_1 \left( S^0 - \sum\limits_{i=0}^{r_1} \dfrac{y_i}{\alpha_i} - \sum\limits_{j=0}^{r_2} \dfrac{z_j}{\alpha_2} - x_1 - x_2 + \rho(t) \right), \\ {y_i}' = -(D+\alpha_1)y_i + \alpha_1 y_{i-1}, \quad i = 1, 2, \cdots, r_1, \\ {x_2}' = -Dx_2 + z_{r_2}, \\ {z_0}' = -(D+\alpha_2)z_0 + \alpha_2 x_2 p_2 \left( S^0 - \sum\limits_{i=0}^{r_1} \dfrac{y_i}{\alpha_i} - \sum\limits_{j=0}^{r_2} \dfrac{z_j}{\alpha_2} - x_1 - x_2 + \rho(t) \right), \\ z_j' = -(D+\alpha_2)z_j + \alpha_2 z_{j-1}, \quad j = 1, 2, \cdots, r_2. \end{cases} \tag{9.1.13}$$

为了方便起见, 引入如下新的变量:

$$\begin{cases} u_i(t) = x_1(t) + \sum\limits_{j=i}^{r_1} \dfrac{y_j(t)}{\alpha_1}, \quad i = 0, 1, \cdots, r_1 + 1, \\ v_i(t) = x_2(t) + \sum\limits_{j=i}^{r_2} \dfrac{z_j(t)}{\alpha_2}, \quad i = 0, 1, \cdots, r_2 + 1. \end{cases} \tag{9.1.14}$$

当 $n < m$ 时, 约定 $\sum\limits_{j=m}^{n} k_j \equiv 0$, 则 $x_1 \equiv u_{r_1+1}, \quad x_2 \equiv v_{r_2+1}$.

通过 (9.1.14), 可以把 (9.1.13) 写成如下形式:

$$\begin{cases} {u_0}'(t) = -Du_0(t) + u_{r_1+1}(t)p_1(S^0 - u_0(t) - v_0(t) + \rho(t)), \\ {u_i}'(t) = -(D+\alpha_1)u_i(t) + \alpha_1 u_{i-1}(t), \quad i = 1, 2, \cdots, r_1 + 1, \\ {v_0}'(t) = -Dv_0(t) + v_{r_2+1}(t)p_2(S^0 - u_0(t) - v_0(t) + \rho(t)), \\ {v_j}'(t) = -(D+\alpha_2)v_j(t) + \alpha_2 v_{j-1}(t), \quad j = 1, 2, \cdots, r_2 + 1. \end{cases} \tag{9.1.15}$$

如果 $(S(t), x_1(t), x_2(t))$ 是系统 (9.1.1) 的正解, 则由引理 9.1.1 和 (9.1.5), (9.1.8), (9.1.14), $u_i(t)$ 和 $v_j(t)$ 也是正的和有界的. 因此有如下定义:

$$\begin{cases} \delta_i = \lim\limits_{t\to\infty} \inf u_i(t), \ \gamma_i = \lim\limits_{t\to\infty} \sup u_i(t), \quad i = 0, 1, \cdots, r_1 + 1, \\ a_i = \lim\limits_{t\to\infty} \inf v_j(t), \ b_j = \lim\limits_{t\to\infty} \sup v_j(t), \quad j = 0, 1, \cdots, r_2 + 1. \end{cases} \tag{9.1.16}$$

显然, $0 \leqslant \delta_i \leqslant \gamma_i$, $0 \leqslant a_j \leqslant b_j$ 对所有的 $i \in \{0, 1, \cdots, r_1+1\}$ 和 $j \in \{0, 1, \cdots, r_2+1\}$ 成立. 进一步, $u_i(t)$, $v_j(t)$, $u_i'(t)$, $v_j'(t)$ 在 $[0, +\infty)$ 上是一致连续的.

定理 9.1.3 的证明可以由以下 5 个引理得出.

**引理 9.1.2**

$$\left(\frac{\alpha_1}{D+\alpha_1}\right)^i \delta_0 \leqslant \delta_i \leqslant \gamma_i \leqslant \left(\frac{\alpha_1}{D+\alpha_1}\right)^i \gamma_0, \quad i = 1, 2, \cdots, r_1 + 1, \tag{9.1.17}$$

$$\left(\frac{\alpha_2}{D+\alpha_2}\right)^j a_0 \leqslant a_j \leqslant b_j \leqslant \left(\frac{\alpha_2}{D+\alpha_2}\right)^j b_0, \quad j=1,2,\cdots,r_2+1. \tag{9.1.18}$$

**证明** 首先证明

$$\gamma_i \leqslant \frac{\alpha_1}{D+\alpha_1}\gamma_{i-1}, \quad i=1,2,\cdots,r_1+1. \tag{9.1.19}$$

考虑两种情况

(I) $\delta_i<\gamma_i$. 应用波动引理可以得到序列 $\{t_m\}\uparrow\infty$, 使得 $\lim\limits_{m\to\infty}u_i(t_m)=\gamma_i$, 且 $u_i'(t_m)=0$. 由 (9.1.15) 有

$$(D+\alpha_1)u_i(t_m)=\alpha_i u_{i-1}(t_m),$$

两边同时取极限可得 (9.1.19).

(II) $\delta_i=\gamma_i$. 由 Barbălat 引理得 $\lim\limits_{t\to\infty}u_i'(t)=0$. 再次使用 (9.1.15), 有

$$\lim_{t\to\infty}[-(D+\alpha_1)u_i(t)+\alpha_1 u_{i-1}(t)]=0,$$

所以

$$\gamma_i=\lim_{t\to\infty}u_i(t)=\lim_{t\to\infty}\frac{\alpha_1}{D+\alpha_1}u_{i-1}(t)=\frac{\alpha_1}{D+\alpha_1}\gamma_{i-1},$$

得证. 现在由 (9.1.9) 得

$$\gamma_i \leqslant \left(\frac{\alpha_1}{D+\alpha_1}\right)^i \gamma_0, \quad i=1,2,\cdots,r_1+1. \tag{9.1.20}$$

类似地, 可得

$$\delta_i \geqslant \frac{\alpha_1}{D+\alpha_1}\delta_{i-1} \geqslant \left(\frac{\alpha_1}{D+\alpha_1}\right)\delta_0, \quad i=1,2,\cdots,r_1+1. \tag{9.1.21}$$

由 (9.1.20) 和 (9.1.21) 可得 (9.1.17). 类似的证明可得 (9.1.18), 引理证毕. □

**引理 9.1.3** $\gamma_0\leqslant S^0-\min\{S^0,\lambda_1\}$, $b_0\leqslant S^0-\min\{S^0,\lambda_2\}$.

**证明** 只证 $\gamma_0\leqslant S^0-\min\{S^0,\lambda_1\}$, 后者证明类似. 下面考虑两种情况:

(I) $\lambda_1\geqslant S^0$. 由定理 9.1.1, $\lim\limits_{t\to\infty}x_1(t)=0$. 根据 Barbălat 引理和 $x_1(t)$ 的有界性, $\lim\limits_{t\to\infty}x_1'(t)=0$. 由 (9.1.1) 的第一个方程得 $\lim\limits_{t\to\infty}y_{r_1}(t)=0$, 重复下去可得 $\lim\limits_{t\to\infty}y_i(t)=0$, $i=0,1,2\cdots,r_1+1$. 根据 (9.1.14), $\lim\limits_{t\to\infty}u_0(t)=0$, 即 $\delta_0=\gamma_0=0$.

(II) $\lambda_1<S^0$. 根据 Barbălat 引理和波动引理, 存在序列 $\{t_m\}\uparrow\infty$, 使得 $\lim\limits_{m\to\infty}u_0(t_m)=\gamma_0$, $\lim\limits_{m\to\infty}u_0'(t_m)=0$. 从 (9.1.15),

$$D\gamma_0=\lim_{m\to\infty}Du_0(t_m)$$

$$
\begin{aligned}
&= \lim_{m\to\infty}[u_{r_1+1}(t_m)p_1(S^0-u_0(t_m)-v_0(t_m)+\rho(t_m))] \\
&\leqslant \lim_{m\to\infty}\sup u_{r_1+1}(t_m)p_1(S^0-u_0(t_m)+\rho(t_m)) \\
&\leqslant \gamma_{r_1+1}p_1(S^0-\gamma_0).
\end{aligned} \tag{9.1.22}
$$

应用引理 9.1.2, 从 (9.1.22) 得

$$
D\gamma_0 \leqslant \left(\frac{\alpha_1}{D+\alpha_1}\right)^{r_1+1}\gamma_0 p_1(S^0-\gamma_0). \tag{9.1.23}
$$

若 $\gamma_0=0$, 则结论显然. 若 $\gamma_0>0$, (9.1.23) 意味着

$$
D \leqslant \left(\frac{\alpha_1}{D+\alpha_1}\right)^{r_1+1} p_1(S^0-\gamma_0).
$$

因此, 由 (9.1.4), $S^0-\gamma_0\geqslant\lambda_1$, 即 $\gamma_0\leqslant S^0-\lambda_1$. □

**引理 9.1.4**　若 $\lambda_1<\min\{S^0,\lambda_2\}$, 则 $\delta_i>0,\ i=0,1,2,\cdots,r_1+1$.

**证明**　首先证明

$$
\delta = \lim_{t\to\infty}\inf\left[\alpha_1u_0(t)+\sum_{j=1}^{r_1+1}D\left(\frac{D+\alpha_1}{\alpha_1}\right)^{j-1}u_j(t)\right]>0. \tag{9.1.24}
$$

定义

$$
\omega(t)=\alpha_1u_0(t)+\sum_{j=1}^{r_1+1}D\left(\frac{D+\alpha_1}{\alpha_1}\right)^{j-1}u_j(t),\quad t>0, \tag{9.1.25}
$$

则从 (9.1.15) 有

$$
\begin{aligned}
\omega'(t) =& -\frac{D(D+\alpha_1)^{r_1+1}}{\alpha_1^{r_1}}u_{r_1+1}(t)+\alpha_1p_1(S^0-u_0(t)-v_0(t)+\rho(t))u_{r_1+1}(t) \\
=& -\alpha_1u_{r_1+1}(t)\left[D\left(\frac{D+\alpha_1}{\alpha_1}\right)^{r_1+1}\right. \\
&\left.-p_1(S^0-u_0(t)-v_0(t)+\rho(t))\right].
\end{aligned} \tag{9.1.26}
$$

令 $0<\varepsilon<\dfrac{1}{2}[\min\{S^0,\lambda_2\}-\lambda_1]$. 下面用反证法证明 (9.1.24).

假设 $\delta=0$, 则存在序列 $\{s_m\}\uparrow\infty$, 使得对所有的 $m$, $\rho(s_m)>-\dfrac{\varepsilon}{2}$, $\omega'(s_m)\leqslant 0$ 且 $\lim\limits_{m\to\infty}\omega(s_m)=0$. 这就意味着对于充分大的 $m$, $\omega(s_m)<\dfrac{1}{2}\alpha_1\varepsilon$. 注意到 (9.1.25), $\alpha_1u_0(t)\leqslant\omega(t)$, 所以对于充分大的 $m$, $u_0(s_m)<\dfrac{1}{2}\varepsilon$. 因为 $\omega'(s_m)\leqslant 0$, 由 (9.1.26) 得

$$
\alpha_1u_{r_1+1}(s_m)\left[D\left(\frac{D+\alpha_1}{\alpha_1}\right)^{r_1+1}-p_1(S^0-u_0(s_m)-v_0(s_m)+\rho(s_m))\right]\geqslant 0,
$$

因为 $u_{r_1+1}(s_m) > 0$, 所以

$$S^0 - u_0(s_m) - v_0(s_m) + \rho(s_m) \leqslant \lambda_1.$$

因此, 对于充分大的 $m$,

$$\begin{aligned} v_0(s_m) \geqslant & S^0 - \lambda_1 - u_0(s_m) + \rho(s_m) \\ > & S^0 - \lambda_1 - \varepsilon \\ > & S^0 - \frac{\lambda_1}{2} - \frac{1}{2}\min\{S^0, \lambda_2\} \\ = & S^0 - \min\{S^0, \lambda_2\} + \frac{1}{2}[\min\{S^0, \lambda_2\} - \lambda_1]. \end{aligned}$$

所以 $b_0 = \lim\limits_{t\to\infty} \sup v_0(t) > S^0 - \min\{S^0, \lambda_2\}$, 这与引理 9.1.3 矛盾, 因此 (9.1.24) 成立, 即 $\delta > 0$.

现在证明 $\delta_0 > 0$. 若不然, 假设 $\delta_0 = 0$, 则存在序列 $\{\tilde{s}_m\} \uparrow \infty$, 使得 $\lim\limits_{m\to\infty} u_0(\tilde{s}_m) = 0$. 注意到从 (9.1.14),

$$u_0(\tilde{s}_m) = u_{r_1+1}(\tilde{s}_m) + \sum_{j=0}^{r_1} \frac{y_j(\tilde{s}_m)}{\alpha_1},$$

因为对于 $t > 0$, $y_j(t) > 0$, $j = 0, 1, 2, \cdots, r_1$, 那么上式意味着

$$\lim_{m\to\infty} u_{r_1+1}(\tilde{s}_m) = 0, \quad \lim_{m\to\infty} y_j(\tilde{s}_m) = 0, \ j = 0, 1, 2, \cdots, r_1.$$

再次使用 (9.1.14), 得到 $\lim\limits_{m\to\infty} u_j(\tilde{s}_m) = 0$, $j = 0, 1, 2, \cdots, r_1 + 1$, 所以 (9.1.25) 意味着 $\lim\limits_{m\to\infty} \omega(\tilde{s}_m) = 0$, 所以 $\delta = 0$, 导出矛盾, 所以 $\delta_0 > 0$.

类似可证明 $\delta_i > 0, i = 0, 1, 2, \cdots, r_1 + 1$. □

**引理 9.1.5** 若 $\lambda_1 < \lambda_2 < S^0$, 则 $a_j = b_j = 0$, $j = 0, 1, 2, \cdots, r_2 + 1$.

**证明** 根据 Barbălat 引理和波动引理, 存在 $\{s_m\} \uparrow \infty$, 使得

$$\lim_{m\to\infty} u_0(s_m) = \delta_0, \quad \lim_{m\to\infty} {u_0}'(s_m) = 0.$$

则从 (9.1.15),

$$\lim_{m\to\infty} Du_0(s_m) = \lim_{m\to\infty} p_1(S^0 - u_0(s_m) - v_0(s_m) + \rho(s_m))u_{r_1+1}(s_m), \tag{9.1.27}$$

所以对任意的 $\varepsilon > 0$, 充分大的 $m$, 有 $\rho(s_m) > -\dfrac{\varepsilon}{2}$, $u_{r_1+1}(s_m) \geqslant \delta_{r_1+1} - \varepsilon$, $v_0(s_m) \leqslant b_0 + \dfrac{\varepsilon}{2}$. 则 (9.1.27) 意味着

$$\lim_{m\to\infty} Du_0(s_m) \geqslant \lim_{m\to\infty} p_1(S^0 - u_0(s_m) - b_0 - \varepsilon)(\delta_{r_1+1} - \varepsilon),$$

或者等价地,

$$D\delta_0 \geqslant p_1(S^0 - \delta_0 - b_0 - \varepsilon)(\delta_{r_1+1} - \varepsilon),$$

令 $\varepsilon \to 0$, 则

$$D\delta_0 \geqslant p_1(S^0 - \delta_0 - b_0)\delta_{r_1+1}.$$

由引理 9.1.2, 上述不等式意味着

$$D\left(\frac{D+\alpha_1}{\alpha_1}\right)^{r_1+1}\delta_{r_1+1} \geqslant p_1(S^0 - \delta_0 - b_0)\delta_{r_1+1}.$$

由引理 9.1.4, $\delta_{r_1+1} > 0$, 所以

$$S^0 - \delta_0 - b_0 \leqslant \lambda_1. \tag{9.1.28}$$

现在证明 $b_0 = 0$. 若不然, 假设 $b_0 > 0$, 则对任意的 $\varepsilon > 0$, 存在 $\{t_m\} \uparrow \infty$ 使得 $\rho(t_m) < \dfrac{\varepsilon}{2}$,

$$\lim_{m\to\infty} v_0(t_m) = b_0, \quad \lim_{m\to\infty} v_0'(t_m) = 0,$$

$$v_{r_2+1}(t_m) \leqslant b_{r_2+1} + \varepsilon, \quad u_0(t_m) \geqslant \delta_0 - \frac{\varepsilon}{2}.$$

由 (9.1.15), 有

$$\begin{aligned}
Db_0 &= \lim_{m\to\infty} Dv_0(t_m)\\
&= \lim_{m\to\infty} p_2(S^0 - u_0(t_m) - v_0(t_m) + \rho(t_m))v_{r_2+1}(t_m)\\
&\leqslant \lim_{m\to\infty} p_2(S^0 - \delta_0 - v_0(t_m) + \varepsilon)(b_{r_2+1} + \varepsilon)\\
&= p_2(S^0 - \delta_0 - b_0 + \varepsilon)(b_{r_2+1} + \varepsilon).
\end{aligned}$$

令 $\varepsilon \to 0$, 则

$$Db_0 \leqslant p_2(S^0 - \delta_0 - b_0)b_{r_2+1}, \tag{9.1.29}$$

所以

$$D\left(\frac{D+\alpha_2}{\alpha_2}\right)^{r_2+1} b_{r_2+1} \leqslant p_2(S^0 - \delta_0 - b_0)b_{r_2+1}. \tag{9.1.30}$$

因为 $b_0 > 0$, 由 (9.1.29)$b_{r_2+1} > 0$, 所以

$$S^0 - \delta_0 - b_0 \geqslant \lambda_2,$$

这与 (9.1.28) 矛盾. 所以 $b_0 = 0$, 因此 $a_0 = b_0 = 0$. □

**引理 9.1.6**　若 $\delta_0 > 0$ 且 $a_0 = b_0 = 0$, 则 $\delta_i = \gamma_i = \left(\dfrac{\alpha_1}{D+\alpha_1}\right)^i (S^0 - \lambda_1) > 0, i = 0, 1, 2, \cdots, r_1 + 1$.

**证明** 若 $\delta_0 < \gamma_0$, 则存在 $\{s_m\} \uparrow \infty$, 使得

$$\lim_{m\to\infty} u_0(s_m) = \delta_0, \quad u_0'(s_m) = 0.$$

由 (9.1.15),

$$Du_0(s_m) = u_{r_1+1}(s_m)p_1(S^0 - u_0(s_m) - v_0(s_m) + \rho(s_m)).$$

令 $m \to \infty$, 两边取极限,

$$\begin{aligned} D\delta_0 = &\lim_{m\to\infty} u_{r_1+1}(s_m)p_1(S^0 - \delta_0) \\ \geqslant &\delta_{r_1+1}p_1(S^0 - \delta_0) \\ \geqslant &\left(\frac{\alpha_1}{D+\alpha_1}\right)^{r_1+1} \delta_0 p_1(S^0 - \delta_0), \end{aligned} \tag{9.1.31}$$

所以 $\delta_0 \geqslant S^0 - \lambda_1$. 由引理 9.1.3, $\lambda_1 < S^0$, 从而 $\gamma_0 \leqslant S^0 - \lambda_1$, 因此, $\delta_0 \geqslant \gamma_0$, 导出矛盾, 所以 $\delta_0 = \gamma_0$. 现在证明 $\delta_0 = \gamma_0 = S^0 - \lambda_1$. 因为 $\lim\limits_{t\to\infty} u_0(t)$ 存在, 所以 $\lim\limits_{t\to\infty} u_i(t) = \delta_i = \gamma_i$, $i = 1, 2, \cdots, r_1 + 1$. 又因为 $\lim\limits_{t\to\infty} u_0'(t) = 0$, 从而

$$\lim_{t\to\infty} [-Du_0(t) + u_{r_1+1}(t)p_1(S^0 - u_0(t) - v_0(t) + \rho(t))] = 0.$$

由 (9.1.17),

$$D\delta_0 = \delta_{r_1+1}p_1(S^0 - \delta_0) \geqslant \left(\frac{\alpha_1}{D+\alpha_1}\right)^{r_1+1} \delta_0 p_1(S^0 - \delta_0).$$

所以 $S^0 - \delta_0 \leqslant \lambda_1$. 由引理 9.1.3, $\delta_0 = \gamma_0 = S^0 - \lambda_1$, 得证. □

根据引理 9.1.2~ 引理 9.1.6, 下面证明定理 9.1.3.

**定理 9.1.3 的证明** 不失一般性, 假设 $\lambda_i = \lambda_1$, $\lambda_j = \lambda_2$. 根据引理 9.1.3~ 引理 9.1.5, 有 $a_j = b_j = 0$, $j = 0, 1, \cdots, r_2 + 1$. 注意到由引理 9.1.4, $\delta_0 > 0$, 则由 (9.1.6),

$$\delta_0 = \gamma_0 = S^0 - \lambda_1, \quad \delta_{r_1+1} = \gamma_{r_1+1} = \left(\frac{\alpha_1}{D+\alpha_1}\right)^{r_1+1} (S^0 - \lambda_1).$$

由 (9.1.8),

$$\begin{aligned} \lim_{m\to\infty} (S^0 - S(t) + \rho(t)) &= \lim_{t\to\infty} \left[\sum_{i=0}^{r_1} \frac{y_i(t)}{\alpha_1} + \sum_{j=0}^{r_2} \frac{z_j(t)}{\alpha_2} + x_1(t) + x_2(t)\right] \\ &= \lim_{t\to\infty} [u_0(t) + v_0(t)] \end{aligned}$$

$$
\begin{aligned}
&= \gamma_0 + b_0 \\
&= S^0 - \lambda_1,
\end{aligned}
$$

所以 $\lim\limits_{t\to\infty} S(t) = \lambda_1$. 于是有

$$
\begin{aligned}
\lim_{t\to\infty} \pi(\phi;t) &= \lim_{t\to\infty} (S(t), u_{r_1+1}(t), u_{r_2+1}(t)) \\
&= (\lambda_1, \gamma_{r_1+1}, b_{r_2+1}) \\
&= \left(\gamma_1, \left(\frac{\alpha_1}{D+\alpha_1}\right)^{r_1+1} (S^0 - \lambda_1), 0\right) \\
&= E_1.
\end{aligned}
$$

定理证毕. □

从定理 9.1.1~ 定理 9.1.3 的证明过程中看到, 当培养器中只存在一个种群 $x_1$ 时, 其幸存的充要条件是 $\lambda_1 < S^0$, 那么存在这样一个有趣的问题: 当两种群均满足一种群不存在而另一种群能够存活的条件时, 两种群能否共存? 下面的定理将给出答案.

**定理 9.1.4** (竞争排斥原理) 若 $\lambda_i < \lambda_j < S^0$, $i \neq j$, 则对于系统 (9.1.1) 的任意正解 $\pi(\phi;t)$, $\lim_{t\to\infty} \pi(\phi;t) = \boldsymbol{E}_i$.

**证明** 假设 $\lambda_i = \lambda_1$, $\lambda_j = \lambda_2$, 即 $\lambda_1 < \lambda_2 < S^0$. 由引理 9.1.4 和引理 9.1.5 知, $\delta_0 > 0$, $a_j = b_j = 0$, $j = 0, 1, \cdots, r_2 + 1$. 再根据引理 9.1.6,

$$
\delta_0 = \gamma_0 = S^0 - \lambda_1, \quad \delta_{r_1+1} = \gamma_{r_1+1} = \left(\frac{\alpha_1}{D+\alpha_1}\right)^{r_1+1} (S^0 - \lambda_1).
$$

以下证明同定理 9.1.2 的证明. □

文献 [18] 研究了带有分布时滞的恒化器模型周期解的存在性和全局吸引性. 文献 [19] 在恒化器模型中引入两个分布时滞, 得到了产生 Hopf 分支的充分条件.

## 9.2 具有养分再生的恒化器模型

恒化器模型可以用来模拟湖泊和海洋中的单细胞藻类等浮游生物的生长, 但是实验中的恒化器同现实中的湖泊有一个本质上的区别, 那就是湖泊中的养分和沉淀物具有以年为单位的沉积过程. 因此, 在现实的自然模型中, 输出率相对来说较小, 而养分由于死亡生物被细菌分解后得以再生长, 从生物死亡到细菌分解是一个漫长的过程, 表现在数学模型中则是一个时滞过程. 这种时滞在自然系统中总是存在且伴随着温度的增加而延长.

Beretta 等 [15] 首先考虑了这样一个开发系统, 其中一个单种群依赖一种有限的养分而生存, 微生物死亡以后分解, 部分的回收成养分. 该养分回收过程用一个分布时滞来描述, 因为它是一个连续的过程. 其模型如下:

$$\begin{cases} S'(t) = D(S^0 - S(t)) - mu(s)N + bD_1\displaystyle\int_{-\infty}^{t} F(t-\tau)N(\tau)\mathrm{d}\tau, \\ N'(t) = N(t)[m_1u(s) - (D + D_1)]. \end{cases} \tag{9.2.1}$$

其中, $S$ 是养分的浓度, $N$ 是某种微生物的浓度, $D$ 是输入输出率, $S^0$ 是输入的养分浓度, $m > 0$ 是最大吸收率, $m_1 > 0$ 是最大增长率, $D_1$ 是死亡率, $b \in (0, 1)$ 是回收率, $F$ 是核函数, $u(s)$ 是功能反应, 满足一般假设.

之后, 许多学者针对这一问题进行了研究, 并且将种群推广到两种群生物系统、生物链系统. Freedman 和 Xu[13] 研究了两种群具分布时滞的养分再生的恒化器模型, 在他们的模型中, 两种群之间存在直接竞争, 这就不同于一般的恒化器模型. 其模型如下:

$$\begin{cases} S' = D(S^0 - S) - (\mu_1N_1 + \mu_2N_2)p(s) \\ \qquad + \displaystyle\int_0^{\infty} F(u)[b_1D_1N_1(t-u) + b_2D_2N_2(t-u)]\mathrm{d}u, \\ {N_1}' = N_1[-(D + D_1) + m_1p(s) - \delta_{11}N_1 - \delta_{12}N_2], \\ {N_2}' = N_2[-(D + D_2) + m_2p(s) - \delta_{21}N_1 - \delta_{22}N_2]. \end{cases} \tag{9.2.2}$$

他们证明了该系统的一致持久生存. 随后 Ruan(阮世贵) 和 He(何学中)[14] 对 (9.2.2) 进行了更进一步的研究, 通过运用 Liapunov 泛函, 得到了模型的正平衡位置全局渐近稳定的充分条件, 并且将结论推广到了 $n$ 种群. 下面重点介绍他们的工作.

对于 (9.2.2), 其初始条件是 $S(0) = S_0 > 0$, $N_i(u) = \phi_i(u)$, $i = 1, 2$, $u \in (-\infty, 0]$, 其中 $\phi_i (i = 1, 2)$ 是定义在 $(-\infty, 0]$ 上的正的连续函数.

核函数 $F : \mathbf{R} \to \mathbf{R}+$ 是连续的, 且满足:

$$\int_0^{\infty} F(u)\mathrm{d}u = 1, \quad T_f = \int_0^{\infty} uF(u)\mathrm{d}u < \infty. \tag{9.2.3}$$

**引理 9.2.1** 系统 (9.2.2) 的解是正的和有界的.

下面仅介绍正平衡位置全局渐近稳定的若干定理.

**定理 9.2.1** 假设

(1) 系统 (9.2.2) 存在一个正平衡位置 $\boldsymbol{E}^* = (S^*, N_1^*, N_2^*)$;

(2) $D + D_i < m_i$, $b_iD_i < \mu_ip(S^*)$, $i = 1, 2$;

(3) $T_f < \infty$, $T_i^* = \dfrac{1}{d_i^*}\displaystyle\int_0^\infty F(s)[\mathrm{e}^{d_i^* s} - 1]\mathrm{d}s < \infty$, 其中, $d_i^* := (D + D_i) + \displaystyle\sum_{j=1}^{2} f_{ij}M_j$, $i = 1, 2$;

(4) $b_iD_i\Big[\Big(m_i + \displaystyle\sum_{j=1}^{2}\delta_{ij}N_j^*\Big)T_i^* + m_iT_f\Big]/2 < \mu_i$, $i = 1, 2$;

(5) $\boldsymbol{B} = (b_{ij})_{2\times 2}$ 是个半正定阵, $b_{ij} > 0$, 定义如下:

$$b_{ij} = \begin{cases} \delta_{ii} - \dfrac{T_f m_i}{2[\mu_i p(S^*) - b_iD_i]N_i^*}\displaystyle\sum_{j=1}^{2} b_jD_j\delta_{ji}M_j, & i = j, \\ \delta_{ij}, & i \neq j. \end{cases}$$

则正平衡位置 $E^*$ 是全局渐近稳定的.

**证明**　(1) 定义变换

$$x = S - S^*, \quad y_i = \ln(N_i/N_i^*), \quad i = 1, 2, \tag{9.2.4}$$

并且定义函数

$$\xi(x(t)) = p(x(t) + S^*) - p(S^*), \tag{9.2.5}$$

则 $-S^* < x < +\infty$, $-\infty < y_i < +\infty$, $i = 1, 2$, $-p(S^*) \leqslant \xi(x(t)) < 1 - p(S^*)$, 并且当 $x > 0$ 时, $x\xi(x) > 0$. $x\xi(x) = 0$, 当且仅当 $x = 0$.

经过此变换, 系统 (9.2.2) 变为

$$\begin{cases} x'(t) = -Dx(t) - \displaystyle\sum_{i=1}^{2}\{\mu_iN_i^*\mathrm{e}^{y_i(t)}\xi(x(t)) + \mu_iN_i^*p(S^*)[\mathrm{e}^{y_i(t)} - 1] \\ \qquad\qquad -b_iD_iN_i^*\displaystyle\int_0^\infty F(s)[\mathrm{e}^{y_i(t-s)} - 1]\mathrm{d}s\}, \\ y_i'(t) = m_i\xi(x(t)) - \displaystyle\sum_{i=1}^{2}\delta_{ij}N_i^*[\mathrm{e}^{y_i(t)} - 1], \quad i = 1, 2. \end{cases} \tag{9.2.6}$$

定义

$$V_1(x(t)) = \int_0^x \xi(u)\mathrm{d}u, \quad W_i(y_i(t)) = N_i^*\int_0^{y_i}[\mathrm{e}^y - 1]\mathrm{d}u, \quad i = 1, 2, \tag{9.2.7}$$

则

$$W_i' = m_iN_i^*\xi(x(t))[\mathrm{e}^{y_i(t)} - 1] - \sum_{j=1}^{2}\delta_{ij}N_i^*N_j^*[\mathrm{e}^{y_i(t)} - 1][\mathrm{e}^{y_j(t)} - 1]. \tag{9.2.8}$$

$$\begin{aligned}
V_1' =& - Dx(t)\xi(x(t)) - \sum_{i=1}^{2}\Big\{\mu_i N_i^* \mathrm{e}^{y_i(t)}\xi^2(x(t)) \\
&+ N_i^*[\mu_i p(S^*) - b_i D_i]\xi(x(t))[\mathrm{e}^{y_i(t)} - 1] \\
&+ b_i D_i N_i^* \xi(x(t)) \int_0^\infty F(s)\int_{t-s}^t \mathrm{e}^{y_i(u)}\Big(m_i\xi(x(u)) - \sum_{i=1}^{2}\delta_{ij}N_i^*[\mathrm{e}^{y_i(u)}-1]\Big)\mathrm{d}u\mathrm{d}s\Big\} \\
\leqslant& - Dx(t)\xi(x(t)) + \sum_{i=1}^{2}\Big\{ - \mu_i N_i^* \mathrm{e}^{y_i(t)}\xi^2(x(t)) \\
&- N_i^*[\mu_i p(S^*) - b_i D_i]\xi(x(t))[\mathrm{e}^{y_i(t)} - 1] \\
&+ \frac{b_i D_i N_i^*}{2}\Big[m_i\Big(\int_0^\infty F(s)\int_{t-s}^t \mathrm{e}^{y_i(u)}\mathrm{d}u\mathrm{d}s\Big)\xi^2(x(t)) \\
&+ m_i\int_0^\infty F(s)\int_{t-s}^t \mathrm{e}^{y_i(u)}\xi^2(x(t))\mathrm{d}u\mathrm{d}s \\
&+ \sum_{i=1}^{2}\Big[\delta_{ij}N_j^*\Big(\int_0^\infty F(s)\int_{t-s}^t \mathrm{e}^{y_i(u)}\mathrm{d}u\mathrm{d}s\Big)\xi^2(x(t)) \\
&+ \delta_{ij}N_j^*\int_0^\infty F(s)\int_{t-s}^t \mathrm{e}^{y_i(u)}[\mathrm{e}^{y_i(u)}-1]^2\mathrm{d}u\mathrm{d}s\Big]\Big]\Big\}.
\end{aligned} \tag{9.2.9}$$

定义

$$\begin{cases}
V_2(t) = \displaystyle\sum_{i=1}^{2}\frac{b_i D_i N_i^*}{2}\Big[m_i\int_0^\infty F(s)\int_{t-s}^t\int_v^t \mathrm{e}^{y_i(u)}\xi^2(x(u))\mathrm{d}u\mathrm{d}v\mathrm{d}s \\
\qquad + \displaystyle\sum_{j=1}^{2}\delta_{ij}N_j^*\int_0^\infty F(s)\int_{t-s}^t\int_v^t \mathrm{e}^{y_i(u)}[\mathrm{e}^{y_j(u)}-1]^2\mathrm{d}u\mathrm{d}v\mathrm{d}s\Big], \\
V_3(t) = V_1(t) + V_2(t).
\end{cases} \tag{9.2.10}$$

注意到

$$N'(t) \geqslant -d_i^* N_i(t),$$

所以

$$\begin{aligned}
V_3'(t) \leqslant& - Dx(t)\xi(x(t)) + \sum_{i=1}^{2}\Big\{\frac{b_i D_i}{2}\Big\{\Big[\Big(m_i + \sum_{i=1}^{2}\delta_{ij}N_j^*\Big)T_i^* \\
&+ m_i T_f\Big]N_i(t)\xi^2(x(t)) - \mu_i N_i(t)\xi^2(x(t)) \\
&- N_i^*[-\mu_i p(S^*) - b_i D_i]\xi(x(t))[\mathrm{e}^{y_i(t)} - 1] \\
&+ \sum_{j=1}^{2}\delta_{ij}N_j^* T_f M_i\big(\mathrm{e}^{y_j(t)} - 1\big)^2\Big\}\Big\}.
\end{aligned} \tag{9.2.11}$$

选择 $\alpha_i > 0$, 使得

$$\mu_i p(S^*) - b_i D_i = \alpha_i m_i. \tag{9.2.12}$$

选择李雅普诺夫函数

$$V(t) = V_3(t) + \alpha_1 W_1(t) + \alpha_2 W_2(t), \tag{9.2.13}$$

所以

$$\begin{aligned} V' \leqslant & - n(t) AB n^T(t) + \Bigg\{ - Dx\xi(x) \\ & - \sum_{i=1}^{2} \left[ \mu_i - \frac{b_i D_i}{2} \left( \left[ m_i + \sum_{j=1}^{2} \delta_{ij} N_j^* \right] T_i^* \right.\right. \\ & \left.\left. + m_i T_f \right) \right] \Bigg\} N_i(t) \xi^2(x(t)), \end{aligned} \tag{9.2.14}$$

其中, $n(t) = (N_1(t) - N_1^*, N_2(t) - N_2^*)$, $\boldsymbol{A} = \operatorname{diag}(\alpha_1, \alpha_2)$, $\boldsymbol{B} = (b_{ij})_{2\times 2}$, $b_{ij}$ 如假设 (5) 所定义.

根据定理条件 $V' < 0$, 所以由引理 9.2.1[1], $\boldsymbol{E}^*$ 全局渐近稳定. 定理证毕. □

将模型 (9.2.1) 推广至 $n$ 种群, 得到如下模型:

$$\begin{cases} S'(t) = D(S^0 - S(t)) - \sum \mu_i N_i p(S) \\ \qquad + \displaystyle\int_0^\infty F(u) \left( \sum_{i=1}^{n} b_i D_i N_i(t-u) \right) \mathrm{d}u, \\ N_i'(t) = N_i(t) \left[ -(D + D_i) + m_i p(S) - \displaystyle\sum_{j=1}^{n} \delta_{ij} N_j \right], \quad i = 1, 2, \cdots, n. \end{cases} \tag{9.2.15}$$

通过构造与定理 9.2.2 证明过程中相似的李雅普诺夫泛函以及用类似的方法, 可以证明 (9.2.15) 的正平衡位置 $\boldsymbol{E}^*$ 是全局渐近稳定的.

**定理 9.2.2** 假设

(1) 系统存在正平衡位置 $E^* = (S^*, x_1^*, x_2^*)$;

(2) $D + D_i < m_i, b_i D_i < \mu_i p(S^*), i = 1, 2 \cdots, n$;

(3) $T_f < \infty, T_i^* = \dfrac{1}{d_i^*} \displaystyle\int_0^\infty F(s)[\mathrm{e}^{d_i^* s} - 1] \mathrm{d}s < \infty$, 其中, $d_i^* := (D + D_i) + \displaystyle\sum_{j=1}^{n} \delta_{ij} M_j$, $i = 1, 2, \cdots, n$;

(4) $b_i D_i \left[ \left( m_i + \displaystyle\sum_{j=1}^{2} \delta_{ij} N_j^* \right) T_i^* + m_i T_f \right] / 2 < \mu_i$, $i = 1, 2, \cdots, n$;

(5) $B=(b_{ij})_{2\times 2}$ 是个半正定矩阵, $b_{ij}>0$, 定义如下:

$$b_{ij}=\begin{cases}\delta_{ii}-\dfrac{T_f m_i}{2[\mu_i p(S^*)-b_i D_i]N_i^*}\displaystyle\sum_{j=1}^{n} b_j D_j \delta_{ji} M_j, & i=j,\\ \delta_{ij}, & i\neq j.\end{cases}$$

则正平衡位置 $E^*$ 是全局渐近稳定的.

文献 [16] 还研究了带有养分再生的另一种类型的恒化器模型.

## 9.3 具有离散时滞的恒化器模型

Wolkowicz 和 Xia(夏华兴)[11] 研究了恒化器中具有离散时滞的 $n$ 种群的开发竞争, 其模型如下:

$$\begin{cases} S'(t)=(S^0-S(t))D-\displaystyle\sum_{i=1}^{n} p_i(S(t))N_i(t),\\ N_i{}'(t)=-DN_i(t)+\alpha_i p_i(S(t-\tau_i))N_i(t-\tau_i), \quad i=1,2,\cdots,n.\end{cases} \tag{9.3.1}$$

其中, $S(t)$ 为 $t$ 时刻培养基 (即养分) 的浓度, $N_i(t)$ 为第 $i$ 个种群在时刻 $t$ 的浓度.$p_i(s)$ 表示第 $i$ 个种群的功能反映函数.$\tau_i\geqslant 0$ 代表种群吸收营养转化到自身的时滞.$\alpha_i=\mathrm{e}^{-D\tau_i}$, 因而 $\alpha_i N_i(t-\tau_i)$ 代表了种群在 $t$ 时刻之前的 $\tau_i$ 个单位时间时消耗的营养, 经过 $\tau_i$ 个单位时间转化为种群自身数量的增长. $S^0$ 和 $D$ 均为正参数, 分别表示限制养分的输入浓度和恒化器中的稀释率. 假定种群的死亡率比起稀释率 $D$ 充分小, 因此忽略不计. 对功能反应函数 $p_i(s)$, 有如下假设:

$$p_i(s):[0,\infty)\to[0,\infty), \quad 且\ p_i(0)=0, \tag{9.3.2a}$$

$$p_i满足局部利普希茨条件和单调递增, \tag{9.3.2b}$$

存在唯一的实数 $0<\lambda_i\leqslant\infty$, 使得

$$\begin{cases} p_i(s)<\dfrac{D}{\alpha_i}, & 如果\ s<\lambda_i,\\ p_i(s)>\dfrac{D}{\alpha_i}, & 如果\ s>\lambda_i.\end{cases} \tag{9.3.2c}$$

一般地, 由于 $\lambda_i$ 依赖于 $\tau_i$, 故用 $\lambda_i(\tau_i)$ 表示. 定义 $C_{n+1}^+=\{\phi\in C_{n+1}:\phi_i(\theta)\geqslant 0,\ \theta\in[-r,0], i=0,1,2,\cdots,n\}$, 其中 $C_{n+1}=\{\phi=(\phi_0,\phi_1,\cdots,\phi_n):[-r,0]\to\mathbf{R}^{n+1}\}$, $r=\max\{\tau_1,\tau_2,\cdots,\tau_n\}$.

给定 $\phi\in C_{n+1}^+$, 对所有 $t\geqslant 0$, 令

$$W(t) = S^0 - S(\phi;t) - \sum_{i=1}^{n} \frac{1}{\alpha_i} N_i(\phi; t + \tau_i),$$

其中, $S((\phi;t), N_1(\phi;t), \cdots, N_n(\phi;t))$ 是 (9.3.1) 通过 $\phi$ 的解, 则由 (9.3.1) 知, $W'(t) = -DW(t)$ 对所有 $t \geqslant 0$ 成立. 因此,

$$S(\phi;t) + \sum_{i=1}^{n} \frac{1}{\alpha_i} N_i(\phi; t+\tau_i) = S^0 + \epsilon(\phi;t), \quad t \geqslant 0, \tag{9.3.3}$$

当 $t \to \infty$ 时, $\epsilon(\phi;t) \to 0$.

**引理 9.3.1**　对任意满足 $\phi_i(0) > 0,\ i = 1, 2, \cdots, n$ 的 $\phi \in C_{n+1}^{+}$, (9.3.1) 的解 $\pi(\phi;t)$ 当 $t > 0$ 时是正的和有界的. 进一步, 如果对 $i \in \{1, 2, \cdots, n\}$, $\lambda_i < S^0$, 则对所有充分大的 $t$, $S(t) < S^0$.

**证明**　首先注意到对 $\xi \geqslant 0$, 如果 $S(\xi) = 0$, 则 $S'(\xi) > 0$. 这意味着对于 $t > 0$, $S(t) > 0$. 从下面的式子:

$$N_i(t) = \phi_i(0)\mathrm{e}^{-Dt} + \alpha_i \int_0^t \mathrm{e}^{-D(t-\theta)} p_i(S(\theta - \tau_i)) N_i(\theta - \tau_i) \mathrm{d}\theta$$

可以看出对 $i \in \{1, 2, \cdots, n\}$, $N_i(t)$ 是正的, 则由 Barbălat 引理, $\pi(\phi;t)$ 是有界的.

现在证明在条件 $\lambda_i < S^0$ 下, 对所有充分大的 $t$, $S(t) < S^0$. 首先注意到对于 $\bar{t} \geqslant 0$, 如果 $S(\bar{t}) = S^0$, 则 $S'(\bar{t}) < 0$. 所以如果对 $T \geqslant 0$, $S(T) \leqslant S^0$, 则对 $t > T$, $S(t) < S^0$.

假定对 $t > 0$, $S(t) > S^0$, 则 $S'(t) \leqslant (S^0 - S(t))D < 0$, 从而当 $t \to \infty$ 时, 对于某个 $S^*$, $S(t) \downarrow S^* \geqslant S^0 > \lambda_i$, 从而对充分大的 $t$, $S(t) > \lambda_i$. 定义

$$z(t) = N_i(t) + \alpha_i \int_{t-\tau_i}^{t} p_i(S(\theta)) N_i(\theta) \mathrm{d}\theta, \tag{9.3.4}$$

则 (9.3.1) 和 (9.3.2) 意味着

$$z'(t) = N_i(t)[-D + \alpha_i p_i(S(t))] > 0. \tag{9.3.5}$$

显然 $z(t)$ 是有界的, 这就意味着当 $t \to \infty$ 时, $z(t) \uparrow z^* > 0$. 由 (9.3.5), $z'(t)$ 在 $[0, \infty)$ 上是一致连续的. $S(t)$, $N_i(t)$, $S'(t)$ 和 $N_i'(t)$ 是有界的, 因此, 根据 Barbălat 引理, $\lim\limits_{t\to\infty} z'(t) = 0$. 由于 $\lim\limits_{t\to\infty} S(t) = S^0 > \lambda_i$, 则由 (9.3.5), $\lim\limits_{t\to\infty} N_i(t) = 0$. 但是根据 (9.3.4), 这与当 $t \to \infty$ 时, $z(t) \uparrow z^* > 0$ 矛盾. 引理证毕. □

**定理 9.3.1**　如果对 $i \in \{1, 2, \cdots, n\}$, $\lambda_i \geqslant S^0$, 则 (9.3.1) 的所有正解 $\pi(\phi;t)$ 满足 $\lim\limits_{t\to\infty} N_i(\phi;t) = 0$.

**证明** 首先从引理 9.3.1 的证明中可以看到, 或者当 $t\to\infty$ 时, $S(t)\downarrow S^0$, 或者对所有充分大的 $t$, $S(t)<S^0$. 假定当 $t\to\infty$ 时, $S(t)\downarrow S^0$. 由于 $\pi(\phi;t)$ 和 $\pi'(\phi;t)$ 是有界的, 则 $S^{'}(t)$ 是一致连续的. 根据 Barbălat 引理, $\lim\limits_{t\to\infty}S^{'}(t)=0$. 因此,

$$\lim_{t\to\infty}\sum_{j=1}^{n}p_j(S(t))N_j(t)=0.$$

从而 $\lim\limits_{t\to\infty}N_i(t)=0$.

现在假定对所有充分大的 $t$, $S(t)<S^0\leqslant\lambda_i$, 则 (9.3.2) 给出了

$$z^{'}(t)=N_i(t)[-D+\alpha_i p_i(S(t))]\leqslant 0, \tag{9.3.6}$$

其中, $z(t)$ 如 (9.3.4) 定义, 则当 $t\to\infty$ 时, 对所有 $z^*\geqslant 0$, $z(t)\downarrow z^*$. 类似地, $z^{'}(t)$ 是一致连续的, 因此, $\lim\limits_{t\to\infty}z^{'}(t)=0$. 注意到 (9.3.6), 从而

$$\lim_{t\to\infty}N_i(t)[-D+\alpha_i p_i(S(t))]=0. \tag{9.3.7}$$

如果存在一个序列 $\{t_m\}\uparrow\infty$, 使得 $\lim\limits_{m\to\infty}N_i(t_m)>0$, 则由 (9.3.7) 有 $\lim\limits_{m\to\infty}p_i(S(t_m))=D/\alpha_i$, 从而导致 $\lim\limits_{m\to\infty}S(t_m)=\lambda_i$. 但是对所有充分大的 $m$, $S(t_m)<S^0$, 所以 $\lambda_i\geqslant S^0$. 如果 $\lambda_i>S^0$, 则矛盾. 当 $\lambda_i=S^0$ 时, 由 (9.3.3) 和 $\lim\limits_{m\to\infty}S(t_m)=\lambda_i=S^0$, 也会导致矛盾. 这就意味着 $\lim\limits_{t\to\infty}N_i(t)=0$. 定理得证. □

下面关于定理 9.3.1 的推论描述了连续培养的结果: 所有的种群都将灭绝, 因为营养是不充足的 (或者是稀释太高).

**推论 9.3.1** 如果对所有的 $i\in\{1,2,\cdots,n\}$, $\lambda_i\geqslant S^0$, 则系统 (9.3.1) 的所有正解 $\pi(\phi;t)$ 满足:

$$\lim_{t\to\infty}\pi(\phi;t)=(S^0,0,\cdots,0).$$

**证明** 该结论由定理 9.2.2 和 (9.3.3) 直接可得. □

接下来讨论当 $\lambda_i<S^0$ 时, 系统 (9.3.1) 的正解的全局渐近性质. 不失一般性, 以下假设

$$\lambda_1<\lambda_j<S^0,\quad j=2,3,\cdots,n \tag{9.3.8}$$

和

$$\sum_{i=2}^{n}(S^0-\lambda_j)<S^0-\lambda_1. \tag{9.3.9}$$

显然, 如果 $n\geqslant 3$, 则 (9.3.9) 要比 (9.3.8) 强, 但是当 $n=2$ 时, (9.3.9) 和 (9.3.8) 是相等的.

下面的定理是这一节的主要结果.

**定理 9.3.2**　如果 (9.3.9) 成立, 则系统 (9.3.1) 的每一个正解 $\pi(\phi;t)=(S(\phi;t), N_1(\phi;t),\cdots,N_n(\phi;t))$ 满足:

$$\lim_{t\to\infty}\pi(\phi;t)=(\lambda_1,\alpha_1(S^0-\lambda_1),0,\cdots,0). \tag{9.3.10}$$

令 $(S(t),N_1(t),\cdots,N_n(t))$ 是系统 (9.3.1) 的任意一个正解. 定义

$$x_i(t)=\frac{1}{\alpha_i}N_i(t+\tau_i),\quad i=1,2,\cdots,n. \tag{9.3.11}$$

则由 (9.3.3),

$$S(t)=S^0-\sum_{j=1}^{n}x_j(t)+\epsilon(t),\quad t\geqslant 0, \tag{9.3.12}$$

其中, 当 $t\to\infty$ 时, $\epsilon(t)\to 0$. 因此, $(x_1(t),x_2(t),\cdots,x_n(t))$ 满足如下时滞微分方程:

$$x_i{}'(t)=-Dx_i(t)+\alpha_i p_i\left(S^0-\sum_{j=1}^{n}x_j(t)+\epsilon(t)\right)x_i(t-\tau_i),\quad i=1,2,\cdots,n. \tag{9.3.13}$$

注意到由 (9.3.11) 和 (9.3.12), $\sum\limits_{i=1}^{n}x_i(t)\leqslant S^0+\epsilon(t)$ 对所有 $t\geqslant 0$ 成立. 对每个 $i=1,2,\cdots,n$, 定义

$$\delta_i=\lim_{t\to\infty}\inf x_i(t),\quad \gamma_i=\lim_{t\to\infty}\sup x_i(t).$$

显然, $0\leqslant\delta_i\leqslant\gamma_i\leqslant S^0,\ \ i=1,2,\cdots,n$.

定理 9.3.2 的证明基于一系列引理, 下面分别叙述它们.

**引理 9.3.2**　令 $f:\mathbf{R}^+\to\mathbf{R}$ 是一个可微函数. 如果 $\lim\limits_{t\to\infty}\inf f(t)<\lim\limits_{t\to\infty}\sup f(t)$, 则存在序列 $\{t_m\}\uparrow\infty$ 和 $\{s_m\}\uparrow\infty$, 使得对所有的 $m$,

$$m\to\infty\text{时},\quad f(t_m)\to\lim_{t\to\infty}\sup f(t),\quad f'(t_m)=0,$$
$$m\to\infty\text{时},\quad f(s_m)\to\lim_{t\to\infty}\inf f(t),\quad f'(s_m)=0.$$

**引理 9.3.3**　对所有的 $i\in\{1,2,\cdots,n\}$, $\gamma_i\leqslant S^0-\lambda_i$.

**证明**　首先假设 $\delta_i<\gamma_i$. 由引理 9.3.2, 对任意的 $\varepsilon>0$, 存在序列 $\{t_m\}\uparrow\infty$, 使得

$$\lim_{m\to\infty}x_i(t_m)=\gamma_i,\quad x_i{}'(t_m)=0,\quad x_i(t_m-\tau_i)\leqslant\gamma_i+\varepsilon.$$

则由 (9.3.13),

$$Dx_i(t_m)=\alpha_i p_i\left(S^0-\sum_{j=1}^{n}x_j(t_m)+\epsilon(t_m)\right)x_i(t_m-\tau_i)$$

$$\leqslant \alpha_i p_i(S^0 - x_i(t_m) + \epsilon(t_m))(\gamma_i + \varepsilon).$$

令 $m \to \infty$, 得到

$$D\gamma_i \leqslant \alpha_i p_i(S^0 - \gamma_i)(\gamma_i + \varepsilon).$$

由于 $\varepsilon > 0$ 是任意的, 令 $\varepsilon \to 0$ 可得

$$D\gamma_i \leqslant \alpha_i p_i(S^0 - \gamma_i)\gamma_i,$$

因此, $S^0 - \gamma_i \geqslant \lambda_i$, 即 $\gamma_i \leqslant S^0 - \lambda_i$.

现在假设 $\delta_i = \gamma_i$. 则 $\lim\limits_{t\to\infty} x_i(t) = \gamma_i$ 存在, 根据 Barbălat 引理, $\lim\limits_{t\to\infty} x_i^{'}(t) = 0$. 令 $\varepsilon > 0$ 是任意的, 存在 $T > 0$, 使得对所有的 $t \geqslant T$, $x_i(t - \tau_i) \leqslant \gamma_i + \varepsilon$. 根据 (9.3.13) 有

$$\begin{aligned} D\gamma_i = &\lim_{t\to\infty} \alpha_i p_i\left(S^0 - x_i(t) - \sum_{j\neq i} x_i(t) + \epsilon(t)\right)x_i(t - \tau_i) \\ \leqslant &\alpha_i p_i(S^0 - \gamma_i)(\gamma_i + \varepsilon). \end{aligned}$$

令 $\varepsilon \to 0$ 可得

$$D\gamma_i \leqslant \alpha_i p_i(S^0 - \gamma_i)\gamma_i.$$

如果 $\gamma_i = 0$, 则不用证明; 如果 $\gamma_i \neq 0$, 则上述不等式再次意味着 $S^0 - \gamma_i \geqslant \lambda_i$, 即 $\gamma_i \leqslant S^0 - \lambda_i$. 引理得证. □

下一个引理说明在 (9.3.9) 的假设下, $N_1$ 是幸存的.

**引理 9.3.4** 假设 (9.3.9) 成立, 则 $\delta_1 > 0$.

**证明** 令 $0 < \varepsilon < S^0 - \lambda_1 - \sum\limits_{j=2}^{n}(S^0 - \lambda_j)$. 由引理 9.3.3, 存在 $T > \tau_1$, 使得 $t \geqslant T$ 时, $\epsilon(t) > -\dfrac{\varepsilon}{3}$, $x_j(t) \leqslant (S^o - \lambda_j) + \dfrac{\varepsilon}{3(n-1)}$, $j = 2, 3, \cdots, n$. 假设 $\delta_1 = 0$, 则可以找到 $t_0 \geqslant T$, 使得 $x_1(t_0) < \dfrac{\varepsilon}{3}$. 定义

$$\begin{aligned} \sigma &= \min_{t\in[t_0-\tau_1,\ t_0]} x_1(t) > 0, \\ \bar{t} &= \sup\{t \geqslant t_0 - \tau_1 : x_1(s) \geqslant \sigma, \quad s \in [t_0 - \tau_1,\ t]\}, \end{aligned}$$

则 $t_0 \leqslant \bar{t} < \infty$, $\sigma \leqslant \dfrac{\varepsilon}{3}$, 且

$$\begin{cases} x_1(t) \geqslant \sigma, & t \in [t_0 - \tau_1,\ \bar{t}\ ], \\ x_1(\bar{t}) = \sigma, & x_1^{'}(\bar{t}) \leqslant 0. \end{cases} \tag{9.3.14}$$

注意到

$$\begin{aligned}&S^0-x_1(\bar{t})-x_2(\bar{t})-\cdots-x_n(\bar{t})+\epsilon(\bar{t})\\\geqslant&S^0-\sigma-\sum_{j=2}^{n}\left(S^0-\lambda_i+\frac{\varepsilon}{3(n-1)}\right)-\frac{\varepsilon}{3}\\\geqslant&S^0-\frac{\varepsilon}{3}-\sum_{j=2}^{n}(S^0-\lambda_j)-\frac{\varepsilon}{3}-\frac{\varepsilon}{3}\\=&S^0-\sum_{j=2}^{n}(S^0-\lambda_j)-\varepsilon>\lambda_1,\end{aligned}$$

由此可推出 $p_1(S^0-x_1(\bar{t})-x_2(\bar{t})-\cdots-x_n(\bar{t})+\epsilon(\bar{t}))>\dfrac{D}{\alpha_1}$ 和

$$\begin{aligned}x_1'(\bar{t})&=-Dx_1(\bar{t})+\alpha_1p_1\left(S^0-\sum_{j=1}^{n}x_j(\bar{t})+\epsilon(\bar{t})\right)x_1(\bar{t}-\tau_1)\\&>-D\sigma+D\sigma=0,\end{aligned}$$

这和 (9.3.14) 矛盾. 所以 $\delta_1>0$, 引理得证. □

下一个引理是关于其他种群的渐近性质的.

**引理 9.3.5**　假设 (9.3.9) 成立, 则对所有的 $j\geqslant 2$, $\delta_j=\gamma_j$, 即对于 $j=2,3,\cdots,n$, $\lim\limits_{t\to\infty}x_j(t)$ 存在.

**证明**　假设存在某个 $j\in\{2,3,\cdots,n\}$, 使得 $\delta_j<\gamma_j$. 令 $\varepsilon>0$. 由引理 9.3.2, 存在序列 $\{t_m\}\uparrow\infty$, 使得

$$\begin{gathered}\lim_{m\to\infty}x_j(t_m)=\gamma_j,\quad x_j'(t_m)=0,\\x_j(t_m-\tau_j)<\gamma_j+\varepsilon,\quad x_k(t_m)\geqslant\delta_k-\tfrac{\varepsilon}{n-1},\quad k\neq j.\end{gathered}$$

(9.3.13) 意味着

$$\begin{aligned}Dx_j(t_m)=&\alpha_jp_j\left(S^0-x_1(t_m)-x_j(t_m)-\sum_{k\neq1,\ j}x_k(t_m)+\epsilon(t_m)\right)x_j(t_m-\tau_j)\\\leqslant&\alpha_jp_j\left(S^0-\delta_1-x_j(t_m)-\sum_{k\neq1,\ j}\delta_k+\epsilon(t_m)+\varepsilon\right)(\gamma_j+\varepsilon).\end{aligned}$$

令 $m\to\infty$, $\varepsilon\to0$, 得到

$$D\leqslant\alpha_jp_j\left(S^0-\delta_1-\gamma_j-\sum_{k\neq1,\ j}\delta_k\right).$$

因此,

$$S^0-\delta_1-\gamma_j-\sum_{k\neq 1,\ j}\delta_k\geqslant\lambda_j. \tag{9.3.15}$$

另一方面, 对任意给定的 $\varepsilon>0$, 由 Barbălat 定理和引理 9.3.2, 存在一个序列 $\{s_m\}\uparrow\infty$, 使得

$$\lim_{m\to\infty}x_1(s_m)=\delta_1,\quad \lim_{m\to\infty}x_1'(s_m)=0,$$
$$x_1(s_m-\tau_1)\geqslant\delta_1-\varepsilon,\quad x_k(s_m)\leqslant\gamma_k+\frac{\varepsilon}{n-1},\quad k\neq 1.$$

由 (9.3.13),

$$\begin{aligned}D\delta_1&=\lim_{m\to\infty}Dx_1(s_m)\\&=\lim_{m\to\infty}\left[\alpha_1p_1\left(S^0-x_1(s_m)-\sum_{k=2}^n x_k(s_m)+\epsilon(s_m)\right)x_1(s_m-\tau_1)\right]\\&\geqslant\alpha_1p_1\left(S^0-\delta_1-\gamma_j-\sum_{k\neq 1,\ j}\gamma_k-\varepsilon\right)(\delta_1-\varepsilon).\end{aligned}$$

由引理 9.3.4, 有 $\delta_1>0$. 令 $\varepsilon\to 0$ 得到

$$D\geqslant\alpha_1p_1\left(S^0-\delta_1-\gamma_j-\sum_{k\neq 1,\ j}\gamma_k\right).$$

这意味着

$$S^0-\delta_1-\gamma_j-\sum_{k\neq 1,\ j}\gamma_k\leqslant\lambda_1. \tag{9.3.16}$$

联系 (9.3.15) 和 (9.3.16), 有

$$\sum_{k\neq 1,\ j}(\gamma_k-\delta_k)\geqslant\lambda_j-\lambda_1. \tag{9.3.17}$$

然而, 直接应用引理 9.3.3, 得到

$$\sum_{k\neq 1,\ j}(\gamma_k-\delta_k)\leqslant\sum_{k\neq 1,\ j}\gamma_k\leqslant\sum_{k\neq 1,\ j}(S^0-\lambda_k). \tag{9.3.18}$$

(9.3.17) 和 (9.3.18) 给出了

$$\lambda_j-\lambda_1\leqslant\sum_{k\neq 1,\ j}(S^0-\lambda_k),$$

或等价地,

$$\sum_{k=2}^n(S^0-\lambda_k)\geqslant S^0-\lambda_1.$$

这和假设 (9.3.9) 矛盾. 因此, $\delta_j = \gamma_j$. 引理证毕. □

下面的引理是保证竞争排斥原理成立的一个条件.

**引理 9.3.6**　对每个 $j \geqslant 2$, 如果 $\delta_1 > 0$ 且 $\delta_j = \gamma_j$, 则 $\delta_j = \gamma_j = 0$

**证明**　假设 $\delta_j > 0$. 注意到 $\lim\limits_{t\to\infty} x_j(t) = \delta_j$, 根据 Barbălat 定理, $\lim\limits_{t\to\infty} x_j^{'}(t) = 0$. 由 (9.3.13) 有

$$D\delta_j = \lim_{t\to\infty} Dx_j(t) = \lim_{t\to\infty} \alpha_j p_j\left(S^0 - \sum_{k\neq j} x_k(t) - x_j(t) + \epsilon(t)\right)x_j(t-\tau_j),$$

从而 $x^* = \lim\limits_{t\to\infty}\sum\limits_{k\neq j} x_k(t)$ 存在且

$$S^0 - x^* - \delta_j = \lambda_j. \tag{9.3.19}$$

另一方面, 令 $0 < \varepsilon < \delta_1$ 是给定的. 选择 $T > 0$, 使得对于 $t \geqslant T$, $x_1(t-\tau_1) \geqslant \delta_1 - \varepsilon$, $\sum\limits_{k\neq j} x_k(t) \leqslant x^* + \dfrac{\varepsilon}{3}$, $x_j(t) \leqslant x^* + \dfrac{\varepsilon}{3}$ 且 $\epsilon(t) > -\dfrac{\varepsilon}{3}$, 那么对于 $t \geqslant T$,

$$\begin{aligned}
x_1(t) =& x_1(T)\mathrm{e}^{-D(t-T)} \\
&+ \alpha_1 \int_T^t \mathrm{e}^{-D(t-s)} p_1\left(S^0 - \sum_{k\neq j} x_k(s) - x_j(s) + \epsilon(s)\right)x_1(s-\tau_1)\mathrm{d}s \\
\geqslant& x_1(T)\mathrm{e}^{-D(t-T)} + \alpha_1 \int_T^t \mathrm{e}^{-D(t-s)} p_1(S^0 - x^* - \delta_j - \varepsilon)(\delta_1 - \varepsilon)\mathrm{d}s \\
=& x_1(T)\mathrm{e}^{-D(t-T)} + \frac{\alpha_1}{D} p_1(S^0 - x^* - \delta_j - \varepsilon)(\delta_1 - \varepsilon)[1 - \mathrm{e}^{-D(t-T)}].
\end{aligned}$$

令 $t \to \infty$, $\varepsilon \to 0$,

$$\delta_1 \geqslant \frac{\alpha_1}{D} p_1(S^0 - x^* - \delta_j)\delta_1,$$

或者等价地,

$$S^0 - x^* - \delta_j \leqslant \lambda_1. \tag{9.3.20}$$

注意到 $\lambda_1 < \lambda_j$, 所以不等式 (9.3.20) 和 (9.3.19) 是矛盾的, 因而必有 $\delta_j = 0$. 引理证毕. □

**引理 9.3.7**　如果对所有的 $j \in \{2, 3, \cdots, n\}$ 有 $\lim\limits_{t\to\infty} x_j(t) = 0$, 则 $\delta_1 = \gamma_1 = S^0 - \lambda_1$.

**证明**　首先证明 $\delta_1 > 0$. 如果 $\delta_1 = 0$, 令 $0 < \varepsilon < S^0 - \lambda_1$, 并且选择 $T > 0$, 使得 $\epsilon(t) > -\dfrac{\varepsilon}{3}$ 且 $\sum\limits_{j=2}^{n} x_j(t) \leqslant \dfrac{\varepsilon}{3}$, 则存在 $t_0 \geqslant T$, $0 < \sigma < \dfrac{\varepsilon}{3}$, $\bar{t} \geqslant t_0$, 使得在 $[t_0 - \tau_1, \bar{t}\,]$ 上 $x_1(t) \geqslant \sigma$, $x_1(\bar{t}) = \sigma$, $x_1^{'}(\bar{t}) \leqslant 0$. 进一步

$$S^0 - x_1(\bar{t}) - \sum_{j=2}^{n} x_j(\bar{t}) + \epsilon(\bar{t}) \geqslant S^0 - \sigma - \frac{2\varepsilon}{3}$$

$$>S^0-\varepsilon>\lambda_1.$$

这将导致 $x_1'(\bar{t})>0$, 得出矛盾. 因而 $\delta_1>0$.

下面证明 $\delta_1=\gamma_1$. 假设 $\delta_1<\gamma_1$. 令 $\varepsilon>0$, 由引理 9.3.2, 存在序列 $\{s_m\}\uparrow\infty$, 使得

$$\lim_{m\to\infty}x_1(s_m)=\delta_1,\quad x_1'(s_m)=0,$$

$$x_1(s_m-\tau_1)\geqslant\delta_1-\varepsilon,\quad \sum_{j=2}^{n}x_j(s_m)<\varepsilon.$$

根据 (9.3.13),

$$\begin{aligned}Dx_1(s_m)=&\alpha_1p_1\left(S^0-x_1(s_m)-\sum_{j=2}^{n}x_j(s_m)+\epsilon(s_m)\right)x_1(s_m-\tau_1)\\ \geqslant&\alpha_1p_1(S^0-x_1(s_m)-\varepsilon+\epsilon(s_m))(\delta_1-\varepsilon).\end{aligned}$$

令 $m\to\infty$, $\varepsilon\to0$, 得到

$$D\delta_1\geqslant\alpha_1p_1(S^0-\delta_1)\delta_1,$$

这导致 $S^0-\delta_1\leqslant\lambda_1$, 即 $\delta_1\geqslant S^0-\lambda_1$. 根据引理 9.3.3, $\gamma_1\leqslant S^0-\lambda_1$, 从而 $\gamma_1\leqslant\delta_1$, 矛盾. 因而 $\gamma_1=\delta_1$ 且 $\lim\limits_{t\to\infty}x_1(t)$ 存在. 再次应用 Barbălat 引理得到 $\lim\limits_{t\to\infty}x_1'(t)=0$. 因此

$$\lim_{t\to\infty}\left[-Dx_1(t)+\alpha_1p_1\left(S^0-x_1(t)-\sum_{j=2}^{n}x_j(t)+\epsilon(t)\right)x_1(t-\tau_1)\right]=0.$$

这意味着 $D\delta_1=\alpha_1p_1(S^0-\delta_1)$, 所以 $\delta_1=S^0-\lambda_1$. 引理证毕. □

现在证明定理 9.3.2.

**定理 9.3.2 的证明** 设 $x_i(t)$, $i=1,2,\cdots,n$ 如 (9.3.11) 所定义. 由 (9.3.12), $(x_1(t),x_2(t),\cdots,x_n(t))$ 满足当 $t\to\infty$ 时, $(x_1(t),x_2(t),\cdots,x_n(t))\to(S^0-\lambda_1,0,\cdots,0)$. 事实上, 由引理 9.3.4, 在假设 (9.3.9) 下, $\delta_1>0$. 进一步, 由引理 9.3.5, 对所有 $j\geqslant2$, $\delta_j=\gamma_j$. 由于 $\delta_1>0$, 引理 9.3.5 给出了对所有的 $j=2,3,\cdots,n$, $\delta_j=\gamma_j=0$. 再由引理 9.3.6, $\lim\limits_{t\to\infty}x_j(t)=0$, $j\geqslant2$ 和 $\lim\limits_{t\to\infty}x_1(t)=S^0-\lambda_1$. 定理证毕. □

事实上, 定理 9.3.2 中的条件 (9.3.9) 依赖于参与竞争种群的数量. 如果种群数量很多时, 条件 (9.3.9) 就变得很勉强. 接下来, 将会给出一个比条件 (9.3.9) 更弱的条件, 且适用于时滞 $\tau_i$ 彼此很接近的情形.

令 $\tau\geqslant0$ 是任意给定的, 令

$$\gamma=\sum_{j=2}^{n}\alpha_jp_j(S^0)(S^0-\lambda_j)|\tau_j-\tau|.$$

对每个 $j \geqslant 2$, 定义 $x_j^*$ 是 $\alpha_j p_j(S^0 - x) = \dfrac{Dx}{\gamma + x}$ 的在区间 $(0, S^0)$ 上的唯一的解. 定义 $\ell_j = S^0 - x_j^*$, 假设

$$\lambda_1 < \ell_j < S^0, \quad j = 2, 3, \cdots, n. \tag{9.3.21}$$

所有的 $\ell_j$ 是 $(\tau_2, \tau_3, \cdots, \tau_n)$ 的连续函数, 且对每个 $j \geqslant 2$, 当 $(\tau_2, \tau_3, \cdots, \tau_n) \to (\tau, \tau, \cdots, \tau)$ 时, $0 < \lambda_j - \ell_j \to 0$. 这样, (9.3.21) 要比 (9.3.8) 强, 如果 (9.3.8) 对于 $\tau_j = \bar{\tau}$, $j = 2, 3, \cdots, n$, $\bar{\tau} = \max\limits_{2 \leqslant j \leqslant n} \{|\tau_j - \tau|\}$ 成立, 则 (9.3.21) 可以满足. 特别地, 如果对所有的 $j \geqslant 2$, $\lambda_1(0) < \lambda_j(0) < S^0$, 则只要所有的 $\tau_j$ 很小, (9.3.21) 成立. 显然, 如果所有的 $\tau_j$ 相等, 那么通过令 $\tau = \tau_j$, $j \geqslant 2$ 有 $\ell_j = \lambda_j$. 在这种情况下, (9.3.21) 接近于 (9.3.8). 因而如果所有的 $\tau_j$ 很接近, 则 (9.3.21) 比 (9.3.9) 弱. 具体地, 考虑一个三种群竞争的情况, 其中, $\lambda_1 < \lambda_2 \leqslant \lambda_3 < S^0$. 如果 $\lambda_2 + \lambda_3 - \lambda_1 \leqslant S^0$, 则无法应用定理 9.3.2, 因为主要的假设 (9.3.9) 不成立. 但是当 $\tau_2 - \tau_3$ 充分小时, 假设 (9.3.21) 可以满足, 因而仍然可以讨论竞争的结果, 就像下面的定理所表述的.

**定理 9.3.3**　假设存在 $\tau \geqslant 0$, 使得 (9.3.21) 成立, 则 (9.3.1) 的每一个正解 $(S(t), N_1(t), \cdots, N_n(t))$ 满足:

$$\lim_{t \to \infty} (S(t), N_1(t), \cdots, N_n(t)) = (\lambda_1, \alpha_1(S^0 - \lambda_1), 0, \cdots, 0).$$

**证明**　设 $x_i(t)$ 如 (9.3.11) 中所定义, 由 (9.3.12)

$$\lim_{t \to \infty} (x_1(t), x_2(t), \cdots, x_n(t)) = (S^0 - \lambda_1, 0, \cdots, 0). \tag{9.3.22}$$

令 $u(t) = \sum\limits_{j=2}^{n} x_j(t)$. 定义

$$\alpha = \lim_{t \to \infty} \inf u(t), \quad \beta = \lim_{t \to \infty} \sup u(t).$$

显然, $0 \leqslant \alpha \leqslant \beta$.

下面首先证明 $\beta \leqslant S^0 - \ell_k$, $k \in \{2, 3, \cdots, n\}$. 假设 $\alpha < \beta$, $\alpha = \beta$ 的情形是类似的.

令 $\{\varepsilon_q\}$ 是一个正的序列, 使得当 $q \to \infty$ 时, $\varepsilon_q \to 0$. 固定任意的 $q > 0$. 由引理 9.3.2, 存在序列 $\{t_m\} \uparrow \infty$, 满足 $\varepsilon(t_m) < \dfrac{\varepsilon_q}{2}$,

$$\lim_{m \to \infty} u(t_m) = \beta, \quad u'(t_m) = 0,$$
$$u(t_m - \tau) \leqslant \beta + \varepsilon_q, \quad u(t_m) \geqslant \beta - \frac{\varepsilon_q}{2}.$$

则由 (9.3.13) 和中值定理得

$$Du(t_m) = \sum_{j=2}^{n} \alpha_j p_j(S^0 - x_1(t_m) - u(t_m) + \epsilon(t_m)) x_j(t_m - \tau_j)$$

$$
\begin{aligned}
&\leqslant\sum_{j=2}^{n}\alpha_j p_j(S^0-\beta+\varepsilon_q)x_j(t_m-\tau_j)\\
&\leqslant\alpha_{k_q}p_{k_q}(S^0-\beta+\varepsilon_q)\left[\sum_{j=2}^{n}(x_j(t_m-\tau_j)-x_j(t_m-\tau))+u(t_m-\tau)\right]\\
&\leqslant\alpha_{k_q}p_{k_q}(S^0-\beta+\varepsilon_q)\left[\sum_{j=2}^{n}|x_j'(\xi_m^j)||\tau_j-\tau|+\beta+\varepsilon_q\right],
\end{aligned}\tag{9.3.23}
$$

其中, $k_q\in\{2,3,\cdots,n\}$, 使得对所有的 $j\geqslant 2$, $\alpha_{k_q}p_{k_q}(S^0-\beta+\varepsilon_q)\geqslant\alpha_j p_j(S^0-\beta+\varepsilon_q)$ 成立, 并且 $\xi_m^j$ 介于 $t_m-\tau_j$ 和 $t_m-\tau$ 之间. 注意到 $\lambda_1<\lambda_j$, 由引理 9.3.3, $\limsup\limits_{t\to\infty}x_j(t)\leqslant S^0-\lambda_j$, $j\geqslant 2$. 从而对所有充分大的 $t$, $x_j(t)<S^0-\lambda_j+\bar{\varepsilon}_q$, 其中 $\bar{\varepsilon}_q>0$ 且满足

$$
\bar{\varepsilon}_q\sum_{j=2}^{n}\alpha_j p_j(S^0)|\tau_j-\tau|\leqslant\varepsilon_q.
$$

因此, 对所有充分大的 $t$

$$
\begin{aligned}
|x_j'(t)|=&|-Dx_j(t)+\alpha_j p_j(S^0-x_1(t)-u(t)+\epsilon(t))x_j(t-\tau_j)|\\
&\leqslant\max\{Dx_j(t),\ \alpha_j p_j(S^0-x_1(t)-u(t)+\epsilon(t))x_j(t-\tau_j)\}\\
&\leqslant\max\{D(S^0-\lambda_j+\bar{\varepsilon}_q),\ \alpha_j p_j(S^0)(S^0-\lambda_j+\bar{\varepsilon}_q)\}\\
&=\alpha_j p_j(S^0)(S^0-\lambda_j+\bar{\varepsilon}_q).
\end{aligned}\tag{9.3.24}
$$

将 (9.3.24) 代入到 (9.3.23) 中得到, 对充分大的 $m$,

$$
\begin{aligned}
Du(t_m)&\leqslant\alpha_{k_q}p_{k_q}(S^0-\beta+\varepsilon_q)\left[\sum_{j=2}^{n}\alpha_j p_j(S^0)(S^0-\lambda_j+\bar{\varepsilon}_q)|\tau_j-\tau|+\beta+\varepsilon_q\right]\\
&\leqslant\alpha_{k_q}p_{k_q}(S^0-\beta+\varepsilon_q)(\gamma+\beta+2\varepsilon_q).
\end{aligned}
$$

令 $m\to\infty$ 得到

$$
D\beta\leqslant\alpha_{k_q}p_{k_q}(S^0-\beta+\varepsilon_q)(\gamma+\beta+2\varepsilon_q).\tag{9.3.25}
$$

注意到 $\{k_q\}$ 是一个有界的序列, 通过选择合适的子列, 可以假定对某些 $k\in\{2,3,\cdots,n\}$, 当 $q\to\infty$ 时, $k_q\to k$. 令 $q\to\infty$, 则 (9.3.25) 变为

$$
D\beta\leqslant\alpha_k p_k(S^0-\beta)(\gamma+\beta),\tag{9.3.26}
$$

这就意味着 $\beta\leqslant x_k^*=S^0-\ell_k$.

接下来证明在假设 (9.3.21) 下, $\delta_1>0$.

令 $0<\varepsilon<\ell_k-\lambda_1$, 且选择 $T>0$, 使得 $\epsilon(\bar{t})>\dfrac{\varepsilon}{3}$ 和对所有的 $t\geqslant T$, $u(t)\leqslant S^0-\ell_k+\dfrac{\varepsilon}{3}$. 类似于引理 9.3.4 中的证明, 可以找到 $t_0\geqslant T$, $0<\sigma<\dfrac{\varepsilon}{3}$, $\bar{t}\geqslant t_0$, 使得在 $[t_0-\tau_1,\bar{t}\,]$ 上, $x_1(t)\geqslant\sigma$, $x_1(\bar{t})=\sigma$, $x_1^{'}(\bar{t})\leqslant 0$.

$$\begin{aligned}&S^0-x_1(\bar{t})-x_2(\bar{t})-\cdots-x_n(\bar{t})+\epsilon(\bar{t})\\ \geqslant&S^0-\sigma-u(\bar{t})+\epsilon(\bar{t})\\ \geqslant&S^0-\frac{\varepsilon}{3}-\left(S^0-\ell_k+\frac{\varepsilon}{3}\right)-\frac{\varepsilon}{3}\\ =&\ell_k-\varepsilon\\ >&\lambda_1.\end{aligned}$$

这将导致 $x_1^{'}(\bar{t})>0$, 矛盾. 所以 $\delta_1>0$.

下面证明 $\alpha=\beta$. 不妨假设 $\alpha<\beta$. 对于一个给定的序列 $\{\varepsilon_q\}\downarrow 0$, 由引理 9.3.2, 对每个 $q$, 可以找到序列 $\{t_m\}\uparrow\infty$, 满足 $\epsilon(t_m)<\dfrac{\varepsilon_q}{2}$,

$$\lim_{m\to\infty}u(t_m)=\beta,\quad u^{'}(t_m)=0,$$
$$u(t_m-\tau)<\beta+\varepsilon_q,\quad u(t_m)\geqslant\beta-\frac{\varepsilon_q}{2}.$$

在 (9.3.23) 中, 应用 (9.3.24) 得到对某些 $k_q\in\{2,3,\cdots,n\}$

$$\begin{aligned}Du(t_m)\leqslant&\sum_{j=2}^{n}\alpha_jp_j(S^0-\delta_1-\beta+\varepsilon_q)x_j(t_m-\tau_j)\\ \leqslant&\alpha_{k_q}p_{k_q}(S^0-\delta_1-\beta+\varepsilon_q)(\gamma+\beta+2\varepsilon_q).\end{aligned}$$

类似于前面的讨论, 有

$$D\beta\leqslant\alpha_kp_k(S^0-\delta_1-\beta)(\gamma+\beta),\quad k\geqslant 2.$$

这意味着

$$S^0-\delta_1-\beta\geqslant\ell_k.\tag{9.3.27}$$

另一方面, 由于 $\delta_1>0$ 和 (9.3.15), 有

$$S^0-\delta_1-\beta\leqslant\lambda_1.\tag{9.3.28}$$

由于 $\lambda_1<\ell_k$, 不等式 (9.3.28) 和不等式 (9.3.27) 是矛盾的. 这就证明了 $\alpha=\beta$.

最后证明 $\alpha=\beta=0$. 由于 $\lim\limits_{t\to\infty}u^{'}(t)=0$, 则

$$D\alpha=\lim_{t\to\infty}Du(t)=\lim_{t\to\infty}\sum_{j=2}^{n}\alpha_jp_j(S^0-x_1(t)-u(t)+\epsilon(t))x_j(t-\tau_j).$$

类似于 (9.3.23)~(9.3.26), 存在 $k \geqslant 2$ 使得

$$D\alpha \leqslant \alpha_k p_k(S^0 - \delta_1 - \alpha)(\gamma + \alpha).$$

如果 $\alpha > 0$, 将导致 $S^0 - \delta_1 - \alpha \geqslant \ell_k$, 这和 (9.3.28) 矛盾. 因此 $\alpha = \beta = 0$.

现在证明 $\lim\limits_{t\to\infty}\sum\limits_{j=2}^{n} x_j(t) = 0$. 由于对所有的 $j \geqslant 2$, $x_j(t) > 0$, 因而 $\lim\limits_{t\to\infty} x_j(t) = 0$, $j \geqslant 2$. 由引理 9.3.7 可推出 (9.3.22), 定理证毕. □

当 $n = 2$ 时模型 (9.3.1) 可以看做是模型 (9.1.1) 的极限情形. 有兴趣的读者可以参见文献 [12].

## 参考文献

[1] Jannash H W, Mateles R T. Experimental bacterial ecology studied in continuous culture. Advances in Microbial physiology, 1974, 11: 165~212.

[2] Monod J. La technique de culture continue, theorie et applications. Ann. Inst. Pasteur, 1950, 79: 390~410.

[3] Butler G J, Wolkowicz G S K. A mathematical model of the chemostat with a general class of functions describing nutrient uptake. SIAM J. Appl. Math., 1985, 45: 138~151.

[4] Wolkowicz G S K, Lu Z Q. Global dynamics of a mathematical model of competition in the chemostat: general response functions and differential death rates. SIAM J. Appl. Math., 1992, 52: 222~233.

[5] Miller R. Nonlinear Volterra Equations. New York: W.A. Benjamin, 1971.

[6] Cushing J M. Integro-differential equations and delay models in population dynamics. Lecture Notes in Biomathematics, Berlin: Springer, 1977, 20.

[7] Kuang Y. Delay Differential Equations with Applications in Population Dynamics. Boston: Academic Press, 1993.

[8] Finn R K, Wilson R E. Population dynamics of a continuous propagator for microorganisms. J. Agric. Food. Chem., 1953, 2: 66~69.

[9] Caperon J. Time lag in population growth response of isochrysis galbana to a variable nitrate environment. Ecology, 1969, 50: 188~192.

[10] Ruan S, Wolkowicz G S K. Bifurcation analysis of a chemostat model with discrete delays. J. Math. Anal. Appl., 1996, 204: 188~192.

[11] Wolkowicz G S K, Xia H. Global asymptotic behavior of a chemostat model with discrete delays. SIAM J. Appl. Math., 1997, 57: 1019~1043.

[12] Wolkowicz G S K, Xia H, Ruan S. Competition in the chemostat: a distributed delay model and its global asymptotic behavior. SIAM J. Appl. Math., 1997, 57: 1281~1310.

[13] Freedman H I, Xu Y T. Models of competition in the chemostat with instantanuous and delayed nutrient recycling. J. Math. Biol., 1993, 31: 513~527.

[14] Ruan S G, He X Z. Global stability in chemostat-type competition models with nutrient recycling. SIAM J. Appl. Math., 1998, 58: 170∼192.

[15] Beretta E, Bischi G I, Solimano F. Stability in chemostat equations with delayed nutrient recyling. J. Math. Biol., 1990, 28: 99.

[16] Lu Z. Global stability for a chemostat-type model with delayed nutrient recycling. Discrete and Continuous Dynamical Systems-Series B, 2004, 4(3): 663∼670.

[17] Wang L, Wolkowicz G S K. A delayed chemostat model with general nonmonotone response functions and differential removal rates. J. Math. Anal. Appl., 2006, 321: 452∼468.

[18] Zhao H Y, Sun L. Periodic dscillatory and global attractivity for chemostat model involing distributed delays. Nonlinear Analysis, 2006, 7: 385∼394.

[19] Yuan S L, Han M A. Bifurcation analysis of a chemostat model with two distributed delays. Chaos Solutions and Fractals, 2004, 20: 995∼1004.

# 第10章　变收益模型

在前面讨论恒化器经典模型时, 如 Monod[2, 3], 假定种群对营养的吸收率与再生率是成比例的. 这个由营养单元向生物体单元转化的比例常数称作收益常数. 由于假定收益值是常数, 因此经典的模型有时又称作“常收益量”模型.

在浮游生物生态学中, 长期以来就认为收益不是常数, 收益的变化依赖于增长率[4]. 这就导致了变收益模型的形成, 也称作变内部储蓄模型[5] 和 Caoeron-Droop 模型[6]. 这个模型通过引入一个细胞内的营养储存, 有效地减弱来自外部的营养浓度对内禀增长率的影响. 内禀增长率假定依赖于一个量, 称为细胞配额, 这个量可以看做是恒化器中生物体内每个细胞里的营养储存的平均数. 细胞配额随着营养的吸收而增加, 随着细胞的分解而下降, 细胞配额通过较多的细胞传递总的营养储存. 吸收率假定为依赖于周围的营养浓度或者是细胞配额. 事实上, 对一个给定的营养浓度, 细胞配额在一个高水平时的吸收比细胞配额在较低水平时的吸收更低.

本章的目的是给出变收益模型完整的全局性分析. 涉及单种群的增长和两个微生物种群的竞争结果时, 令变收益模型与较简单的常收益模型有相同的假设. 介绍可见文献 [7].

本章安排如下：10.1 节得到并分析单种群增长的变收益模型; 10.2 节, 建立竞争模型并计算它的平衡解; 10.3 节为了把系统的维数降为一维, 引入守恒定律, 证明平衡位置的局部稳定性; 降维后系统的解的全局性质在 10.4 节进行讨论; 10.5 节讨论原来竞争系统解的全局性质; 最后对主要结果进行了总结.

## 10.1　单种群增长模型

本节将得到并分析恒化器中的单种群增长的变收益模型. 令 $S(t)$ 为恒化器中在 $t$ 时刻的营养浓度 (这是一直沿用的量) , 并且令 $x(t)$ 表示 $t$ 时刻微生物的浓度. 模拟一个单细胞的营养储存实际过程是不合理的, 因此, 引入一个新的变量即细胞配额 $Q(t)$. 变量 $Q(t)$ 是 $t$ 时刻每个细胞储存营养的平均数, $x(t)Q(t)$ 是 $t$ 时刻总的营养储存量, $Q(t)$ 也可被看做细胞的平均数量. 营养的吸收 $\rho$ 看做是 $S$ 和 $Q$ 的函数, 意思是假如有大量的营养储存, 则吸收率将会较小, 营养的方程是

$$S' = (S^{(0)} - S)D - x\rho(S, Q),$$

其中, $\rho$ 是一个待定函数. 生物体将根据细胞配额的水平繁殖, 因此, 增长方程变为

$$x' = x(\mu(Q) - D),$$

其中, $\mu(Q)$ 待定. 注意在这个方程中 $x(t)$ 对应于细胞数 (或浓度), $x(t)Q(t)$ 是这个试管里的细胞总数.

本书中已使用了守恒定律, 它是恒化器的固有性质. 在前面的讨论中, 这个定律以方程的形式给出, 在这一形式中是用定律去构造 $Q$ 的方程的. 定律简单的叙述为: 如果一切都用营养来描述, 则营养总数正如一个没有消耗的恒化器. 它既不会创造也不会消失, 而仅仅是从自由形式转化为储存的状态. 正如所描述的情形, $t$ 时刻自由的和储存的营养总量称作 $\Sigma$, $\Sigma$ 应满足:

$$\Sigma' = (S^{(0)} - \Sigma)D.$$

在前面的几章中, 常用到下面的结果:

$$\lim_{t\to\infty}[\Sigma(t) - S^{(0)}] = 0.$$

现在成为

$$\Sigma(t) = S(t) + x(t)Q(t),$$

因此,

$$\begin{aligned}\Sigma' &= S' + x'Q + xQ' \\ &= S^{(0)}D - SD - x\rho(S,Q) + x\mu(Q)Q - xQD + xQ' \\ &= (S^{(0)}) - S - xQ)D.\end{aligned}$$

由最后一等式得到

$$x(t)[Q'(t) - \rho(S(t),Q(t)) + \mu(Q(t))Q(t)] = 0.$$

假定 $x(t)$ 恒为正, 则对细胞配额有下面的方程:

$$Q' = \rho(S,Q) - Q\mu(Q).$$

因此, 模型成为

$$\begin{cases} x' = x(\mu(Q) - D), \\ Q' = \rho(S,Q) - Q\mu(Q), \\ S' = (S^{(0)} - S)D - x\rho(S,Q). \end{cases} \tag{10.1.1}$$

由于在对 $Q$ 方程的推导中, 要由 $x(t)$ 去除, 对此有一些较好的注释. 首先, 这个除意味着当 $x = 0$ 时, 关于 $Q$ 的方程没有生态学意义. 然而, 如果 $x = 0$ , 那么

关于 $Q$ 的方程也没有数学的意义. 在数学分析中, 情形 $x=0$ 和 $S=S^{(0)}$ 对应于系统的生态学稳定状态. 为了在数学上得到 (10.1.1) 的一个平衡点, 必须要有一个 $Q$ 值满足 $\rho(S^{(0)},Q)-\mu(Q)Q=0$. 尽管这看起来奇怪, 在生态学上没有意义, 但线性分析的结果是有效的 (读者可能对这种情况不会陌生, 因为它发生在极坐标形式的线性振荡器的分析里, 即使极半径等于零, 极角的方程也有数学意义).

函数 $\mu(Q)$ 和 $\rho(S,Q)$ 分别表示单位种群的增长率和单位种群对营养的吸收率. 为了对这些函数有合理的假设, 考虑其他文献的一些例子. 下面增长率的形式来自于 Droop[4]

$$\mu=\mu_{\max}\frac{(Q-Q_{\min})_+}{K+(Q-Q_{\min})_+},$$

其中 $Q_{\min}$ 是允许每个细胞分解所必须的最小细胞配额. $(Q-Q_{\min})_+$ 是 $(Q-Q_{\min})$ 的正的部分, 因此当数量为负时它将消失. 受这个例子的启发, 假定 $\mu$ 是有定义的、连续的、非减少的并且存在 $P\geqslant 0$ 使得

$$\begin{cases}\mu(Q)\geqslant 0,\\ \mu'(Q)>0, \quad 且对Q\geqslant P连续,\\ \mu(P)=0.\end{cases}\tag{10.1.2}$$

增长率随着细胞配额增加而增加. 下面是文献 [8] 中的吸收率形式, 其中, $Q$ 的范围是 $Q_{\min}\leqslant Q\leqslant Q_{\max}$,

$$\rho(S,Q)=\rho_{\max}(Q)\frac{S}{K+S},$$

$$\rho_{\max}(Q)=\rho_{\max}^{\text{high}}-(\rho_{\max}^{\text{high}}-\rho_{\max}^{\text{low}})\frac{Q-Q_{\min}}{Q_{\max}-Q_{\min}}.$$

换句话说, $\rho$ 有 $S$ 的 Monod 形式, 但 Monod 函数的饱和值 $\rho_{\max}$ 随细胞配额 $Q$ 的增加而递减. Cunningham 和 Nisbet[6] 取 $\rho_{\max}$ 为常数. 因此, 假定 $\rho$ 对 $S\geqslant 0$ 和 $Q\geqslant P$ 关于 $(S,Q)$ 是连续可微的, 并满足:

$$\begin{cases}\rho(0,Q)=0,\\ \dfrac{\partial\rho}{\partial S}>0,\\ \dfrac{\partial\rho}{\partial Q}\leqslant 0.\end{cases}\tag{10.1.3}$$

特别地, 当 $S>0$ 时, $\rho(S,Q)>0$. 方程 (10.1.2) 需要在没有营养时吸收率消失, 吸收率随营养的增加而增加, 随细胞配额的增加而下降.

(10.1.2) 和 (10.1.3) 意味着假如 $P=Q$, 则 $Q'\geqslant 0$. 因此, $Q$ 值的区间 $[P,\infty]$ 在 (10.1.1) 的动力学下是正不变的.

对 (10.1.1) 中的量进行变量变换

$$\bar{t} = Dt,$$
$$\bar{S} = S/S^{(0)},$$
$$\bar{Q} = Q/Q^*,$$
$$\bar{x} = xQ^*/S^{(0)}.$$

$Q^*$ 是变量 $Q$ 的任意一个选值. 假如定义

$$\bar{\mu}(\bar{Q}) \equiv D^{-1}\mu(Q^*\bar{Q}),$$

$$\bar{\rho}(\bar{S}, \bar{Q}) \equiv (DQ^*)^{-1}\rho(S^0\bar{S},\ Q^*\bar{Q}),$$

则 (10.1.1) 变为

$$\begin{cases} x' = x(\mu(Q) - 1), \\ Q' = \rho(S, Q) - \mu(Q)Q, \\ S' = 1 - S - x\rho(S, Q), \end{cases} \tag{10.1.4}$$

为了方便, 去掉了变量上的一横.

为了确定 (10.1.4) 的平衡点, 可以利用 (10.1.2) 和 (10.1.3) 的结果: 对 $S$ 的某一个定值, $\rho(S,Q) - \mu(Q)Q$ 对 $Q \geqslant P$ 关于 $Q$ 是严格下降的, 又注意到 $Q\mu(Q)$ 随 $Q$ 的增加而无限的增加, 方程 (10.1.4) 最多有两个平衡点. 其中之一记为 $\boldsymbol{E}_0 = (x, Q, S) = (0,\ Q^0,\ 1)$, 它对应于没有微生物时, 且它总是存在的, 这里 $Q^0$ 是 $\rho(1, Q) - Q\mu(Q) = 0$ 的唯一解. 另一个可能的平衡位置, 记为 $\boldsymbol{E}_1 = (\hat{x},\ \hat{Q},\ \hat{S})$, 对应于种群的出现, 其中,

$$\mu(\hat{Q}) = 1,$$

$$\rho(\hat{S},\ \hat{Q}) = \hat{Q},$$

$$\hat{x} = (1 - \hat{S})/\hat{Q}.$$

这些公式说明要使 $\boldsymbol{E}_1$ 存在, 则 $\hat{x} > 0$ 和 $\hat{Q} \geqslant P$ 的充要条件是 $\mu(Q) = 1$ 有解

$$Q = \hat{Q} \tag{10.1.5a}$$

和

$$\rho(1, \hat{Q}) > \hat{Q}. \tag{10.1.5b}$$

应用以前提到的单调性假设, $\boldsymbol{E}_1$ 若存在则是唯一的.

守恒定律允许 (10.1.4) 降为一个平面系统. 令

$$T = S + Qx,$$

其中, $T$ 为无界的自由营养加上储存的营养. 简单的计算说明 $T$ 满足

$$T' = 1 - T.$$

因此, (10.1.4) 的所有解当 $t \to \infty$ 时, 渐近趋向于平面

$$S + Qx = 1, \tag{10.1.6}$$

也就是当 $t \to \infty$ 时, $T(t) \to 1$. 因此, 作为分析 (10.1.4) 的第一步, 考虑 (10.1.4) 限制在由 (10.1.6) 给出的指数吸引的不变子集. 去掉 (10.1.4) 中 $S$, 在

$$L = \{(x, Q) \in \mathbf{R}_+^2 : xQ \leqslant 1, Q \geqslant P\}$$

中得到系统

$$\begin{cases} x' = x(\mu(Q) - 1), \\ Q' = \rho(1 - Qx,\ Q) - Q\mu(Q), \end{cases} \tag{10.1.7}$$

这里 $L$ 是 (10.1.7) 的正不变集.

(10.1.7) 的平衡位置来自于 (10.1.4), 通过消除 $S$ 坐标并且用 $1 - \hat{Q}\hat{x}$ 代替 $\hat{S}$. 为了保持原来的含义, 仍用相同的字母 $\boldsymbol{E}_0$ 和 $\boldsymbol{E}_1$ 表示 (10.1.7) 中的平衡点.

结论显示只要 $\boldsymbol{E}_1$ 作为 (10.1.7) 的一个平衡点, 则它是局部渐近稳定的. 在这种情形下, $\boldsymbol{E}_0$ 是一个鞍点. 这部分的第一个结果描述了 (10.1.7) 的渐近行为.

**定理 10.1.1** 假如 $\boldsymbol{E}_1$ 不存在, 则 (10.1.7) 的每个解都满足:

$$\lim_{t \to \infty} (x(t), Q(t)) = \boldsymbol{E}_0.$$

假如 $\boldsymbol{E}_1$ 存在, 则 (10.1.7) 的每个正解满足:

$$\lim_{t \to \infty} (x(t), Q(t)) = \boldsymbol{E}_1.$$

**证明** (10.1.7) 的所有解在 $L$ 是有界的. 事实上, 当 $Q$ 靠近 $P$, 也就是当 $x$ 大时, 对所有大的 $Q$, 有 $Q' < 0$, 这里 $Q$ 独立于 $x$ 和 $x' < 0$. 这个结果是应用 Poincaré-Bendixson 定理得到的. 应用 Dulac 准则去排除 $L$ 里的非平凡周期轨道和稳定的极限环. 事实上, 因为

$$\begin{aligned} \frac{\partial x'}{\partial x} + \frac{\partial Q'}{\partial Q} &= \mu(Q) - 1 + \frac{\partial \rho}{\partial Q} - x\frac{\partial \rho}{\partial S} - \mu(Q) - Q\mu' \\ &= -1 + \frac{\partial \rho}{\partial Q} - x\frac{\partial \rho}{\partial S} - Q\mu' < 0, \end{aligned}$$

所以在 $L$ 中没有周期轨道. □

应用 11.6 节中的结果, 得到 (10.1.4) 的如下结论.

**定理 10.1.2**　假如 $\boldsymbol{E}_0=(0,\ Q_0,\ S^0)$ 是 (10.1.4) 的唯一的稳定态并且 $\mu(Q_0)\neq 1$, 则 $\boldsymbol{E}_0$ 吸引 (10.1.4) 的所有解. 假如 $\boldsymbol{E}_0$ 和 $\boldsymbol{E}_1=(\hat{x},\ \hat{Q},\ \hat{S})$ 作为稳定态存在, 则对 $x(0)>0$, $\boldsymbol{E}_1$ 吸引 (10.1.4) 的所有解.

通常, 定理 10.1.2 的证明要考虑如下的方程:

$$
\begin{aligned}
x' &= x(\mu(Q)-1),\\
Q' &= \rho(1-Z-Qx,\ Q)-\mu(Q)Q,\\
Z' &= -Z,
\end{aligned}
$$

其中, $Z=1-T$. 条件 $\mu(Q_0)\neq 1$ 保证 $\boldsymbol{E}_0$ 是双曲的.

## 10.2　竞争模型

令 $x_1$ 和 $x_2$ 表示两个种群的密度, 它们在恒化器里竞争浓度为 $S$ 的营养. 每个种群消耗营养, 然而使得营养不被竞争者利用. 单个种群 $x_1$ 储存的营养平均量用 $Q_1$ 表示, 种群 $x_2$ 的用 $Q_2$ 表示. 由 10.1 节的推导, 有如下的方程:

$$
\begin{cases}
x_1' = x_1(\mu_1(Q_1)-D),\\
Q_1' = \rho_1(S,Q_1)-\mu_1(Q_1)Q_1,\\
x_2' = x_2(\mu_2(Q_2)-D),\\
Q_2' = \rho_2(S,Q_2)-\mu_2(Q_2)Q_2,\\
S' = D(S^0-S)-x_1\rho_1(S,Q_1)-x_2\rho_2(S,Q_2).
\end{cases}
\tag{10.2.1}
$$

函数 $\mu_i(Q_i)$ 和 $\rho_i(S,Q_i)$ 分别表示种群 $x_i$ 的单个个体增长率和吸收率. 假定 $\mu_i$ 对 $Q_i\geqslant P_i$ 有定义的、连续可微, 其中 $P_i\geqslant 0$, 并且满足:

$$
\begin{cases}
\mu_i(Q_i)\geqslant 0,\\
\mu_i'(Q_i)>0,\\
\mu_i(P_i)=0.
\end{cases}
\tag{10.2.2}
$$

假定 $\rho_i$ 对 $S\geqslant 0$ 和 $Q_i\geqslant P_i$ 关于 $(S,Q_i)$ 是连续可微的, 使得 $\rho_i$ 满足:

$$
\begin{cases}
\rho_i(0,\ Q_i)=0,\\
\dfrac{\partial\rho_i}{\partial S}>0,\\
\dfrac{\partial\rho_i}{\partial Q_i}\leqslant 0.
\end{cases}
\tag{10.2.3}
$$

特别地, 当 $S>0$ 时, $\rho_i(S,Q_i)>0$.

(10.2.2) 和 (10.2.3) 意味着假如 $Q_i = P_i$, 则 $Q_i' \geqslant 0$, 因此, $Q_i$ 的值域 $[P_i, \infty)$ 对动力系统 (10.2.1) 是正不变集. (10.2.1) 的生物学相关初值是

$$x_i(0) > 0, \quad Q_i(0) \geqslant P_i, \quad S(0) \geqslant 0.$$

下面将再次应用 (10.2.2) 和 (10.2.3) 的如下结果：对 $S$ 的某个定值, $Q_i \geqslant P_i$, $\rho_i(S, Q_i) - \mu_i(Q_i)Q_i$ 关于 $Q_i$ 是严格递减的, 而 $Q_i\mu_i(Q_i)$ 随 $Q_i$ 的增加而增加到无界.

如 10.1 节, 对 (10.2.1) 进行变量变换如下：

$$\begin{aligned}\bar{t} &= Dt,\\ \bar{S} &= S/S^0,\\ \bar{Q}_i &= Q_i/Q_i^*,\\ \bar{x}_i &= x_iQ_i^*/S^0.\end{aligned}$$

$Q_i^*$ 表示变量 $Q_i$ 任意选定的值. 假如定义

$$\begin{aligned}\bar{\mu}_i(\bar{Q}_i) &\equiv D^{-1}\mu_i(Q_i^*\bar{Q}_i),\\ \bar{\rho}_i(\bar{S}, \bar{Q}_i) &\equiv (DQ_i^*)^{-1}\rho_i(S^0\bar{S}, Q_i^*\bar{Q}_i),\end{aligned}$$

然后, 式 (10.2.1) 变为

$$\begin{cases} x_1' = x_1(\mu_1(Q_1) - 1),\\ Q_1' = \rho_1(S, Q_1) - \mu_1(Q_1)Q_1,\\ x_2' = x_2(\mu_2(Q_2) - 1),\\ Q_2' = \rho_2(S, Q_2) - \mu_2(Q_2)Q_2,\\ S' = 1 - S - x_1\rho_1(S, Q_1) - x_2\rho_2(S, Q_2). \end{cases} \tag{10.2.4}$$

为了简便, 已去掉了变量上的一横. 以后, 将讨论 (10.2.4). 假设 (10.2.2) 和 (10.2.3) 没有改变, 特别地, $Q_i$ 变化范围是区间 $Q_i \geqslant P_i$.

一般地, (10.2.4) 至多有三个平衡点的解. 其中一个记为 $\boldsymbol{E}_0$, $\boldsymbol{E}_0$ 相应于没有竞争的两种群, 表示为

$$\boldsymbol{E}_0 = (x_1, Q_1, x_2, Q_2, S) = (0, Q_1^0, 0, Q_2^0, 1),$$

并且 $\boldsymbol{E}_0$ 总是存在的, 这里, $Q_i^0$ 表示

$$\rho_i(1, Q_i) - Q_i\mu_i(Q_i) = 0$$

的唯一解. 另外两个可能的平衡点记为 $\boldsymbol{E}_1$ 和 $\boldsymbol{E}_2$, 对应于一个种群存在, 另一个种群消失. 例如,

$$\boldsymbol{E}_1 = (\hat{x}_1, \hat{Q}_1, 0, \hat{Q}_2, \hat{S}),$$

其中,

$$\begin{cases} \mu_1(\hat{Q}_1) = 1, \\ \rho_1(\hat{S},\ \hat{Q}_1) = \hat{Q}_1, \\ \hat{x}_1 = (1-\hat{S})/\hat{Q}_1, \\ \rho_2(\hat{S},\ \hat{Q}_2) - \hat{Q}_2\mu_2(\hat{Q}_2) = 0. \end{cases} \tag{10.2.5}$$

(10.2.5) 显示当所有分量非负时, $\boldsymbol{E}_1$ 存在, $Q_i \geqslant P_i$ 和 $x_1$ 是正的当且仅当 $\mu_1(Q_1) = 1$ 有一个解

$$\begin{cases} Q_1 = \hat{Q}_1, \\ \rho_1(1,\ \hat{Q}_1) > \hat{Q}_1. \end{cases} \tag{10.2.6}$$

条件 (10.2.6) 表明, 种群 $x_1$ 若达到平衡状态, 需假定: ① 稀释率不太大; ② 储存包含足够的营养, 也就是 $1 > \hat{S}$.

类似地, 只含 $x_2$ 的平衡点为

$$\boldsymbol{E}_2 = (0, \tilde{Q}_1,\ \tilde{x}_2,\ \tilde{Q}_2,\ \tilde{S}),$$

其中,

$$\begin{cases} \mu_2(\tilde{Q}_2) = 1, \\ \rho_2(\tilde{S}, \tilde{Q}_2) = D\tilde{Q}_2, \\ \tilde{x}_2 = (1-\tilde{S})/\tilde{Q}_2, \\ \rho_1(\tilde{S},\ \tilde{Q}_1) - \tilde{Q}_1\mu_1(\tilde{Q}_1) = 0. \end{cases} \tag{10.2.7}$$

平衡点 $\boldsymbol{E}_2$ 存在当且仅当 $\mu_2(Q_2) = 1$ 有一个解

$$\begin{cases} Q_2 = \tilde{Q}_2, \\ \rho_2(1,\ \tilde{Q}_2) > \tilde{Q}_2. \end{cases} \tag{10.2.8}$$

$x_1$ 和 $x_2$ 同时出现的稳定态有可能存在, 但这种情形不太可能出现, 这种情况发生当且仅当 (10.2.6) 和 (10.2.8) 都满足以及

$$\tilde{S} = \hat{S}, \tag{10.2.9}$$

其中, $\hat{S}$ 和 $\tilde{S}$ 分别由 (10.2.5) 和 (10.2.7) 定义. 在这种情形下, 有一个连接 $\boldsymbol{E}_1$ 到 $\boldsymbol{E}_2$ 的线段. 因为 (10.2.9) 极不可能, 这种情形将被忽略掉. 也就是说, 当两个都有定义时, 假定 $\tilde{S} \neq \hat{S}$.

后面将假定如果 (10.2.6) 和 (10.2.8) 都成立, 则有

$$\tilde{S} < \hat{S}. \tag{10.2.10}$$

如有必要, 不等式 (10.2.10) 总可以通过对两种群简单的编号得到, 由于假设 (10.2.9) 不成立, 在生物学中, 一般用 $x_2$ 表示需最少的营养生长的竞争者.

## 10.3 守恒定律

本节根据一个大家熟知的办法, 通过守恒定律消除营养方程来降低系统 (10.2.4) 的维数, 以研究降维后系统平衡位置的局部性质.

令

$$T = S + Q_1x_1 + Q_2x_2,$$

其中, $T$ 自由营养和储存营养, 并且满足

$$T' = 1 - T. \tag{10.3.1}$$

因此, (10.2.4) 的所有解当 $t \to \infty$ 时渐近趋向于平面

$$S + Q_1x_1 + Q_2x_2 = 1, \tag{10.3.2}$$

也就是当 $t \to \infty$ 时, $T(t) \to 1$. 因此, 分析 (10.2.4) 的第一步, 需要考虑它限定在由 (10.3.2) 给出的指数吸引的不变子集. 去掉 (10.2.4) 中的 $S$, 得到系统

$$\begin{cases} x_1' = x_1(\mu_1(Q_1) - 1), \\ Q_1' = \rho_1(1 - Q_1x_1 - Q_2x_2,\ Q_1) - \mu_1(Q_1)Q_1, \\ x_2' = x_2(\mu_2(Q_2) - 1), \\ Q_2' = \rho_2(1 - Q_1x_1 - Q_2x_2,\ Q_2) - \mu_2(Q_2)Q_2. \end{cases} \tag{10.3.3}$$

(10.3.3) 在生物学上相关的区域是

$$\Omega = \{(x_1,\ Q_1,\ x_2,\ Q_2) \in \mathbf{R}_+^4 : Q_1x_1 + Q_2x_2 \leqslant 1,\ Q_i \geqslant P_i\}.$$

由 (10.3.3) 知 $\Omega$ 是正的不变集. 下面将 (10.3.3) 作为一个"简化系统".

(10.3.3) 的平衡位置通过消除 (10.2.4) 中的 $S$ 方程并且用 (10.3.2) 代替 $S$ 而得到. 为了一致起见, 仍用 $\boldsymbol{E}_0$, $\boldsymbol{E}_1$, $\boldsymbol{E}_2$ 表示 (10.3.3) 的平衡点. 为了方便, 这里重述平衡位置条件. 平衡点 $\boldsymbol{E}_0$ 由

$$\boldsymbol{E}_0 = (0,\ Q_1^0,\ 0,\ Q_2^0)$$

给出, 其中, $Q_i^0$ 由 $\rho_i(1,\ Q_i^0) = Q_i^0\mu_i(Q_i^0)$ 唯一决定. 平衡点 $\boldsymbol{E}_1$ 由

$$\boldsymbol{E}_1 = (\hat{x}_1,\ \hat{Q}_1,\ 0,\ \hat{Q}_2)$$

给出, 假定 $\mu_1(Q_1) = 1$ 有一个解 $\hat{Q}_1 > 0$ 和 $\rho_1(1,\ \hat{Q}_1) > \hat{Q}_1$. 在这种情形下,

$$\mu_1(\hat{Q}_1) = 1,$$
$$\rho_1(1 - \hat{Q}_1\hat{x}_1,\ \hat{Q}_1) = \hat{Q}_1,$$
$$\rho_2(1 - \hat{Q}_1\hat{x}_1,\ \hat{Q}_2) = \hat{Q}_2\mu_2(\hat{Q}_2).$$

类似地, 平衡点 $\boldsymbol{E}_2$ 表示为

$$\boldsymbol{E}_2=(0,\ \tilde{Q}_1,\ \tilde{x}_2,\ \tilde{Q}_2),$$

假定 $\mu_2(Q_2)=1$ 有一个解 $\tilde{Q}_2$ 和 $\rho_1(1,\ \tilde{Q}_2)>\tilde{Q}_2$. 在这种情形下,

$$\mu_2(\tilde{Q}_2)=1,$$

$$\rho_2(1-\tilde{Q}_2\tilde{x}_2,\ \tilde{Q}_2)=\tilde{Q}_2,$$

$$\rho_1(1-\tilde{Q}_2\tilde{x}_2,\ \tilde{Q}_1)=\tilde{Q}_1\mu_1(\tilde{Q}_1).$$

继续假定如果 $\boldsymbol{E}_1$ 和 $\boldsymbol{E}_2$ 都存在, 则 (10.2.10) 成立

$$\tilde{S}=1-\tilde{Q}_2\tilde{x}_2<1-\hat{Q}_1\hat{x}_1=\hat{S}.$$

假如 (10.2.10) 成立, 则 $\boldsymbol{E}_0$, $\boldsymbol{E}_1$ 和 $\boldsymbol{E}_2$ 是 (10.3.3) 仅有可能存在的平衡点.

$\boldsymbol{E}_0$ 的局部稳定性由 $\boldsymbol{J}_0=[a_{ij}]$ 所决定, 即 (10.3.3) 在 $\boldsymbol{E}_0$ 点的雅可比矩阵. $\boldsymbol{J}_0$ 的非零元素是

$$\begin{aligned}
a_{11}&=\mu_1(Q_1^0)-1,\\
a_{21}&=-Q_1^0\frac{\partial\rho_1}{\partial S},\\
a_{22}&=-Q_1^0\mu_1'(Q_1^0)-\mu_1(Q_1^0)+\frac{\partial\rho_1}{\partial Q_1},\\
a_{23}&=-Q_2^0\frac{\partial\rho_1}{\partial S},\\
a_{33}&=\mu_2(Q_2^0)-1,\\
a_{41}&=-Q_1^0\frac{\partial\rho_2}{\partial S},\\
a_{43}&=-Q_2^0\frac{\partial\rho_2}{\partial S},\\
a_{44}&=-\mu_2(Q_2^0)-Q_2^0\mu_2'(Q_2^0)+\frac{\partial\rho_2}{\partial Q_2}.
\end{aligned}$$

$\boldsymbol{J}_0$ 的特征值是它的对角线上的两个特征值 $\mu_i(Q_i^0)-1(i=1,2)$, 它们决定了 $\boldsymbol{E}_0$ 的稳定性, 因为另外两个特征值是负的.

**命题 10.3.1**　假如 $\mu_i(Q_i^0)<1\ (i=1,2)$ 成立, 则 $\boldsymbol{E}_0$ 是局部渐近稳定的; 假如对某个 $i$, $\mu_i(Q_i^0)>1$, 则它是不稳定的, 而且 $\mu_i(Q_i^0)>1$ 当且仅当 $\boldsymbol{E}_i$ 存在.

**证明**　第一个论断是显然的. 如果 $\mu_1(Q_1^0)>1$, 那么根据对 $\mu_1$ 的假设, 存在 $\hat{Q}_1$, 使得 $\mu_1(\hat{Q}_1)=1$, $\hat{Q}_1<Q_1^0$. 因此 $\rho_1(1,Q_1^0)=Q_1^0$, $\mu_1(Q_1^0)>Q_1^0>\hat{Q}_1$, 所以 $\boldsymbol{E}_1$ 存在. 相反, 如果 $\boldsymbol{E}_1$ 存在, 那么有 $\rho_1(1,\hat{Q}_1)>\hat{Q}_1=\hat{Q}_1\mu_1(\hat{Q}_1)$, 因此有

$$Q_1^0\mu_1(Q_1^0)-\rho_1(1,Q_1^0)=0>\hat{Q}_1\mu_1(\hat{Q}_1)-\rho_1(1,\hat{Q}_1).$$

由 $Q\mu_1(Q_1)-\rho_1(1,Q)$ 和 $Q_1^0>\hat{Q}_1$ 的单调性可得 $\mu_1(Q_1^0)>\mu_1(\hat{Q}_1)=1$. □

$\boldsymbol{E}_1$ 的局部稳定性由 (10.3.3) 在 $\boldsymbol{E}_1$ 的雅可比矩阵 $\boldsymbol{J}_1=[c_{ij}]$ 决定. $\boldsymbol{J}_1$ 的非零元素是

$$c_{12}=\hat{x}_1\mu_1'(\hat{Q}_1),\quad c_{21}=-\hat{Q}_1\frac{\partial\rho_1}{\partial S},$$

$$c_{22}=-1-\hat{x}_1\frac{\partial\rho_1}{\partial S}-\hat{Q}_1\mu_1'(\hat{Q}_1)+\frac{\partial\rho_1}{\partial Q_1},\quad c_{23}=-\hat{Q}_2\frac{\partial\rho_1}{\partial S},$$

$$c_{33}=\mu_2(\hat{Q}_2)-1,\quad c_{41}=-\hat{Q}_1\frac{\partial\rho_2}{\partial S},\quad c_{42}=-\hat{x}_1\frac{\partial\rho_2}{\partial S},$$

$$c_{43}=-\hat{Q}_2\frac{\partial\rho_2}{\partial S},\quad c_{44}=\frac{\partial\rho_2}{\partial Q_2}-\mu_2(\hat{Q}_2)-\hat{Q}_2\mu_2'(\hat{Q}_2).$$

容易看出 $\boldsymbol{J}_1$ 有三个负实部的根, $\lambda_1=\mu_2(\hat{Q}_2)-1$, $\lambda_1$ 的符号决定了 $\boldsymbol{E}_1$ 的稳定性. 类似地, 可以得出当 $\boldsymbol{E}_2$ 存在时, 它的稳定性由 (10.3.3) 在 $\boldsymbol{E}_2$ 的雅可比矩阵的根 $\lambda_2=\mu_1(\hat{Q}_1)-1$ 决定.

**命题 10.3.2** 如果 $\boldsymbol{E}_1$ 存在, $\boldsymbol{E}_2$ 不存在, 那么 $\lambda_1<0$, 从而 $\boldsymbol{E}_1$ 是局部渐近稳定的. 同样, 如果 $\boldsymbol{E}_2$ 存在, $\boldsymbol{E}_1$ 不存在, 那么 $\lambda_2<0$, 从而 $\boldsymbol{E}_2$ 是局部渐近稳定的. 如果 $\boldsymbol{E}_1$, $\boldsymbol{E}_2$ 都存在, 并且 (3.10) 成立, 那么 $\lambda_1>0$, $\lambda_2<0$, 因此 $\boldsymbol{E}_1$ 不稳定, $\boldsymbol{E}_2$ 局部渐近稳定的.

**证明** 假设 $\boldsymbol{E}_1$ 存在, $\boldsymbol{E}_2$ 不存在, 并且 $\lambda_1\geqslant 0$. 那么 $\mu_2(\hat{Q}_2)\geqslant 1$, 所以 $\mu_2(Q_2)=1$ 存在唯一的解 $\hat{Q}_2$. 由 $\mu_2$ 的单调性可得 $\hat{Q}_2\geqslant\tilde{Q}_2$. 因为

$$\rho_2(1,\ \tilde{Q}_2)>\rho_2(1-\hat{Q}_1\hat{x}_1,\ \tilde{Q}_2)=\mu_2(\hat{Q}_2)\hat{Q}_2\geqslant\hat{Q}_2\geqslant\tilde{Q}_2,$$

所以可得 $\boldsymbol{E}_2$ 存在, 与假设矛盾. 因此, 如果 $\boldsymbol{E}_1$ 存在, $\boldsymbol{E}_2$ 不存在, 那么 $\lambda_1<0$.

假设 $\boldsymbol{E}_1$, $\boldsymbol{E}_2$ 都存在, 并且 (10.2.10) 成立, 那么由

$$\begin{aligned}\tilde{Q}_2\mu_2(\tilde{Q}_2)-\rho_2(\tilde{S},\tilde{Q}_2)&=\tilde{Q}_2-\rho_2(\tilde{S},\tilde{Q}_2)\\&=0\\&=\hat{Q}_2\mu_2(\hat{Q}_2)-\rho_2(\hat{S},\hat{Q}_2)\\&<\hat{Q}_2\mu_2(\hat{Q}_2)-\rho_2(\tilde{S},\hat{Q}_2),\end{aligned}$$

可得 $\tilde{Q}_2<\hat{Q}_2$. 同理可得 $\tilde{Q}_1<\hat{Q}_1$. 因此,

$$\lambda_2=\mu_1(\tilde{Q}_1)-1<\mu_1(\hat{Q}_1)-1=0$$

和

$$\lambda_1=\mu_2(\tilde{Q}_2)-1>\mu_2(\hat{Q}_2)-1=0.$$ □

下一节, 这些局部稳定性将导致全局结果. 令 $\boldsymbol{x}=(x_1, Q_1, x_2, Q_2)$ 代表这样的特征向量, 发现

$$x_1=\lambda_1^{-1}\hat{x}_1\mu_1'(\hat{Q}_1)Q_1,$$

$$\left[\lambda_1^{-1}\hat{Q}_1\frac{\partial\rho_1}{\partial S}\hat{x}_1\mu_1'(\hat{Q}_1)+\lambda_1+\hat{x}_1\frac{\partial\rho_1}{\partial S}+1+\hat{Q}_1\mu_1'(\hat{Q}_1)-\frac{\partial\rho_1}{\partial Q_1}\right]Q_1=-\hat{Q}_2\frac{\partial\rho_1}{\partial S},$$

$$\left[-\frac{\partial\rho_2}{\partial Q_2}+\mu_2(\hat{Q}_2)+\hat{Q}_2\mu_2'(\hat{Q}_2)\right]Q_2=-\hat{Q}_1\frac{\partial\rho_2}{\partial S}x_1-\hat{x}_1\frac{\partial\rho_2}{\partial S}Q_1-\hat{Q}_2\frac{\partial\rho_2}{\partial S},$$

$$x_2=1.$$

如果 $\lambda_1>0$, 那么由 $\mu_i$ 和 $\rho_i$ 的假设, 显然有

$$x_1<0,\quad Q_1<0,\quad x_2=1. \tag{10.3.4}$$

## 10.4　简化系统的全局性态

本节研究简化系统 (10.3.3) 的全局渐近性态. 为了方便读者, 下面先给出主要结论. 事实上, 正如预料的那样, 竞争排斥原理成立, 幸存的生物体是需要养分最少的.

**定理 10.4.1**

(i) 如果 $\boldsymbol{E}_0$ 是唯一的平衡点, 那么当 $t\to\infty$ 时, 所有的解趋于 $\boldsymbol{E}_0$;

(ii) 如果 $\boldsymbol{E}_0$ 和 $\boldsymbol{E}_1$ 是仅有的平衡点, 那么当 $t\to\infty$ 时, 所有满足初始值 $x_1(0)>0$ 的解趋于 $\boldsymbol{E}_1$;

(iii) 如果 $\boldsymbol{E}_0$ 和 $\boldsymbol{E}_2$ 是仅有的平衡点, 那么当 $t\to\infty$ 时, 所有满足始值 $x_2(0)>0$ 的解趋于 $\boldsymbol{E}_2$;

(iv) 如果 $\boldsymbol{E}_0$, $\boldsymbol{E}_1$ 和 $\boldsymbol{E}_2$ 存在, 并且 (10.2.10) 成立, 那么当 $t\to\infty$ 时, 所有满足初始值 $x_2(0)>0$ 的解趋于 $\boldsymbol{E}_2$.

情形 (iv) 是有趣的, 因为两种生物体在没有竞争时在恒化器里能够共存, 在 (10.2.10) 中, 只是习惯于把有最小营养浓度的生物体记作 $x_2$.

证明分成几种情况和几个推论来阐述. 证明的关键在于用了几个新的变量, 定义为

$$\begin{cases} x_1=x_1, & U_1=x_1Q_1,\\ x_2=x_2, & U_2=x_2Q_2. \end{cases} \tag{10.4.1}$$

利用新的变量 $(x_1,U_1,x_2,U_2)$, 系统 (10.3.3) 成为

$$\begin{cases} x_1'=x_1(\mu_1(U_1/x_1)-1),\\ U_1'=\rho_1(1-U_1-U_2,\ U_1/x_1)x_1-U_1,\\ x_2'=x_2(\mu_2(U_2/x_2)-1),\\ U_2'=\rho_2(1-U_1-U_2,\ U_2/x_2)x_2-U_2. \end{cases} \tag{10.4.2}$$

正如要看到的, (10.4.2) 在分析 (10.3.3) 的那些 $x_i > 0$ 的解时是很有用的.(10.4.2) 的正向不变区域是

$$\Delta = \{(x_1, U_1, x_2, U_2) \in \mathbf{R}_+^4 : x_i > 0,\ sU_1 + U_2 \leqslant 1\}.$$

事实上, 注意到当 $U_1 + U_2 = 1$ 时, $(U_1 + U_2)' = -1$, 所以超平面在 $\Delta$ 中排斥.

虽然 (10.4.2) 在 $x_i = 0$ 是平凡的, 但是不难看出函数 $\mu_i(U_i/x_i)x_i$ 和 $\rho_i(1 - U_1 - U_2, U_i/x_i)x_i$ 在 $U_i - x_i$ 中的楔形区域 $0 < c < U_i/x_i < C$ 中满足局部利普希茨条件, 渐近于 $x_i = U_i = 0$. 如果 $P_i > 0$, 可以定义 $\mu_i$ 和 $\rho_i$, 使得 $Q_i \geqslant P_i$, 那么下界 $c$ 可以作为 $P_i$. 因此, 可以把

$$\boldsymbol{E}_0 = (0, 0, 0, 0),$$

$$\boldsymbol{E}_1 = (\hat{x}_1, \hat{U}_1, 0, 0),$$

$$\boldsymbol{E}_2 = (0, 0, \tilde{x}_2, \tilde{U}_2)$$

看作是 (10.4.2) 的平衡点, 这里 $\hat{U}_1 = \hat{x}_1\hat{Q}_1$, $\tilde{U}_2 = \tilde{Q}_2\tilde{x}_2$. 当然对式 (10.3.3), $\boldsymbol{E}_0$, $\boldsymbol{E}_1$, $\boldsymbol{E}_2$ 存在.

通过研究 (10.4.2) 来研究 (10.3.3) 的主要原因是在 $\Delta$ 中 (10.4.2) 产生一个强单调动力系统. 对于固定的 $U_1(U_2)$, $(x_1, U_1)$ 子系统 ($(x_2, U_2)$ 子系统) 是合作的, 这里说两个子系统竞争, 即 $U_2(U_1)$ 的增加对 $U_1'(U_2')$ 产生负作用. 由定理 11.3.1 可知, (10.4.2) 保持下面定义的偏序:

$$(x_1, U_1, x_2, U_2) \leqslant_K (\bar{x}_1, \bar{U}_1, \bar{x}_2, \bar{U}_2)$$

当且仅当 $x_1 \leqslant \bar{x}_1$, $U_1 \leqslant \bar{U}_1$, $x_2 \geqslant \bar{x}_2$, 并且 $U_2 \geqslant \bar{U}_2$. 由此得到两个初始值相关的解以后也会相关. 进一步, 由于 (10.4.2) 的变分矩阵在 $\Delta$ 里是不可约的, 所以定理 11.3.1 意味着, 如果初始值不同并且顺序已给出, 那么强序关系即

$$(x_1, U_1, x_2, U_2) <_K (\bar{x}_1, \bar{U}_1, \bar{x}_2, \bar{U}_2),$$

在以后的任何时间都成立.

首先, 应用定理 11.2.1 得到 (10.4.2) 的解的界值, 由此得到 (10.3.3) 的界值. 如果 $(x_1(t), U_1(t), x_2(t), U_2(t))$ 是 (10.4.2) 在 $\Delta$ 中的一个解, 那么

$$\begin{cases} x_i' = x_i(\mu_i(U_i/x_i)x_i - 1), \\ U_i' \leqslant \rho_i(1 - U_i, U_i/x_i)x_i - U_i, \end{cases} \tag{10.4.3}$$

这里 $i = 1, 2$. 解 $(x_i, U_i)$ 可以与下面 (10.4.4) 的解 $(\bar{x}_i, \bar{U}_i)$ 比较

$$\begin{cases} \bar{x}_i' = \bar{x}_i(\mu_i(\bar{U}_i/\bar{x}_i) - 1), \\ \bar{U}_i' = \rho_i(1 - \bar{U}_i, \bar{U}_i/\bar{x}_i)\bar{x}_i - \bar{U}_i, \end{cases} \tag{10.4.4}$$

这里 $(x_i(0),U_i(0)) = (\bar{x}_i(0),\bar{U}_i(0))$. 由于 (10.4.4) 是一个控制系统, 严格地说, 当 $t \geqslant 0$ 时

$$x_i(t) \leqslant \bar{x}_i(t), \quad U_i(t) \leqslant \bar{U}_i(t), \quad i = 1,2. \tag{10.4.5}$$

当然, (10.4.4) 是 (10.2.4) 通过变换 (10.4.1) 化成的. 因此, 或者直接分析控制系统 (10.4.4), 或者通过定理 10.1.1 可得

$$\lim_{t\to\infty}(\bar{x}_i(t),\bar{U}_i(t)) = \begin{cases} (0,0), & E_i \text{ 不存在}, \\ (\hat{x}_1,\hat{U}_1), & i=1, E_1 \text{ 存在}, \\ (\hat{x}_2,\hat{U}_2), & i=2, E_2 \text{ 存在}. \end{cases} \tag{10.4.6}$$

由 (10.4.5) 和 (10.4.6) 可得 (10.4.2) 的解的有界性可以得到 (10.3.3) 的解的有界性. 进而, 由 (10.4.5) 和 (10.4.6) 可得定理 10.4.1 的第一个论断.

定理 10.4.1 的第二个和第三个论断是类似的, 所以只需证明第二个就行了. 通常, 需要用对 (10.4.2) 解的性态的了解来得出 (10.3.3) 的对应解的结论. 特别地, 需要用对 $x_i(t)$ 和 $U_i(t)$ 的性态的了解来决定 $Q_i(t) = U_i(t)/x_i(t)$ 的性态. 由 (10.4.2) 发现 $Q_i(t)$ 满足

$$Q_i' = \rho_i(1-U_1(t)-U_2(t),Q_i) - \mu_i(Q_i)Q_i, \tag{10.4.7}$$

这里有选择的引进自变量 $t$, 为了把这个方程看成 $Q_i$ 的非自治方程, 特别是当知道了 $U_i$ 有限的性态的时候. 下个引理阐述了这个观点.

**引理 10.4.1**　令 $(x_1(t),U_1(t),x_2(t),U_2(t))$ 为 (10.4.2) 的一个满足 $x_i(0)>0$ 和 $U_i(0)>0$(这里 $i=1,2$) 的解, 那么存在常数 $c$, $C$, 使得 $0<c<C$, 并且

$$c < Q_i(t) = \frac{U_i(t)}{x_i(t)} < C$$

对所有充分大的 $t$ 成立. 如果当 $t\to\infty$ 时, $U_i(t)\to U_i(\infty)$, 这里 $i=1,2$, 那么当 $t\to\infty$ 时, $Q_i(t)\to Q_i(\infty)$, 这里 $Q=Q_i(\infty)$ 是

$$0 = \rho_i(1-U_1(\infty)-U_2(\infty),Q) - \mu_i(Q)Q$$

唯一的解.

**证明**　从 (10.4.7) 易得 $Q_i$ 的上界. 由此可得当 $Q_i$ 很大时, $Q_i'<0$. 因此, 可推出 $\liminf\limits_{t\to\infty} Q_i(t) > 0$. 否则, 存在 $t_n\to\infty$ 使得 $Q_i(t_n)\to 0$ 且 $Q_i'(t_n)\leqslant 0$. 现在当 $t>0$ 时, $0<U_1(t)+U_2(t)<1$, 可以假设 $U_1(t_n)+U_2(t_n)\to c\in[0,1]$. 又因为由前面可知 $c<1$, 直线 $U_1+U_2=1$ 排斥 (10.4.2). 因此, 由 (10.4.7) 有

$$\lim_{n\to\infty} Q_i'(t_n) = \rho_1(1-c,0) \leqslant 0,$$

由于 $1-c>0$, 这与 $\rho_1(1-c,0)>0$ 矛盾.

因为 (10.4.7) 的右边对变量 $Q_i$ 是严格单调减少的, 所以易得引理的第二个论断. 如果当 $t\to\infty$ 时 $Q_i(t)$ 的上极限和下极限不等, 那么能找到两个时间序列 $t_n$ 和 $s_n$, 当它们趋于无穷大时, $Q_i(t)$ 趋于各自的极限, $Q_i'(t)$ 趋于零. 对 (10.4.7) 沿着各个序列取 $n\to\infty$ 时的极限, 会出现与前面所说的单调性相矛盾的结果. □

引理 10.4.1 的第一个论断的重要性在于, (10.4.2) 在区域 $\{(x_1,U_1,x_2,U_2)\in\mathbf{R}_+^4:U_1+U_2\leqslant 1,\ x_1\leqslant\hat{x_1},\ x_2\leqslant x_2$, 且或者 $(x_i,U_i)=\hat{0}$ 或者 $c<x_i/U_i<C\}$ 的局部利普希茨连续性. 这个区域包含了满足引理 10.4.1 的假设的任意解的正极限集, 因此，该极限集是 (10.4.2) 的不变集.

**命题 10.4.1** 如果 $\boldsymbol{E}_0$ 和 $\boldsymbol{E}_1$ 是仅有的平衡点, 那么当 $t\to\infty$ 时, (10.3.3) 所有满足初始值 $x_1(0)>0$ 的解趋于 $\boldsymbol{E}_1$.

**证明** 如果 $x_2(0)=0$, 那么从定理 10.1.1 可得结论. 因此, 假设 $x_2(0)>0$. 由命题 10.3.2, $\boldsymbol{E}_1$ 是局部渐近稳定的. 结合条件 (10.4.5) 和 (10.4.6) 可得当 $t\to\infty$ 时, $(x_2(t),U_2(t))\to 0$, 并且

$$\lim_{t\to\infty}\sup x_1(t)\leqslant\hat{x}_1,\quad \lim_{t\to\infty}\sup U_1(t)\leqslant\hat{U}_1.$$

假设当 $t\to\infty$ 时, $x_1(t)$ 不趋向 0, 那么解 $x(t)\equiv(x_1(t),Q_1(t),x_2(t),Q_2(t))$ 的正极限集包含一点 $(\bar{x}_1,\bar{Q}_1,0,\bar{Q}_2)$, 这里 $\bar{x}_1>0$. $\boldsymbol{E}_1$ 局部渐近稳定, 当这一点属于 $\boldsymbol{E}_1$ 的吸引域时, 可得 $t\to\infty$ 时, $x(t)\to\boldsymbol{E}_1$.

如果 $t\to\infty$ 时, $x_1(t)\to 0$, 那么由引理 10.4.1 可得 $t\to\infty$ 时, $U_1(t)\to 0$ 和 $Q_1(t)\to Q_1^0$. 由命题 10.3.1 知, $Q_1^0>\hat{Q}_1$. 取 $\bar{Q}_1$, 使得 $\hat{Q}_1<\bar{Q}_1<Q_1^0$, 得到存在一点 $t_0$, 当 $t\geqslant t_0$ 时, $Q_1(t)\geqslant\bar{Q}$. 因此当 $t\geqslant t_0$ 时,

$$x_1'\geqslant x_1(\mu_1(\bar{Q}_1)-1)$$

成立. 由比较原理可得

$$x_1(t)\geqslant x_1(t_0)\exp[(\mu_1(\bar{Q}_1)-1)x(t-t_0)].$$

因为 $\mu_1(\bar{Q}_1)-1>\mu_1(\hat{Q}_1)-1=0$, 所以当 $t\to\infty$ 时, $x_1(t)\to\infty$, 引出矛盾. 因此, 假设 $t\to\infty$ 时, $x_1(t)\to 0$ 不成立. □

首先, 说明 $\boldsymbol{E}_1$ 在 $\varOmega$ 中的一维不稳定流形是连接 $\boldsymbol{E}_1$ 和 $\boldsymbol{E}_2$ 的异宿轨线.

**命题 10.4.2** 令 $\boldsymbol{E}_1$ 和 $\boldsymbol{E}_2$ 存在, (10.2.10) 成立, 则存在 (10.3.3) 的一个解 $(x_1^*(t),Q_1^*(t),x_2^*(t),Q_2^*(t))=x^*(t)$ 满足:

(1) 当 $t\to-\infty$ 时, $x^*(t)\to\boldsymbol{E}_1$;

(2) 当 $t\to+\infty$ 时, $x^*(t)\to\boldsymbol{E}_2$;

(3) $x_1^*(t)$ 和 $U_1^*(t)=x_1^*(t)Q_1^*(t)$ 是单调递减的;

(4) $x_2^*(t)$ 和 $U_2^*(t)=x_2^*(t)Q_2^*(t)$ 是单调增加的.

**证明** 由 (10.3.4) 得, (10.3.3) 在 $\boldsymbol{E}_1$ 的雅可比矩阵 $\boldsymbol{J}_1$ 的正特征值 $\lambda_1$ 的特征向量 $\boldsymbol{x}=(x_1,Q_1,x_2,Q_2)$ 满足 $x_1$, $Q_1<0$ 和 $x_2=1>0$; 下面将看到 $Q_2$ 的取值并不重要, 由此得出 $\boldsymbol{E}_1$ 包含在 $\Omega$ 中的不稳定流形是一维曲面, 在 $\boldsymbol{E}_1$ 附近, 可用参数 $r$ 来表示

$$\boldsymbol{x}(r)=\boldsymbol{E}_1+r\boldsymbol{x}+o(r),$$

这里 $r\to 0^+$, $o(r)$ 表示当 $r\to 0$ 时, $o(r)/r\to 0$.

在新的坐标系 (10.4.1) 中, $x(r)$ 有形式

$$\boldsymbol{y}(r)=(\hat{x}_1,\hat{x}_1\hat{Q}_1,0,0)+r(x_1,\hat{Q}_1x_1+\hat{x}_1Q_1,1,\hat{Q}_2)+o(r).$$

我们将由 (10.4.2) 通过 $\boldsymbol{y}(r)$ 的轨道来研究 (10.3.3) 通过 $\boldsymbol{x}(r)$ 的轨道, 这里 $r>0$ 很小. 令 $\boldsymbol{F}=(F_1,F_2,F_3,F_4)$ 表示 (10.4.2) 的右边. 直接计算可得

$$\begin{aligned}
F_1(y(r))&=r\hat{x}_1\frac{\mathrm{d}\mu_1}{\mathrm{d}Q_1}(\hat{Q}_1)Q_1+o(r),\\
F_2(y(r))&=r\hat{x}_1Q_1[\lambda_1+\hat{Q}_1\mu_1'(\hat{Q}_1)]+o(r),\\
F_3(y(r))&=r\lambda_1+o(r),\\
F_4(y(r))&=r\hat{Q}_2\lambda_1+o(r).
\end{aligned}$$

因此, 对于所有充分小的 $r>0$ 有 $\boldsymbol{F}(y(r))<_K 0$.

从定理 11.3.2 可得, 起始于 $t=0$ 和 $y(r)$ 的解 $(x_1^*(t),U_1^*(t),x_2^*(t),U_2^*(t))$ 满足结论 (3) 和 (4) 的论述. 因此, 当 $t\to\infty$ 时, $x_i^*(t)$ 和 $U_i^*(t)$ 极限存在. 由 (10.4.5) 和 (10.4.6) 可得极限有界. 事实上, 由 $(x_2^*(0),U_2^*(0))\leqslant(\tilde{x}_2,\tilde{U}_2)$ 可得当 $t\geqslant 0$ 时, $(x_2^*(t),U_2^*(t))\leqslant(\tilde{x}_2,\tilde{U}_2)$.

由于 $x_2^*(t)$ 单调增加有一个正极限, 可得 (10.3.3) 中当 $t\to\infty$ 时 $(x_2^*)'(t)\to 0$, 因此 $Q_2^*(t)\to\tilde{Q}_2$. 如果当 $t\to\infty$ 时, $x_1^*(t)$ 有一个正极限, 又由 $t\to\infty$ 时, $(x_1^*)'(t)\to 0$, 可得 $Q_1^*(t)\to\hat{Q}_1$. 但是当 $t\to\infty$ 时 $(x_1^*(t),Q_1^*(t),x_2^*(t),Q_2^*(t))$ 有极限 $(x_1^*(\infty),\hat{Q}_1,x_2^*(\infty),\tilde{Q}_2)$, 而它非 (10.3.3) 的平衡点. 这是不可能的. 所以当 $t\to\infty$ 时, $x_1^*(t)\to 0$. 当 $t\to\infty$ 时, 由 $Q_2^*(t)\to\tilde{Q}_2$(因此 $(Q_2^*)'(t)\to 0$) 可得

$$\rho_2(1-\tilde{Q}_2x_2^*(\infty),\tilde{Q}_2)-\mu_2(\tilde{Q}_2)\tilde{Q}_2=0.$$

因为 $\mu_2(\tilde{Q}_2)=1$, 显然有 $x_2^*(\infty)=\tilde{x}_2$. 所以当 $t\to\infty$ 时, 有

$$(x_1^*(t),Q_1^*(t),x_2^*(t),U_2^*(t))\to\boldsymbol{E}_2.$$

因为 $(x_1^*(0), Q_1^*(0), x_2^*(0), U_2^*(0)) = \boldsymbol{x}(r)$ 是 $\boldsymbol{E}_1$ 的不稳定流形上的一点, 当 $t \to -\infty$ 时, $(x_1^*(t), Q_1^*(t), x_2^*(t), Q_2^*(t)) \to \boldsymbol{E}_1$. 结论得证. □

可以通过研究在 $\varDelta$ 中 (10.4.2) 的解来确定 (10.3.3) 当 $x_i(0) > 0,\ i = 1, 2$ 时的解的渐近性态. 首先, 有下面的引理.

**引理 10.4.2** (10.4.2) 的每一个有初始值在 $R = \{(x_1, U_1, x_2, U_2) \in \mathbf{R}_4^+ : x_i, U_i > 0 (i = 1, 2)$ 并且 $(0, 0, \tilde{x}_2, \tilde{U}_2) \leqslant_K (x_1, U_1, x_2, U_2) \leqslant_K (\hat{x}_1, \hat{U}_1, 0, 0)\}$ 中的解当 $t \geqslant 0$ 时仍在 $R$ 中, 并且当 $t \to \infty$ 时, 满足

$$(x_1(t), U_1(t), x_2(t), U_2(t)) \to (0, 0, \tilde{x}_2, \tilde{U}_2) \tag{10.4.8}$$

和

$$Q_1(t) = U_1(t)/x_1(t) \to \tilde{Q}_1, \quad Q_2(t) = U_2(t)/x_2(t) \to \tilde{Q}_2. \tag{10.4.9}$$

**证明** 由强单调性, 任何当 $t = 0$ 时起始于 R 中的解当 $t > 0$ 时满足

$$(0, 0, \tilde{x}_2, \tilde{U}_2) <_K (x_1(t), U_1(t), x_2(t), U_2(t)) <_K (\hat{x}_1, \hat{U}_1, 0, 0).$$

这个论断可以比较 (10.4.5) 和 (10.4.6) 得到. 由于 $\boldsymbol{y}(r)$ 满足 $\boldsymbol{y}(r) <_K (\hat{x}_1, \hat{U}_1, 0, 0)$ 且当 $r \to 0$ 时, $\boldsymbol{y}(r) \to (\hat{x}_1, \hat{U}_1, 0, 0)$, 可取 $r > 0$, 使得

$$(x_1(1), U_1(1), x_2(1), U_2(1)) <_K \boldsymbol{y}(r).$$

由 (10.4.2) 的单调性可得当 $t \geqslant 0$ 时,

$$(x_1(t+1), U_1(t+1), x_2(t+1), U_2(t+1)) \leqslant_K (x_1^*(t), Q_1^*(t), x_2^*(t), U_2^*(t)).$$

这里 $(x_1^*(t), Q_1^*(t), x_2^*(t), U_2^*(t))$ 是 (10.4.2) 起始于 $\boldsymbol{y}(r)$ 的解, 如推论 10.4.2 中所描述的. 由此可得当 $t \to \infty$ 时,

$$x_1(t+1) \leqslant x_1^*(t) \to 0 \text{ 和 } U_1(t+1) \leqslant U_1^*(t) \to 0.$$

所以当 $t \to \infty$ 时, 可得 $(x_1(t), U_1(t)) \to 0$. 因为

$$x_2(t+1) \geqslant x_2^*(t) \to \tilde{x}_2 \text{ 和 } U_2(t+1) \geqslant U_2^*(t) \to \tilde{U}_2,$$

所以

$$\lim_{t\to\infty} \inf x_2(t) \geqslant \tilde{x}_2 \text{ 和 } \lim_{t\to\infty} \inf U_2(t) \geqslant \tilde{U}_2.$$

另一方面, 由 (10.4.5) 和 (10.4.6) 可得

$$\lim_{t\to\infty} \sup x_2(t) \leqslant \tilde{x}_2 \text{ 和 } \lim_{t\to\infty} \sup U_2(t) \leqslant \tilde{U}_2.$$

因此, (10.4.8) 成立; 由引理 10.4.1 的第二个论断可得 (10.4.9) 成立. □

下面完成定理 10.4.1(iv) 的证明.

**命题 10.4.3** (10.4.2) 的满足 $x_i(0)>0$ 和 $U_i(0)>0$(这里 $i=1,2$) 的每一个解必满足 (10.4.8) 和 (10.4.9).

**证明** 显然如果解进到正不变集 $R$, 则由引理 10.4.2, 解进入 $\boldsymbol{E}_2$ 的吸引域. 相反, 从 (10.4.5) 和 (10.4.6) 的比较得到集合 Ł 的正极限集包含点 $x$ 满足 $(0,0,\tilde{x}_2,\tilde{U}_2)\leqslant_K \boldsymbol{x}\leqslant_K(\hat{x}_1,\hat{U}_1,0,0)$. 假设对于所有的 $t$, 解保持在 $R$ 外, 因此正极限点 $\boldsymbol{x}=(x_1,U_1,x_2,U_2)$ 必须至少满足 $x_1=\hat{x}_1,x_2=\tilde{x}_2,U_2=\tilde{U}_2$ 或者 $U_1=\hat{U}_1$.

如果 $x_1=\hat{x}_1$, 那么在 $(x_1,U_1,x_2,U_2)$ 中有 $x_1'=0$, 因为 Ł 是不变的, 并且对所有 $(\bar{x}_1,\bar{U}_1,\bar{x}_2,\bar{U}_2)\in$ Ł 的点有 $\bar{x}_1\leqslant\hat{x}_1$, 因此, $U_1=\hat{U}_1$.

如果 $U_1=\hat{U}_1$, 那么在 $(x_1,U_1,x_2,U_2)$ 中有 $U_1'=0$, 且

$$\hat{U}_1=\rho_1(1-\hat{U}_1-U_2,\hat{U}_1/x_1)x_1\leqslant\rho_1(1-\hat{U}_1,\hat{U}_1/\hat{x}_1)\hat{x}_1=\hat{U}_1.$$

因此, $x_1=\hat{x}_1$ 且 $U_2=0$. 由引理 10.4.1, $U_2=0$ 意味着 $x_2=0$. 如果 $x_1=\hat{x}_1$, 或者 $U_1=\hat{U}_1$, 则 $(x_1,U_1,x_2,U_2)=(\hat{x}_1,\hat{U}_1,0,0)$. 类似地, 如果 $x_2=\tilde{x}_2$, 或者 $U_2=\tilde{U}_2$, 则 $(x_1,U_1,x_2,U_2)=(0,0,\tilde{x}_2,\tilde{U}_2)$. 所以, Ł $=(\hat{x}_1,\hat{U}_1,0,0)$, 或者 Ł $=(0,0,\tilde{x}_2,\tilde{U}_2)$. 如果是第二种情况, 则定理得证. 下面假设 Ł $=(\hat{x}_1,\hat{U}_1,0,0)$. 方程 (10.4.7) 满足 $Q_2(t)=U_2(t)/x_2(t)$. 因为当 $t\to\infty$ 时, 有 $U_1(t)\to\hat{U}_1$ 且 $U_2(t)\to0$, 所以由引理 10.4.1 可得, 当 $t\to\infty$ 时, $Q_2\to\hat{Q}_2$. 但是由 $\mu_2(U_2(t)/x_2(t))-1\to\mu_2(\hat{Q}_2)-1>0$ 可得, $x_2$ 指数增长. 引出矛盾, 所以不可能有 Ł $=(\hat{x}_1,\hat{U}_1,0,0)$, 定理得证. □

## 10.5 竞争排斥

在 10.4 节得到了简化系统 (10.3.3) 的全局性态. 我们还要利用所得的这个系统的结果来分析原系统 (10.2.4). 这可以通过做 (10.2.4) 的变量转换和利用 11.6 节中的结论得到.

由前面的分析和假设, 可得下面的结论.

**定理 10.5.1** 假设 (10.2.4) 的平衡点非退化, 那么有下面的论断:

(i) 如果 (10.2.6) 和 (10.2.8) 不成立, 那么 $\boldsymbol{E}_0$ 是唯一的平衡点, 且 (10.2.4) 的每一个解当 $t\to\infty$ 时, 都满足 $(x_1(t),Q_1(t),x_2(t),Q_2(t),S(t))\to\boldsymbol{E}_0$;

(ii) 如果 (10.2.6) 成立而 (10.2.8) 不成立, 那么 $\boldsymbol{E}_0$ 和 $\boldsymbol{E}_1$ 是仅有的平衡点, 且 (10.2.4) 的每一个满足 $x_1(0)>0$ 的解当 $t\to\infty$ 时, 都满足 $(x_1(t),Q_1(t),x_2(t),Q_2(t),$ $S(t))\to\boldsymbol{E}_1$;

(iii) 如果 (10.2.8) 成立而 (10.2.6) 不成立, 那么 $\boldsymbol{E}_0$ 和 $\boldsymbol{E}_2$ 是仅有的平衡点, 且 (10.2.4) 的每一个满足 $x_2(0)>0$ 的解当 $t\to\infty$ 时, 都满足 $(x_1(t),Q_1(t),x_2(t),Q_2(t),$

$S(t)) \to \boldsymbol{E}_2$;

(iv) 如果 (10.2.6) 和 (10.2.8) 成立, 那么 $\boldsymbol{E}_0$, $\boldsymbol{E}_1$ 和 $\boldsymbol{E}_2$ 存在, 如果 (10.2.10) 成立, 则每一个满足 $x_2(0) > 0$ 的解当 $t \to \infty$ 时, 都满足 $(x_1(t), Q_1(t), x_2(t), Q_2(t), S(t)) \to \boldsymbol{E}_2$.

定理的前三个论断描述了一个或两个种群从恒化器中消失的结果, 这个结果不是由于竞争而是由于恒化器的环境所致, 这个环境对一个或两个种群不利. 例如, 在情形 (ii) 中, 即便没有竞争种群 $x_1$, 种群 $x_2$ 仍然不能在恒化器中生存, 因此有其他种群时 $x_2$ 没有生存的机会, 所以这和竞争没有关系.

当然, 最有趣的是最后一种情形. 如果 (10.2.6) 和 (10.2.8) 都成立, 那么恒化器的环境会很好, 以至于每一个种群在没有竞争的时候都能生存. 定理指出能够把营养需要量减到最少的竞争者将生存. 从另一个角度看, 需要营养最少的竞争者将生存. 竞争排斥原理成立, 即竞争力弱的种群将消失.

平衡态是非退化的这种假设是比较弱的. 事实上, 对于定理中最后一个论断来说, 这是一个空的假设 (它自动成立). 对于定理中第一个论断来说, 对于 $\boldsymbol{E}_0$, 非退化成立当且仅当 $\mu_i(Q_i^0) \neq D, i = 1, 2$. 对于第二 (三) 个论断, 只需一个条件 $\mu_2(Q_2^0) \neq D$ $(\mu_1(Q_1^0) \neq D)$ 来保证非退化的假设对两个平衡态成立. 由于所有的根都是实的, 非退化等价于双曲.

定理 10.5.1 的论证是常用的方法. 在这里简要地描述主要思想. 令

$$Z = 1 - S - Q_1x_1 - Q_2x_2,$$

在 (10.2.4) 中有 $Z' = -Z$. 在 (10.2.4) 中用 $1 - Z - Q_1x_1 - Q_2x_2$ 代替 $S$ 来得到新系统

$$\begin{cases} x_1' = x_1(\mu_1(Q_1) - 1), \\ Q_1' = \rho_1(1 - Z - Q_1x_1 - Q_2x_2, Q_1) - \mu_1(Q_1)Q_1, \\ x_2' = x_2(\mu_2(Q_2) - 1), \\ Q_2' = \rho_2(1 - Z - Q_1x_1 - Q_2x_2, Q_2) - \mu_2(Q_2)Q_2, \\ Z' = -Z. \end{cases} \tag{10.5.1}$$

易得 (10.5.1) 的解的全局性态. 显然, 当 $t \to \infty$ 时, $Z(t) \to 0$, 所以当 $t \to \infty$ 时, (10.5.1) 收敛于 (10.3.3). 为了应用 11.6 节中的定理, 我们知道 (10.3.3) 的平衡点是孤立的, 且每一个解收敛于 (10.3.3) 的一个平衡点. 进而, (10.3.3) 的平衡点外无环.

因此, 从定理 11.6.1 得到 (10.5.1) 的每一个解也即 (10.2.4) 的每一个解当 $t \to \infty$ 时, 收敛于一个平衡点. 然而, 必须决定哪些初值吸引到哪个平衡点以便决定 (10.3.3) 的全局性态. 换句话说, 必须决定 (10.2.4) 每个平衡点的稳定流形. 由超平面 $x_1 = 0$ 和 $x_2 = 0$ 的不变性, 当每个平衡点都是双曲的时, 可以指出这些稳定的流形. 由命题 10.3.1 和命题 10.3.2, 易证表 10.5.1 中的双曲条件. 由雅可比矩阵 $\boldsymbol{J}_i, i=1,2$ 的形式, 可以推出 (10.2.4), (10.3.3) 和 (10.5.1) 中每个平衡点稳定流形的维数. 由 (10.5.1) 的形式可知, (10.2.4) 中每个平衡点稳定流形的维数比 (10.3.3) 相应平衡点稳定流形的维数大一. 所以, 假设表 10.5.1 中双曲性的假设成立, 那么每个平衡点稳定流形的维数如下:

当 $\boldsymbol{E}_0$ 是唯一的平衡点时, $\dim M^+(\boldsymbol{E}_0)=5$;

当只有一个边界平衡点 $\boldsymbol{E}_1$ 或 $\boldsymbol{E}_2$ 存在时, $\dim M^+(\boldsymbol{E}_0)=4$;

当两个边界平衡点 $\boldsymbol{E}_1$, $\boldsymbol{E}_2$ 都存在时, $\dim M^+(\boldsymbol{E}_0)=3$;

当只有 $\boldsymbol{E}_0$ 和 $\boldsymbol{E}_1$ 存在时, $\dim M^+(\boldsymbol{E}_1)=5$;

当 $\boldsymbol{E}_0$, $\boldsymbol{E}_1$ 和 $\boldsymbol{E}_2$ 都存在时, $\dim M^+(\boldsymbol{E}_1)=4$;

当只有 $\boldsymbol{E}_0$ 和 $\boldsymbol{E}_2$ 存在时, $\dim M^+(\boldsymbol{E}_2)=4$;

当 $\boldsymbol{E}_0$, $\boldsymbol{E}_1$ 和 $\boldsymbol{E}_2$ 都存在时, $\dim M^+(\boldsymbol{E}_2)=5$.

**表 10.5.1**

| 平衡点 | 双曲型的条件 |
|---|---|
| $\boldsymbol{E}_0$ | $\mu_i(Q_i^0)\neq 1,\ i=1,2$ |
| $\boldsymbol{E}_0$, $\boldsymbol{E}_1$ | $\mu_2(Q_2^0)\neq 1$ |
| $\boldsymbol{E}_0$, $\boldsymbol{E}_1$ | $\mu_1(Q_1^0)\neq 1$ |
| $\boldsymbol{E}_0$, $\boldsymbol{E}_1$, $E_2$ | $\tilde{S}<\hat{S}$ |

定理 10.5.1 四种情形的证明是类似的, 所以只介绍其中的一种, 最后一种是最有意思的. 当 $\boldsymbol{E}_0$, $\boldsymbol{E}_1$ 和 $\boldsymbol{E}_2$ 都存在, 且 $\tilde{S}<\hat{S}$ 时, $\boldsymbol{E}_2$ 是 (10.2.4) 的局部吸引子, $\boldsymbol{E}_1$ 是不稳定的, 有一个由 (10.2.4) 中不变的超平面 $x_2=0$ 上 $x_1>0$ 的部分组成的四维稳定流形. 由命题 10.4.3, 一维不稳定流形连接 $\boldsymbol{E}_1$ 和 $\boldsymbol{E}_2$. 平衡点 $\boldsymbol{E}_0$ 有一个三维的稳定流形包含在 $x_1=0$ 和 $x_2=0$ 的区域中. 由 (10.2.4) 的每一个解都收敛可知, $\boldsymbol{E}_2$ 吸引所有初始值满足 $x_2(0)>0$ 的解. 这就证明了定理最后一种情形. 其他情形类似可证.

## 10.6 讨　论

定理 10.5.1 的结论符合其他文献的有关定理. 事实上, 由文献 [8], 一个常数收益模型与 (10.2.1) 是有关系的, 它们都给了同样的预测 (这是文献 [8] 中并未证明的). 考虑 $\boldsymbol{E}_1$ 和 $\boldsymbol{E}_2$ 都存在的情形, 在 (10.2.1) 中忽略 $Q_i$ 的方程, 用

$$\mu_1(Q_1)=\hat{Q}_1^{-1}\rho_1(S,\hat{Q}_1),$$
$$\mu_2(Q_2)=\hat{Q}_2^{-1}\rho_2(S,\hat{Q}_2)$$

来替换 $x_i, i=1,2$ 方程中的 $\mu_i(Q_i)$. 用平衡点的值 $\tilde{Q}_1$ 和 $\tilde{Q}_2$ 来代替 $S$ 中的 $Q_i$. 可得下面的系统

$$\begin{cases} x_1' = x_1(\hat{Q}_1^{-1}\rho_1(S,\hat{Q}_1) - D), \\ x_2' = x_2(\hat{Q}_2^{-1}\rho_2(S,\hat{Q}_2) - D), \\ S' = D(S^0 - S) - x_1\rho_1(S,\hat{Q}_1) - x_2\rho_2(S,\hat{Q}_2). \end{cases} \tag{10.6.1}$$

根据 (10.2.1), 这个系统可以看作常数收益模型. 它的全局性态是由对每个种群的收支平衡的营养浓度, 即 $S$ 在 $x_i' = 0$ 的值决定的. 由 (10.2.5) 和 (10.2.7), 当 $i = 1$ 时, $S = \hat{S}$, 当 $i = 2$ 时, $S = \tilde{S}$. 有关文献的主要结果表明能够生存的种群是有小的收支平衡浓度的. 当然, 这个浓度小于 $S^0$, 这正是定理 10.5.1 的结论. 去掉 (10.2.1) 中有 $Q_i$ 的部分可得 (10.6.1) 的平衡点.

变数收益模型 (10.2.1) 的预测和对应的常数收益模型 (10.6.1) 是相同的. 每个模型的解单调地趋向相应的平衡点 (见命题 10.4.2).

从某一方面来看, 变数收益模型是有些令人失望的, 因为人们期望它的解的短暂性态能更好地符合某些藻类做的实验中见到的短暂性态[6]. 文献 [9] 中所描述的实验中, 一个衣藻型的马舌鲽属 (chlamydomonas reinhardii) 种群依靠氮培养基生长, 稀释率增加后, 抑制了细胞数目的振荡. Cunningham 和 Nisbet[6] 指出, 没有时滞的单种群的变数收益模型不会产生振动.

变数收益模型不是把种群的营养吸收率和成长率分开的唯一的模型. Tang 和 Wolkowicz[11] 提出了一个在细胞外层把营养基由生物体转化成中介物, 后来被释放出来的模型. 假设有机物的单位增长率依赖于在恒化器里均匀分布的中介物的浓度. 这个模型给出了与常数收益模型和变数收益模型等不同的预测. 事实上, 常数收益模型和变数收益模型的渐近性态都不依赖于初始条件. 对于文献 [11] 的模型来说, 这个结论不成立.

## 参 考 文 献


[1] Smith H L, Waltman P. The theory of the chemostat. Cambridge: Cambridge University Press, 1995.

[2] Monod J. Recherches surlacroissance des cultures bacteriennes. Paris: Herman, 1942.

[3] Monod J. La technique de culture continue, theorie et applications. Ann. Inst. Pasteur, 1950, 79: 390~401.

[4] Droop M R. Some thoughts on nutrient limitation in algae. Journal of Phycology, 1973, 9: 264~272.

[5] Grover J P. Resource competition in a variable environment: phytoplankton growing according to the variable-internal-stores model. American Naturalist, 1991, 138: 811~835.

[6] Cunningham A, Nisbet R M. Time lag and co-operativity in the transient growth dynamics of mocroalgae. Journal of Theoretical Biology, 1980, 84: 189~203.

[7] Smith H, Waltman P. Competition for a single limiting resource in continues culture:

The variable-yield model. SIAM. J. Appl. Math., 1994, 54: 1113~1131.

[8] Grover J P. Constant and variable-yield models of population growth: resources to environmental variability and implications for competition. J. of Theoretical Biology, 1992, 158: 409~428.

[9] Cunningham A, Mass P. Time lag and nutrient storage effects in the transient growth response of chlamydomonas reinharolii in nitrogen limited batch and continuous culture. J. of Theoretical Biology, 1980, 84: 227~231.

[10] Nisbet R M, Gurney W S. Modelling Fluctuating Populations. New York: Wiley, 1982.

[11] Tang B, Wolkowicz G S K. Mathematical models of microbial growth and competition in the chemostat regulated by cell-bound extra-cellular enzymes. J. of Math. Biol., 1992, 31: 1~23.

# 第 11 章　稳定性分析中的方法

本章介绍一些稳定性分析中用到的方法.

## 11.1　矩阵和特征值

经常用到矩阵, 尤其在讨论平衡点或周期解的线性化时. 有时候遇到的一些矩阵维数很大, 以至于直接计算其特征值变得不可行. 幸运的是一些特殊形式的矩阵有相应的定理可以解决这个问题. 在本节里, 我们就介绍这些定理.

对于平衡点的稳定性, 我们希望找出其线性系统的系数矩阵具有负实部的特征根. Routh-Hurwitz 定理可以解决此问题, 它是决定一个多项式零根实部符号的法则. 由于一个矩阵 $\boldsymbol{A}$ 的特征根是多项式

$$f(z) = a_0 z^n + a_1 z^{n-1} + \cdots + a_n$$

的零根, 该多项式是由

$$f(z) = \det(\boldsymbol{A} - z\boldsymbol{I})$$

得到的, 所以该理论可以应用. 遗憾的是, 该理论依赖于多项式商的一个指数, 并且计算也很复杂, 因此, 尽管多项式根的实部的符号判定问题从理论上已经解决, 但在实际应用上仍比较困难. 当多项式次数较低时, 如

$$a_0 z^3 + a_1 z^2 + a_2 z + a_3 = 0, \quad a_0 > 0,$$

则其具有负实部根的条件是

$$a_3 > 0, \quad a_1 > 0, \quad a_1 a_2 > a_0 a_3.$$

下面的定理尽管其条件不常遇到, 但它却是一个很好的工具. 该定理称为 Gerschgorin 临界定理[1].

**定理 11.1.1**　令 $\boldsymbol{A}$ 是一个 $n \times n$ 矩阵, 其元素为 $a_{ij}$, 定义 $\rho_i = \sum\limits_k{}' |a_{ik}|$, 这里 $\sum\limits_k{}'$ 表示 $k$ 从 1 到 $n$ 求和 (除去 $k = i$ 的项, 即去掉矩阵对角线上元素), 则矩阵的每个特征根至少位于复平面上圆域

$$\{z : |z - a_{ii}| \leqslant \rho_i\}, \quad i = 1, 2, \cdots, n$$

中的一个.

一般在稳定性理论的应用中, 对角线元素是负的. 定理 11.1.1 说明圆域 (称作 Gerschgorin 圆域) 的半径是较小的. 在较复杂的条件下有许多较好的推广, 其中对我们有用的就是不可约矩阵.

一个矩阵 $\boldsymbol{A}=(a_{ij})\in\mathbf{R}^{n\times n}$ 被称为是不可约的, 如果它不存在 $n$ 阶置换阵 (或称为排列阵)$\boldsymbol{P}$, 使得

$$\boldsymbol{PAP}^{\mathrm{T}}=\begin{pmatrix}\boldsymbol{A} & \boldsymbol{B}\\ \boldsymbol{0} & \boldsymbol{C}\end{pmatrix}$$

其中 $\boldsymbol{A}$ 是 $r$ 阶方阵, $\boldsymbol{C}$ 是 $n-r$ $(0<r<n)$ 阶方阵. 这里的 $n$ 阶置换矩阵定义为设 $n$ 阶置换

$$\sigma=\begin{pmatrix}1 & 2 & \cdots & n\\ \sigma(1) & \sigma(2) & \cdots & \sigma(n)\end{pmatrix},$$

$\sigma$ 对应的 $n$ 阶矩阵 $\boldsymbol{Q}=(q_{ij})$ 定义如下:

$$q_{ij}=\begin{cases}1, & j=\sigma(i),\\ 0, & j\neq\sigma(i),\end{cases}\qquad i=1,2,\cdots,n.$$

称 $\boldsymbol{Q}$ 为与 $\sigma$ 对应的 $n$ 阶置换矩阵. 易知用某个 $n$ 阶置换矩阵 $\boldsymbol{P}$ 左乘或右乘某个 $n$ 阶矩阵 $\boldsymbol{A}$, 等于对 $\boldsymbol{A}$ 进行相应的行变换或列变换.

有一个简单的方法来判断一个 $n\times n$ 矩阵 $\boldsymbol{A}$ 是否是不可约的. 在平面上画 $P_1,P_2,\cdots,P_n$ 共 $n$ 个点, 若 $a_{ij}\neq 0$, 则用直线 $P_iP_j$ 连接点 $P_i$ 和 $P_j$. 若每一对 $(P_i,P_j)$, 都有向路 $P_iP_{k_1},P_{k_1}P_{k_2},\cdots,P_{r-1}P_j$, 则该图称为强连通的. 一个方阵是不可约的, 当且仅当它的连接线是强连通的.

这个方法解释了先前的问题. 当图形上的两个顶点没有向路时, 就不能从第一个顶点到第二个顶点, 因此第一个顶点对第二个顶点没有影响. 欲进一步了解有关不可约矩阵的概念, 可参阅有关矩阵的书籍, 如文献 [46], [47].

**定理 11.1.2** 令 $\boldsymbol{A}$ 是一个不可约的矩阵, $\lambda$ 是 $\boldsymbol{A}$ 位于 Gerschgorin 圆域并集边界的特征值, 则 $\lambda$ 位于每个 Gerschgorin 圆域的边界.

矩阵 $\boldsymbol{A}$ 的所有特征值的集合称为 $\boldsymbol{A}$ 的谱, 记作 $\sigma(\boldsymbol{A})$. 矩阵 $\boldsymbol{A}$ 的稳定模数记作 $s(\boldsymbol{A})$, 定义为 $s(\boldsymbol{A})=\max\{\mathrm{Re}\lambda:\lambda\in\sigma(\boldsymbol{A})\}$. 在稳定性理论中, 所有的特征值均具有负实部意味着 $s(\boldsymbol{A})<0$. 一个矩阵的谱半径定义为 $\mu(\boldsymbol{A})=\max\{|\lambda|\ :\lambda\in\sigma(\boldsymbol{A})\}$. 对于特殊的矩阵有定理给出了关于稳定模数的信息. 矩阵 $\boldsymbol{A}$ 称为正的, 如果所有的元素是正的, 记作 $\boldsymbol{A}>0$ (类似地, 矩阵 $\boldsymbol{A}$ 称为负的, 如果所有的元素是负的). 著名的 Perron-Frobenius 定理适用于上述矩阵.

**定理 11.1.3** 若 $n\times n$ 矩阵 $\boldsymbol{A}$ 是非负的, 则

(1) $\mu(\boldsymbol{A})$ 是一个特征值;

(2) 有一个非负的特征向量 $\boldsymbol{v}$ 与 $\mu(\boldsymbol{A})$ 相对应.

由于定理条件中允许 $\boldsymbol{A}$ 是零矩阵, 该定理的价值是有限的; 若附加 $\boldsymbol{A}$ 是不可约的, 则有更好的结论.

**定理 11.1.4** 若 $n\times n$ 矩阵 $\boldsymbol{A}$ 是非负的且是不可约的, 则

(1) $\boldsymbol{A}$ 有一个正的特征值 $r=\mu(\boldsymbol{A})$;

(2) 对应于 $r$, $\boldsymbol{A}$ 有一个正的特征向量 $\boldsymbol{v}$;

(3) 特征值 $r$ 的代数重数是 1;

(4) $\boldsymbol{A}$ 的任意非负特征向量是 $\boldsymbol{v}$ 的正倍数;

(5) 若 $\boldsymbol{B}\geqslant\boldsymbol{A}$ 但 $\boldsymbol{B}\neq\boldsymbol{A}$, 则 $\mu(\boldsymbol{B})>\mu(\boldsymbol{A})$.

下述定理是定理 11.1.4 的推论. 若 $\boldsymbol{A}$ 满足 $\boldsymbol{A}+c\boldsymbol{I}\geqslant 0$, 则 $\mu(\boldsymbol{A}+c\boldsymbol{I})=s(\boldsymbol{A})+c$.

**定理 11.1.5** 若 $n\times n$ 矩阵 $\boldsymbol{A}$ 是不可约的且非对角线上元素是非负的, 则 $s(\boldsymbol{A})$ 是代数重数为 1 的特征值, $\mathrm{Re}\lambda<s(\boldsymbol{A}),\lambda\in\sigma(\boldsymbol{A})$, $\lambda\neq s(\boldsymbol{A})$; 进一步, 存在特征向量 $\boldsymbol{v}>0$, 使得 $\boldsymbol{Av}=s(\boldsymbol{A})\boldsymbol{v}$. $\boldsymbol{A}$ 的任何非负特征向量关于 $\boldsymbol{v}$ 是正倍数. 若 $\boldsymbol{B}$ 是一个 $n\times n$ 矩阵满足 $\boldsymbol{B}\geqslant\boldsymbol{A}$ 但 $\boldsymbol{B}\neq\boldsymbol{A}$, 则 $s(\boldsymbol{B})>s(\boldsymbol{A})$.

**定理 11.1.6** 令

$$\boldsymbol{A}=\begin{pmatrix}\boldsymbol{B} & \boldsymbol{C}\\ \boldsymbol{D} & \boldsymbol{E}\end{pmatrix},$$

其中, $\boldsymbol{B}$ 和 $\boldsymbol{E}$ 是维数分别为 $k$ 和 $l$ 的方阵, 且非对角线上元素是非负的, $\boldsymbol{D}\leqslant\boldsymbol{0},\boldsymbol{C}\leqslant\boldsymbol{0}$, $\boldsymbol{A}$ 是不可约的, 则 $s(\boldsymbol{A})$ 是重数为 1 的特征值, 且对于 $\lambda\neq s(\boldsymbol{A})$ 有 $\mathrm{Re}\lambda<s(\boldsymbol{A})$; 进一步, 存在特征向量 $\boldsymbol{v}=(v_1,v_2)$, $v_1\in\mathbf{R}^k$, $v_2\in\mathbf{R}^l$ 满足 $v_1>0,v_2<0$, 使得 $\boldsymbol{Av}=s(\boldsymbol{A})\boldsymbol{v}$.

若 $\boldsymbol{A}$ 是正的矩阵, 一些定理可以被加强.

**定理 11.1.7** 若 $\boldsymbol{A}$ 是正的矩阵, 则除了定理 11.1.4 的结论之外, $r$ 大于 $\boldsymbol{A}$ 的所有其他特征值的模数.

另一个很重要的概念是正定 (负定), 因而要求矩阵 $\boldsymbol{A}$ 是一个对称矩阵, 即 $a_{ij}=a_{ji}$.

**定理 11.1.8** 对称矩阵的谱是实的.

因而, 我们可以对一个矩阵的特征值进行排序

$$\lambda_1\leqslant\lambda_2\leqslant\cdots\leqslant\lambda_n.$$

一个对称矩阵 $\boldsymbol{A}$ 称为是正定的, 如果其所有特征值是正的; 一个对称矩阵 $\boldsymbol{A}$ 称为是负定的, 如果其所有特征值是负的. 记 $d_1=a_{11}$,

$$d_2=\det\begin{pmatrix}a_{11} & a_{12}\\ a_{21} & a_{22}\end{pmatrix},$$

$$d_n = \det \begin{pmatrix} a_{11} & a_{12} & \cdots & a_{1n} \\ a_{21} & a_{22} & \cdots & a_{2n} \\ \vdots & \vdots & & \vdots \\ a_{n1} & a_{n2} & \cdots & a_{nn} \end{pmatrix}.$$

**定理 11.1.9**　一个对称矩阵 $\boldsymbol{A}$ 是正定的, 当且仅当 $d_1 > 0,\ d_2 > 0,\ \cdots, d_n > 0$.

**定理 11.1.10**　一个对称矩阵 $\boldsymbol{A}$ 是负定的, 当且仅当 $d_1 < 0,\ d_2 > 0,\ \cdots,\ (-1)^n d_n > 0$.

**定理 11.1.11**　令 $\boldsymbol{A}$ 如定理 11.1.6 所述, 定义 $\widetilde{\boldsymbol{A}}$ 如下:

$$\widetilde{\boldsymbol{A}} = \begin{pmatrix} \boldsymbol{B} & -\boldsymbol{C} \\ -\boldsymbol{D} & \boldsymbol{E} \end{pmatrix}$$

则 $s(\boldsymbol{A}) < 0$ 当且仅当 $(-1)^k d_k > 0,\ k = 1, 2, \cdots, n$, 其中, $d_k$ 是 $\widetilde{\boldsymbol{A}}$ 的第 $k$ 个主子式.

**定理 11.1.12**　令 $\boldsymbol{A}$ 的非对角线上元素是非负的且是不可约的, 则

(1) 若 $s(\boldsymbol{A}) < 0$, 则 $-\boldsymbol{A}^{-1} > 0$;

(2) 若 $s(\boldsymbol{A}) > 0$ 且 $r > 0$, 则 $\boldsymbol{A}x + r = 0$ 没有满足 $x > 0$ 的解 $x$.

**证明**　等式 $-\boldsymbol{A}^{-1} = \int_0^\infty \mathrm{e}^{\boldsymbol{A}t}\mathrm{d}t$和定理 11.2.3 中的 (11.2.7) 式意味着对 $t > 0$, $\mathrm{e}^{\boldsymbol{A}t} > 0$, 从而 (1) 得证.

(2) 如果不成立, 则存在 $x > 0$ 使得 $-\boldsymbol{A}x > 0$. 由文献 [45], $-\boldsymbol{A} = s\boldsymbol{I} - (s\boldsymbol{I} + \boldsymbol{A})$, 其中 $s > 0$ 待定, 使得 $\boldsymbol{B} = s\boldsymbol{I} + \boldsymbol{A} \geqslant 0$. $\boldsymbol{B}$ 的谱半径 $\mu(\boldsymbol{B})$ 满足 $\mu(\boldsymbol{B}) = \mu(s\boldsymbol{I} + \boldsymbol{A}) = s + s\boldsymbol{A} > s$, 所以 $-\boldsymbol{A}$ 不可能是 $M$ 矩阵, 矛盾, 从而得证. □

## 11.2　微分不等式

本节主要叙述微分不等式的基本定理, 这些主要定理归功于 Kamke[3], 但 Müller[4] 的工作更早些, 更一般的是 Burton 和 Whyburn[5] 的工作. 沿用 Coppel 在文献 [6] 和 Smith 在文献 [2], [7] 的解释, $\mathbf{R}^n$ 中的正锥用 $\mathbf{R}_+^n$ 表示, $\mathbf{R}_+^n$ 是具有非负坐标的 $n$ 维元素的集合, 在 $\mathbf{R}^n$ 里可以定义偏序: 假如, $\boldsymbol{x} - \boldsymbol{y} \in \mathbf{R}_+^n$, 则 $\boldsymbol{y} \leqslant \boldsymbol{x}$. 非正式地, 当且仅当对所有 $i$, $y_i \leqslant x_i$ 也是成立的. 假如对所有 $i, x_i < y_i$, 那么 $x < y$. 在类似含义的矩阵中也会用到这样的记号.

令 $f: \mathbf{R} \times D \to \mathbf{R}^n$, 其中, $D$ 是 $\mathbf{R}^n$ 中的开子集, $\boldsymbol{f}$ 是一个向量值函数, $\boldsymbol{f} = (f_1, f_2, \cdots, f_n)$. 首先给出一般形式的条件, 函数 $\boldsymbol{f}$ 在 $D$ 中称为 $K$ 型的, 如果对所有的 $i$ 和 $t$, $\forall a, b \in D$ 满足 $a \leqslant b$, 以及 $a_i = b_i$ 时, $f_i(t, a) \leqslant f_i(t, b)$.

为了在同一个区间上比较如下系统的解:

$$
\begin{cases}
x' = f(t,x), & (11.2.1)\\
z' \leqslant f(t,z), & (11.2.2)\\
y' \geqslant f(t,z). & (11.2.3)
\end{cases}
$$

我们总假定, 具有初值问题的系统 (11.2.1) 的解是唯一的.

**定理 11.2.1** 令 $f$ 在 $\mathbf{R}\times D$ 上连续, 且是 $K$ 型的. 令 $x(t)$ 是 (11.2.1) 定义在 $[a,b]$ 上的一个解, 假如 $z(t)$ 是区间 $[a,b]$ 上的一个连续函数, 当 $z(a)\leqslant x(a)$ 时 $z(t)$ 在 $(a,b)$ 内满足 (11.2.2), 那么 $\forall t\in[a,b]$, $z(t)\leqslant x(t)$. 假如 $y(t)$ 是 $[a,b]$ 上的连续函数, 当 $y(a)\geqslant x(a)$ 时, $y(t)$ 在 $(a,b)$ 内满足 (11.2.3), 则 $\forall t\in[a,b]$, $y(t)\geqslant x(t)$.

**证明** 令 $\boldsymbol{x}_m(t)$ 是具有初值问题

$$x' = f(t,x)+\frac{1}{m}\boldsymbol{e}$$

的一个解, 满足 $\boldsymbol{x}_m(a)=\boldsymbol{x}(a)$, 其中, $\boldsymbol{e}=(1,1,\cdots,1)$, $m=1,2,\cdots$. 则 $\boldsymbol{x}_m(t)$ 对所有充分大的 $m$, 定义在 $[a,b]$ 上, 当 $m\to\infty$ 时, $\boldsymbol{x}_m(t)\to\boldsymbol{x}(t)$, 且在 $[a,b]$ 上是一致的[8]. 对所有充分大的 $m$, $\boldsymbol{z}(t)<\boldsymbol{x}_m(t)$, $t\in[a,b]$. 令 $m\to\infty$ 对上式取极限, 得出本定理的第一部分. 第二部分可用相同的方法证明.

令 $m\geqslant 1$, 使得 $\boldsymbol{x}_m(t)$ 定义在 $[a,b]$ 上. 当 $z_i(a)=x_{mi}(a)$ (后者是 $x_m(a)$ 的第 $i$ 个分量) 和 $z_i'(a)<x_{mi}'(a)$ 对所有的 $1\leqslant i\leqslant n$ 成立时, 对 $t>a$, $z_i(t)<x_{mi}(t)$. 因此, 假如 $z(t)<x_m(t)$ 对某些 $t\in[a,b]$ 不成立, 则存在 $j$ 和 $t_0\in[a,b]$, 使得对 $a<t<t_0$ 和 $1\leqslant i\leqslant n$ 有 $z_i(t)<x_{mi}(t)$, 从而 $z_j(t_0)=x_{mj}(t_0)$. 所以,

$$f_j(t_0,z(t_0))\geqslant z_j'(t_0)\geqslant x_{mj}'(t_0)=f_j(t_0,x_m(t_0))+1/m>f_j(t_0,x_m(t_0)).$$

但是, $\boldsymbol{z}(t_0)\leqslant\boldsymbol{x}_m(t_0)$ 和 $z_j(t_0)=x_{mj}(t_0)$ 意味着在 $K$ 型条件下, $f_j(t_0,z(t_0))\leqslant f_j(t_0,x_m(t_0))$, 这个矛盾证明了定理. □

参见文献 [6] 有更一般的结果. 这个定理在下列条件下可用到: 当 (11.2.1) 的解已知或已知一个界限且 $z(t)$ 或 $y(t)$ 来自于一些更复杂的微分方程时, 这些方程的右边能被 $f$ 确定为有界的.

$K$ 型条件可由 $f$ 在适当区域的偏导表示出来, 我们说区域 $D$ 是 $p$ 凸的, 当 $x,y\in D$ 且 $x\leqslant y$ 时, 如果对所有的 $t\in[0,1]$, $tx+(1-t)y\in D$. 在一般的应用中, $D$ 是凸集, 则 $D$ 也是 $p$ 凸的. 下面的结果中, 比较与初值有关的同一方程的两个解.

**推论 11.2.1** 令 $\boldsymbol{f}(t,\boldsymbol{x})$ 和 $(\partial\boldsymbol{f}/\partial\boldsymbol{x})(t,\boldsymbol{x})$ 在 $\mathbf{R}\times D$ 上连续, 其中, $D$ 是 $\mathbf{R}^n$ 中的 $p$ 凸子集, 令

$$\frac{\partial f_i}{\partial x_j}(t,\boldsymbol{x})\geqslant 0,\quad i\neq j,(t,\boldsymbol{x})\in\mathbf{R}_xD \tag{11.2.4}$$

成立. 如果 $\boldsymbol{y}(t)$ 和 $\boldsymbol{z}(t)$ 是 (11.2.1) 的定义在 $t \geqslant t_0$ 上满足 $\boldsymbol{y}(t_0) \leqslant \boldsymbol{z}(t_0)$ 的两个解, 则对所有的 $t \geqslant t_0$, $\boldsymbol{y}(t) \leqslant \boldsymbol{z}(t)$.

**证明** 条件 (11.2.4) 和微分基本定理意味着 $\boldsymbol{f}$ 在 $\mathbf{R} \times D$ 上是 $K$ 型的. 事实上, 假如 $a \leqslant b$ 和 $a_i = b_i$, 则

$$f_i(t,b) - f_i(t,a) = \int_0^1 \sum_{j \neq i} \frac{\partial f_i}{\partial x_j}(t, a + r(b-a))(b_j - a_j)\mathrm{d}r \geqslant 0,$$

由 (11.2.4) 和定理 11.2.1, 得证. □

若 $\boldsymbol{f}$ 在 $D$ 上不仅连续且是 $K$ 型的, 推论 11.2.1 的结论成立. 我们已经叙述了这个更一般结果的特殊情形, 因为在通常情况下要加上光滑, 并且条件 (11.2.4) 在应用中更容易验证.

(11.2.1) 称为合作系统, 如果推论 11.2.1 的假设成立. (11.2.1) 称为合作的和不可约的, 如果它是一个合作系统且对于 $(t, x) \in \mathbf{R} \times D$, $(\partial \boldsymbol{f}/\partial \boldsymbol{x})(t, \boldsymbol{x})$ 是一个不可约矩阵.

对于 (11.2.1) 满足 $\boldsymbol{x}(s) = \boldsymbol{\xi}$ 的解记作 $\boldsymbol{x}(t, s, \boldsymbol{\xi})$, 由于 $\boldsymbol{f}$ 关于 $\boldsymbol{x}$ 是连续可导的, 所以 $\boldsymbol{x}(t, s, \boldsymbol{\xi})$ 是连续可微的,

$$\boldsymbol{X}(t) = \frac{\partial \boldsymbol{x}}{\partial \boldsymbol{\xi}}(t, s, \boldsymbol{\xi})$$

满足 $\boldsymbol{X}(s) = \boldsymbol{I}$(恒等矩阵), $\boldsymbol{X}(t)$ 是

$$\boldsymbol{z}'(t) = \frac{\partial \boldsymbol{f}}{\partial \boldsymbol{x}}(t, \boldsymbol{x}(t), \boldsymbol{z}(t)) \tag{11.2.5}$$

的基解矩阵, 其中, $\boldsymbol{x}(t) = \boldsymbol{x}(t, s, \boldsymbol{\xi})$. 假如 (11.2.1) 是一个合作系统, 则推论 11.2.1 能应用到 (11.2.5), 因为 (11.2.5) 也是一个合作系统. 事实上, 若 $x_i(t)$ 表示 $\boldsymbol{X}(t)$ 的第 $i$ 个分量, 则 $x_i(s)$ 是 $\mathbf{R}^n$ 的标准基的第 $i$ 个元素, 且是非负的. 因此, 推论 11.2.1 应用到 $x_i(t)$ 且 0 意味着对所有 $t \geqslant s, x_i(t) \geqslant 0$. 从而, 假如 (11.2.1) 是合作的, 则

$$\frac{\partial \boldsymbol{x}}{\partial \boldsymbol{\xi}}(t, s, \boldsymbol{\xi}) \geqslant 0, \quad t \geqslant s. \tag{11.2.6}$$

注意到不等式 (11.2.6) 意味着矩阵的每一个元素都是非负的, 若 (11.2.1) 是合作的和不可约的, 更强的结论成立.

**定理 11.2.2** 令 (11.2.1) 在 $\mathbf{R} \times D$ 上是一个合作的和不可约的系统, 则对所有 $t > s$,

$$\frac{\partial \boldsymbol{x}}{\partial \boldsymbol{\xi}}(t, s, \boldsymbol{\xi}) > 0. \tag{11.2.7}$$

进一步, 若 $\boldsymbol{\xi}_1, \boldsymbol{\xi}_2 \in D$ 是满足 $\boldsymbol{\xi}_1 \leqslant \boldsymbol{\xi}_2$ 的不同的点, 则对所有 $t > s$,

$$\boldsymbol{x}(t, s, \boldsymbol{\xi}_1) < x(t, s, \xi_2). \tag{11.2.8}$$

**证明**

$$\boldsymbol{x}(t,s,\boldsymbol{\xi}_2)-\boldsymbol{x}(t,s,\boldsymbol{\xi}_1)=\int_0^1\frac{\partial \boldsymbol{x}}{\partial \boldsymbol{\xi}}(t,s,\boldsymbol{\xi}_1+r(\boldsymbol{\xi}_2-\boldsymbol{\xi}_1))(\boldsymbol{\xi}_2-\boldsymbol{\xi}_1)\mathrm{d}r.$$

令

$$\boldsymbol{X}(t)=\frac{\partial \boldsymbol{x}}{\partial \boldsymbol{\xi}}(t,s,\boldsymbol{\xi}),\quad \boldsymbol{A}(t)=\frac{\partial \boldsymbol{f}}{\partial \boldsymbol{x}}(t,\boldsymbol{x}(t)).$$

方程 (11.2.4) 和 (11.2.6) 意味着如果 $\boldsymbol{X}(t)=(x_{ij}(t))$, 那么

$$x'_{ij}(t)\geqslant a_{ii}(t)x_{ij}(t),\quad t\geqslant s.$$

如果 $t_1\geqslant s$ 且 $x_{ij}(t_1)>0$, 则对所有的 $t\geqslant t_1, x_{ij}(t)>0$. 因此, 集合 $Z_{ij}\equiv\{t:t>s,\text{且 } x_{ij}(t)=0\}$ 是空集, 或者是一个区间: $(s,e_{ij}](s<e_{ij}\leqslant\infty)$. 显然, $Z_{ii}$ 是空集, 因为 $x_{ii}(s)=1,\ 1\leqslant i\leqslant n$. 假设 $Z_{ij}$ 对某些下标 $i,j$ 是非空的, 令 $S=\{k:x_{kj}(t)=0,\ t\in(s,e_{ij}]\}$, 由于 $i\in S$ 且 $S$ 非空, $\boldsymbol{X}(t)$ 是非奇异的, $S\neq\{1,2,\cdots,n\}$. 令 $S^c$ 表示 $S$ 在 $\{1,2,\cdots,n\}$ 中的元素, 对所有的 $t\in[s,e_{ij}]$ 和 $k\in S$,

$$0=x'_{kj}(t)=\sum_l a_{kl}(t)x_{lj}(t)=\sum_{l\in S^c}a_{kl}(t)x_{lj}(t).$$

但是由 $S$ 的定义, 对 $t\to e_{ij}$ 有 $x_{lj}(t)>0,\ l\in S^c$. 因此, 存在 $t_1<e_{ij}$, 使得对 $t_1<t$ 和 $l\in S^c$ 有 $x_{lj}(t)>0$. 由等式得出 $a_{kl}(t)=0$ 对 $t_1<t\leqslant e_{ij}$ 和 $l\in S^c$. 由于 $k\in S$ 是任意的, 对 $t_1<t<e_{ij}$, 且对所有 $k\in S$ 和 $l\in S^c$ 有 $a_{kl}(t)=0$. 这与 $\boldsymbol{A}(t)$ 的不可约相矛盾, 因此完成了证明. □

我们在应用中经常碰到的另一种系统有如下形式:

$$\boldsymbol{x}'=F(t,\boldsymbol{x},\boldsymbol{y}),\quad \boldsymbol{y}'=G(t,\boldsymbol{x},\boldsymbol{y}),\tag{11.2.9}$$

其中, $\boldsymbol{x},\boldsymbol{y}\in\mathbf{R}^n$, $H=(F,G):\mathbf{R}\times D\to\mathbf{R}^{2n}$, $D\subset\mathbf{R}^{2n}$ 是开的. 函数 $H$ 或 (11.2.9) 在 $D$ 上称为推广的 $K$ 型, 假如 (1) 当 $a\geqslant b,c\leqslant d,t\in\mathbf{R}$ 和 $a_i=b_i$ 时, 对每一个 $i(1\leqslant i\leqslant n)$, 有 $F_i(t,a,c)\geqslant F_i(t,b,d)$; (2) 当 $a\geqslant b,c\leqslant d,t\in\mathbf{R}$ 和 $c_j=d_j$, 时, 对每一个 $j(n+1\leqslant j\leqslant 2n)$, 有 $G_j(t,a,c)\leqslant G_j(t,b,d)$. 假设 $(a,c)$ 和 $(b,d)$ 属于 $D$. 假如 $b\leqslant a$ 和 $d\geqslant c$, 记作 $(b,d)\leqslant_K(a,c)$; 假如 $b<a$ 和 $d>c$, 则记作 $(b,d)<_K(a,c)$. 读者需注意概念 $<$ 和 $<_K$ 在文献中有不同的用法.

关于在 (11.2.9) 中出现的向量 $\boldsymbol{x}$ 和 $\boldsymbol{y}$ 为什么需要相同的维数没有特别的理由. 更一般的情形参见 Burton 和 Whyburn[5] 以及 Smith[2, 7] 的文献. 这方面工作所考虑的系统是两个分量有相同的维数. 因此, 尽管我们的结果对一般情形成立, 但仍强调对这种情形的关注.

令 $P:\mathbf{R}^{2n}\to\mathbf{R}^{2n}$ 由 $P(\boldsymbol{u},\boldsymbol{v})=(\boldsymbol{u},-\boldsymbol{v})$ 定义. 假如 (11.2.9) 是 $D$ 中推广的 $K$ 型, 令 $D'=PD$. (11.2.9) 中变量 $(\boldsymbol{u},\boldsymbol{v})=P(\boldsymbol{x},\boldsymbol{y})$ 的改变, 得到系统

$$\boldsymbol{u}'=F(t,\boldsymbol{u},-\boldsymbol{v}),\quad \boldsymbol{v}'=-G(t,\boldsymbol{u},-\boldsymbol{v}). \tag{11.2.10}$$

容易看出假如 (11.2.9) 是 $D$ 中的推广 $K$ 型, 则 (11.2.10) 是 $D'$ 中的 $K$ 型和凸的. 观察到 $(b,d)\leqslant_K(a,c)$ 当且仅当 $P(b,d)\leqslant P(a,c)$, 这些简单的观察使我们能够叙述以前相似的结论.

考虑微分不等式

$$\boldsymbol{u}'\leqslant F(t,\boldsymbol{u},\boldsymbol{v}),\quad \boldsymbol{v}'\geqslant G(t,\boldsymbol{u},\boldsymbol{v}). \tag{11.2.11}$$

假如 $z=(\boldsymbol{u},\boldsymbol{v})$, 则 (11.2.11) 只有 $z'\leqslant_K H(t,z)$.

下面的结论与定理 11.2.1 相似, 也与 (11.2.11) 不等式反向的结果类似.

**定理 11.2.3**　令 $H$ 在 $\mathbf{R}\times D$ 上连续并且假定 $H$ 在 $D$ 内是广义的 $K$ 型, $(\boldsymbol{x}(t),\boldsymbol{y}(t))$ 表示 (11.2.9) 在区间 $[a,b]$ 上的一个解, 假定 $(\boldsymbol{u}(t),\boldsymbol{v}(t))$ 在 $[a,b]$ 上连续且在 $(a,b)$ 内满足 (11.2.11). 如果 $(\boldsymbol{u}(a),\boldsymbol{v}(a))\leqslant_K(\boldsymbol{x}(a),\boldsymbol{y}(a))$, 则对所有 $t\in[a,b]$, $(\boldsymbol{u}(t),\boldsymbol{v}(t))\leqslant_K(\boldsymbol{x}(t),\boldsymbol{y}(t))$ 成立.

定理 11.2.3 可由定理 11.2.1 应用到 (11.2.11) 得到, 并且通过转化 $P$ 解释这个结果. 下一个定理与 (11.2.9) 的推论 11.2.1 类似.

**推论 11.2.2**　令 $H=(F,G)$ 关于 $(x,y)$ 在 $\mathbf{R}\times D$ 上是连续的, 并且有连续的导数, 其中 $D$ 是 $\mathbf{R}^{2n}$ 中的一个凸子集. 假定

$$\begin{cases}\dfrac{\partial F_i}{\partial x_j}\geqslant 0,\quad \dfrac{\partial G_i}{\partial y_j}\geqslant 0,\quad i\neq j;\\[2ex] \dfrac{\partial F_i}{\partial y_j}\leqslant 0,\quad \dfrac{\partial G_i}{\partial x_j}\leqslant 0,\quad \text{对所有 } i,j.\end{cases} \tag{11.2.12}$$

令 $(\boldsymbol{x}(t),\boldsymbol{y}(t))$ 和 $(\boldsymbol{u}(t),\boldsymbol{v}(t))$ 是 (11.2.9) 定义在 $t\geqslant t_0$ 满足 $(\boldsymbol{x}(t_0),\boldsymbol{y}(t_0))\leqslant_K(\boldsymbol{u}(t_0),\boldsymbol{v}(t_0))$ 的解, 则对所有 $t\geqslant t_0$, $(x(t),y(t))\leqslant_K(u(t),v(t))$ 成立.

$D$ 的凸性是比较强的一个条件, 但可以满足这里所有感兴趣的情形. 用 (11.2.4) 中同样的讨论方法可得到 (11.2.6), 当应用于 (11.2.11) 时, 假定 $\boldsymbol{z}(t,s,\alpha)=(\boldsymbol{x}(t,s,\alpha),\boldsymbol{y}(t,s,\alpha))$ 是 (11.2.9) 满足 $z(s)=\alpha\equiv(\xi,\eta)\in D$ 的解并且假设 (11.2.12) 成立, 则

$$\frac{\partial\boldsymbol{z}}{\partial\alpha}(t,s,\alpha)=\begin{pmatrix}\dfrac{\partial\boldsymbol{x}}{\partial\xi} & \dfrac{\partial\boldsymbol{x}}{\partial\eta}\\[2ex] \dfrac{\partial\boldsymbol{y}}{\partial\xi} & \dfrac{\partial\boldsymbol{y}}{\partial\eta}\end{pmatrix}$$

满足

$$\begin{cases} \dfrac{\partial \boldsymbol{x}}{\partial \xi} \geqslant 0, & \dfrac{\partial \boldsymbol{y}}{\partial \eta} \geqslant 0, \\ \dfrac{\partial \boldsymbol{x}}{\partial \eta} \leqslant 0, & \dfrac{\partial \boldsymbol{y}}{\partial \xi} \leqslant 0. \end{cases} \tag{11.2.13}$$

不可约概念意味着 (11.2.13) 的强不等式成立.

**定理 11.2.4** 令 (11.2.9) 满足 (11.2.12) 且假定 $(\partial H)/(\partial z)$ 对每一个 $(t,z) \in \mathbf{R} \times D$ 不可约, 其中 $D$ 是 $\mathbf{R}^{2n}$ 中的一个凸子集, $H = (F,G), z = (x,y)$, 则严格不等式 ($>$ 或 $<$) 在 (11.2.13) 的每一个不等式都成立. 更进一步地说, 假如对 $i = 1,2$, $(\xi_i, \eta_i)$ 是 $D$ 中不同的点, $s \in \mathbf{R}$ 和 $(\xi_1, \eta_1) \leqslant_K (\xi_2, \eta_2)$, 则对 $t > s$, 有

$$z(t,s,\xi_1,\eta_1) <_K z(t,s,\xi_2,\eta_2). \tag{11.2.14}$$

在本书出现的系统中, 每一个变量代表营养浓度或微生物种群, 因此是非负的. 所以, 由生物学意义, 这里研究的系统必须具有在 $\mathbf{R}_+^n$ 中不变的性质. 下面的结果为这个基本性质的成立提供了充分条件.

**命题 11.2.1** 假定在 (11.2.1) 中的 $\boldsymbol{f}$ 具有性质: 从初值 $\boldsymbol{x}(t_0) = \boldsymbol{x}_0 \geqslant 0$ 出发的解是唯一的, 且对所有 $i$, 当 $\boldsymbol{x} \geqslant 0$ 满足 $x_i = 0$ 时, $f_i(t,\boldsymbol{x}) \geqslant 0$, 则对所有 $t \geqslant t_0$, $\boldsymbol{x}(t_0) \geqslant 0$ 时, $\boldsymbol{x}(t) \geqslant 0$ 成立.

**证明** 当 $\boldsymbol{f}$ 满足更强条件, 即当 $\boldsymbol{x} \geqslant 0$ 满足 $x_i = 0$, $f_i(t,x) > 0$ 时, 结论显然成立. 一般的情形可通过极限证明得出. 对 $s > 0$ 定义 $\boldsymbol{f}_s(t,\boldsymbol{x}) = \boldsymbol{f}(t,\boldsymbol{x}) + s\boldsymbol{v}$, 其中 $\boldsymbol{v}$ 是所有元素等于 1 的向量, 那么 $\boldsymbol{f}_s$ 满足更强的条件. 因此 $\boldsymbol{x}' = \boldsymbol{f}_s(t,\boldsymbol{x})$ 起始于非负值的解将永远保持非负. 因为 (11.2.1) 满足 $\boldsymbol{x}(t_0) = \boldsymbol{x}_0 \geqslant 0$ 的解能够在任何固定的 $t \geqslant t_0$, 对充分小的 $s > 0$, $f_s$ 的初值问题的解逼近, 由解对参数的连续依赖性[8] 可直接得出 $\boldsymbol{x}(t) \geqslant 0$. □

命题 11.2.1 的条件对结论成立是必要的, 相似的条件 (不等式反向) 保证对 $t \geqslant t_0$, 若 $\boldsymbol{x}(t_0) \leqslant 0$ 则有 $\boldsymbol{x}(t) \leqslant 0$, 由此可以得到如下推论.

**推论 11.2.3** 令 $f$ 满足推论 11.2.1 的假设, 并且假定存在 $\boldsymbol{x}_0 \in D$, 使得对所有 $t \geqslant t_0$ 有 $\boldsymbol{f}(t,\boldsymbol{x}_0) \geqslant 0$, 则 (11.2.1) 满足 $\boldsymbol{x}(t_0) = \boldsymbol{x}_0$ 的解对所有 $t \geqslant t_0$, 满足 $\boldsymbol{x}(t) \geqslant \boldsymbol{x}_0$. 假如不等式反向, 类似的结论仍成立.

令 $H = (F,G)$ 满足推论 11.2.2 的假设, 并假定存在 $\boldsymbol{z}_0 \in D$, 使得对所有 $t \geqslant t_0$, $0 \leqslant_K H(t,\boldsymbol{z}_0)$ 成立, 则 (11.2.9) 满足 $\boldsymbol{z}(t_0) = \boldsymbol{z}_0$ 的解满足对 $t \geqslant t_0$, 有 $\boldsymbol{z}_0 \leqslant_K \boldsymbol{z}(t)$. 假如不等式反向, 类似的结论仍成立.

**证明** 仅对 (11.2.1) 的第一个结论进行详细证明. 由变量变换 $\boldsymbol{y} = \boldsymbol{x} - \boldsymbol{x}_0$, 这个结论等价于 $\boldsymbol{y}' = \boldsymbol{f}(t, \boldsymbol{x}_0 + \boldsymbol{y})$ 起始于非负值的解仍保持非负. 因为 $\boldsymbol{f}$ 是 $K$ 型的,

假如 $\boldsymbol{y} \geqslant 0$ 和对某些 $i$, $y_i = 0$, 则

$$f_i(t, \boldsymbol{x}_0 + \boldsymbol{y}) \geqslant f_i(t, \boldsymbol{x}_0) \geqslant 0.$$

因此, 根据命题 11.2.1, 结论成立. □

## 11.3 单调系统

令 $\pi(x,t)$ 表示源自于自治微分方程

$$x' = f(x) \tag{11.3.1}$$

的动力系统, 这里 $f$ 在 $D \subset \mathbf{R}^n$ 的子集上连续可微. 又称 $\pi(x,t)$ 为 (11.3.1) 的解, 它在 $t=0$ 时起始于点 $x$. 假定 (11.3.1) 的解延拓到整个 $t \geqslant 0$ 上. 关于动力系统的定义和基本概念, 可参阅有关书籍. 不同偏序关系的记号已在 11.2 节中给出. 单调动力系统的主要结果是根据动力系统的一般性质得到的, 尽管本书里碰到的大部分动力系统是由 (11.3.1) 形式的微分方程所表示的. 一个系统关于 $\leqslant_K$ 称作一个单调动力系统, 假如它具有性质: 当 $x \leqslant_K y$ 时, 对 $t \geqslant 0$ 有 $\pi(x,t) \leqslant_K \pi(y,t)$. 动力系统关于 $\leqslant_K$ 称作是强单调的, 如果 $x \leqslant_K y$ 且 $x \neq y$ 意味着对所有 $t > 0$, 有 $\pi(x,t) <_K \pi(x,y)$. 一个动力系统关于 $\leqslant$ $(<)$ 是一个单调 (或强单调的) 动力系统, 当这些条件用 $\leqslant$ 代替 $\leqslant_K$($<$ 代替 $<_K$) 时成立. 为了对这些结果有一个简要阐述, 在本节里假定 $D$ 是凸的.

在 11.2 节已给出 (11.3.1) 的产生一个单调 (或强单调) 动力系统的充分条件. 推论 11.2.1, 定理 11.2.2, 推论 11.2.2 和定理 11.2.4 意味着下面的结果.

**定理 11.3.1**　假如 (11.3.1) 在 $D$ 中是互惠的, 则 $\pi$ 在 $D$ 中关于 $\leqslant$ 是一个单调的动力系统; 假如 (11.3.1) 在 $D$ 中是互惠的和不可约的, 则 $\pi$ 在 $D$ 中关于 $\leqslant$ 是一个强单调动力系统; 假如 (11.3.1) 有 (11.2.9) 的形式, 其中, $F$ 和 $G$ 独立于 $t$ 并且 (11.2.12) 在 $D$ 中成立, 则 $\pi$ 关于 $\leqslant_K$ 是一个单调动力系统. 假如 $f$ 的雅可比矩阵在 $D$ 中的每个点都不可约, 则 $\pi$ 关于 $\leqslant_K$ 是强单调的.

接下来, 仅叙述关于偏序 $\leqslant_K$ 的结果, 对偏序 $\leqslant$ 的结果仍成立是显然的.

尽管理论中最重要和众所周知的结果仅是对于强单调动力系统, 当 $\pi$ 仅仅是单调动力系统时, 有一些重要的结果成立. 例如, 如果空间是 2 维的 $(x \in \mathbf{R}^2)$, 则单调系统的每个有界的正半轨道和负半轨道都收敛到一个平衡点. 这个结果对于高维的单调动力系统不再成立. 下面的结果给出一个有界解收敛到一个平衡点的两个不同的充分条件.

**定理 11.3.2**　令 $\gamma^+(x)$ 是单调动力系统 (11.3.1) 在 $D$ 中的有界紧闭的轨道, 下面的任一条件都能充分保证 $\omega(x)$ 是平衡点:

(1)[9] $0 \leqslant_K f(x)(f(x) \leqslant_K 0)$;

(2)[10] 对某个 $T>0$, $x <_K \pi(x,T)(\pi(x,T) <_K x)$.

**证明** 假如 $0 \leqslant_K f(x)$, 则由推论 11.2.3, 对所有 $t \geqslant 0$, $x \leqslant_K \pi(x,t)$. 由单调性, 对 $t,s \geqslant 0$, $\pi(x,s) \leqslant_K \pi(x,t+s)$. 因此, $\pi(x,t)$ 关于 $t$ 是单调非减的, 并且 $\lim\limits_{t\to\infty} \pi(x,t)=e$ 存在, 假设保证 $e$ 是一个平衡点.

假如 $x <_K \pi(x,T)$, 则单调性意味着

$$\pi(x,nT) \leqslant_K \pi(x,(n+1)T), \quad n=1,2,\cdots,$$

因此, 存在一个点 $p$ 使得 $n\to\infty$ 时, $\pi(x,nT)\to p$. 进一步, $\pi$ 的连续性意味着 $\pi(p,T)=p$, 从而 $\omega(x)$ 是 $T$ 周期轨道 $\{\pi(p,t):t\in\mathbf{R}\}$. 然而, $T$ 可能不是 $\pi(p,t)$ 的最小周期. 令 $P=\{\tau:\pi(p,t+\tau)=\pi(p,t))\}$ 是解 $\pi(p,t)$ 所有周期的集合. 容易看出 $P$ 是一个闭集并且对加法和减法封闭 (它是 $(\mathbf{R},+)$ 的一个子群), 并且对每个整数 $n$ 包括 $nT$. 由于严格不等式 $x <_K \pi(x,T)$ 成立, 那么 $\pi$ 的连续性意味着对某个 $\varepsilon>0, x <_K \pi(x,T+s)$ 对所有 $|s|<\varepsilon$ 成立. 如前面的讨论, 这意味着 $\omega(x)$ 是一个由周期是 $T+s$ 的解产生的周期轨道, 但是 $\omega(x)$ 是 $p$ 点的轨道, 这样 $P$ 一定包含区间 $(T-\varepsilon,T+\varepsilon)$, 因此一定包含区间 $(-\varepsilon,\varepsilon)$. 因为 $P$ 对加法封闭, 它也必包括以其自身中每个点为中心, $2\varepsilon$ 长的开区间. 因此, $P$ 是开的. 由于 $P$ 也是闭的, 所以 $P=\mathbf{R}$. 这意味着 $p$ 是一个平衡点, 以及 $t\to\infty$ 时, $\pi(x,t)\to p$. □

定理 11.3.2(2) 即可导出下面的结果, 首次证明由 Hadeler 和 Glas[11] 给出, 也可见文献 [12].

**定理 11.3.3** 一个单调动力系统没有非平凡的吸引周期轨道.

对 "非平凡" 周期轨道, 我们的意思是它不是一个平衡点. 假如周期轨道邻域的每一个点的 $\Omega$ 极限集是这周期轨道, 则这样一个轨道是吸引的.

**证明** 假如有一个吸引的周期轨道, 则可在它的吸引域内找到一点 $x$, 使得对周期轨道上某点 $p$ 有 $x <_K p$. 当 $p$ 是通过 $x$ 的正半轨道的极限点, 则存在 $T>0$ 使得 $x <_K \pi(x,T)$. 因此, 由定理 11.3.2(b), $\pi(x,t)$ 收敛到平衡点, 与我们的假设收敛到非平凡周期轨道矛盾. □

动力系统的单调性对平衡点的吸引区域加了限制, 假定 $x_0$ 是由 (11.3.1) 得到的单调动力系统的平衡点. 令 $B$ 表示 $x_0$ 的吸引区域,

$$B=\{x:\pi(x,t)\to x_0, t\to\infty\}.$$

假设 $x_1,x_2$ 是 $B$ 的满足 $x_1 \leqslant_K x_2$ 的两点, 若 $x_1 \leqslant_K z \leqslant_K x_2$, 则 $z\in B$. 这由单调性得到, 因为 $\pi(x,t) \leqslant_K \pi(z,t) \leqslant_K \pi(x_2,t)$ 对所有 $t \geqslant 0$ 成立且当 $t\to\infty$ 时, $\pi(x_i,t)\to x_0$. 在双曲情形, 下面的结果利用了这种性质.

**定理 11.3.4**　单调动力系统的一个不稳定、双曲平衡点的稳定流形不包含具有严格不等 $<_K$ 关系的两个点. 假如系统是强单调的, 则稳定流形不包含具有 $\leqslant_K$ 关系的两个不同点. 换句话说, 稳定流形是无序的.

**证明**　假如 $x_0$ 是一个双曲平衡点, 则 $B = M^+(x_0)$ 是 $x_0$ 的稳定流形. 因为 $x_0$ 是双曲的和不稳定的, $M^+(x_0)$ 内部是空的 (见定理 11.6.1 的证明). 接着 $M^+(x_0)$ 不包含满足 $x_1 <_K x_2$ 的两点 $x_1$ 和 $x_2$, 这样 $M^+(x_0)$ 将包含开集 $\{z : x_1 <_K z <_K x_2\}$ 的所有点. 定理的第二个结论由强单调性和稳定流形的正不变性得到. □

**定理 11.3.5**　一个单调动力系统的紧极限集不能包括具有 $<_K$ 关系的两个点. 假如系统是强单调的, 则极限集无序.

**证明**　考虑第一种情形, 极限集 $L$ 是 $\gamma^+(x_0)$ 的 $\omega$ 极限集. 假如 $L$ 包含满足 $x_1 <_K x_2$ 的两个不同点 $x_1$ 和 $x_2$, 因为 $x_i$ 是 $\gamma^+(x_0)$ 的 $\omega$ 极限点, 并且因为 $\{x : x <_K x_2\}$ 是 $x_1$ 的一个邻域, 存在一个 $t_1 > 0$ 使得 $\pi(x_0, t) <_K x_2$. 类似地, $\{x : \pi(x_0, t_1) <_K x\}$ 是 $x_2$ 的一个邻域, 因此存在一个 $t_2 > t_1$, 使得 $\pi(x_0, t_1) <_K \pi(x_0, t_2) = \pi(\pi(x_0, t_1), t_2 - t_1)$. 由定理 11.3.2(2), $L$ 是平衡点, 这种情形证毕.

考虑情形 $L$ 是 $\gamma^-(x_0)$ 的 $\alpha$ 极限集, 令对 $t \leqslant 0$ 有 $x(t) = \pi(x_0, t)$. 如前面的讨论, 存在一个 $t_1 < 0$ 使得 $x_1 <_K x(t_1)$ 和一个 $t_2 < t_1$, 使得 $x(t_2) <_K x(t_1)$. 接着选择 $t_3 < t_2$ 使得 $x(t_3) <_K x_2$ 和 $t_4 < t_3$ 使得 $x(t_3) <_K x(t_4)$. 因此, 区间 $I = [t_4, t_1]$ 包含区间 $[t_4, t_3]$ 和 $[t_2, t_1]$ 并且在 $[t_4, t_3]$ 上 "下降", $[t_2, t_1]$ 上 "上升", 而且这两个区间不相连. 这与下面的引理矛盾, 从而证明了定理的这种情形.

假如系统是强单调的, 并且 $x_1, x_2$ 是 $L$ 满足 $x_1 \leqslant_K x_2$ 的不同点, 则对 $i = 1, 2$ 有 $y_i \equiv \pi(x_i, 1)$ 也属于 $L$, 并且满足 $y_1 <_K y_2$. 这与定理的第一个结论矛盾. □

叙述下面引理前需要完成定理 11.3.5 的证明和下面的定义. 令 $x(t)$ 是单调动力系统 (11.3.1) 在区间 $I$ 上的一个解, $I$ 上的子区间 $[a, b]$ 叫做一个上升区间, 假如 $x(a) \leqslant_K x(b)$ 并且等式不成立 (即 $x(a) \neq x(b)$); 它叫做下降区间, 假如 $x(b) \leqslant_K x(a)$ 并且等式不成立. 由 Hirsch[13] 的定义, 下面引理的证明属于 Ito. 称定理 11.3.5 的证明中区间 $[t_4, t_3]$ 是下降的而 $[t_2, t_1]$ 是上升的.

**引理 11.3.1**　一个解 $x(t)$ 不可能有不相交的上升区间和下降区间.

**证明**　最重要的研究是假如 $[a, b]$ 是包含在 $I$ 内的上升的区间 (下降的区间), 并且如果 $s > 0$, 使得 $[a + s, b + s]$ 包含在 $I$ 里, 则后者在区间 $I$ 也是上升的 (下降的). 事实上, 假如 $x(a) \leqslant_K x(b)$ 和等号不成立, 则由单调性, $x(a+s) = \pi(x(a), s) \leqslant_K \pi(x(b), s) = x(b + s)$, 并且等号不成立. 因此, 在右边平移下, 下降区间和上升区间保持不变.

假定 $I$ 包含下降区间 $[a, r]$ 和上升区间 $[s, b]$, 并且 $a < r < s < b$, 那么其他情形可类似地处理. 令 $A = \{t \in [s, b] : x(t) \leqslant_k x(s)\}$ 并且 $s' = \sup A$, 则 $s \leqslant s' < b$,

$[s', b]$ 是一个上升区间, 它不包含对任何 $r \in (s', b]$ 的下降区间 $[s', r]$. 为了使上升区间 $[s, b]$ 和刚刚描述过的区间 $[s', b]$ 有相同的性质, 再定义 $s' = s$. 对 $r - a \leqslant b - s$ 和 $r - a > b - s$ 的每一种情况都会产生矛盾.

假如 $r - a \leqslant b - s$, 则 $[s, s + r - a]$ 是一个到 $[a, r]$ 的右边的平移, 它也是包含在 $I$ 内, 因此是一个下降区间. 当 $s + r - a \leqslant b$ 时, 与 $[s, b]$ 没包含下降区间矛盾.

假如 $r-a > b-s$, 则 $a < a+b-r < s < b$, 因此 $[a+b-r, b]$ 是包含在 $I$ 里的到 $[a, r]$ 右边的平移, 因此它也是一个下降区间. 接着得到 $x(s) \leqslant_K x(b) \leqslant_K x(a+b-r)$, 其中每个不等式里的等号不成立. 令 $c = \sup\{t \in [a + b - r, s] : x(b \leqslant_K x(t))\}$, 则 $c < s < b$ 且 $x(b) \leqslant_K x(c)$, 因此 $[c, s]$ 是一个连接上升区间 $[s, b]$ 的下降区间. 假如 $c - s \leqslant b - s$, 则 $[s, 2s - c]$ 是到下降区间 $[c, s]$ 右边的一个平移, 它包含在 $[s, b]$ 中, 因此是一个下降区间. 但是这与前面讨论的 $[s, b]$ 不包含这个区间矛盾. 假如 $s - c > b - s$, 则 $c < c + b - s < s$, 且 $[c + b - s, b]$ 是下降区间 $[c, s]$ 的一个右平移, 所以它也是一个下降区间. 因此 $x(b) \leqslant_K x(b + c - s)$, 等式不成立, 这与 $c$ 的定义矛盾. □

定理 11.3.5 对一个极限集如何嵌入 $\mathbf{R}^n$ 中有较强的限制, 特别是一个周期轨道总可被认为是它中点的极限集, 因此定理 11.3.5 应用于周期轨道. 读者应确信对二维单调系统周期轨道被排除.

如前面定理中的描述, 下面 Hirsch[13] 的结果研究如何在空间中一个极限集被嵌入的较强的限制.

**定理 11.3.6** $\mathbf{R}^n$ 中的单调动力系统的一个紧极限集能被变形, 它是通过一个利普希茨同胚 (用一个利普希茨逆) 到 $\mathbf{R}^{n-1}$ 里的一个利普希茨系统的紧不变集, 以这种方式轨道被映射到轨道, 且使得解的参数化得到注意.

**证明** 考虑 $\mathbf{R}^n$ 中的一个紧的、无序子集 $L$. 令 $\boldsymbol{v}$ 是满足 $0 <_K \boldsymbol{v}$ 的一个单位向量, $H_v$ 是一个与 $\boldsymbol{v}$ 正交的超平面, 它由向量 $\boldsymbol{x}$ 组成, 使得 $\boldsymbol{x} \cdot \boldsymbol{v} = 0$, 其中 $\cdot$ 是 $\mathbf{R}^n$ 中的一个标准点 (或标量) 积. 令 $Q$ 是到 $H_v$ 的正交映射; 也就是 $Q\boldsymbol{x} = \boldsymbol{x} - (\boldsymbol{x} \cdot \boldsymbol{v})\boldsymbol{v}$. 由于 $L$ 是无序的, $Q$ 在 $L$ 上是一一对应的 (仅当 $L$ 包含两个有序点时不成立), 因此 $Q$ 到 $L$ 上的限制 $Q_L$ 是一个 $L$ 到 $H_v$ 的紧子集的一个利普希茨同胚. 由矛盾直接导出一个结论, 存在 $m > 0$, 使得当 $x_1 \neq x_2$ 是 $L$ 中点时, 不等式 $|Q_L x_1 - Q_L x_2| \geqslant m|x_1 - x_2|$ 成立. 因此 $Q_L^{-1}$ 是关于 $Q(L)$ 的利普希茨. 在任何情况下, $L$ 至多是一个 $(n-1)$ 维集合. 由于 $L$ 是一个极限集, 因此它对于 (11.3.1) 是一个不变集, 因此得到限制在 $L$ 上的动力系统能够被 $H_v$ 上的动力系统模拟. 事实上, 如果 $y \in Q(L)$, 则对唯一的 $x \in L$, $y = Q_L(x)$ 并且 $\Pi(y, t) \equiv Q_L(\pi(x, t))$ 是一个关于 $Q(L)$ 的动力系统, 它产生于 $Q(L)$ 上的向量场

$$F(y) = Q_L(f(Q_L^{-1}(y))).$$

由于在 $\mathbf{R}^{n-1}$ 的任一子集上的一个利普希茨向量场当保持利普希茨常数不变时, 能够延拓到所有 $\mathbf{R}^{n-1}$ 上的利普希茨向量场[14], 从而得到 $F$ 能作为利普希茨向量场被延拓到所有 $H_v$. 因此, $Q(L)$ 是 $H_v$ 上通过延拓得到的 $n-1$ 维动力系统的一个紧不变集, 因为这个动力系统对 $Q(L)$ 的限制等价于对 $L$ 上的 $\pi$ 的限制, 从而证明了定理. □

定理 11.3.6 说明, 产生于 $\mathbf{R}^n$ 上的向量场 (11.3.1) 产生的动力系统限制到极限集 $L$, 拓扑等价于限制到 $Q(L)$ 的产生于 $H_v\sim\mathbf{R}^{n-1}$ 的利普希茨向量场的动力系统. 因此, 这两个系统具有相同的动力学性质. 因 $L$ 是紧不变集, 因此 $Q(L)$ 也是一个紧不变集. 同时知道极限集是链循环的[15], $Q(L)$ 也具有相同的性质.

由定理 11.3.6 可以证明以下 Hirsch 的结果[13,16].

**定理 11.3.7** $\mathbf{R}^3$ 中单调动力系统的紧极限集是不包含平衡点的一个周期轨道.

根据定理 11.3.6, 极限集能被变形为一个平面向量场的没有平衡点的紧不变集 $A$. 由 Poincaré-Bendixson 定理, $A$ 一定包含至少一个周期轨道和可能整条轨道, 这些轨道的 $\alpha$ 和 $\omega$ 极限集与 $A$ 中的周期轨道不同. 由于 $A$ 是链循环的, Hirsch[13] 证明了后一种轨道不可能存在. 由于 $A$ 是连通的, $A$ 必是一个由闭轨组成的圆环叶状, 也就是说, $A$ 必是一个被轨道包围的圆环叶状. 事实上, 单调性显示极限集是一个孤立的周期轨道 (见定理 11.3.7 前面列出的文献).

定理 11.3.7 与 Poincaré-Bendixson 定理很相似, 也就是说, 对系统 (11.3.1), 其中 $-f$ 是互惠的. 注意到一个竞争系统的 $\omega(\alpha)$ 极限集是“逆时的”互惠系统的 $\alpha(\omega)$ 极限集, 这样定理 11.3.5~ 定理 11.3.7 应用到竞争系统. 不像互惠系统, 竞争系统可以有吸引的周期轨道. 较多的关于 $\mathbf{R}^3$ 中的竞争和互惠系统的 Poincaré-Bendixson 理论见文献 [17~19]. 一个特别重要的 Smale[20] 构造将把以前的结果置于一个更好的研究环境中, Smale 开始通过固定一个在 $n-1$ 维单纯形 $S=\{x\in\mathbf{R}_+^n : x_1+x_2+\cdots+x_n=1\}$ 任意无穷可微的切向量场 $h$ , 通过切向量, 认定 $\sum h_i(x)=0$, 因此由微分方程 $y'=h(y)$, $h$ 产生一个在 $S$ 上的 (局部) 动力系统. 记 $P(x)=\Pi x_i$, 微分方程 $z'=P(z)h(z)$ 产生一个 $S$ 上的动力系统, 它等价于在 $S$ 的内部 (也就是在 $\{x\in S : x_i>0\}$)$h$ 产生的动力系统, 但在 $S$ 的边界上消失.Smale 证明了后一个向量场能被延拓到 $\mathbf{R}_+^n$ 上的一个光滑向量场, 有形式 $x_i'=x_iM_i(x)$, 这里 $\partial M_i/\partial x_j<0$; 也就是系统为一竞争系统. 更进一步, 对应正初始值的所有解, 当 $t\to\infty$ 时趋向于不变集 $S$. 因此, 竞争系统在 $S$ 上有基本的任意动力系统, 当然与 $S$ 是一个 $n-1$ 维流形一致. 例如, 如果 $n=3$, 则可选择 $h$ 在 $S$ 的内部有一个周期轨道包围的孤立平衡点. 若干个周期轨道能容易的被容纳, 如果 $n=4$, 则对 $\mathbf{R}^4$ 中的竞争系统, 有著名的 Lorentz 吸引子能被嵌入到 $S$ 的内部.

通过逆变换时间, 也就是在前一段落中通过一个代替 $f$, 我们看到单调动力系统可以有基本的任意复形, 即 $n-1$ 维动力系统. 当然, 通过逆变换时间, 不变集 $S$ 现在变成一个排斥集, 平衡点 0 和 $\infty$ 变成吸引子.

现在, 叙述没经证明的一些结果, 其中需要 $\pi$ 为强单调, 这都属于 Hirsch 的工作. 令 $E$ 是 $\pi := \{x : f(x) = 0\}$ 平衡点的集合.

**定理 11.3.8** 令 $\pi$ 是强单调动力系统, 使得 $E$ 在 $D$ 内没有聚点. 假设 $\forall x \in D$, $\gamma^+(x)$ 在 $D$ 内有紧致闭包, 那么由 $\pi(x,t)$ 不收敛于平衡点的 $x$ 组成的集合有 Lebesgue 测度为零.

称 $x \in D$ 是 $E$ 的一个聚点, 如果 $x$ 的任一邻域都包含 $E$ 中除 $x$ 外的点. 定理 11.3.8 的假设排除了这些点. 大多数应用中, $E$ 是一有限集, 因此假设成立.

Hirsch 证明 (比定理 11.3.8 更一般的结果) 定理 11.3.8 时, 是通过首先证明下面结果, 这个结果本身就十分有用, 再利用积分理论中的 Fubini 定理.

**定理 11.3.9** 令定理 11.3.8 中的假设成立, 除了假设 $E$ 是有限集外, 令 $J$ 是紧致的, 全部的有序孤都包含在 $D$ 中, 那么除了 $J$ 中点构成的有限子集外, 对所有集合, $\omega(x)$ 是一个平衡点.

这个结果将被用到 $J$ 中, 这里 $J$ 是平行于正向量的一条线段.$J = \{a + tv : 0 \leqslant t \leqslant 1\}$, 这里 $a \in D, a + v \in D$, 并且 $0 <_K v$.

关于单调动力系统理论的完整阐述可以在 Hirsch[10,12,13,16] 的工作和评论文章 [2] 与文献 [21], [22] 中找到.

## 11.4 持 久 性

正如在本书中所见, 在类似恒化器环境中相互作用的种群采用下面形式的方程:

$$\begin{cases} x_i' = x_i f_i(x_1, x_2, \cdots, x_n), \\ x_i(0) = x_{i0} \geqslant 0, \quad i = 1, 2, \cdots, n. \end{cases} \tag{11.4.1}$$

为了避免技术的原因, 假设 $f$ 是使具有初值问题的解唯一并可扩展到 $[0, +\infty)$ 的映射. 这样 (11.4.1) 就变为一个半动力系统. 当然, 可以假设 (和前面一样) 解扩展到 $\mathbf{R}$. 然而, 解的负向延拓也代表了应用中的一类问题, 所以这些结果只针对半动力系统而言. 方程的形式使正锥是不变的 (命题 11.2.1), 并且坐标轴和边界平面 (代表较低阶动力系统) 也是不变的.

持久性这个概念试图描述这样的思想：如果方程 (11.4.1) 代表一生态系统模型, 那么该生态系统所有的成员都共存. 系统 (11.4.1) 被称为持久的, 如果

$$\lim_{t\to\infty} \inf x_i(t) > 0, \quad i = 1, 2, \cdots, n$$

对所有正初始条件的轨道成立. 系统 (11.4.1) 被称为一致持久的, 如果存在一正数 $\varepsilon$, 使得

$$\lim_{t\to\infty}\inf x_i(t) \geqslant \varepsilon, \quad i=1,2,\cdots,n$$

对所有有正初始条件的轨道成立. "持久的" 一词最早在 Freedman 和 Waltman 的文章[23] 中使用, 文章里用的是下确界的极限而不是下确界. 其他相关的定义, 参见 Freedman 和 Moson[24] 的讨论. 在 Hofbauer[25] 和 Schuster 等[26] 的文献中也有类似的概念, 但他们用的是 "互惠的"(后来变为 "永久的"). 判定持久性时主要有两种方法, 一种是分析边界上的流, 另一种是类似李雅普诺夫的技巧. 我们将在一般情况下解释前一种方法, 这方面综述的文章包括文献 [27]~[29].

一般的情况是指度量空间中的拓扑动力系统, 尽管在一般情况下不需要这些结果, 但它是这些结果最简洁的表达. 不想涉及理论层面的读者可以将 "$\mathbf{R}^n$" 作为 "局部紧致度量空间".

首先回顾基本定义并建立适合形如 (11.4.1) 的半动力系统. 令 $X$ 是具有度量 $d$ 的局部紧致度量空间, 令 $E$ 是 $X$ 的一个闭子集, 边界为 $\partial E$, 内部为 $\mathring{E}$, 边界 $\partial E$ 与生态系统中的灭绝相对应. 令 $\pi$ 是定义在 $E$ 上的半动力系统, $\partial E$ 是不变集 (在 $X$ 中集合 $B$ 称为不变的, 如果 $\pi(B,t)=B$). 前面讨论了动力系统和半动力系统. 就用途而言, 主要的困难是对于半动力系统. 通过一个点的负向轨道不需要存在, 如果存在, 不需要唯一. 因此, 一般而言, 定义 $\alpha$ 极限集应小心[30], 并且对一个点 $x$, 它可以不存在. 这一点和时滞微分方程类似, 都有这个问题. 幸运的是, 对于 $\varOmega$ 极限集 (一般为紧的不变集) 中的点, 负向轨道总是存在. 对于特殊的负向轨道的 $\alpha$ 极限集的定义不需要修改. 用 $\alpha_\gamma(x)$ 表示通过点 $x$ 的特定轨道 $\gamma$ 的 $\alpha$ 极限集.

记从边界 (限制 $\pi$ 到 $\partial E\times\mathbf{R}^+$) 上出发的流为 $\pi_\partial$, 如果对每个 $x\in E,\omega(x)$ 非空并且存在 $E$ 中的紧集 $G$ 使得不变集 $\varOmega=U_{x\in E},\ \omega(x)$ 在 $G$ 中, 称流为耗散的.$X$ 中的非空不变子集 $M$ 称为孤立的不变集, 如果它是自身邻域中的最大不变集. 这样的邻域称为孤立邻域.

不变紧集 $A$ 的稳定 (或吸引) 集记为 $W^+$, 定义如下:

$$W^+(A)=\{x:x\in X,\omega(x)\neq\varPhi,\omega(x)\subset A\}.$$

不稳定集 $W^-$ 定义如下:

$W^-(A)=\{x:x\in X,$ 存在一负向轨道 $\gamma^-(x)$ 使得 $\alpha_\gamma(x)\neq\varPhi$ 并且 $\alpha_\gamma(x)\subset A\}$.

$\alpha_\gamma(x)$ 是通过 $x$ 的轨道 $\gamma$ 的 $\alpha$ 极限集. 弱稳定和不稳定集定义如下:

$$W_w^+(A)=\{x:x\in X,\omega(x)\neq\varPhi,\omega(x)\cap A\neq\varPhi\}$$

和

$$W_w^-(A)=\{x:x\in X,\alpha_\gamma(x)\neq\varPhi,\alpha_\gamma(x)\cap A\neq\varPhi\}.$$

稳定和不稳定集对应着稳定和不稳定流形.

遗憾的是, 如果吸引子比平衡点和周期轨道复杂时, 稳定和不稳定流形的存在问题将变为复杂的拓扑问题. 在随后的应用中, 没有出现更复杂的吸引子, 所以可以容易地证明稳定流形定理. Butle-McGehee 引理在持久性问题上有着至关重要的作用. 下面的引理是这个工作的一个推广, 可以在文献 [31]~[33] 中找到 (假设略有不同. 特别地, 如果一个更强的条件即渐近光滑被加在半动力系统上, 那么局部紧致性就不需要).

**引理 11.4.1** 令 $M$ 是定义在局部紧致度量空间上, 并且为动力系统 $\pi$ 的一孤立不变紧集, 那么对于任意 $x \in W_w^+(M) \setminus W^+(M)$, 有

$$\omega(x) \cap (W^+(M) \setminus M) \neq \Phi, \quad \omega(x) \cap (W^-(M) \setminus M) \neq \Phi.$$

对 $\alpha_\gamma(x)$ 有类似的结论.

下面的定义是受文献 [23], [34], [35] 中证明技巧的启发. 令 $M$, $N$ 为孤立的不变集 (可以相同). 称集合 $M$ 链向 $N$, 记作 $M \to N$, 如果存在一元素 $x, x \notin M \cup N$, 使得 $x \in W^-(M) \cap W^+(N)$. 一个由孤立的不变集组成的有限序列 $M_1, M_2, \cdots, M_k$ 称为链, 如果 $M_1 \to M_2 \to \cdots \to M_k$ ($M_1 \to M_1$, 如果 $k=1$). 如果 $M_k = M$, 则称链为环.

系统 $\pi$ 称为持久的, 如果对所有 $x \in \overset{\circ}{E}$

$$\liminf_{t\to\infty} d(\pi(x,t), \partial E) > 0;$$

$\pi$ 称为一致持久的, 如果对所有 $x \in \overset{\circ}{E}$, 存在 $\varepsilon$, 使得

$$\liminf_{t\to\infty} d(\pi(x,t), \partial E) \geqslant \varepsilon > 0.$$

如果存在 $\Omega(\pi_\partial) = \bigcup\limits_{x\in\partial E} \omega(x)$ 的覆盖 $M = \bigcup\limits_{i=1}^{k} M_i$, 则边界流 $\pi_\partial$ 称为孤立的. 对 $\pi_\partial$ 而言 $\Omega(\pi_\alpha)$ 通过不相交的、孤立的不变紧集 $M_1, M_2, \cdots, M_k$, 使得每一个 $M_i$ 同时也是 $\pi$ 的孤立的不变集. 这是一种“双曲性”假设; 例如, 它阻止内部平衡点 (或其他不变集) 在边界聚集. 这种情况下 $M$ 称为孤立覆盖. 边界流 $\pi_\partial$ 称为非环的, 如果存在 $\pi_\partial$ 的一些孤立覆盖 $M = \bigcup\limits_{i=1}^{k} M_i$ 使得 $M_i$ 的子集不能成环, 满足这个条件的孤立覆盖同样称为非环的.

下面的定理为边界上流的一致持久性提供了一个判定标准[31, 33, 36].

**定理 11.4.1** 令 $\pi$ 是定义在子集 $E$ 上的一个半动力系统, $E$ 是局部紧致度量空间 $X$ 中的一个开集的闭包. 假设在 $\pi$ 作用下, $E$ 的边界 $\partial E$ 为不变集. 假设 $\pi$

是耗散的并且边界流 $\pi_\partial$ 是孤立的具有非环覆盖 $M$, 那么 $\pi$ 是一致持久的当且仅当

$$\text{(H)} \qquad W^+(M_i)\cap \overset{\circ}{E} = \varPhi, \text{对每个} M_i \in M, \quad i=1,2,\cdots.$$

边界不变性的假设比需要条件更强, 在对动力系统进一步假设之后, 空间是局部紧致的这个条件可以省去. 将耗散性和一致性结合起来就可以使用不动点定理, 下面定理便于在 $\mathbf{R}^n$ 中的应用.

**定理 11.4.2** 令定理 11.4.1 中对动力系统 $\pi$ 的假设成立, $X=\mathbf{R}^n$ 且 $E=\mathbf{R}^n_+$(这样不变边界 $\partial E$ 由坐标面组成), 并令 (H) 成立, 那么在 $E$ 的内部有一平衡点.

证明过程可以从文献 [33] 定理 3.2 和文献 [37] 定理 2.8.6 得到, 严格的讨论将包括介绍新的概念 (否则不需要). 然而, 这个定理直观上很容易理解. 过正锥内部点的轨道最终一定在球的内部 (由耗散的假设) 并且向外有一条沿着边界的带 (一致持久性), 这个区域在 $\mathbf{R}^n$ 中是同胚于球的, 这样它具有不动点性质.

## 11.5 非线性分析中的一些技巧

在这一节, 从非线性分析中汇编出一些本书用到的结果. 隐函数定理和 Sard 定理已经给出, 度理论的简明概要也已经给出, 并且应用它证明了书中的一些结果. 本节的最后给出常微分方程组自治系统周期解的 Poincaré 映射的构造和它的雅可比矩阵的计算.

在处理非线性微分方程组时, 通常会遇到解如下形式的非线性方程的问题:

$$f(x)=0, \tag{11.5.1}$$

这里 $f$ 是从欧几里得空间 $\mathbf{R}^p$ 到 $\mathbf{R}^m$ 的一个映射, 当 $p>m$ 并且可以找到一个特殊解时, 隐函数定理给出一个找所有邻近解的方法. 因为经常用到这个结果, 所以将它列出如下[8].

**隐函数定理** 假设 $F:\mathbf{R}^n\times\mathbf{R}^n\to\mathbf{R}^m$ 有连续的一阶偏导并且满足 $F(0,0)=0$. 如果雅可比矩阵 $\boldsymbol{F}(x,y)$ 对于 $x$ 满足:

$$\det\frac{\partial \boldsymbol{F}}{\partial x}(0,0)\neq 0,$$

那么存在 $\mathbf{R}^m$ 中包含 0 的邻域 $V$, 使得对于任意一个固定的 $y\in V$, 方程 $F(x,y)=0$ 有唯一的解 $x\in U$. 进一步, 这个解可以表达为函数 $x=g(y)$, 这里 $g(0)=0$ 并且 $g$ 有连续的一阶偏导. 更一般地[38], $g$ 和 $F$ 一样光滑. 例如, 如果 $F$ 有连续的二阶偏导, 那么 $g$ 也如此.

在问题的讨论中有时需涉及 Sard 定理, 它指出从 Lebesgue 测度来看特定的集合"很小". 为了完整起见, 由文献 [44], 给出以下定理.

**Sard 定理** 令 $f: U \to \mathbf{R}^p$ 在 $U$ 上 $r$ 次连续可微, 这里 $U \subset \mathbf{R}^n, r > \max\{0, n-p\}$, 那么

$$f(\{x \in U : \text{rank}Df(x) < p\})$$

有 Lebesgue 测度零.

知道在 $x$ 处的雅可比矩阵 $\boldsymbol{D}f(x)$ 的秩是它列 (或行) 空间的维数, 当 $p = n$, $r$ 必须至少为 1, 并且秩的条件 (rank condition) 成为 $\det \boldsymbol{D}f(x) = 0$.

现在回头看解 (11.5.1) 的问题, 当欧几里得空间的维数相同时, 另一种拓扑的方法更加适合于解方程 (11.5.1). 以下介绍这种方法, 称为 (拓扑) 度理论. 度理论由于它给出了方程 (11.5.1) 求解的代数方法, 因此非常实用. 函数 $f$ 在小的扰动下解仍然稳定, 通常将方程 (11.5.1) 的一个解作为 $f$ 的零解. 例如, 如果 $f$ 是一个微分方程右侧的函数, 那么将考虑那个方程平衡点的集合. 一个完全的度理论超出了这里介绍的范围. 因此, 我们将简单地陈述一些重要的定义和性质, 并且直接使用它们. 更全面的理论陈述读者可以参考文献 [38].

令 $f$ 在 $\mathbf{R}^n$ 中的有界开子集 $O$ 上连续可微, 在闭包 $\bar{O}$ 上连续, 并且假设在 $O$ 的边界上 $f$ 没有零根. 如果假设 (11.5.1) 的每个解是非退化的, $f$ 在零根 $x \in O$ 的雅可比矩阵 $\boldsymbol{J}(x)$ 非奇异, 那么 $f$ 的度和 $O$ 有关, 记作 $\deg(f, O)$. 定义如下:

$$\deg(f, O) = \sum_{f(x)=0} \text{sgn} \det \boldsymbol{J}(x), \tag{11.5.2}$$

这里 sgn 表示符号 +1 或 −1, det 表示行列式, 求和符号包含 $f$ 在 $O$ 中的所有零根. 由反函数定理[38], $\bar{O}$ 是紧致的并且 $f$ 在 $O$ 的边界没有消失, 因此这个和是有限的. 举例如下, 若 $f(x) = x^2 - \varepsilon$, 上对于小的正数 $\varepsilon$ 定义在 $O = (-1, +1)$ 上. 在这种情况下, $\deg(f, O) = 0$ 是一个警戒, 意味着当 $f$ 有零根时, 它们能够不断扰动下去.

Sard 定理加上连续函数可以被 $\bar{O}$ 上的连续可微函数一致逼近, 允许我们推广这个定义到连续函数, 在 $O$ 的边界上不为零. 这样定义, 使得映射的度有许多有用的性质, 下面摘录一些特别重要的性质如下.

**同伦不变** 如果 $H(x, t) = 0$ 没有解 $(x, t)$, 这里 $x$ 属于 $O$ 的边界, 并且 $0 \leqslant t \leqslant 1$, 那么当 $H(x, t)$ 是连续时, $\deg(H(\cdot, t), O)$ 被定义并且不依赖于 $t \in [0, 1]$.

**域分解** 如果 $\{O_i\}$ 是 $O$ 上的有限不相交开子集族, 以及 (11.5.1) 没有解 $x \in (\bar{O} - U_i O_i)$. 那么

$$\deg(f, O) = \sum_i \deg(f, O_i).$$

**解的性质** 如果 $\deg(f, O) \neq 0$, 那么 (11.5.1) 在 $O$ 内至少有一个解.

显然, 最后一个性质说明了这个定理的实用性. 方程 (11.5.2) 后面的例子说明了一般情况, 反之不成立.

这节的目的是得到具有 11.3 节中描述的单调性的确定向量场上平衡点的两个结果. 因此, 我们将使用 11.3 节中的记法. 为了使映射的度在一个小的扰动下稳定, 对于 $f$ 在 $O$ 边界上不消失的限制显然是必要的. 然而, 现在的问题是, $f$ 在适当的开集 $O$ 的边界上会消失, 目的是说明 $O$ 内一定有解. 在应用的时候经常发生这个矛盾. 通常很少了解有关 $f$ 在 $O$ 边界上零点的情况和掌握非常少的 $O$ 的内部的信息. 例如, 在第 7 章中, 可以知道平衡点 $E_0, E_1, E_2$ 分布在区域 $\Gamma$ 的边界以及它们的稳定性, 也可以知道是否存在正平衡点. 当然, 可以用不同的方法自由选择开集 $O$, 使得 $f$ 的零解不在边界上, 但是常常用下面这个更方便的方法. 通过添加一依赖于单参数的小项来扰动函数 $f$, 然后使用隐函数定理来确定, 在这一干扰下 $f$ 的平衡点是否在 $O$ 的边界上. 一些确定的平衡点将进入 $O$ 而其他将离开 $O$. 如果仔细挑选扰动的话, 那么扰动函数在 $O$ 的边界上没有零根, 所以关于 $O$ 的度可以被计算并且与 $f$ 在 $O$ 的边界上这些零点的代数计算作比较, 在扰动下这些零点将进入 $O$. 如果有偏差, 那么对于扰动函数, 将有属于 $O$ 的其他零点. 当扰动参数趋于 $O$ 时, 通过极限讨论可以得到 $f$ 在 $O$ 内零点的相关信息. 这里将用与文献 [39], [40] 中类似的方法进行讨论.

这个定理的应用说明, 在一个互惠系统的两个渐近稳定的平衡点中, 一定存在另一个平衡点, 它通常为不稳定的. 这改进了文献 [7] 命题 3.7 中的一个结果, 这个结果要求系统在包含有序区间的开区域上是互惠的. 在定理 11.5.1 中仅假设 (11.5.1) 在有序区间上是互惠的. $f$ 是“互惠的”, 是指 $f$ 的雅可比矩阵非对角线元素是非负的.

**定理 11.5.1** 令 $f$ 在有序区间 $[x_1, x_2] \equiv \{x \in \mathbf{R}^n : x_1 \leqslant x \leqslant x_2\}$ 上连续可微且互惠, 这里 $x_1 < x_2$ 并且 $f(x_i) = 0, i = 1, 2$. 对 $i = 1, 2$, 如果 $s(Df(x_i)) < 0$, 那么存在一个不同于 $x_1, x_2$ 的平衡点 $x_0 \in [x_1, x_2]$, 使得 $s(Df(x_0)) \geqslant 0$.

**标注 11.5.1** 如果 $f$ 在 $[x_1, x_2]_k$ 上具有 (11.2.9) 和 (11.2.12) 右侧的形式成立, 这里 $x_1 <_K x_2$, 那么可以一个类似的结果成立.

**标注 11.5.2** 另外, 如果 $Df(x)$ 在 $[x_1, x_2]$ 上也是不可约的, 那么 $x_0$ 不可能属于 $[x_1, x_2]$ 的边界. 事实上, 如果 $x_1 \leqslant x_0 \leqslant x_2$ 并且等号不成立, 那么由 $f$ 导出的动力系统的强单调性知 $x_1 < x_0 < x_2$.

**标注 11.5.3** 一般地, 希望 $x_0$ 是非退化的, 这意味着 $s(Df(x_0)) > 0$ 或 $x_0$ 是不稳定的.

**定理 11.5.1 的证明** 令 $O$ 表示 $[x_1, x_2]$ 的内部, $y$ 为 $x_1, x_2$ 连接线段上的一点, 使得 $y - x_1 > 0$ 和 $x_2 - y > 0$. 定义 $F(x, s) = f(x) - s(x - y)$ 并注意到

$F(x,s)$ 在 $[x_1,x_2]$ 内对于 $s\geqslant 0$ 是互惠的. 由于对 $s>0$, $F(x_1,s)=s(y-x_1)>0$ 和 $F(x_2,s)=-s(x_2-y)<0$. 因此推论 11.2.3 意味着对于具有固定正参数 $s$ 的自治微分方程 $x'=F(x,s)$, $[x_1,x_2]$ 是它的正的不变集. 令 $\pi(x,t,s)$ 表示对应的单参数系统的解算子. 定理 11.3.2 和刚刚列出的不等式说明随着 $t$ 的增大, $\pi(x,t,s)$ 单调增大趋于 $O$ 内的一个平衡点. 类似地, $\pi(x_2,t,s)$ 随着 $t$ 的增大, 单调减少趋于 $O$ 内的一个平衡点. 下面用隐函数定理研究这两个平衡点.

由假设知 $D_xF(x_1,0)=Df(x_1)$ 是非奇异的, 隐函数定理说明存在平衡点的一个光滑分支 $x=X_1(s), X_1(0)=x_1, F(X_1(s),s)\equiv 0$. 由最后一个等式在 $s=0$ 处的导数得

$$\frac{\mathrm{d}X_1}{\mathrm{d}s}(0)=-Df(x_1)^{-1}(y-x_1).$$

因为 $-Df(x_1)^{-1}\geqslant 0$(见定理 11.1.12 的证明) 并且是非奇异的, 又因为 $y-x_1>0$, 可以得到 $(\mathrm{d}X_1/\mathrm{d}s)(0)>0$. 因此, 对小的 $s>0$, 有 $x_1<X_1(s)<x_2$, 在 $x_2$ 处用类似的分析得到存在平衡点的一个光滑分支 $x=X_2(s), X_2(0)=x_2, F(X_2(s),s)\equiv 0$ 和 $(\mathrm{d}X_2/\mathrm{d}s)(0)<0$, 由连续性, 对小的 $s>0, x_1<X_1(s)<X_2(s)<x_2$.

由比较原理, 利用微分方程 $x'=F(x,s)$ 的单调性质, 得到 $F(\cdot,s)$ 在 $O$ 的边界上没有零解, $\deg(F(\cdot,s),O)$ 在 $s>0$ 上有定义. 定义 $H(x,s,t)=tf(x)-s(x-y)$, 这里 $0\leqslant t\leqslant 1$ 并且 $x\in O$. 相同的分析说明 $F$ 在 $O$ 的边界上不消失, 同时说明 $H(x,s,t)=0$. 当 $s>0, t\in[0,1]$ 时没有属于 $O$ 的边界的解 $x$. 由度的同伦性质

$$\deg(H(\cdot,s,0),O)=\deg(H(\cdot,s,1),O)=\deg(F(\cdot,s),O).$$

简单计算得

$$\deg(H(\cdot,s,0),O)=\operatorname{sgn}\det(-s\boldsymbol{I})=(-1)^n.$$

这样, 对于小的正数 $s, \deg(F(\cdot,s),O)=(-1)^n$.

令 $O_i(s)\subset O$ 是 $X_i(s)$ 的充分小邻域, 使得除 $X_i(s)$ 外, 在 $\bar{O}_i(s)$ 内没有 $F(\cdot,s)$ 的其他零点. 由于对于小的正 $s, X_i(s)$ 是 $F$ 的非退化零点, 因此这样的邻域存在, 那么

$$\deg(F(\cdot,s),O_i)=\operatorname{sgn}\det D_xF(X_i(s),s)=\operatorname{sgn}\det Df(x_i)=(-1)^n.$$

对充分小的 $s>0$, 由 $D_xF$ 的连续性和

$$S(Df(x_i))<0.$$

令 $O_3(s)=O\setminus(\bar{O}_1(s)\cup\bar{O}_2(s))$, 由度的域分解性质知,

$$\begin{aligned}\deg(F(\cdot,s),O)&=\deg(F(\cdot,s),O_1)+\deg(F(\cdot,s),O_2)+\deg(F(\cdot,s),O_3)\\&=2(-1)^n+\deg(F(\cdot,s),O_3).\end{aligned}$$

因而

$$\deg(F(\cdot,s),O_3)=(-1)^{n+1}.$$

因此由度的解性质知, 对于小的正数 $s$, $F(x,s)=0$ 有解 $x=X_0(s)\in O_3(s)$. 显然, 对于 $i=1,2$, $X_0(s)\neq X_i(s)$. 另外由比较原理 (利用微分方程) 说明 $X_0\in[X_1,X_2]$.

如果 $F(\cdot,s)$ 在 $O_3(s)$ 中的任一解 $x$ 满足 $s(D_xF(x,s))<0$, 那么和前面一样, 利用域分解性质, 有

$$\deg(F(\cdot,s),O_3)=p(-1)^n,$$

这里 $p\geqslant 1$ 是这些零根的数目. 由于这和前面的公式矛盾, 因此可以选择 $X_0(s)$, 满足:

$$s(D_xF(X_0(s),s))\geqslant 0.$$

由于 $[x_1,x_2]$ 是紧致的, 可以选择一序列 $s_n$, 使得当 $n\to\infty$ 时, $s_n\to 0, X_0(s_n)\to x_0$. $F$ 的连续性说明 $f(x_0)=0$. 更进一步, $x_0\neq x_i$, $i=1,2$, 因为如果 $x_0=x_1$, 那么 $(X_0(s_n),s_n)$ 将会是不同于分支 $(X_1(s),s)$ 的 $F=0$ 解的另一分支, 这两分支都收敛到 $(x_1,0)$, 由隐函数定理知这和后一分支的唯一性相矛盾. 这就证明了 $f$ 的零解 $x_0$ 的存在性, $x_0\neq x_1$. 最后, 由 $D_xF(x,s)$ 的连续性和 $s(D_xF(x_0(s),s))\geqslant 0$ 的事实得 $s(Df(x_0))\geqslant 0$. 证明完成. □

现在将注意转向映射 $F$ 的零根: $F:\Gamma\to\mathbf{R}^{2n}, F(x)=(F_1(u,v),F_2(u,v))$, 这里 $x=(u,v), \varGamma=\{(u,v)\in\mathbf{R}_+^{2n}:u+v\leqslant z\}, z>0$, 并且

$$\begin{aligned}F_1(u,v)&=[A+F_u(z-u-v)]u,\\F_2(u,v)&=[A+F_v(z-u-v)]v.\end{aligned}$$

可参阅第 7 章中有关内容, 对于简单的恒化器组模型 (7.2.4), 有

$$\boldsymbol{A}=\begin{pmatrix}-2&1\\1&-2\end{pmatrix},\quad \boldsymbol{z}=\left(\frac{2}{3},\ \frac{1}{3}\right),$$

$$\boldsymbol{F}_u(z-u-v)=\begin{pmatrix}f_u\left(\dfrac{2}{3}-u_1-v_1\right)&0\\0&f_u\left(\dfrac{1}{3}-u_2-v_2\right)\end{pmatrix},$$

对 $\boldsymbol{F}_v(z-u-v)$ 有类似的公式.

我们的目的是说明, 不论是简单的恒化器组模型还是一般的恒化器组模型, 一个正的平衡点代表两种群共存, 如果两个单种群线性近似模型的平衡点 $\boldsymbol{E}_1$ 和 $\boldsymbol{E}_2$ 都存在且渐近稳定, 那么正平衡点一定存在. 更进一步的, 正平衡点一般是不稳定的. 第 7 章中对简单的恒化器组利用这个结果排除了 $\boldsymbol{E}_1$ 和 $\boldsymbol{E}_2$ 都渐近稳定的可能

性, 因为可推出任意正平衡点一定是渐近稳定的. 第 7 章中对一般的恒化器组也用到这个结果, 说明不能排除 $\boldsymbol{E}_1$ 和 $\boldsymbol{E}_2$ 都是渐近稳定的平衡点.

由定理 11.5.1 和标注 11.5.1 并不能直接推出当 $\boldsymbol{E}_1$ 和 $\boldsymbol{E}_2$ 都稳定时, 不稳定正平衡点的存在性. 这有两个原因: 第一, $F$ 定义在 $\varGamma$ 上, $\varGamma$ 可能不包含序列区间 $[\boldsymbol{E}_2,\boldsymbol{E}_1]_k$; 第二, 尽管 $\varGamma$ 包含序列区间, 平衡点 $\boldsymbol{E}_0$ 同样属于序列区间, 并且不能由 $\boldsymbol{E}_0$ 是不稳定的就排除它是 $F$ 的零点 (定理 11.5.1 保证). 然而, 命题 11.5.1 的证明思想和定理 11.5.1 相同.

因为一般的恒化器组模型包含简单的恒化器组模型作为一特殊情况, 这里考虑后者. 根据需要将用到第 7 章中的记法和结果. 假设 $F$ 在 $\boldsymbol{E}_0,\boldsymbol{E}_1,\boldsymbol{E}_2$ 处消失, 也就是, 假设它们是 (7.2.4) 或 (7.2.1) 的平衡点, 这里

$$\boldsymbol{E}_0=(0,0),\quad \boldsymbol{E}_1=(\hat{u},0),\quad \boldsymbol{E}_2=(0,\tilde{v}).$$

令 $\boldsymbol{J}_i$ 表示 $\boldsymbol{E}_i, i=0,1,2$ 处 $F$ 的雅可比矩阵.

**命题 11.5.1** 假设 $s(\boldsymbol{J}_i)<0, i=1,2$, 即假设 $\boldsymbol{E}_1$ 和 $\boldsymbol{E}_2$ 是一般恒化器组模型线性近似的渐近稳定的平衡点. 那么存在一个正的平衡点 $\boldsymbol{E}_*\in\varGamma$ 满足 $\boldsymbol{E}_2<_k\boldsymbol{E}_*<_k\boldsymbol{E}_1$ 和 $s(\boldsymbol{J}_*)\geqslant 0$, 这里 $\boldsymbol{J}_*$ 是 $F$ 在 $\boldsymbol{E}_*$ 处的雅可比阵.

证明略，可参见文献 [48].

通过构造对应微分方程自治系统 $x'=F(x)$ 的非常数周期解 $x(t)=x(t+T)$ 的 Poincaré 映射来总结这节. 假设 $T>0$ 是周期解 $x(t)$ 的最小周期. 通过变换和旋转坐标系, 假设 $x(0)=0, x'(0)=f(0)=a\boldsymbol{e}_1, a>0$. 这里 $\boldsymbol{e}_1(1\leqslant i\leqslant n)$ 代表 $\mathbf{R}^n$ 中的标准基向量. 为微分方程解映射引入的记号 $\pi(x,t)$, 将继续使用. 利用这个记号, $x(t)=\pi(0,t)=\pi(0,t+T)$ 并且

$$\frac{\partial\pi}{\partial t}(0,T)=f(\pi(0,T))=f(0)=a\boldsymbol{e}_1.$$

关于周期解 $\pi(0,t)$ 的变分方程由下面方程给出:

$$u'=Df(\pi(0,t))u.$$

由 $\varPhi(t)$ 表示, 基本解矩阵 $\varPhi(0)=\boldsymbol{I}_n$, $\boldsymbol{I}_n$ 是 $n\times n$ 的单位阵. 因为 $u=x'(t)$ 是变分方程的周期解, 因此得到 $x'(t)=a\varPhi(t)\boldsymbol{e}_1$, 并且有

$$\varPhi(T)\boldsymbol{e}_1=\boldsymbol{e}_1.$$

令变分方程的 Floquet 乘数 ($\varPhi(T)$ 的特征值) 为 $1,\rho_1,\rho_2,\cdots,\rho_{n-1}$, 这些项是根据乘数列出, 并且第一项对应特征向量 $\boldsymbol{e}_1$. 最后, 由常微分方程的基本理论有

$$\varPhi(t)=\frac{\partial\pi}{\partial x}(0,t).$$

Poincaré 映射将定义在超平面原点的一个邻域内,

$$\Sigma \equiv \{x : x_1 = 0\} = \mathbf{R}^{n-1}.$$

因为在 $x=0$ 附近从 $\Sigma$ 上的点出发的解仍然在 $x(t)=\pi(0,t)$ 的附近, 至少在有界 $t$ 区间, 经过大概时间 $T$, 解仍返回 $\Sigma$. 接下来, 在 0 附近取 $x$, 当 $t$ 接近 $T$ 时, 寻找 $\pi_1(x,t)=0$ 的解. 对时间而言, 没有限制 $x$ 在 $\Sigma$ 上. 因为

$$\frac{\partial \pi_1}{\partial t}(0,T) = f_1(0) = a > 0,$$

隐函数定理意味着可以解出 $t$ 作为 $x$ 的函数 $t=\tau(x)$, 这里 $x$ 在原点的一些邻域 $N:\ \pi_1(x,\tau(x))\equiv 0$ 中满足 $\tau(0)=T$. 限制到 $\Sigma$ 上, $\tau$ 称为首次返回时间映射. 最后, 定义 $Q$ 为 $\Sigma$ 上沿着 $\boldsymbol{e}_1$ 的正交投影, 即

$$Q\boldsymbol{x} = (x_2, x_3, \cdots, x_n) \in \mathbf{R}^{n-1}.$$

对 $\boldsymbol{x}=(x_1,\cdots,x_n)$, 并且 $R$ 是 $\mathbf{R}^{n-1}$ 到 $\mathbf{R}^n$ 的映射, 定义如下:

$$R(x_2, x_3, \cdots, x_n) = (0, x_2, \cdots, x_n),$$

那么 Poincaré 映射 $P$ 定义为

$$P = Q \circ H \circ R,$$

这里 $H(x)=\pi(x,\tau(x))$, 或者用更简单的项

$$P(x_2,\cdots,x_n) = Q\pi(0,x_2,x_3,\cdots,x_n,\tau(0,x_2,\cdots,x_n)).$$

对 $(x_2,\cdots,x_n)\in N\cap\Sigma$. 由链式准则和 $Q$ 和 $R$ 都是线性的事实, $P$ 在 $O\in\mathbf{R}^{n-1}$ 处的雅可比矩阵如下:

$$\boldsymbol{D}P(0) = Q\boldsymbol{D}H(0)R.$$

$n\times n$ 矩阵 $\boldsymbol{D}H(0)$ 的第 $i$ 列是

$$\frac{\partial \pi}{\partial x_i}(0,T) + \frac{\partial \pi}{\partial t}(0,T)\frac{\partial \tau}{\partial x_i}(0).$$

由 $(\partial\pi/\partial t)(0,T)=a\boldsymbol{e}_1$ 和 $Q\boldsymbol{e}_1=0$, 有

$$\boldsymbol{D}P(0) = Q\Phi(T)R.$$

注意到 $\Phi(T)$ 的第一列是 $\boldsymbol{e}_1$, 所以, $\Phi(T)$ 的特征值 $\rho_1,\rho_2,\cdots,\rho_{n-1}$ 是 $\Phi(T)$ 的 $(n-1)\times(n-1)$ 右下块 $\boldsymbol{B}$ 的特征值. 利用 $QR=\boldsymbol{I}_{n-1}$, 有

$$\boldsymbol{D}P(0) = \boldsymbol{B}.$$

从而得到 $\rho_1,\cdots,\rho_{n-1}$ 是 $\boldsymbol{D}P(0)$ 的特征值.

## 11.6 收敛定理

在含有恒化器的许多讨论中, 显示了 $\omega$ 极限集必须位于一个限制的集合中, 并且在这个集合上讨论方程. 简单起见可以选取时间 0 处的集合为初始条件. 方程定义在这个限制集上, 事实上, 守恒定律允许一个变量从系统中消去. 这里想简介这种思想并且使它更严格, $\omega$ 极限集存在于一个较低维的集合中, 并且集合里的轨线满足一个更少维数的微分方程系统. 然而, 两系统的渐近性质必须相同是不清晰的 (Thieme[41] 的一篇很好的文章对于渐近自治系统给出例子和有用的定理, 在这方向的经典结论是 Markus[42] 的文章). 本节给出了建立在稳定性基础上的定理.

考虑如下形式的两个常微系统:

$$\boldsymbol{z}' = \boldsymbol{A}\boldsymbol{z}, \quad \boldsymbol{y}' = f(\boldsymbol{y}, \boldsymbol{z}) \tag{11.6.1}$$

和

$$\boldsymbol{x}' = f(\boldsymbol{x}, \boldsymbol{0}), \tag{11.6.2}$$

其中,

$$\boldsymbol{z} \in \mathbf{R}^n, \quad (\boldsymbol{y}, \boldsymbol{z}) \in D \subset \mathbf{R}^n \times \mathbf{R}^m, \quad \boldsymbol{x} \in \Omega = \{\boldsymbol{x} : (x, 0) \in D\} \subset \mathbf{R}^n.$$

假定 $f$ 是连续可微的, $D$ 是 (11.6.1) 的正不变集, 且 (11.6.1) 是耗散的, 也就是有 $D$ 的紧子集使得 (11.6.1) 的每个解最终进入并保留在里面. 将用到下面另外的假设:

(H1) $\boldsymbol{A}$ 的所有特征根具有负实部.

(H2) 方程 (11.6.2) 在 $\Omega$ 里有有限个平衡点, 记为 $x_1, x_2, \cdots, x_p$, 对 (11.6.2) 每个点均是双曲的.

(H3) $x_i, 1 \leqslant i \leqslant r$ 的稳定流形的维数是 $n$, 且稳定流形 $x_j, j = r+1, \cdots, p$ 的维数小于 $n$. 用符号表示, $\dim(M^+(x_i)) = n, i = 1, \cdots, r$; $\dim(M^+(x_j)) < n, j = r+1, \cdots, p$.

(H4) $\Omega = \bigcup\limits_{i=1}^{p} M^+(x_i)$.

(H5) 方程 (11.6.2) 没有具有平衡点的环.

首先指出, (11.6.1) 的平衡点形如 $(x_i, 0)$, 且对 (11.6.1) 而言每个均是双曲的. 为避免 (11.6.1) 和 (11.6.2) 混淆, 对 (11.6.1) 的稳定和不稳定流形分别表示为 $\bigwedge^+$ 和 $\bigwedge^-$, 则

(1) $\dim \bigwedge^+(x_i, 0) = m + \dim M^+(x_i)$;

(2) $M^+(x_i) \times \{0\} = \bigwedge^+(x_i, 0) \cap \{(y, z) \in D : z = 0\}$.

也指出 $x_i$, $i=1,\cdots,r$ 和 $(x_i,0)$ 对 (11.6.1) 和 (11.6.2) 分别是局部渐近稳定的, 由 (H4) $\Omega$ 的每个点被平衡点 $x_i, i=1,\cdots,p$ 中的一个吸引.

下面的定理是 Thieme[41] 中一般结果的一种特殊情形:

**定理 11.6.1** 令 (H1)~(H5) 成立并且令 $(y(t),z(t))$ 是 (11.6.1) 的一个解, 则对某个 $i$,

$$\lim_{t\to\infty}(y(t),z(t))=(x_i,0).$$

换句话说, $D\subset\bigcup\limits_{i=1}^{p}\bigwedge^+(x_i,0)$. 更进一步, $\bigcup\limits_{i=r+1}^{p}\bigwedge^+(x_i,0)$ 有 Lebesgue 测度为零.

**证明** 令 $(y(t),z(t))$ 是 (11.6.1) 的一个解, 并且假定定理的第一个断言不真. 假如 $O$ 表示这个解的 $\omega$ 极限集, 则 $O\neq\{(x_i,0)\}, i=1,2,\cdots,p$. 令 $(x,0)\in O$, 由 (H4) 或者对某个 $i$, $x=x_i$ 或者 (11.6.2) 通过 $x$ 的解收敛到某个 $x_i$. 由 $O$ 的不变性, 推出 $(x_i,0)$ 对某个 $i$ 属于 $O$. 显然, $i\geqslant r+1$, 因为形如 $(x_i,0), 1\leqslant i\leqslant r$ 的点是渐近稳定的, 并且包含渐近稳定平衡点的极限集是那个平衡点, 与假设矛盾. 因为 $O\neq\{(x_i,0)\}$, 由 Butler-McGehee 定理, $O$ 必包含具有 $x\in M^-(x_i)$ 和 $x\neq\{(x_i,0)\}$ 的一个点 $(x,0)$. 由 (H4), 对某个 $j, x\in M^+(x_j)$, 因此 $x_i$ 是链接到 $x_j, x_i\to x_j$ 在 $O$ 里. 再经过有限步讨论导出一个环, 与 (H5) 矛盾. 证明了定理的第一个断言 $D\subset\bigcup\limits_{i=1}^{p}\bigwedge^+(x_i,0)$.

众所周知, 一个双曲不稳定平衡点 $(x_i,0)$ 的稳定流形 $\bigwedge^+(x_i,0)$ 有 Lebesgue 测度为零. 接着从 Sard 定理 (见 11.5 节) 和稳定流形是一对一的光滑映射 $\mathbf{R}^{l_i}$ 到 $\mathbf{R}^n\times\mathbf{R}^n$ 的像, 其中 $l_i$ 是 (11.6.1) 关于 $(x_i,0)$ 的线性化稳定子空间的维数, 因此, $l_i<n+m$ [43], 所以 $\bigcup\limits_{i=r+1}^{p}\bigwedge^+(x_i,0)$ 有测度零. □

定理说明了所有轨线收敛到一个渐近稳定平衡点 $(x_i,0)$, 在大多数应用中 $r=1$, 有一个渐近稳定的平衡点, 在这种情形下, 因为初始条件在例外集 (exceptional set) 中的可能性为零, 研究得出所有轨线收敛到 $(x_i,0)$.

## 参 考 文 献

[1] Lancaster P, Tismenetsky M. The Theory of Matrices. Orlando, FL: Academic Press, 1985.

[2] Smith H L. System of ordinary differential equations which generate an order preserving flow: A survey of results. SIAM Review, 1988, 30: 87~113.

[3] Kamke E. Zur Theorie der Systemes Gewohnlicher Differentialgleichungen II., Acta Math., 1932, 58: 57~85.

[4] Müller M. Uber das Fundamental theorem in der Theorie der gewohnlicher Differential gleichungen. Mathematische Zeitschrift, 1926, 26: 619~645.

[5] Burton L P, Whyburn W M. Minimax solutions of ordinary differential systems. Proceedings of the American Mathematical Society, 1952, 3: 794∼803.

[6] Coppel W A. Stability and Asymptotic Behavior of Differential Equations. Boston: D. C. Heath, 1965.

[7] Smith H L. Competing sub-communities of mutualists and a generalized Kamke theorem. SIAM J. Appl. Math., 1986, 46: 856∼874.

[8] Hale J K. Ordinry Differential Equations. Malabar FL: Krerger, 1980.

[9] Selgrade J. Asymptotic behavior of solutions to single loop positive feedback systems. Journal of Differential Equations, 1980, 38: 80∼103.

[10] Hirsch M. Systems of differential equations which are competitive or cooperative II: Convergence almost everywhere. SIAM J. Math. Anal., 1985, 16: 423∼439.

[11] Hadeler K P, Glas D. Quasimonotone systems and convergence to equilibrium in a population genetics model. Journal of Mathematical Analysis and Applications, 1983, 95: 297∼303.

[12] Hirsch M. The dynamical systems approach to differential equations. Bull. A. M. S., 1984, 11: 1∼64.

[13] Hirsch M. Systems of differential equations which are competitive or cooperative, I: Limit sets. SIAM J. Math. Anal., 1982, 13: 167∼179.

[14] McShane E J. Extension of range of functions. Bull. Amer. Math. Soc., 1934, 40: 837∼842.

[15] Conley C. Isolated Invariant Sets and the Morse Index//Conference Board of Mathematical Sciences, vol. 38. Providence, RI: American Mathematical Society 1978.

[16] Hirsch M. Systems of differential equations that are competitive or cooperative IV: Structural stability in three dimensional systems. SIAM J. Math. Anal., 1990, 21: 1225∼1234.

[17] Smith H L. Periodic orbits of competitive and cooperative systems. J. Diff. Eqns., 1986, 65: 361∼373.

[18] Smith H, Waltman P. A classification theorem for three dimensional competitive systems. J. Differential Equations, 1987, 70: 325∼332.

[19] Zhu H R, Smith H. Stable periodic orbits for a class of three-dimensional competitive systems. J. Differential Equations, 1994, 110: 143∼156.

[20] Smale S. On the differential equations of species in competition. Journal of Mathematical Biology, 1975, 3: 5∼7.

[21] Smith H L, Thieme H. Quasi Convergence for strongly ordered preserving semiflows. SIAM J. Math. Anal., 1990, 21: 673∼692.

[22] Smith H L, Thieme H. Convergence for strongly order preserving semiflows. SIAM J. Math. Anal., 1991, 22: 1081∼1101.

[23] Freedman H I, Waltman P. Mathematical Analysis of Some Three-Species Food-Chain Models. Mathematical Biosciences, 1977, 33: 257~276.

[24] Freedman H I, Moson P. Persistence definitions and their connections. Proc. Amer. Math. Soc., 1990, 109: 1025~1033.

[25] Hofbauer J A. A general cooperation theorem for hypercycles. Monatshefte für Mathematik, 1980, 91: 233~240.

[26] Schuster P, Sigmund K, Wolf R. Dynamical systems under constant organization III: Cooperative and competitive behavior of hypercycles. J. Diff. Eqns, 1979, 38: 357~386.

[27] Huston V, Schmitt K. Permanence in dynamical systems, Mathematical Biosciences. 1992, 111: 1~71.

[28] Waltman P. A brief survey of pwesistence, in S. Busenberg and M. Martelli. Delay Differential Equations and Dynamical Systems. Berlin: Springer, 31~41.

[29] Thieme H R. Persistence under relaxed point-dissipativity (with application to an endemic model). SIAM J. Math. Anal., 1993, 24: 407~435.

[30] Hale J K. Asymptotic Behavior of Dissipative Systems, Providence. RI: American Mathematical Society, 1988.

[31] Butler G, Waltman P. Persistence in dynamical systems. J. Diff. Eqns., 1986, 63: 255~263.

[32] Dunbar S R, Rybakowski K P, Schmitt K. Persistence in models of predator-prey populations with diffusion. J. Diff. Eqs., 1986, 65: 117~138.

[33] Hale J K, Waltman P. Persistence in infinite-dimensional Systems. SIAM J. Math. Appl., 1989, 20: 388~395.

[34] Freedman H I, Waltman P. Persistence in a model of three interacting predator-prey populations. Math. Biosci., 1984, 68: 213~231.

[35] Freedman H I, Waltman P. Persistence in a model of three competitive populations. Math. Biosci., 1985, 73: 89~101.

[36] Butler G, Freedman H I, Waltman P. Uniformly persistent systems. Proc. Amer. Math. Soc, 1986, 96: 425~430.

[37] Bhatia N P, Szego G P. Dynamical Systems: Stability theory and applications. in Lecture Notes in Mathematics. vol. 35. Berlin: Springer, 1967.

[38] Smoller J. Shock Waves and Recation Diffusion Equations. New York: Springer, 1983.

[39] Hofbauer J A, Sigmund K. Dynamical Systems and the Theory of Evolution. Cambridag: Cambridge University Press, 1988.

[40] Jager W, Smith H, Tang B. Some aspects of competitive coexistence and persistence, in S. Busenberg and M. Martelli(eds.), Delay Differential Equations and Dynamical Systems. Berlin: Springer, 1991: 200~209.

[41] Thieme H R. Convergence Results and a Poincaré-Bendixson trichotomy for asymptotically autonomous differential equations. J. Math. Biol., 1992, 30: 755~763.

[42] Markus L. Asymptotically autonomous differential systems, in Contributions to the Theory of Nonlinear Oscillation. Princeton NJ: Princeton University Press, 1953, 17~29.

[43] Pilyugin S Y. Introduction to Structurally Stable Systems of Differential Equations. Basel: Birkhauser, 1992.

[44] Chow S N, Hale J K. Methods of Bifurcation Theory. New York: Springer, 1982.

[45] Berman A, Plemmons R J. Nonnegative Matrices in the mathematical Sciences. New York: Academic Press, 1979.

[46] 柳柏濂. 组合矩阵论. 北京: 科学出版社, 2005.

[47] 张谋成, 黎稳. 非负矩阵论. 广州: 广东高等教育出版社, 1994.

[48] Smith H L, Waltman P. The theory of the chemostat. Cambridge: Cambridge University Press, 1995.